BIM技术应用

主 编 董 岚 牛宏飞

·北京·

内 容 提 要

本教材根据高职高专的教学基本要求和水利水电建筑工程专业群的课程标准、人才培养方案编写。全书共 15 个项目，分别为 BIM 基础知识，Revit 软件的基础操作，标高与轴网，柱和梁，墙体，门和窗，楼板，屋顶，楼梯、栏杆扶手和坡道，洞口的创建，场地设计，族，体量，成果输出，项目案例。

本教材适用于高职高专水利水电建筑、水利工程、水生态修复、工程监理、工程造价等专业课程教学，亦可作为相关专业技术人员的参考书。

图书在版编目（CIP）数据

BIM技术应用 / 董岚，牛宏飞主编. -- 北京 : 中国水利水电出版社，2024. 9. -- (高等职业教育水利类新形态一体化教材). -- ISBN 978-7-5226-2840-0

Ⅰ. TU201.4

中国国家版本馆CIP数据核字第2024ZV2427号

	高等职业教育水利类新形态一体化教材
书　　名	**BIM 技术应用**
	BIM JISHU YINGYONG
作　　者	主编　董　岚　牛宏飞
出版发行	中国水利水电出版社
	(北京市海淀区玉渊潭南路 1 号 D 座　100038)
	网址：www. waterpub. com. cn
	E-mail：sales@mwr. gov. cn
	电话：(010) 68545888（营销中心）
经　　售	北京科水图书销售有限公司
	电话：(010) 68545874、63202643
	全国各地新华书店和相关出版物销售网点
排　　版	中国水利水电出版社微机排版中心
印　　刷	天津嘉恒印务有限公司
规　　格	185mm×260mm　16 开本　15 印张　365 千字
版　　次	2024 年 9 月第 1 版　2024 年 9 月第 1 次印刷
印　　数	0001—2000 册
定　　价	**49.80** 元

前言

习近平总书记在党的二十大报告中提出“建设现代化产业体系，坚持把发展经济的着力点放在实体经济上，推进新型工业化，加快建设制造强国、质量强国、航天强国、交通强国、网络强国、数字中国”的具体工作部署。在此背景下，如何为建筑现代化产业体系培养高技术技能人才是高职教育工作者的责任之一。

近年来，随着BIM技术在全国范围内的积极应用和推广，其应用领域不断扩大，深度不断拓展，从简单的翻模建模到正向化设计逐渐扩大到工程全生命周期，涉及的应用方向越来越多，从最开始的建筑行业已经拓展到交通、水利、市政等行业，BIM技术在其中起到的作用也越来越大。另外，随着相应规范和法规的出现，BIM技术在各行各业的使用逐渐被规范化，各种对应的软件也逐渐被人们所接受。

目前，各种BIM软件中，Revit最为流行、使用最为广泛。因为Revit不仅功能强大、简单易学，覆盖了从设计最初的建模到最终的成果表现，而且具有强大的导入、导出功能，能较好地实现与各种软件的配合工作。

本教材立足于国内现状，结合BIM技术在工程建设行业中的应用，同时为适应现代高职教育发展与教学改革，依据国家对高职学生在职业技能方面的要求，兼顾“1+X”建筑信息模型（BIM）职业技能等级考试的需要编写而成。本书也是专门为初学者快速学习Revit软件而量身定做的，力求保持简明扼要、通俗易懂、实用性强的编写风格，以帮助读者更快地学握Revit的应用技巧。

本教材为校企合作教材，由辽宁生态工程职业学院联合辽宁省建设科学研究院有限责任公司、沈阳建筑大学共同编写，具体分工如下：辽宁生态工程职业学院董岚编写项目4、项目5、项目7、项目8、项目12，辽宁生态工程职业学院牛宏飞编写项目1、项目2、项目3、项目14，辽宁生态工程职业学院张赛威编写项目9、项目10、项目11、项目13、项目15，沈阳建筑大学沈丽萍编写项目6。辽宁省建设科学研究院有限责任公司于长江给予了编写指导并处理了部分图片。本书由董岚、牛宏飞担任主编，并负责全书统稿。

本教材在编写过程中，得到了合作企业单位的大力支持，并参考了其他院校教材中的部分资料，谨此一并致以衷心感谢。由于编者水平有限，书中还有许多需要完善之处，我们将虚心地接受广大读者与同行的批评。

编者

2024年7月

目录

项目 1

BIM 基础知识

【学习目标】

(1) 熟悉 BIM 的基本概念。

(2) 了解 BIM 的基本特点。

(3) 了解 BIM 技术在国内外的发展。

(4) 了解 BIM 的核心建模软件。

【思政目标】

通过介绍 BIM 技术的应用，了解 BIM 技术在国内外的发展现状，以及 BIM 技术在我国水利工程各环节的应用，使学生深刻体会集体协作的意义和工匠精神。

建筑信息模型（Building Information Model，BIM）是社会信息技术发展的必然产物，是实现建筑信息化的必要途径。随着大型、复杂建筑项目的兴起及 BIM 应用软件的不断完善，越来越多的项目参与方都在关注和应用 BIM 技术，使用 BIM 技术进行设计和项目管理的范围及领域也越来越广。近年来，BIM 技术的发展和应用引起了工程建设业界的广泛关注。

任务 1.1 BIM 技术简介

1.1.1 BIM 的概念

BIM 的概念最早源自制造业的 PIM 产品信息模型的概念，而该词最早于 1975 年由查克·伊士曼（Chuck Eastman）博士提出，提倡采用计算机技术管理建筑生产中存在的问题。由于建筑产品具有工程对象唯一、参与方众多、自动化程度低、生产周期长等特点，使得 BIM 具有与 PIM 不同的特点。根据美国 NBIMS 标准的定义，BIM 是以三维数字技术为基础的，对工程项目物理特性与功能特性的数字化表达。自 2002 年 Autodesk 公司提供管理建筑物理与功能特性的工具之后，BIM 的概念开始受到重视，尤其在近十年来得到快速的发展与广泛的应用。

建筑信息模型（BIM）通过虚拟数字信息仿真模拟表达建筑物在真实物理环境下所具有的信息与特征，它有三方面的含义。

(1) BIM 是对建设工程项目的物理和功能特性的数字化表达。

(2) BIM 提供共享信息资源的基础，可实现对整个建设工程项目相关信息的分享，进而为项目从概念设计到拆除结束的工程全生命周期提供可靠的全过程决策参考。

(3) 项目的利益相关者在项目所经过的不同阶段，可以依照需求自定义在BIM关联的信息中输入、修改完善和提取特定信息，进而实现各自尽责以支持利益相关者的协同作业。

因此，可对BIM一般性理解为在工程项目物理实体建造的全生命周期过程中，与之同时在虚拟数字环境中创建了一个与之对应的数字化孪生系统，孪生的数字模型可以实现信息的共享，此系统包含了可存储、获取和推送数据的共享数据库特征，可实现数据库创建与应用。BIM是建筑工程行业一种效率提升的工具或手段，它体现的是对于建筑工程信息的记录方式与工作流程的变革，表现为项目管理或信息管理的方式的改变，更多的是一种影响建造成果的过程改变。

1.1.2 BIM的基本特点

作为一种全新的工程设计理念，BIM具有强大的直观性、精确性及设计协调性。其实质是将建筑、结构、风、水、电等各专业的设计要素无缝整合进同一个三维空间中，进而完成多种形式的实际施工前的“预演”，并能修正施工“预演”中发现的各项数据缺失等问题，进而可转化为对实际设计及施工流程、工艺的指导。BIM在建筑领域的应用具有如下特性。

(1) 可视化。可视化是BIM软件系统突出的一个特性，包括设计可视化、施工可视化、设备可操作性可视化和机电管线碰撞检查可视化。

1) 设计可视化是指在设计阶段可以将设计的构建、结构或者建筑以三维模型的方式形象直观地展示给设计者和业主，打破了常规设计业主和设计师之间专业差异造成的交流壁垒，提高了沟通效率。BIM设计可视化模式包括“隐藏线、带边框着色和真实渲染”三种模式，另外还可以创建漫游和相机路径生成一系列的图形和动画。

2) 施工可视化包括施工组织可视化和复杂构造节点可视化。施工组织可视化就是通过BIM工具创建设备模型、周转材料模型、临时设施模型等进行施工模拟、进度模拟等，在电脑端实现虚拟施工，对施工过程中场地的布置、工期的排设、资金的消耗等项目进行全程监控排查，以便及时更正不合理的施工组织设计并及时地对施工进行优化设计。复杂构造节点可视化将施工过程中的施工难点直观简单地呈现出来，一些大型工程的施工工艺往往存在一定的难度，在与施工单位进行沟通时，由于出发点和立场的差异难免会存在表述与理解的差异，通过BIM可视化将施工难点进行技术交底，一目了然，准确高效。

3) 设备可操作性可视化。多数项目需要多个专业共同配合来完成，不同的专业人员负责本专业的相关内容，这就导致不同专业之间存在着一定的配合障碍，如电站或泵站的施工，泵房及电站厂房需要水工专业和结构专业的人员进行设计及施工，而水泵和电机则由相应的机电专业人员来进行设计及安装，在实际安装过程中，厂房的布置虽然能够满足设备的安装要求，但其运行习惯等未必符合日常的操作，因此设备可操作性可视化可以通过模拟设备的日常运行操作及时进行变更及设计优化。

4) 机电管线碰撞检查可视化。传统的碰撞检查，要么通过空间想象力将各专业的图纸进行重叠检查，要么边建设边修改，有些简单的变更可以随时进行，但有些冲突的更改将对结构及建筑进行更改，代价大，效率低，且容易产生一定的安全隐患，而BIM的碰撞检查可以在计算机端方便地进行，将有冲突的部位直观地显示出来，在时间上预先了解到，再根据碰撞的结果通过比较修改代价进行冲突修改，更加高效和直观。

（2）一体化。一体化是指 BIM 技术从设计到施工再到运营贯穿了工程项目的全生命周期的一体化管理。BIM 的技术核心是一个由计算机三维模型所形成的数据库，不仅包含了建筑师的设计信息，而且可以容纳从设计到建成使用，甚至是使用周期终结的全过程信息。BIM 可以持续提供项目设计范围、进度以及成本信息，这些信息完成可靠并且完全协调。BIM 能在综合数字环境中保持信息不断更新并可提供访问，使建筑师、工程师、施工人员以及业主可以清楚全面地了解项目。这些信息在建筑设计、施工和管理的过程中能使质量提高、收益增加。BIM 在整个建筑行业从上游到下游的各个企业间不断地完善，从而实现项目全生命周期的信息化管理，最大化地实现 BIM 的意义。

（3）参数化。参数化建模是指通过改变模型参数的数值就可以分析和建立新的模型。BIM 的参数化主要集中在设计阶段，通过参数化可以实现构建模型的批量产生、使用频次较高的模型的快速调用和非常规模型的建立。如项目需要建立很多个图元模型，常规的操作通过建立一个模型然后再进行复制粘贴、阵列等操作，虽然能够实现最终的目的，但如果对其结构尺寸稍做修改的时候就很麻烦，通过参数化可以更为高效快捷，只需要改变对应的参数数值；对于使用频次较高的常规模型，经常只改变个别的尺寸即可满足工程的需求，传统的修改不但烦琐，而且经常会出现有些尺寸修改遗漏的现象，而通过参数化进行修改就避免了此种现象的出现；对于工程中经常会出现的一些非常规模型，如某结构的表面或者轨迹线符合某种方程，常规的做法只能取有限个点源，一些精细化的设计或后期的施工会增加很多不可避免的麻烦，通过参数化可以轻松解决这一难题。

（4）仿真性。主要包括建筑物性能分析仿真、施工仿真、施工进度模拟和运维仿真。其中施工仿真又分为施工方案模拟、优化、工程量自动计算和消除现场施工过程干扰或施工工艺冲突。运维仿真分为设备的运行监控、能源运行管理和建筑空间管理。

（5）协调性。建筑全生命周期是一个庞大、复杂、多专业协同工作的过程，在此过程中各个专业之间非常容易出现“不兼容”现象，如管线与管线冲突，管线与框架梁冲突，管道尺寸所要求预留的洞口没留或尺寸不对等情况。如某办公楼通风管道与桥架发生碰撞。通过以三维技术为基础的 BIM 平台可以有效地协调各专业工作流程，从而减少不合理的变更方案或因变更而产生的不同步问题。

（6）优化性。通过 BIM 的三维可视性，利用三维信息模型所提供的各种信息，可进行设计方案的部署、模拟、分析，从而对建筑设计方案、结构设计方案、各管线设计方案等进行优化、完善，甚至进行深化设计。此外，通过 BIM 的协调性，BIM 可以对建筑全生命周期的各个阶段，如前期规划、建筑设计、结构设计、管线设计等进行多方案设计，并从中选取最优方案，从而提高设计质量，并从整体上降低设计成本。在施工方面，可以通过 4D 模拟或者 5D 模拟进行现场施工模拟，从而优化施工进度方案和设备、材料等采购方案，大大降低施工成本。

（7）可出图性。图纸是现代建筑项目重要的信息载体，也是高级专业人员交流的重要工具，一个设计工具的成功与否，最大程度取决于其出图的有效性，即其所产生的图纸能否直接应用于施工环节，或者进行少量的修改即可满足用户需求。在以三维数字化模型为基础的 BIM 平台中，利用三维模型容易得到任意位置对应的平面、立面、剖面及局部详图等。而且由于BIM模型与图纸之间存在关联关系，当模型发生变化时，所有图纸的对应部分自动发生变更。

（8）信息完备性。信息完备性体现在BIM技术可以对工程对象进行3D几何信息和拓扑关系的描述以及完整的工程信息描述，如对象名称、结构类型、建筑材料、工程性能等设计信息；施工工序、进度、成本、质量以及人力、机械、材料资源等施工信息；工程安全性能、材料耐久性能等维护信息；对象之间的工程逻辑关系等。

1.1.3 BIM技术的应用

1.1.3.1 BIM技术在设计过程中的应用

随着经济的发展和社会生产力的提高，民众对于住宅品质的要求也日益提高。就民用住宅而言，设计阶段在整个项目建设过程中起着重要的作用，建筑方案和结构型式的优劣影响着整个项目的设计质量和经济效益，一个好的住宅设计方案是在经济、技术、环境等各方面进行综合比较后选出的最优结果。随着计算机和信息技术在工程建设行业中应用的日益增多，BIM技术使得降低工程设计阶段中的难度成为可能。BIM技术具有数字化和可视化的特点，能够预先以数字三维形式来展示拟建建筑。相比于传统的二维设计方式，BIM的表现结果直观且准确，能够快速进行设计指标的比选和修正，从而减少不必要的工程建造成本。

1.1.3.2 BIM技术在建筑施工中的应用

施工企业建立以BIM应用为载体的项目管理信息化体系，能够提升项目生产效率、提高建筑质量、缩短工期、降低建造成本。BIM技术在建筑施工中的应用主要体现在以下几个方面。

（1）三维渲染，宣传展示。三维渲染动画给人以真实感和直接的视觉冲击。建好的BIM可以作为二次渲染开发的模型基础，提高三维渲染效果的精度和效率，给业主更为直观的宣传介绍，提高中标概率。

（2）快速算量，提高精度。通过建立5D关联BIM数据库，可以准确、快速地计算工程量，提高施工预算的精度和效率。BIM数据库的数据粒度达到构件级，可以快速提供支撑项目各条线管理所需的数据信息，有效提高施工管理效率。BIM技术能自动计算工程实物量，这个属于较传统的算量软件的功能，在国内的应用案例非常多。

（3）精确计划，减少浪费。施工企业精细化管理很难实现的根本原因在于无法快速、准确地获取海量的工程数据，以支持资源计划，致使经验主义盛行。而BIM的出现可以让相关管理人员快速、准确地获取工程基础数据，为施工企业制订精确的人、材计划提供有效支撑，大大减少了资源、物流和仓储环节的浪费，为实现限额领料、消耗控制提供了技术支撑。

（4）多算对比，有效管控。管理的支撑是数据，项目管理的基础就是工程基础数据的管理，及时、准确地获取相关工程数据就是项目管理的核心竞争力。BIM数据库可以实现任一时点上工程基础信息的快速获取，通过合同、计划与实际施工的消耗量、分项单价、分项合价等数据的多算对比，可以有效地了解项目运营的盈亏、消耗量有无超标、进货分包单价有无失控等问题，实现对项目风险的有效管控。

（5）虚拟施工，有效协同。三维可视化功能加上时间维度，可以进行虚拟施工，随时随地直观快速地将施工计划与实际进展进行对比，同时进行有效协同，施工方、监理方甚至非工程行业出身的业主领导都可以对工程项目的各种问题和情况了如指掌。这样通过 BIM 技术结合施工方案、施工模拟和现场视频监测，可以大大减少建筑质量问题和安全问题，减少返工和整改。

(6) 碰撞检查，减少返工。BIM 最直观的特点在于三维可视化，利用 BIM 的三维技术不仅可以在前期进行碰撞检查，优化工程设计，减少在建筑施工阶段可能存在的错误损失和返工的可能性，而且可以优化净空和管线排布方案。施工人员可以利用碰撞优化后的三维管线方案，进行施工交底和施工模拟，提高施工质量，同时也提高了与业主沟通的能力。

(7) 冲突调用，决策支持。BIM 数据库中的数据具有可计量（computable）的特点，大量与工程相关的信息可以为工程数据后台提供巨大支撑。BIM 中的项目基础数据可以在各管理部门之间进行协同和共享，工程量信息可以根据时空维度、构件类型等进行汇总、拆分和对比分析等，保证工程基础数据得以及时、准确地提供，为决策者制定工程造价项目群管理、进度款管理等方面的决策提供依据。

1.1.3.3 BIM 技术在成本核算中的应用

1. 创建基于 BIM 的实际成本数据库

建立成本的 5D 关系数据库，使实际成本数据及时进入 5D 关系数据库，成本汇总、统计、拆分对应瞬间可得。以各 WBS 单位工程量、人、材、机单价为主要数据进入实际成本 BIM 中。没有合同确定单价的项目，先按预算价进入，在有实际成本数据后，再及时按实际数据替换。

2. 实际成本数据及时进入数据库

一开始时，实际成本 BIM 中的成本数据以采用合同价和企业定额消耗量为依据，随着进度的进展，实际消耗量与定额消耗量会有差异，要及时调整。每月对实际消耗进行盘点，调整实际成本数据。化整为零，动态维护实际成本，大幅减少一次性工作量，并有利于保证数据的准确性。

材料实际成本要以实际消耗为最终调整数据，而不能以财务付款为标准。材料费的财务支付有多种情况：未订合同进场的、进场未付款的、付款未进场的，按财务付款为成本的统计方法将无法反映实际情况，会出现严重误差。

仓库应每月盘点一次，将入库材料的消耗情况详细列出清单并向成本经济师提交，成本经济师按时调整每个 WBS 的材料实际消耗。

人工费实际成本（材料实际成本）。按合同实际完成项目和签证工作量调整实际成本数据，一个劳务队可能对应多个 WBS，要按合同和用工情况进行分解并落实到各个 WBS。

机械周转材料实际成本要注意各 WBS 的分摊，有的可按措施费单独立项。

管理费实际成本由财务部门每月盘点并提供给成本经济师，成本经济师调整预算成本为实际成本，实际成本不确定的项目仍按预算成本进入实际成本。

3. 可快速实行多维度（时间、空间、WBS）成本分析

建立实际成本 BIM 模型，周期性（如月、季）调整和维护好 BIM 模型，利用其强大

的统计分析能力，满足各种成本分析的需求。

4. 基于BIM的实际成本核算的优势

基于BIM的实际成本核算方法较传统方法具有以下优势：

(1) 快速。由于建立了基于BIM的5D实际成本数据库，因此汇总分析能力大大加强，速度大大加快，短周期成本分析不再困难，工作量小，效率高。

(2) 准确。因为成本数据实行动态维护，所以比采用传统方法的准确性大为提高。虽然消耗量方面仍会有误差存在，但是已能满足分析需求。通过总量统计的方法，消除累积误差，成本数据随进度进展的准确度会越来越高。另外，通过实际成本BIM模型，很容易检查出哪些项目还没有实际成本数据，监督各成本条线实时盘点，提供实际数据。

(3) 分析能力强。基于BIM的实际成本核算方法可以多维度（如时间、空间、WBS）汇总分析更多种类、更多统计分析条件的成本报表。

(4) 总部成本控制能力大为提升。将实际成本BIM模型通过互联网集中在企业总部服务器中，总部成本部门、财务部门可以共享每个工程项目的实际成本数据，数据精度也可以掌握到构件级，实现了总部与项目部的信息对称，总部成本控制能力得到加强。

1.1.3.4 BIM技术在精细化施工管理中的应用

当前越来越多的大中型项目设计复杂、技术难点多、工序繁杂，如果依靠传统的作业方式与技术手段，必然会给项目实施带来高风险。近些年来，BIM技术飞速发展，使其成为精细化施工管理的重要技术。从企业自身利益上，BIM技术展示了企业的技术实力，提高了项目中标率；利用BIM技术提升企业精细化管理，提高了项目利润；BIM技术易解决复杂项目技术问题，加快项目进度，提高项目质量，使企业在竞争中占据技术优势地位。

任务1.2 BIM技术在国内外的发展

1.2.1 BIM技术的发展沿革

BIM作为对包括工程建设行业在内的多个行业的工作流程、工作方法的一次重大思索和变革，其雏形最早可追溯到20世纪70年代。如前文所述，查克·伊士曼博士在1975年提出了BIM的概念；在20世纪70年代末至80年代初，英国也在进行类似BIM的研究与开发工作，当时欧洲习惯把它称为“产品信息模型”(Product Information Model)，而美国通常称之为“建筑产品模型”(Building Product Model)。1986年，罗伯特·艾什(Robert Aish)第一次使用“Building Information Model”一词，他描述了今天我们所知的BIM论点和实施的相关技术，并应用RUCAPS建筑模型系统分析了一个案例来表达他的概念。21世纪以前，由于受到计算机软硬件水平的限制，BIM仅能作为学术研究的对象，很难在工程中发挥作用。21世纪以后，计算机的软硬件水平得到了飞速提升，加上人们对于建筑生命周期的深入理解，推动了BIM技术的快速发展。自2002年BIM这一方法理念被推出以来，BIM在全球范围内掀起了飞速发展的浪潮。

当前BIM的研究与应用顺应行业与技术发展需求，其应用不再局限于学术研究，更多的是实践工程上的具体应用。包括设计与施工阶段的三维设计与出图、管线综合与结构碰撞检测、净高分析、工程计量计价与成本管理、进度管理、场地布置、虚拟施工、室内设计以及渲染效果制作等过程。但其发展并不仅局限于此，以建筑 BIM 数字化的信息为基础，为实现数字孪生、智能建造、智慧城市等更高阶的应用，将围绕数据收集、数据挖掘、数据应用展开，结合其他新兴热点技术，开展以 BIM＋“技术与方法”的应用模式，如 BIM＋大数据分析、BIM＋GIS、BIM＋云计算、BIM＋人工智能、BIM＋装配式建筑、BIM＋虚拟现实/增强现实、BIM＋3D 打印、BIM＋绿色建筑/绿色分析、BIM＋数字化加工、BIM＋全过程咨询、BIM＋物联网、BIM＋安全管理、BIM＋智慧城市等，同时应用也在建筑后期的运营阶段发展，实现 BIM＋运维管理与设施管理等在建筑全生命周期内的全过程管理。整体表现为不同领域分支的多学科交叉融合，BIM 将不再是单一的建筑数字模型，而是建筑信息数字化后的多源数据分析应用的基础，其将逐渐发挥一个类似基础数据库或基础数据平台的作用，并将不断引入并融合其他技术与方法，在建筑行业的不同分支领域发挥实际所需的不同作用，逐步实现建筑工业化、信息化、智能化的发展。

1.2.2 BIM 技术在国内的发展现状

国内 BIM 的发展在香港和台湾地区起步较早。香港地区的 BIM 发展主要靠行业自身的推动。早在 2009 年，香港地区便成立了香港 BIM 学会。2010 年，香港地区的 BIM 技术应用已经完成了从概念到实用的转变，处于全面推广的最初阶段。香港房屋署自 2006 年起已率先试用建筑信息模型；为了成功地推行 BIM，自行订立 BIM 标准、用户指南、组建资料库等设计指引和参考。这些资料有效地为模型建立、管理档案以及用户之间的沟通创造了良好的环境。2009 年 11 月，香港房屋署发布了 BIM 应用标准。香港房屋署提出，2014—2015 年该项技术将覆盖香港房屋署的所有项目。

在科研方面，2007 年台湾大学与 Autodesk 签订了产学合作协议，重点研究建筑信息模型（BIM）及动态工程模型设计。2009 年，台湾大学土木工程系成立了工程信息仿真与管理研究中心，促进了 BIM 相关技术与应用的经验交流、成果分享、人才培训与产学研合作。2011 年 11 月，BIM 中心与淡江大学工程法律研究发展中心合作，出版了《工程项目应用建筑信息模型之契约模板》一书，并特别提供合同范本与说明，补充了现有合同内容在应用 BIM 上的不足。高雄应用科技大学土木系也于 2011 年成立了工程资讯整合与模拟（BIM）研究中心。此外，台湾交通大学、台湾科技大学等对 BIM 进行了广泛的研究，推动了台湾地区对于 BIM 的认知与应用。台湾地区的管理部门对 BIM 的推动有两个方向。首先，对于建筑产业界，管理部门希望其自行引进 BIM 应用。对于新建的公共建筑和公有建筑，其拥有者为管理部门，工程发包监督均受到管理部门管辖，要求在设计阶段与施工阶段都以 BIM 完成。其次，一些市也在积极学习国外的 BIM 模式，为 BIM 发展打下了基础；另外，管理部门也举办了一些关于 BIM 的座谈会和研讨会，共同推动 BIM 的发展。

近年来，BIM 在国内建筑业形成一股热潮，除了前期软件厂商的呼吁外，政府相关单位、各行业协会与专家、设计单位、施工企业、科研院校等也开始重视并推广 BIM。2010 年与 2011 年，中国房地产业协会商业地产专业委员会、中国建筑业协会工程建设质量管理分会、中国建筑学会工程管理研究分会、中国土木工程学会计算机应用分会组织并发布了《中国商业地产 BIM 应用研究报告 2010》和《中国工程建设 BIM 应用研究报告 2011》，一定程度上反映了 BIM 在我国工程建设行业的发展现状。根据两届的报告，关于 BIM 的知晓程度从 2010 年的 60%提升至 2011 年的 87%。2011 年，共有 39%的单位表示已经使用了 BIM 相关软件，而其中以设计单位居多。

2011 年 5 月，住房和城乡建设部发布的《2011—2015 年建筑业信息化发展纲要》中明确指出：在施工阶段开展 BIM 技术的研究与应用，推进 BIM 技术从设计阶段向施工阶段的应用延伸，降低信息在传递过程中的衰减；研究基于 BIM 技术的 4D 项目管理信息系统在大型复杂工程施工过程中的应用，实现对建筑工程有效的可视化管理等。加快建筑信息化建设及促进建筑业技术进步和管理水平提升的指导思想，达到普及 BIM 技术概念和应用的目标，将 BIM 技术初步应用到工程项目中，并通过住房城乡建设部和各行业协会的引导作用保障 BIM 技术的推广，拉开 BIM 在中国应用的序幕。

2012 年 1 月，住房和城乡建设部发布《关于印发 2012 年工程建设标准规范制订修订计划的通知》，宣告了中国 BIM 标准制定工作的正式启动，其中包含五项 BIM 相关标准：《建筑工程信息模型应用统一标准》《建筑工程信息模型存储标准》《建筑工程设计信息模型交付标准》《建筑工程设计信息模型分类和编码标准》《制造工业工程设计信息模型应用标准》。其中，《建筑工程信息模型应用统一标准》的编制采取“千人千标准”的模式，邀请行业内相关软件厂商、设计院、施工单位、科研院所等近百家单位参与标准研究项目、课题、子课题的研究。至此，工程建设行业的 BIM 热度日益高涨。

2013 年 8 月，住房和城乡建设部发布了《关于征求关于推荐 BIM 技术在建筑领域应用的指导意见（征求意见稿）意见的函》，首次提出了工程项目全生命期质量安全和工作效率的思想，并要求确保工程建设安全、优质、经济、环保，确立了近期（至 2016 年）和中长期（至 2020 年）的目标，明确指出，2016 年以前政府投资的 2 万 m^2 以上的大型公共建筑以及申报绿色建筑项目的设计、施工采用 BIM 技术；截至 2020 年，应完善 BIM 技术应用标准、实施指南，形成 BIM 技术应用标准和政策体系。

2014 年发布的《关于推进建筑业发展和改革的若干意见》，则再次强调了 BIM 技术工程设计、施工和运行维护等全过程应用的重要性。各地方政府关于 BIM 的讨论与关注更加活跃，上海、北京、广东、山东、陕西等地区相继出台了各类具体政策推动和指导 BIM 的应用与发展。

2015 年 6 月，住房和城乡建设部发布的《关于推进建筑信息模型应用的指导意见》中明确：到 2020 年末，建筑行业甲级勘察、设计单位以及特级、一级房屋建筑工程施工企业应掌握并实现 BIM 与企业管理系统和其他信息技术的一体化集成应用，并首次引入全寿命期集成应用 BIM 的项目比率，要求以国有资金投资为主的大中型建筑、申报绿色建筑的公共建筑和绿色生态示范小区的比率达到 90%，该项目标在后期成为地方政策的参照目标。保障措施方面添加了市场化应用 BIM 费用标准，搭建公共建筑构件资源数据中心及服务平台以及 BIM 应用水平考核评价机制，使得 BIM 技术的应用更加规范化，做到有据可依，不再是空泛的技术推广。

2016 年，住房和城乡建设部发布了“十三五”纲要——《2016—2020 年建筑业信息化发展纲要》，相比于“十二五”纲要，此次引入了“互联网＋”概念，以 BIM 技术与建筑业发展深度融合，以塑造建筑业新业态为指导思想，实现企业信息化、行业监管与服务信息化、专项信息技术应用及信息化标准体系的建立，达到基于“互联网+”的建筑业信息化水平升级。

总的来说，国家政策是一个逐步深化、细化的过程，从普及概念到工程项目全过程的深度应用再到相关标准体系的建立完善，由点到面，逐渐完成 BIM 技术应用的推广工作，硬性要求应用比率以及和其他信息技术的一体化集成应用，同时开始上升到管理层面，开发集成、协同工作系统及云平台，提出 BIM 的深层次应用价值，如与绿色建筑、装配式及物联网的结合，BIM+时代的到来使 BIM 技术得以深入到建筑业的各个方面。

1.2.3 BIM 技术在国外的发展现状

美国是较早启动建筑业信息化研究的国家，发展至今，其 BIM 的研究与应用都走在世界前列。

目前，美国大多建筑项目已经开始应用 BIM，BIM 的应用点种类繁多，而且存在各种 BIM 协会，也出台了各种 BIM 标准。政府自 2003 年起，实行国家级 3D-4D-BIM 计划，自 2007 年起，规定所有重要项目通过 BIM 进行空间规划。关于美国 BIM 的发展，有以下几大 BIM 的相关机构。

1. GSA

2003 年，为了提高建筑领域的生产效率、提升建筑业信息化水平，美国总务署（General Service Administration，GSA）下属的公共建筑服务（Public Building Service）部门的首席设计师办公室（Office of the Chief Architect，OCA）推出了全国 3D-4D-BIM 计划。从 2007 年起，GSA 要求所有大型项目（招标级别）都需要应用 BIM，最低要求是空间规划验证和最终概念展示都需要提交 BIM 模型。所有 GSA 的项目都被鼓励采用 3D-4D-BIM 技术，并且根据采用这些技术的项目承包商的应用程序不同，给予不同程度的资金支持。目前 GSA 正在探讨在项目生命周期中应用 BIM 技术，包括空间规划验证、4D 模拟、激光扫描、能耗和可持续发展模拟、安全验证等，并陆续发布各领域的系列 BIM 指南，在官网可供下载，对于规范 BIM 和 BIM 在实际项目中的应用均起到了重要作用。

2. USACE

2006 年 10 月，美国陆军工程兵团（United States Army Corps of Engineers，USACE）发布了为期 15 年的 BIM 发展路线规划，采用和实施 BIM 技术制定战略规划，以提升规划、设计和施工质量及效率。规划中，USACE 承诺未来所有军事建筑项目都将使用 BIM 技术。

3. BSa

Building SMART 联盟（Building SMART alliance，BSa）致力于 BIM 的推广与研究，使项目所有参与者在项目生命周期阶段能共享准确的项目信息。通过 BIM 收集和共享项目信息与数据，可以有效节约成本、减少浪费。美国 BSa 的目标是在 2020 年之前，帮助建设部门节约 4 亿美元，BSa 下属的美国国家 BIM 标准项目委员会（National Building Information Model Standard Project Committee-United States，NBIMS-US），专门负责美国国家BIM标准（National Building Information Model Standard，NBIMS）的研究与制定。2007年12月，NBIMS-US发布NBIMS第一版的第一部分，主要包括了关于信息交换和开发过程等方面的内容，明确了BIM过程和工具的各方定义、相互之间数据交换要求的明细和编码，使不同部门可充分开发协商一致的BIM标准，更好地实现协同。2012年5月，NBIMS-US发布NBIMS第二版内容。NBIMS第二版的编写过程采用了一个开放投稿（各专业BIM标准）、民主投票决定标准的内容，因此，也被称为是第一份基于共识的BIM标准。

与大多数国家不同，英国政府要求强制使用BIM。2011年5月，英国内阁办公室发布了政府建设战略（Government Construction Strategy）文件，明确要求：到2016年，政府要求全面协同的3D-BIM，并将全部文件信息化管理。

政府要求强制使用BIM的文件得到了英国建筑业BIM标准委员会［AEC（UK）BIM Standard Committee］的支持。迄今为止，英国建筑业BIM标准委员会已发布了英国建筑业BIM标准［AEC（UK）BIM Standard］、适用于Revit的英国建筑业BIM标准［AEC（UK）BIM Standard for Revit］、适用于Bentley的英国建筑业BIM标准［AEC（UK）BIM Standard for Bentley Product］，还在制定适用于ArchiCAD、Vectorworks的BIM标准，这些标准的制定为英国的AEC企业从CAD过渡到BIM提供切实可行的方案和程序。

在BIM这一术语引进之前，新加坡当局就注意到信息技术对建筑业的重要作用。早在1982年，建筑管理署（Building and Construction Authority，BCA）就有了人工智能规划审批（Artificial Intelligence plan checking）的想法，2000—2004年，发展CORENET（Construction and Realestate NET work）项目，用于电子规划的自动审批和在线提交，是世界首创的自动化审批系统。2011年，BCA发布了新加坡BIM发展路线规划（BCA's Building Information Modelling Roadmap），规划明确推动整个建筑业在2013年前广泛使用BIM技术。为了实现这一目标，BCA分析了面临的挑战，并制定了相关策略。在创造需求方面，新加坡政府部门带头在所有新建项目中明确提出BIM需求。2011年，BCA与一些政府部门合作确立了示范项目。BCA将强制要求提交建筑BIM模型（2013年起）、结构与机电BIM模型（2014年起），并且最终在2015年前实现所有建筑面积大于$5000m^2$的项目都必须提交BIM模型的目标。

在建立BIM能力与产量方面，BCA鼓励新加坡的大学开设BIM课程、为毕业学生组织密集的BIM培训课程、为行业专业人士建立了BIM专业学位。

北欧国家如挪威、丹麦、瑞典和芬兰，是一些主要的建筑业信息技术软件厂商所在地，因此，这些国家是全球最先一批采用基于模型设计的国家，推动了建筑信息技术的互用性和开放标准。北欧国家冬天漫长多雪，这使得建筑的预制化非常重要，这也促进了包含丰富数据、基于模型的BIM技术的发展，并促使这些国家及早地进行了BIM的部署。

北欧四国政府并未强制要求全部使用BIM，由于当地气候的要求以及先进建筑信息技术软件的推动，BIM技术的发展主要是企业的自觉行为。如2007年，Senate Properties发布了一份建筑设计的BIM要求（*Senate Properties BIM Requirements for Architectural Design*），自2007年10月1日起，Senate Properties项目仅强制要求建筑设计部分使用 BIM 技术，其他设计部分可根据项目情况自行决定是否采用 BIM 技术，但目标将是全面使用 BIM 技术。该报告还提出，在设计招标阶段将有强制的 BIM 要求，这些 BIM 要求将成为项目合同的一部分，具有法律约束力；建议在项目协作时，建模任务需创建通用的视图，需要准确的定义；需要提交最终 BIM 模型，且建筑结构与模型内部的碰撞需要进行存档；建模流程分为四个阶段：Spatial Group BIM，Spatial BIM，Preliminary Building Element BIM，Building Element BIM。

韩国在运用 BIM 技术上十分超前，多个政府部门都致力于制定 BIM 标准。2010 年 4 月，韩国公共采购服务中心（Public Procurement Service，PPS）发布了 BIM 路线图，内容包括：2010 年，在 1～2 个大型工程项目应用 BIM；2011 年，在 4 个大型工程项目应用 BIM；2012—2015 年，超过 50 亿韩元大型工程项目都采用 4D-BIM 技术（3D+成本管理）；2016 年前，全部公共工程应用 BIM 技术。2010 年 12 日 PPS 发布了《设施管理 BIM 应用指南》，针对设计、施工图设计、施工等阶段中的 BIM 应用进行指导，并于 2012 年 4 月对其进行了更新。

2010 年 1 月，韩国国土交通海洋部发布了《建筑领域 BIM 应用指南》，该指南为开发商、建筑师和工程师在申请四大行政部门、16 个都市以及 6 个公共机构的项目时，提供 BIM 技术使用必须注意的方法及要素的指导。该指南便于用户在公共项目中系统地实施 BIM，同时也为企业建立实用的 BIM 实施标准。

任务 1.3 BIM 相关软件简介

1.3.1 BIM 核心建模软件

BIM 核心建模软件（BIM Authoring Software）是 BIM 的基础。换句话说，正是因为有了这些软件才有了 BIM，因此我们称之为 BIM 核心建模软件，简称 BIM 建模软件。

BIM 应用离不开软件的支撑，当前 BIM 应用软件种类繁多、功能各异，有些软件适合创建 BIM（如 Revit），而有些软件适合对模型进行性能分析（如 Ecotect）或者施工模拟（如 Navisworks），还有一些软件可以在 BIM 基础上进行造价概算或者设施维护等。但不同的领域与功能需求下有不同的软件对应，各类软件在信息交互上存在一定的问题。由于受到了行业规范与标准不够健全以及工作流程的局限，不同的功能需求难以被统一实现，加之 BIM 本身是一个基础的工具平台，难以满足建设过程中来自不同阶段、不同利益方的所有差异化需求。因此对应特定的应用需求，通常会采取自定义开发的形式，以二次开发或专用平台来实现具体特定的功能。如基于主流 BIM 软件 Autodesk Revit 的二次开发实现族库管理、异性构件参数化建模与批量化快速处理；基于 Bentley Microstation 的二次开发实现铁路桥梁的快速建模与管理；基于 Dassault Catia 的快速建模与批量数据处理，等等。在无法用一种软件或平台实现某些特定功能需求时，二次开发可以有效满足 BIM 应用需求并快速实现特定目标。

Revit 建筑、结构和机电系列是 Autodesk 公司的 BIM 软件，它主要针对特定专业的建筑设计和文档系统，支持所有阶段的设计和施工图纸，从概念性研究到最详细的施工图纸和明细表。Revit 平台的核心是 Revit 参数化更新引擎，它可以自动协调在任何位置

（如在模型视图或图纸、明细表、剖面图、平面图中）上所做的更改。Revit 建筑、结构和机电系列也是我国普及最广的 BIM 软件，实践证明，它可以大大提高设计效率，普及性强，操作相对简单，在民用建筑市场中借助 AutoCAD 的优势，有相当不错的市场表现。Bentley 建筑、结构和设备系列产品在工厂设计（石油、化工、电力、医药等）和基础设施（道路、桥梁、市政、水利等）领域有着无可争辩的优势。确定一个项目或企业可使用的 BIM 核心建模软件时可以参考以下基本原则：

（1）对于民用建筑，建议使用 Autodesk Revit。

（2）对于工厂设计和基础设施，建议使用 Bentley。

（3）对于单专业建筑事务所，建议选择使用 ArchiCAD、Revit、Bentley。

（4）对于完全异型、预算比较充裕的项目，建议选用 Digital Project 或 CATIA。

1.3.2 工程建设行业常用的 BIM 软件

1.3.2.1 BIM 可视化软件

有了 BIM 模型以后，使用可视化软件至少有以下三点好处：

（1）可视化建模的工作量减少了。

（2）模型的精度与设计（实物）的吻合度提高了。

（3）可以在项目的不同阶段及各种变化情况下快速产生可视化效果。常用的 BIM 可视化软件包括 3ds Max、Atlantis、AccuRender 和 Lightscape 等。

1.3.2.2 BIM 造价管理软件

造价管理软件利用 BIM 模型提供的信息进行工程量统计和造价分析，在 BIM 模型结构化数据的支持下，基于 BIM 技术的造价管理软件可以根据工程施工计划动态提供造价管理需要的数据，这就是所谓的 BIM 技术的 5D 应用。国外的 BIM 造价管理软件有 Innovaya 和 Solibri、RIB iTWO 等，鲁班、广联达、斯维尔等软件是国内 BIM 造价管理软件的代表。

1.3.2.3 BIM 运营管理软件

我们把 BIM 形象地比喻为建设项目的 DNA，根据美国国家 BIM 标准委员会的资料，一个建筑物全寿命周期成本的 75％发生在运营阶段（使用阶段），而建设阶段（设计、施工）的成本只占项目全寿命周期成本的 25％。BIM 模型为建筑物的运营管理阶段服务，是 BIM 应用重要的推动力和工作目标。在这方面，美国运营管理软件 Archibus 是最具市场影响力的软件之一。

1.3.2.4 BIM 模型综合碰撞检查软件

（1）不同专业人员使用各自的 BIM 核心建模软件建立与自己专业相关的 BIM 模型，但这些模型需要在一个环境中集成起来，才能完成整个项目的设计、分析和模拟。

（2）对于大型项目来说，硬件条件的限制使得 BIM 核心建模软件无法在一个文件中操作整个项目模型，但是又必须把这些分开创建的局部模型整合在一起，以研究整个项目的设计、施工及其运营状态。

模型综合碰撞检查软件的基本功能包括集成各种三维软件（包括 BIM 软件、三维工厂设计软件、三维机械设计软件等）创建的模型，进行 3D 协调、4D 计划、可视化、动态模拟等，模型综合碰撞检查软件属于项目评估、审核软件的一种。常见的 BIM 模型综合碰撞检查软件有 Autodesk Navisworks、Bentley Projectwise Navigator 和 Solibri Model Checker 等。

1.3.2.5 BIM结构分析软件

结构分析软件是目前BIM主流软件中集成度比较高的产品，基本上可以实现结构分析软件与BIM核心建模软件之间的双向信息交换，即结构分析软件可以使用BIM核心建模软件的信息进行结构分析，分析结果对结构的调整又可以反馈到BIM核心建模软件中去，自动更新BIM模型。国外的ETABS、STAAL、Robot等结构分析软件和国内的PK-PM等结构分析软件都可以与BIM核心建模软件配合使用。

项目2

Revit软件的基础操作

【学习目标】

（1）了解 Revit 软件的基本专业术语。

（2）熟悉 Revit 软件的工作界面。

（3）掌握项目文件的创建和保存。

（4）掌握 Revit 的基本操作。

（5）熟悉 Revit 的项目设置。

【思政目标】

通过介绍 Revit 软件的功能和操作界面，了解我国目前专业建模软件的开发现状，增强学生对软件学习的兴趣，以此激发学生爱科学、爱国家的热情，培养学术志向，厚植爱国主义情怀。

Revit 系列软件是由美国数字化设计软件供应商 Autodesk 公司，针对建筑设计行业开发的三维参数化设计软件平台。Revit 软件具有强大的可视化功能，它以三维设计为基础理念，直接采用建筑师熟悉的墙体、门窗、楼板、楼梯、屋顶等构件作为命令对象，能够快速创建出项目的三维虚拟建筑信息模型；可以对设计做任意修改，实现“一处修改，同步更新”；在创建三维建筑模型的同时还可以自动生成所有的平面、立面、剖面和明细表等视图，可以极大地节省绘制和处理图纸的时间，提高设计质量和设计效率。

任务2.1 Revit 软件概述

Revit 是专业 BIM 建模软件，包括建筑、结构和设备三个专业设计工具模块，以满足设计中各专业应用的需求。用户在使用 Revit 软件时可以自由安装、切换和使用不同的模块。利用 Revit 建筑设计模块的建筑设计公司可以让建筑师在三维设计模式下方便地推敲设计方案，快速地表达设计意图，创建三维建筑信息模型，并以三维建筑信息模型为基础，自动生成所需的建筑施工图档，从概念到方案，最终完成整个建筑设计过程。Revit 建筑设计功能强大且易学易用，目前已经成为建筑行业内使用最广泛的三维参数化建筑设计软件。

2.1.1 Revit 建筑设计的基本功能

（1）概念设计功能。Revit 建筑设计的概念设计功能提供了自由形状建模和参数化设计工具，并且可以使用户能够在方案阶段及早地对设计进行分析。

(2) 建筑建模功能。Revit 建筑设计的建筑建模功能可以帮助用户将概念形状转换成全功能建筑设计。用户可以选择并添加面，由此设计墙、屋顶、楼层和幕墙系统；并可以提取重要的建筑信息，包括每个楼层的总面积。此外，用户还可以将基于相关软件应用的概念性体量转化为 Revit 建筑设计中的体量对象，从而进行方案设计。

(3) 附带丰富的详图库和详图设计工具。利用 Revit 建筑设计能够进行广泛的预分类，并且可轻松兼容 CSI 格式。用户可以根据需要创建、共享和定制详图库。

(4) 材料算量功能。材料算量功能可以实现详细的材料数量的计算。材料算量功能适用于计算可持续设计项目中的材料数量和估算成本，显著优化材料数量跟踪流程。随着项目的推进，Revit 建筑设计的参数化修改引擎将随时更新材料统计信息；用户可以使用冲突检测功能来扫描创建的建筑模型，查找构件间的冲突；Revit 建筑设计的设计可视化功能可以创建并获得如照片般真实的建筑设计创意和周围环境效果图，使用户在实际动工前体验设计创意；Revit 建筑设计中的渲染模块工具能够在短时间内生成高质量的渲染效果图，展示出令人震撼的设计效果。

2.1.2 Revit 基本专业术语

在用 Revit 软件进行建筑模型设计之前，首先需要对界面中的基本专业术语有一定的了解，这样能更灵活创建模型和文档。

1. 项目与项目样板

在 Revit 中，所有的设计信息都被存储在一个后缀名为“.rvt”的 Revit“项目”文件中，项目就是单个设计信息数据库——建筑信息模型。项目文件包含了建筑的所有设计信息（从几何图形到构造数据），包括建筑的三维模型、平立剖面及节点视图、各种明细表、施工图图纸以及其他相关信息，并且这些设计信息之间保持着关联关系。当建筑师在某一个设计视图中修改设计时，Revit 会在整个项目中同步更新这些修改。项目文件是最终完成并交付的文件。

在 Revit 中新建项目时，Revit 会自动以一个后缀名为“.rte”的文件作为项目的初始条件，这个“.rte”格式的文件称为“样板文件”。Revit 的样板文件功能与 AutoCAD 的“.dwt”类似。样板文件中定义了新建的项目中默认的初始参数，例如，项目默认的度量单位、默认的楼层数量的设置、层高信息、线型设置、显示设置等。Revit 允许用户自定义自己的样板文件的内容，并保存为新的“.rte”文件。

2. 图元

图元是组成项目文件的最小完整单元，在创建项目时，用户可以通过向设计中添加参数化建筑图元来创建建筑模型。Revit 中，图元是一个统称，主要分为三种：模型图元、基准图元和视图专有图元。

(1) 模型图元。模型图元表示建筑的实际三维几何图形，其显示在模型的相关视图中，如墙、窗、门和屋顶等。

(2) 基准图元。基准图元是可以帮助定义项目定位的图元，如轴网、标高和参照平面等。

(3) 视图专有图元。视图专有图元只显示在放置这些图元的视图中，可以对模型进行

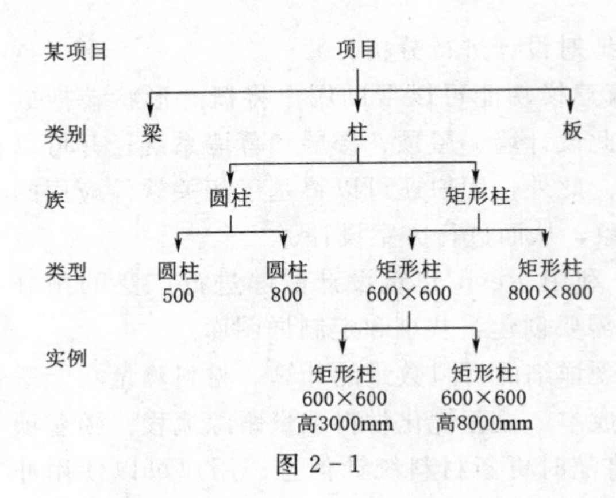

图2-1

描述和归档，如文字注释、尺寸标注、标记和二维详图构件等。

Revit按照类别、族和类型对图元进行分类，图元架构如图2-1所示。

3. 类别

类别是具有同一大类属性的建模或记录图元，用于对模型图元、基准图元和视图专有图元做进一步的分类。例如：墙、屋顶和梁属于模型图元的类别，而标记和文字注释属于视图专有图元的类别。

4. 族

族是一个包含通用属性（称作参数）集和相关图形表示的图元组。如柱，为一个类别的构件，但柱有不同的截面形式，方柱、圆柱等，不同的柱具有柱的一些通用属性，都属于柱类别，但方柱与圆柱的截面参数等又有所不同，因此可分为方柱族、圆柱族。属于一个族的不同图元的部分或全部参数可能有不同的值，但是参数（其名称与含义）的集合是相同的。"族"中包括许多可以自由调节的参数，这些参数记录着图元在项目中的尺寸、材质、安装位置等信息，修改这些参数可以改变图元的尺寸、位置等。

Revit包含标准构件族（可载入族）、系统族和内建族三种。

（1）标准构件族。又称可载入族，可以将它们载入项目，从一个项目传递到另一个项目，可以重复使用，如门窗、梁柱等。在默认情况下，在项目样板中载入标准构件族，但更多标准构件族存储在构件库中。使用族编辑器创建和修改构件，可以复制和修改现有构件族，也可以根据各种族样板创建新的构件族。可载入族可以单独保存为后缀名为".rfa"的族文件。

（2）系统族。系统族是在Revit中预定义的族，包含基本建筑构件，如墙、楼板、屋顶等，可以直接调用。系统族包含多种类型，例如基本墙系统族包含定义内墙、外墙、基础墙、常规墙和隔断墙样式的墙类型，可以复制和修改现有系统族类型，但不能创建新的族类型。

（3）内建族。指在当前项目中新建的族，"内建族"只能存储在当前的项目文件里，不能单独保存成后缀为".rfa"的族文件，也不能用在别的项目文件中。内建族可以是在特定项目中建立的模型构件，也可以是注释构件。与系统和标准构件族不同，不能通过复制内建族类型来创建多种类型。

5. 类型

类型是同一族下面根据其参数不同的具体细分，每一个族可以拥有多个类型，类型可以是族的特定尺寸或样式等参数。如圆形柱，有各种不同直径的圆形柱，直径为圆形柱的一个参数，根据直径参数可以定义不同类型的圆形柱族；如尺寸标注族，其标注样式可能是默认对齐样式或默认角度样式，不同的标注样式是标注族的一个参数，根据不同标注样式可以定义不同类型的尺寸标注族。

6. 实例

实例是建模过程中每一个具体的图元。选择实例，可以赋予不同参数。图元参数包含两种类型：类型参数与实例参数。

（1）类型参数。是对同类型的单独实例之间共同的所有东西进行定义。简单说就是如果有同一个族的多个相同的类型被载入项目中，类型参数的值一旦被修改，所有的类型个体都会相应地改变。

（2）实例参数。是对实例与实例之间不同的所有东西进行定义。简单说就是如果有同一个族的多个相同的类型被载入放置到项目中不同位置，其中一个类型的实例参数的值一旦被修改，只有当前位置被修改的这个类型的个体会相应改变，该族的其他类型的实例参数的值仍保持不变。

7. 工作平面

工作平面是一个用作视图或绘制图元起始位置的虚拟二维表面，是建模的重要参照。

8. 参照平面与参照线

参照平面与参照线是 Revit 建模的辅助定位工具。参照平面的范围是无穷大的，而参照线有特定的起点和终点。参照线在三维中仍然可见，参照平面在三维中则不可见。参照线的线型为实线，而参照平面的线型为虚线。

任务 2. 2　Revit 2019 的工作界面

2. 2. 1　Revit 2019 的启动界面

本书以 Revit 2019 版本为例进行讲解。在成功安装后，系统会在桌面上创建 Revit 2019 的快捷启动图标，和启动其他软件的方法相似，Revit 2019 也提供了几种启动方法。其中一种方法是双击桌面上的 Revit 2019 快捷启动图标，系统将进入如图 2 - 2 所示的初始启动界面，用户可以在左侧区域打开或新建一个项目或族文件。界面的右侧列出了最近使用或系统自带的项目或族样板文件。

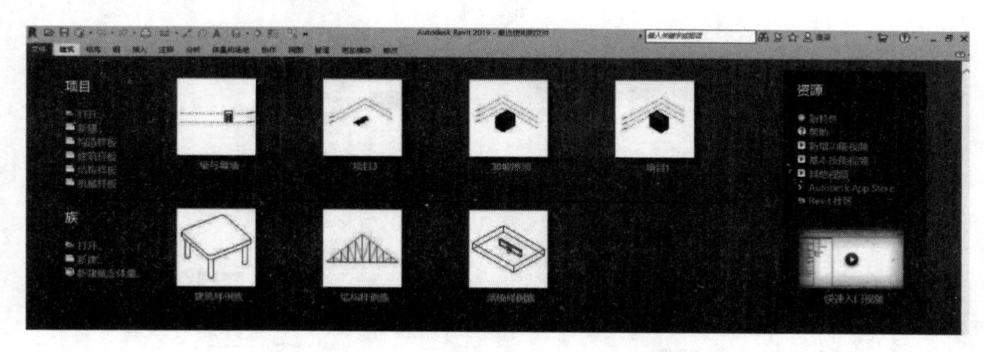

图 2 - 2

2. 2. 2　Revit 2019 的操作界面

以项目文件为例，单击初始启动界面中最近使用过的项目文件，或者单击“项目”选项组中的“新建”按钮，弹出“新建项目”对话框，如图 2 - 3 所示，在“样板文件”下拉列表中选择一个样板文件如“建筑样板”，单击“确定”按钮，即可进入 Revit 2019 的建筑样板的操作界面。

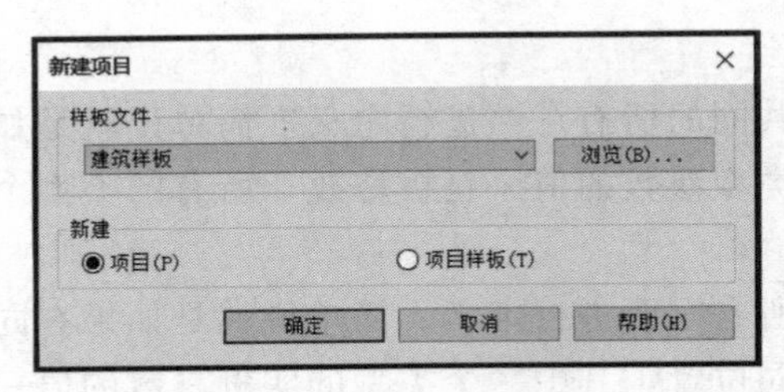

图 2-3

Revit 2019 的操作界面主要包含应用程序菜单、快速访问工具栏、标题栏、功能区、“属性”选项板、项目浏览器、视图控制栏、状态栏和立面符号等，如图 2-4 所示。

1. 应用程序菜单

单击“应用程序菜单”按钮 R 下的“文件”选项卡，弹出下拉菜单，如图 2-5 所示，该下拉菜单提供了“新建”“打开”“保存”“另存为”“导出”“打印”“关闭”等常用的文件操作命令。若单击右下角“选项”按钮，系统将弹出“选项”对话框，如图 2-6 所示，用户可以在该对话框中对文件保存提醒间隔、背景颜色以及快捷键等进行相应的设置。

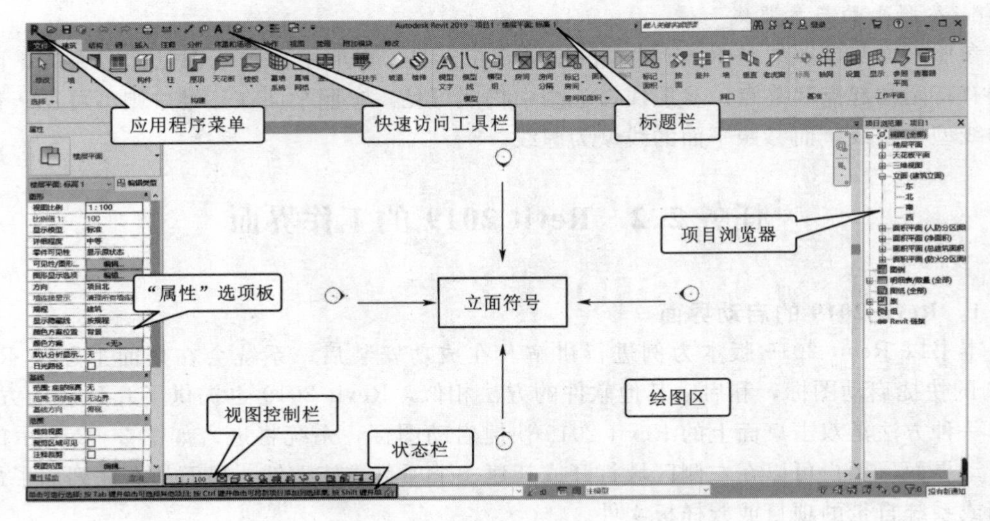

图 2-4

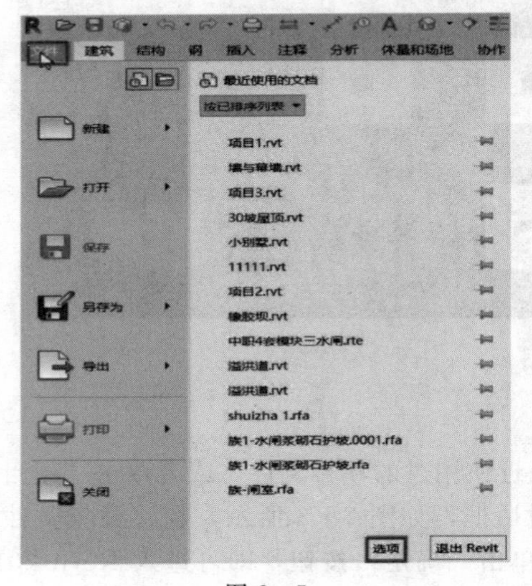

图 2-5

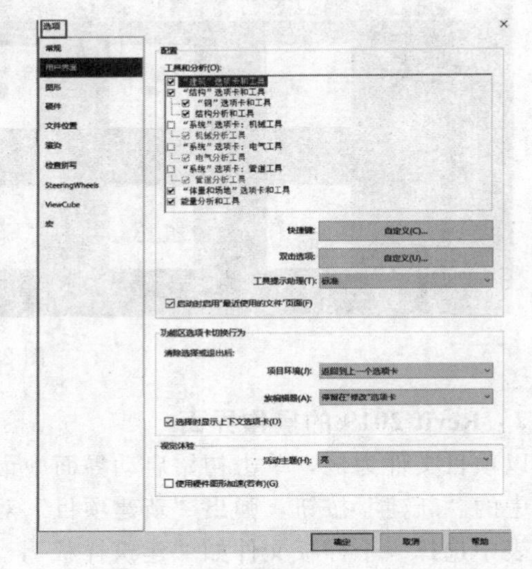

图 2-6

2. 快速访问工具栏

“快速访问工具栏”包含一些经常用到的命令，如图 2-7 所示。用户可以对该工具栏进行自定义使其显示最常用的工具。若单击该工具栏最右端的下拉三角箭头，系统将展开工具列表，此时，在工具列表中勾选选中或取消相应的选项，即可显示或隐藏相应的命令按钮。

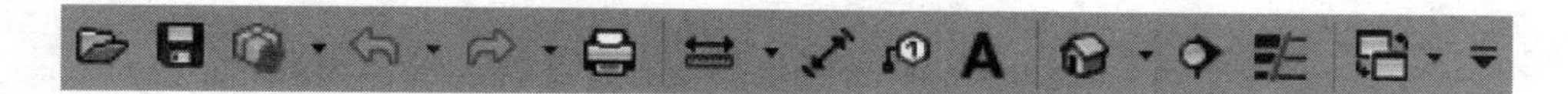

图 2-7

3. 标题栏

在“快速访问工具栏”的右边，显示当前软件运行的版本、当前文件的名称以及当前所在视图，如图 2-8 所示。标题栏右侧为信息中心，如图 2-9 所示，显示登录账号的用户名，通常我们采用离线或不进行登录。

图 2-8　　图 2-9

4. 功能区

功能区面板默认位于快速访问工具栏的下方，如图 2-10 所示，它提供创建项目或族所需的全部工具。功能区由主选项卡、子选项卡和选项栏三部分组成。

图 2-10

(1) 主选项卡。功能区主选项卡中默认的工具有“建筑”“结构”“钢”“插入”“注释”“分析”“体量和场地”“协作”“视图”“管理”“附加模块”等 11 个主选项卡和一个上下文选项卡“修改”。单击主选项卡最右侧的下拉工具按钮，可以使功能区的视图状态在“最小化为选项卡”“最小化为面板标题”“最小化为面板按钮”和“循环浏览所有项”四种状态之间切换。

(2) 子选项卡。当选择某个图元或激活某个命令时，在功能区主选项卡下会显示对应的子选项卡，其中列出了和该图元或该命令相关的所有子命令工具，这样就不需要在下拉菜单中逐级查找子命令。默认是“建筑”主选项卡下的子命令工具，如“构建”“楼梯坡道”“模型”等。

(3) 选项栏。选项栏位于功能区的下方。当选择不同的工具命令时，或者选择不同的图元时，选项栏中将显示与该命令或该图元相关的选项，在这里可以进行相应参数的设置和编辑。如当创建“墙：建筑”时选项栏显示如图 2-11 所示。此时上下文选项卡“修改”同时变为“修改 | 放置 墙”。

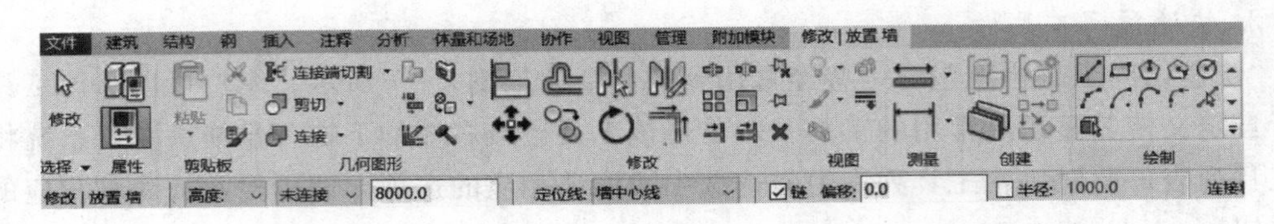

图 2-11

5.“属性”选项板

“属性”选项板的主要功能是查看或修改图元的属性特征，如图 2-12 所示。“属性”选项板由类型选择器、编辑类型、属性过滤器、实例属性四部分组成。每个图元的属性包括实例属性和类型属性。实例属性是单个图元的属性，类型属性是同类型图元的属性。

“属性”选项板主要由以下四部分组成。

(1) 类型选择器。“属性”选项板上面一行的预览框和类型名称即为类型选择器。用户可以单击右侧的下拉箭头，从打开的下拉列表中选择已有的合适的构件类型直接替换现有构件类型，而不需要反复修改图元参数。

(2) 编辑类型。单击“编辑类型”按钮，系统将打开“类型属性”对话框，如图 2-13 所示。在该对话框中，用户可以复制、重命名对象类型，并可以通过编辑其中的类型参数值来改变与当前所选择图元同类型的所有图元的属性。

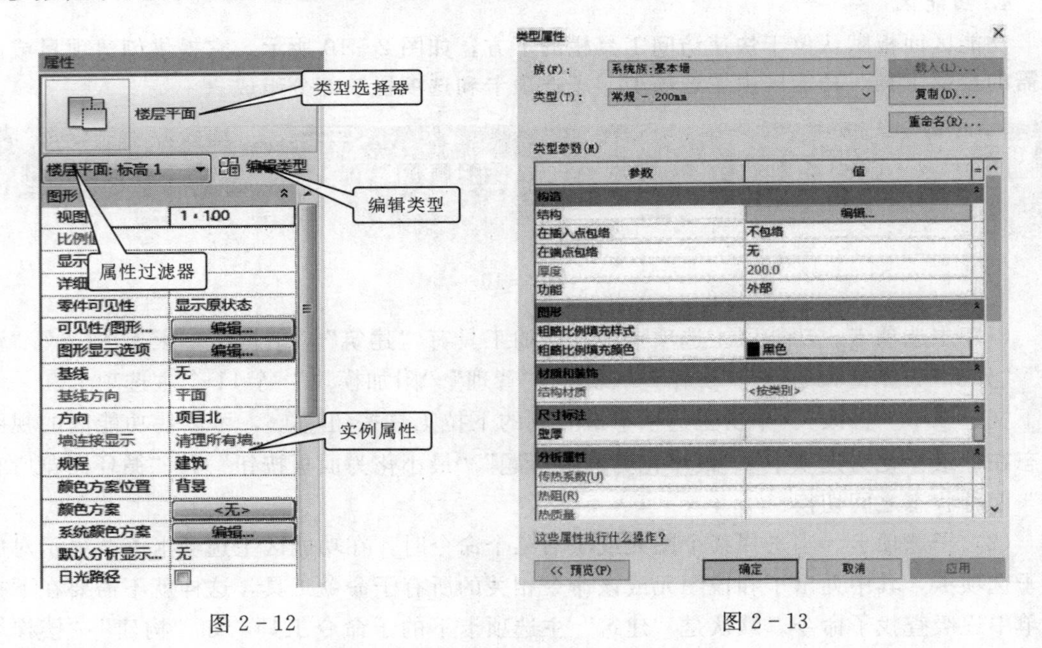

图 2-12　　　　图 2-13

(3) 属性过滤器。在绘图区域中选择多类图元时，可以通过属性过滤器选择所选对象中的某一类对象。

(4) 实例属性。“属性”选项板中的各种参数列表框显示了当前所选择图元的各种限制条件类、图形类、尺寸标注类、标识数据类、阶段类等实例参数及其值。实例属性只改变当前所选中图元的属性。

6. 项目浏览器

“项目浏览器”用于组织和管理当前项目中的所有信息，包括当前项目中所有视图、明细表、图纸、族、组、链接的 Revit 模型等项目资源。项目浏览器呈树状结构，各层级可展开和折叠，如图 2-14 所示。在 Revit 中，所有的平立剖面甚至于详图、图例和明细表等都是基于模型得到的“视图”，当模型修改时，所有视图都会自动更新。最常用的就是利用项目浏览器在各个视图中进行切换，利用项目浏览器可以方便查看模型，寻找模型中指定的构件。

提示： 当需要使用剖面视图查看模型内部时，可以先将视图切换到三维，然后在“属性”选项板中找到“剖面框”进行勾选，如图 2-15 所示。此时三维模型周围会出现一个矩形框，选中矩形框会出现箭头所指的拖动标志，按住拖动标志进行拖动，即可对模型进行剖切。

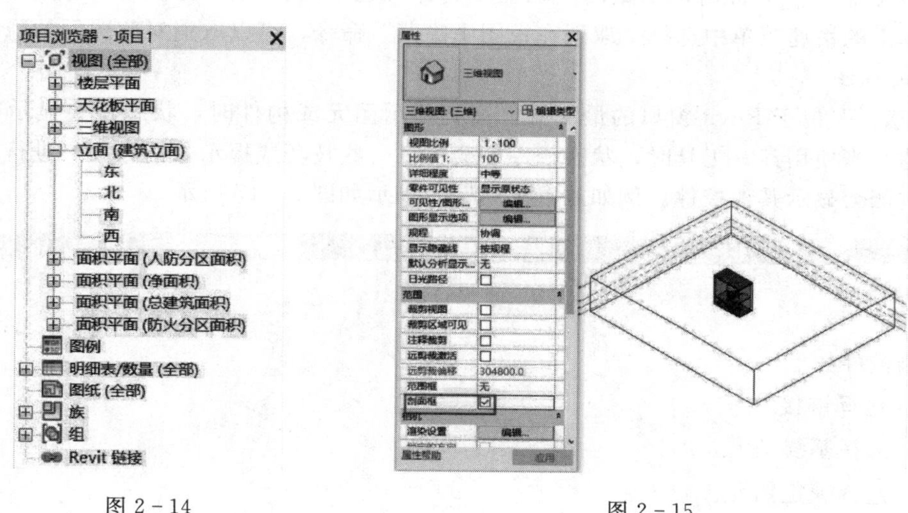

图 2-14　　　　图 2-15

7. 视图控制栏

“视图控制栏”位于绘图区的下方、状态栏的上方，提供一些有关当前视图的操作命令，如比例、详细程度、模型的视觉样式、临时隐藏/隔离等，如图 2-16 所示。

图 2-16

视图控制栏里常用的命令功能如下：

（1）视图比例。该选项用于对视图指定不同的比例，该比例值不影响模型大小，而是控制模型尺寸显示与当前视图显示之间的关系。

（2）详细程度。Revit 提供了粗略、中等和精细三种详细程度以满足出图要求。

（3）视觉样式。Revit 的显示效果可分为线框、隐藏线、着色、一致的颜色和真实。显示的效果越好，计算机消耗的资源就越多，对计算机的性能要求也就越高，用户根据自己的需要，选择合适的显示效果。

(4) 临时隐藏/隔离。临时隐藏/隔离可以帮助在设计过程中，临时隐藏或者突显需要观察或者编辑的构件，为绘图工作提供方便。当选择需要编辑的对象，点击按钮，可以看到有四个选项：

1) 隔离类别：只显示与选中对象相同类型的图元，其他图元将被临时隐藏。

2) 隐藏类别：选中的图元与其具有相同属性的图元将会被隐藏。

3) 隔离图元：只显示选中的图元，与其具有相同类别属性的图元不会被显示。

4) 隐藏图元：只有选中的图元会被隐藏，同类别的图元不会被隐藏。

此时按钮变为。恢复被临时隐藏图元的方法：再次点击临时隐藏/隔离命令，选择"重设临时隐藏/隔离"，则所有被隐藏的图元均会重新显示在视图范围。

(5) 显示隐藏的图元。开启该功能可以显示所有被隐藏的图元。点击"显示隐藏的图元"按钮变为，此时被隐藏的图元显示为深红色，选择被隐藏的图元后点击鼠标右键，在弹出的快捷菜单中选择"取消在视图中隐藏"命令，可以取消对此图元的隐藏。

8. 状态栏

"状态栏"位于Revit窗口的最下方，高亮显示图元或构件时，状态栏会显示族和类型的名称。当使用某一工具时，状态栏左侧会提供一些技巧或提示，指导用户进行下一步操作，右侧会显示其他控件。例如放置"门"时提示如图2-17所示。

图2-17

右侧控件如下：

：选择链接。

：选择基线图元。

：选择锁定图元。

：按面选择图元。

：选择时拖动图元。

：后台进程。

：过滤器按钮，优化视图中选定的图元类型。

9. 立面符号

在Revit中，项目默认有东、北、南、西四个立面视图，在楼层平面视图中显示立面符号，双击符号右侧黑色小三角可以直接进入立面视图。立面符号不能删除，否则会导致立面视图不可见。

2.2.3 视图控制

在Revit中，视图不同于传统意义上的AutoCAD图纸，它是所建项目中的BIM模型根据不同的规则显示的模型投影。常用的视图有三维视图、剖面视图、详图索引视图、平面视图、立面视图、明细表等，用户可以利用"项目浏览器"在各视图间切换，同时在"视图"主选项卡"创建"子选项卡中也为用户提供了各种创建视图工具，如图2-18所示。

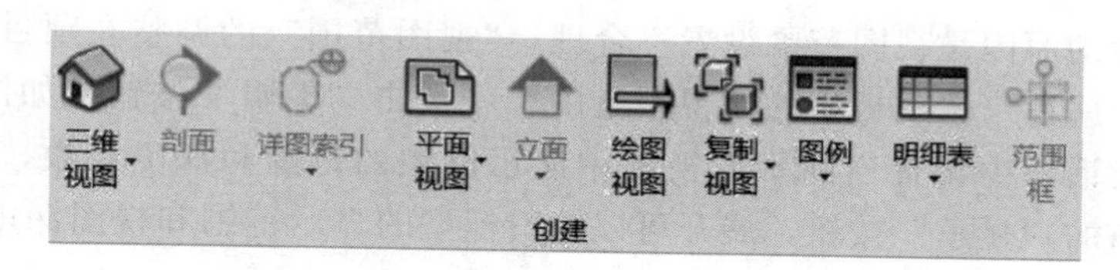

图 2-18

在 Revit 中，可以通过鼠标、Viewcube 和视图导航栏工具对视图进行平移和缩放等操作。

(1) 鼠标。与 AutoCAD 鼠标功能类似，在 Revit 中滚动鼠标滚轮可以对视图进行缩放，向上滚动放大视图，向下滚动缩小视图。在任何视图中按住鼠标滚轮并拖动，可以对视图进行平移。在三维视图中，同时按住 Shift 键和鼠标滚轮，拖动鼠标可以实现三维视图旋转，若先选中某图元，再进行旋转，则选中的图元为旋转中心。除了这些操作外在 Revit 中还有以下功能。

1) 选中某个图元，轻微移动鼠标，当光标变成表示移动的"十"字图标的时候，同时按住键盘上的 Ctrl 键和鼠标左键，移动鼠标，所选图元就会被复制。

2) 选中某个图元，同时按住键盘上的 Shift 键和鼠标左键，移动鼠标，所选图元就会沿着垂直或者水平方向移动。

3) 选中某个图元，同时按住键盘上的 Shift 键、Ctrl 键和鼠标左键，移动鼠标，图元将会沿着垂直或者水平方向复制。

(2) Viewcube。在三维视图中，Viewcube 用于快速确定模型的方向。默认情况下，Viewcube 位于三维视图窗口的右上角，单击 Viewcube 的面、顶点或边，用户可以在模型的各个视图和等轴测视图之间进行切换，指南针显示在 Viewcube 的下方，可以单击指南针上代表方向的汉字以旋转模型，如图 2-19 所示。

(3) 视图导航栏工具。视图导航栏工具位于绘图区的右侧，包括控制盘和缩放控制两部分，如图 2-20 所示，要激活或取消激活导航栏工具，可切换至"视图"主选项卡，单击"窗口"子选项卡中的"用户界面"按钮，在弹出的下拉列表中选中或取消选中"导航栏"复先框。单击导航栏右下角的下拉三角箭头，用户可以在打开的自定义菜单中设置导航栏上所要显示的模块内容、导航栏在绘图区域中的位置和不透明度等。

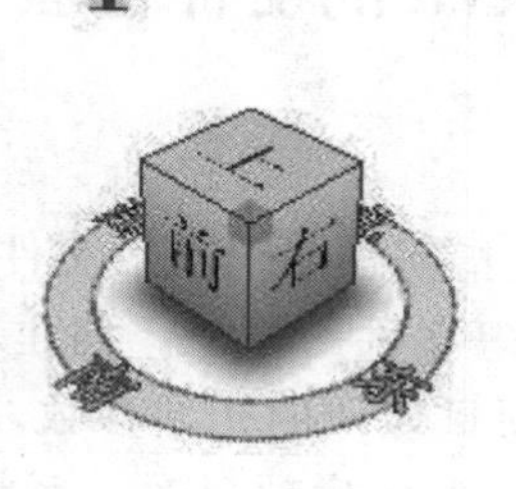

图 2-19

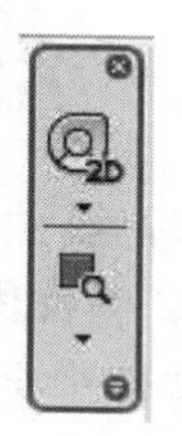

图 2-20

2.2.4 视图范围

在平面视图中经常会出现放置的某个构件在该层看不到的情况，但是在三维视图中看得到，此时可能的原因是视图范围设置不合理。“视图范围”的调整在项目建模过程中是常用命令。在“属性”选项板中的“视图范围”中点击“编辑”按钮，如图 2-21 所示。即可在弹出的对话框中设置当前平面视图中显示模型的范围和深度参数，如图 2-22 所示。点击左下角的“显示”按钮，展开可以查看模型的显示范围和视图深度，如图 2-23 所示。

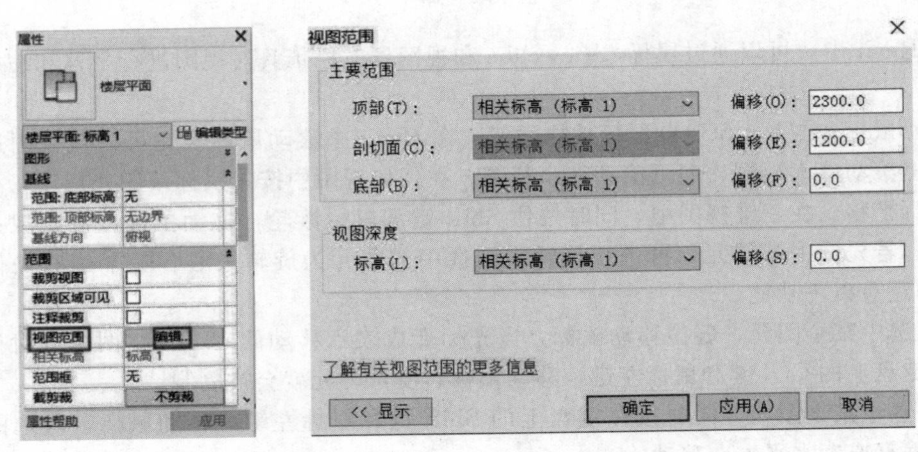

图 2-21　　图 2-22

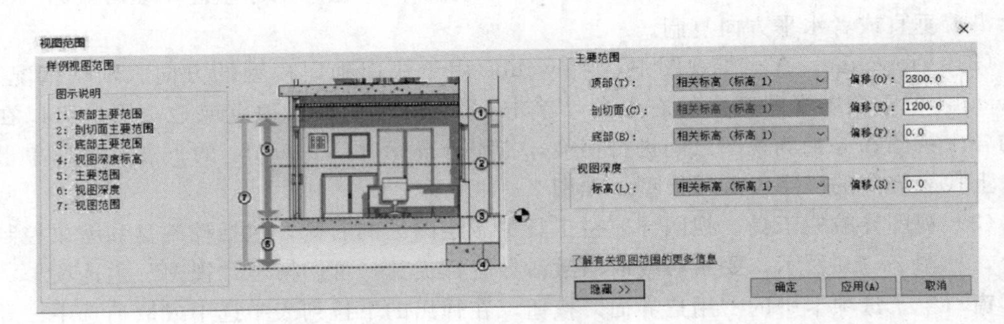

图 2-23

任务 2.3　Revit 的文件管理

2.3.1　新建项目文件

在 Revit 建筑设计中，新建一个文件是指新建一个项目文件，有别于在传统的 AutoCAD 中新建一个平面图、立面图或剖面图等文件的概念。创建新的项目文件是开始建筑设计的第一步。在样板文件中定义了新建项目默认的初始参数，如度量单位、楼层数量、层高信息、线型和显示信息等。当在 Revit 中新建项目时，系统会自动以一个后缀名为“.rte”的文件作为项目的初始文件，这个“.rte”格式的文件即为样板文件。Revit 允许用户自定义自己的样本文件内容，并将其保存为新的“.rte”文件。Revit 样板文件的功能与 AutoCAD 的“.dwt”文件相同。与 AutoCAD 一样，Revit 自带的样板文件的标高符号、剖面标头门窗标记等符号不完全符合我国国标出图规范的要求，因此需要首先设置自己的样板文件。

在 Revit 中，新建项目文件有以下三种方式。

(1) 使用“最近使用的文件”。打开 Revit 软件后，在主界面的“项目”选项组中单击“新建”按钮，系统将打开“新建项目”对话框，在“新建”选项组中选中“项目”单选按钮，然后单击“浏览”按钮，如图 2-24 所示。在打开的“选择样板”对话框中选择最近使用的文件作为样板文件，单击“打开”按钮，再单击“确定”按钮即可新建相应的项目文件。

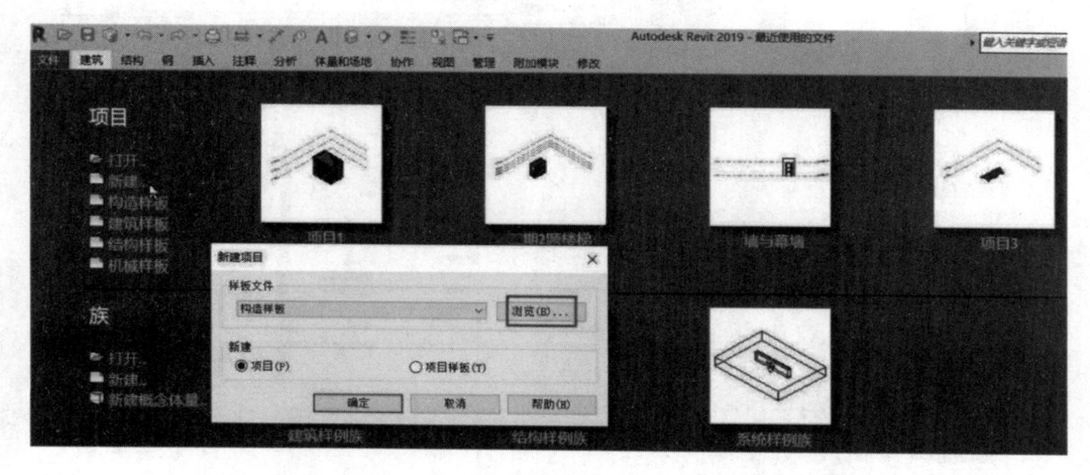

图 2-24

(2) 快速访问工具栏。单击快速访问工具栏中的“新建”按钮，在打开的“新建项目”对话框中按照上述操作方法新建相应的项目文件。

(3)“文件”选项卡。首先单击“应用程序菜单”按钮下的“文件”选项卡，在展开的下拉菜单中选择“新建项目”命令，如图 2-25 所示。然后在打开的“新建项目”对话框中按照上述操作方法新建项目文件。

2.3.2 保存项目文件

在完成图形的创建和编辑后，用户可以将当前图形保存到指定的文件夹中。此外，在使用 Revit 绘图的过程中，应每隔 10～20min 保存一次所绘的图形。定期保存绘制的图形是为了防止突发情况对已绘制图形造成影响，尽可能做到防患于未然。

完成项目文件的创建后，单击快速访问工具栏中的“保存”按钮，系统将打开“另存为”对话框，如图 2-26 所示。此时即可输入项目文件的名称，并指定相应的路径来保存该文件。点击对话框中的“项目”按钮，可以设定保存的最大备份数，如图 2-27 所示。

除了上面的保存方法之外，Revit 还为用户提供了一种提醒保存的方法，即间隔时间保存。单击“应用程序菜单”按钮 R，在展开的下拉菜单中单击“选项”按钮，在打开的“选项”对话框的“通知”选项组中设置相应的时间参数即可，如图 2-28 所示。

提示：Revit 低版本打不开高版本。

图 2-25　　图 2-26

图 2-27　　图 2-28

任务 2.4　Revit 的基本操作

Revit 提供了强大的图形绘制与编辑命令，方便用户灵活快捷地编辑图形，此外还提供了过滤、参照平面和临时尺寸标注等工具辅助建模。掌握这些命令和工具的用法，是创建三维模型的基础。

2.4.1　图元的选择

在使用 Revit 软件创建模型过程中，经常需要选择已创建的图元进行编辑，根据图元的特点，能够快速、准确地选择图元，可以提高建模效率。图元的选择是设计中最基本的操作，和其他的 CAD 设计软件一样，为了提高选择的速度和准确性，Revit 提供了多种选择图元的方式，常用的选择方式有以下几种。

1. 单选

在图元上直接单击进行选择的方式称为单选，它是最常用的图元选择方式。在视图中移动光标到某一构件图元上，当该图元高亮显示时单击，即可选中该图元，如图2-29所示。

此外，当按住Ctrl键且光标箭头右上角出现“+”时，连续单击选取相应的图元，即可一次选择多个图元。

提示： 当单击选择某一构件图元后，右击并在弹出的快捷菜单中选择“选择全部实例”命令，系统即可自动选择所有相同类型的图元。

2. 窗选

窗选（窗口选取）是以指定对角点的方式定义矩形选取范围的一种选取方法。Revit窗选的操作方式与AutoCAD相似，即只有被完全包含在矩形框中的图元才会被选中，而只有一部分进入矩形框中的图元将不会被选中。窗选时，首先单击确定第一个对角点，然后从左侧向右侧移动鼠标指针，此时选取区域将以实线矩形的形式显示，接着单击确定第二个对角点，即可完成窗口选取，如图2-30所示。

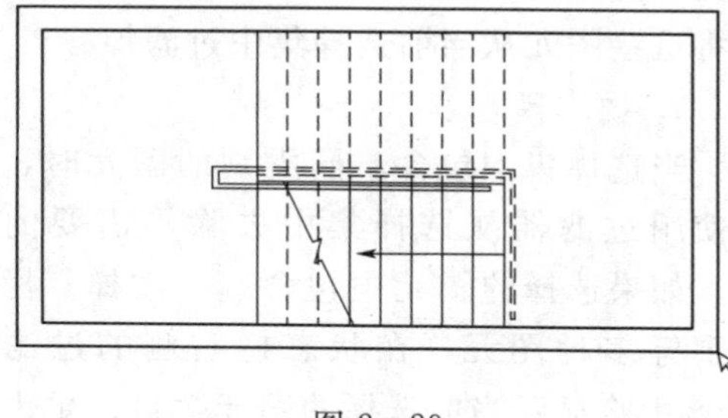

图2-29

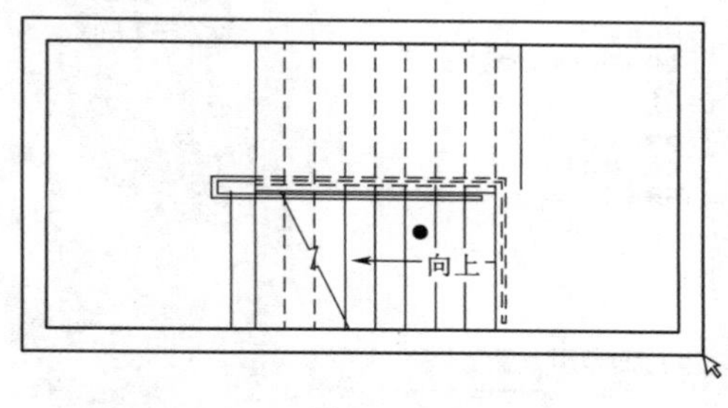

图2-30

3. 交叉窗口选取

交叉窗口选取是在确定第一点后，从右侧向左侧移动鼠标指针，选取区域将显示为一个虚线矩形框。此时再单击确定第二点，即第二点在第一点的左边，即可选中与矩形框相交的图元，如图2-31所示。

提示： 选择图元后，在视图空白处单击或按Esc键即可取消选择。

4. Tab键选择

在选择图元的过程中，用户可以结合Tab键方便地选取视图中的相应图元。其中，当视图中出现重叠的图元而需要切换选择时，可以先将光标移动至重叠区域，使其亮显，然后连续按下Tab键，即可以在多个图元之间循环切换，以供选择。

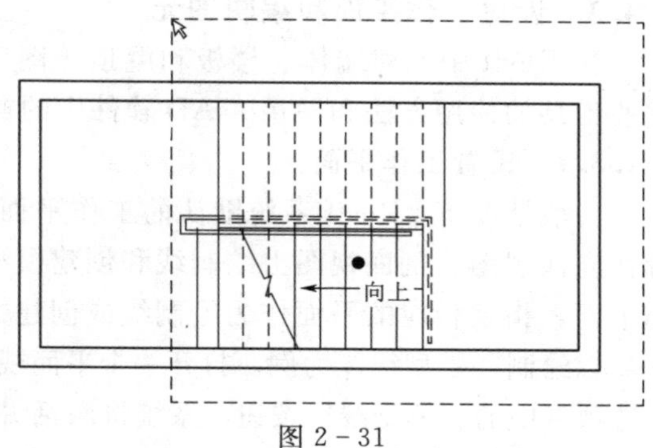

图2-31

2.4.2 图元的过滤

当选择多个图元，尤其是利用窗选和交叉窗选等方式选择图元时，特别容易将一些不需要的图元选中。此时，用户可以利用相应的方式从选择集中过滤掉不需要的图元。图元过滤的具体操作方法有以下几种。

1. Shift 键+单击选择

选择多个图元后，按住 Shift 键，光标箭头的右上角将出现“-”符号。此时，连续单击选取需要过滤掉的图元，即可将其从当前选择集中过滤掉。

2. Shift 键+窗选

选择多个图元后，按住 Shift 键，光标箭头的右上角将出现“-”符号。此时，从左侧单击并按住鼠标左键不放，向右侧拖动鼠标拉出实线矩形框，完全包含在框中的图元将高亮显示，松开鼠标后即可将这些图元从当前选择集中过滤掉。

3. Shift 键+交叉窗选

选择多个图元后，按住 Shift 键，光标箭头的右上角将出现“-”符号。此时，从右侧单击并按住鼠标左键不放，向左侧拖动鼠标拉出虚线矩形框，完全包含在框中和选择框交叉的图元都将高亮显示，松开鼠标后即可将这些图元从当前选择集中过滤掉。

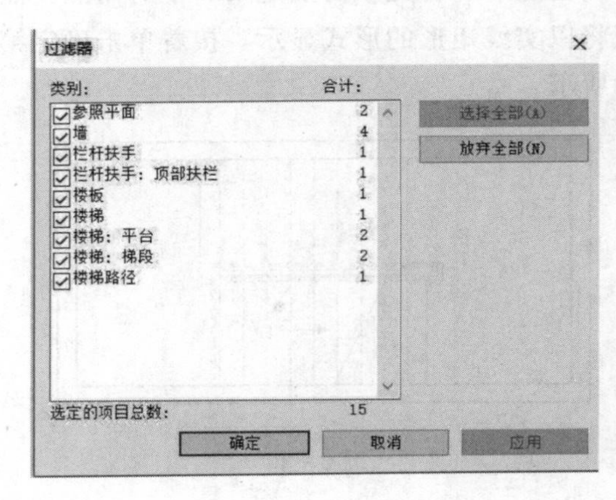

图 2-32

4. 过滤器

当选择集中包含不同类别的图元时，可以使用过滤器从选择集中去除不需要的类别。如果选择的图元中包含墙、楼梯、栏杆扶手等多种图元，在状态栏右侧的过滤器 :15 中将显示当前选择的图元数量。单击下面状态栏的“过滤器”按钮，系统将打开“过滤器”对话框，如图 2-32 所示。该对话框中显示了当前选择的图元类别及各类别的图元数量，用户可以通过取消选中相应类别的复选框来过滤掉选择集中的已选图元。

2.4.3 设置工作平面和编辑图元

在 Revit 中创建墙体、楼板和屋顶等图元时，都要用到一些基本的绘制与编辑工具。这些工具的使用方法和 AutoCAD 软件中的操作方法基本相同，这里不再详述。

2.4.3.1 设置工作平面

一般情况下，Revit 系统默认的工作平面是楼层平面。如果用户想在三维视图中，或者在立面视图、剖面视图上绘制线和创建模型文字等，首先需要在绘制开始前通过设置工作平面，指定相应的平面作为绘制线或创建文字的工作平面。

以绘制“模型线”为例，打开一个平面视图，切换至“建筑”主选项卡，单击“模型”子选项卡中的“模型线”按钮，系统将激活并展开“修改 | 放置 线”选项卡，如图 2-33 所示，进入绘制模式。在选项栏的“放置平面”下拉列表框中选择“拾取”选项，系统将打开“工作平面”对话框，如图 2-34 所示。在该对话框中，用户可以通过以下三种方式指定新的工作平面。

1. 名称

选中“名称”单选按钮后，可以在右面的下拉列表框中选择可用的工作平面，其中包

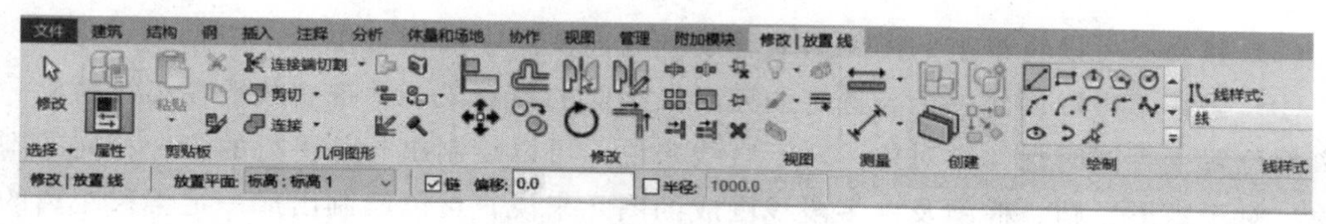

图 2 - 33

括标高、轴网和已命名的参照平面等。选择相应的工作平面后，单击“确定”按钮即可切换到该标高、轴网、参照平面所在的楼层平面、立（剖）面视图或三维视图。

2. 拾取一个平面

选中“拾取一个平面”单选按钮后，可以手动选择墙等各种模型表面、标高、轴网和参照平面作为工作平面。其中，当在平面视图中选择相应的模型表面后，系统将打开“转到视图”对话框，此时指定相应的视图作为工作平面即可，如图 2 - 35 所示。

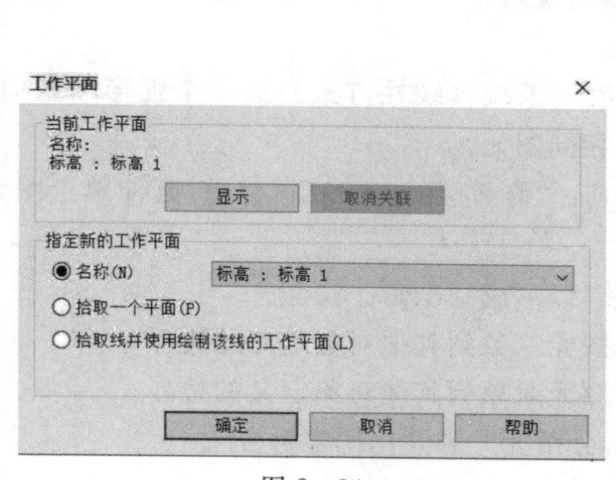

图 2 - 34

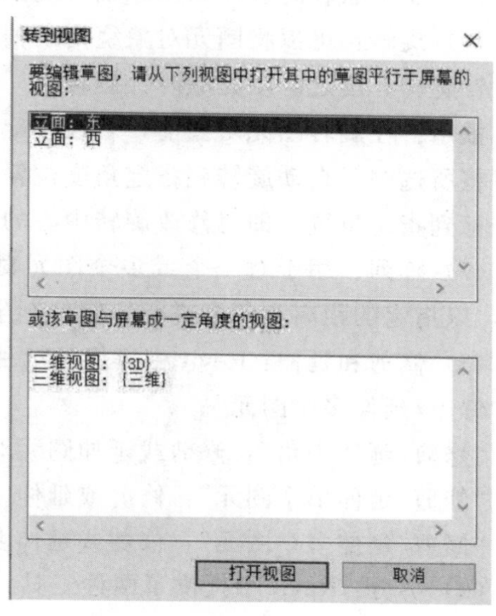

图 2 - 35

3. 拾取线并使用绘制该线的工作平面

选中“拾取线并使用绘制该线的工作平面”单选按钮后，在平面视图中手动选择已有的线，即可将创建该线的工作平面作为新的工作平面。

2.4.3.2 编辑图元

在使用 Revit 进行创建模型草图时，单纯地使用绘图命令只能绘制一些基本的图形对象。为了绘制复杂的图形，很多情况下都必须借助于图形编辑命令，在“修改”面板中提供了移动、旋转、复制、镜像和偏移等编辑命令，如图 2 - 36 所示。

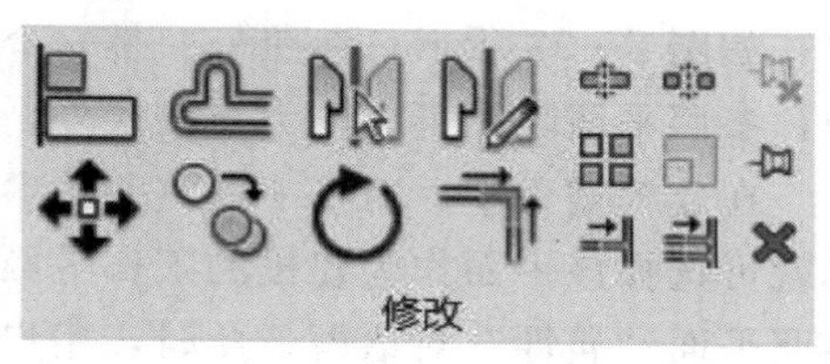

图 2 - 36

其中：

（1）对齐：可以将一个或多个图元对象与选定对象的位置对齐。

（2）移动：可以将选定的图元对象移动到当前视图中的指定位置。

（3）偏移：可以创建一个与选定图元对象类似的新对象，并把它放置在离源对象一定距离的位置上，同时保留源对象。对于直线来说，可以绘制出与其平行的多个相同的副本对象；对于矩形、圆、椭圆及由多段线围成的图元来说，可以绘制出成一定偏移距离的同心圆或近似图形。

（4）复制：可以将选定图元对象复制出副本，并将它们放置在指定的位置。若在打开的“复制”选项栏中选中“约束”复选框，则光标只能在水平方向或垂直方向上移动；若选中“多个”复选框，则可连续复制多个副本。

（5）镜像：用于按指定的镜像轴创建选定图元对象的轴对称图元。镜像分为两种，一种是使用现有的线或边作为镜像轴，直接镜像图元；另一种是在没有可拾取的线或边的情况下，绘制一条临时线作为镜像轴来镜像图元。

（6）旋转：可以将图元对象绕指定轴旋转任意角度。当输入的角度参数为正时，图元逆时针旋转；反之。图元顺时针旋转。

提示：在旋转图元对象前，若在“旋转”选项栏中设置了角度参数值，则按 Enter 键后可将所选图元自动旋转到指定角度位置。单击旋转中心符号，并按住鼠标左键不放，拖拽光标到指定位置，即可修改旋转中心的位置。

（7）阵列：用于对一个或多个图元对象沿一条线（线性方式）或一个弧形（径向方式），以指定的距离和角度进行控制复制生成相同图元。

（8）修剪和延伸：Revit 中提供了三种工具：“修剪/延伸为角”“修剪/延伸单个图元”和“修剪/延伸多个图元”。

“修剪/延伸为角”：修剪或延伸图元对象，以形成一个角。

“修剪/延伸单个图元”：修剪或延伸一个图元对象到其他对象定义的边界。

“修剪/延伸多个图元”：修剪或延伸多个图元对象到其他对象定义的边界。

（9）拆分：Revit 中提供了两种工具：“拆分图元”和“用间隙拆分”。

“拆分图元”：在选定点剪切图元对象或删除两点之间的线段。

“用间隙拆分”：将墙拆分成之前已定义间隙的两面单独的墙。

（10）锁定：将图元对象锁定，防止移动或者进行其他编辑。

（11）解锁：将锁定的图元对象解锁，可以移动或者进行其他编辑。

（12）删除：直接删除选定图元对象。

2.4.4 参照平面

在利用 Revit 创建模型时，还经常用“工作平面”选项卡中的“参照平面”来辅助建模，如图 2－37 所示；参照平面是一个平面，在某些方向上的视图中显示为线。在 Revit 中，参照平面除了可以作为定位线外，还可以作为工作平面。

在建模过程中，对于一些重要的参照平面，用户可以对其进行命名，以便今后通过名称就可选择该平面作为建模的工作平面。在平面视图中选择创建的参照平面，系统将显示参照平面“属性”对话框。此时，用户可以在该对话框的“名称”文本框右侧输入相应的名称，如图 2－38 所示。

2.4.5 临时尺寸标注

在绘制相应的图元时，临时尺寸标注可以起到重要的定位参考作用。在 Revit 中选择构件图元时，系统会自动捕捉该图元周围的参照图元，显示相应的蓝色尺寸标注，这就是临时尺寸，如图 2-39 所示。一般情况下，在创建模型时，用户都会使用临时尺寸标注来精确定位图元。

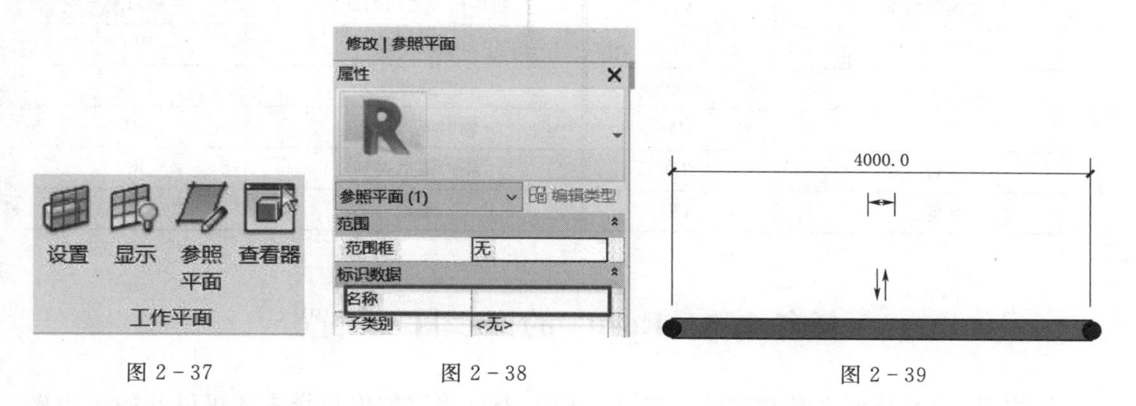

图 2-37　　图 2-38　　图 2-39

在平面视图中任意选择一个图元，系统都将在该图元周围显示定位尺寸参数。此时，用户可以单击相应的尺寸参数进行修改，以完成对该图元的重新定位。此外，在创建图元或选择图元时，用户还可以为图元的临时尺寸标注添加相应的计算公式，且公式都必须以等号开始，然后使用常规的数学算法。

提示：每个临时尺寸的两侧都有拖拽操作夹点，用户可以通过拖拽这些操作夹点来改变临时尺寸线的测量位置。

2.4.6 快捷键

如需查看 Revit 常用快捷键，可直接按 Alt 键，如图 2-40 所示，如继续查看“建筑”主选项卡下的快捷键，则输入 A 后显示如图 2-41 所示界面。Revit 允许用户自定义快捷键。

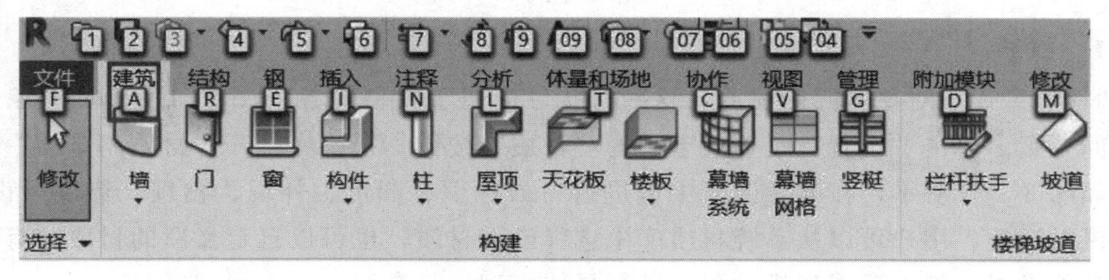

图 2-40

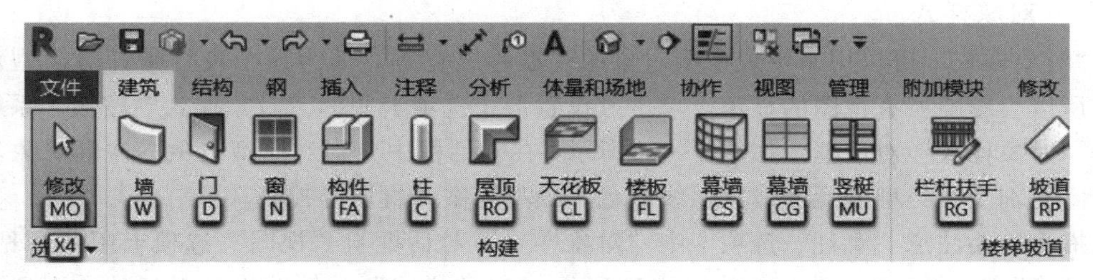

图 2-41

在创建模型时，经常需要多次操作，为避免花费时间寻找命令的位置，可以使用快捷键加快操作速度，常用快捷键见表 2-1。

表 2-1 常用快捷键

保存	Ctrl+S	对齐	AL
创建类似实例	CS	切换构件之间的选择	tab
视图可见性	W	视图平铺	WT
复制	CO	临时隐藏图元	HH
移动	MV	临时隔离图元	HI
旋转	RO	临时隔离类别	IC
修剪	TR	删除	DE

任务 2.5 Revit 的项目设置

使用 Revit 绘图时在新建项目文件后，应先进行相应的项目设置才可以开始绘图操作。在 Revit 中，用户可以利用“管理”主选项卡中的相应工具对项目进行基本设置，如图 2-42 所示。

图 2-42

2.5.1 材质

“材质”代表对象实际的材质，这些材质可应用于模型的各个部分，使模型对象具有真实的外观。单击“设置”子选项卡中的“材质”按钮，系统将打开“材质浏览器”对话框，如图 2-43 所示，在该对话框中可进行材质标识、图形、外观、物理、热度等设置。通过该对话框，用户可以从系统材质库中选择已有材质，也可以自定义新的材质。有关材质的其他设置，将在后面建模过程中结合具体模型进行介绍。

2.5.2 对象样式

“对象样式”可以用来设置模型对象的线型和线宽等，因为这个设置是针对模型对象的，所以会影响所有视图的显示。单击“设置”子选项卡中的“对象样式”按钮，系统将打开“对象样式”对话框，如图 2-44 所示，在对话框中分别对模型对象、注释对象等进行任意类别及子类型图元的线宽、线颜色、线型图案和材质等控制。

提示：要注意“管理”选项卡中“对象样式”对话框与“视图”选项卡中“可见性/图形替换”对话框的区别，如图 2-45 所示。“对象样式”是针对模型对象的，而“可见

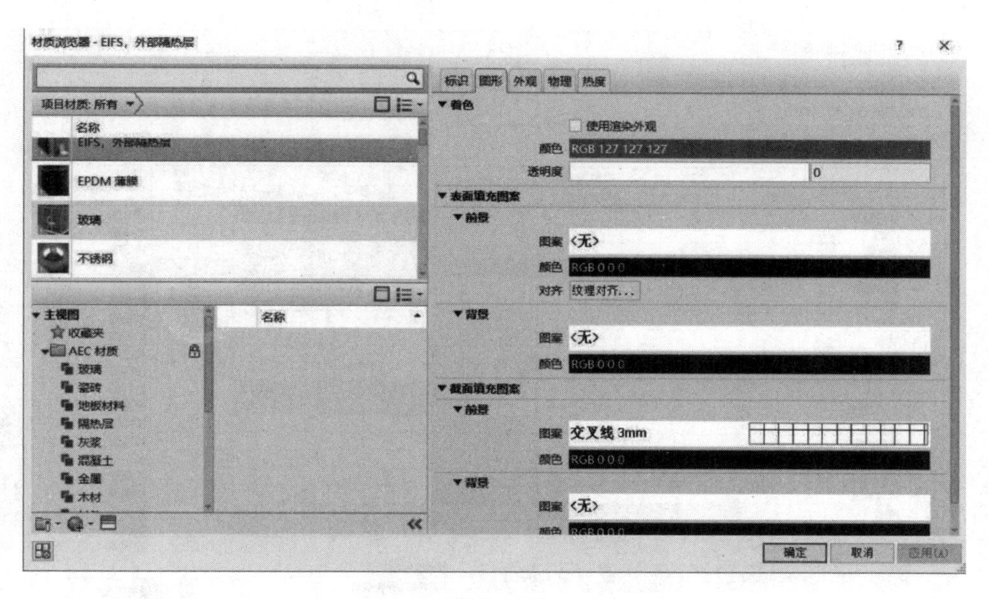

图 2-43

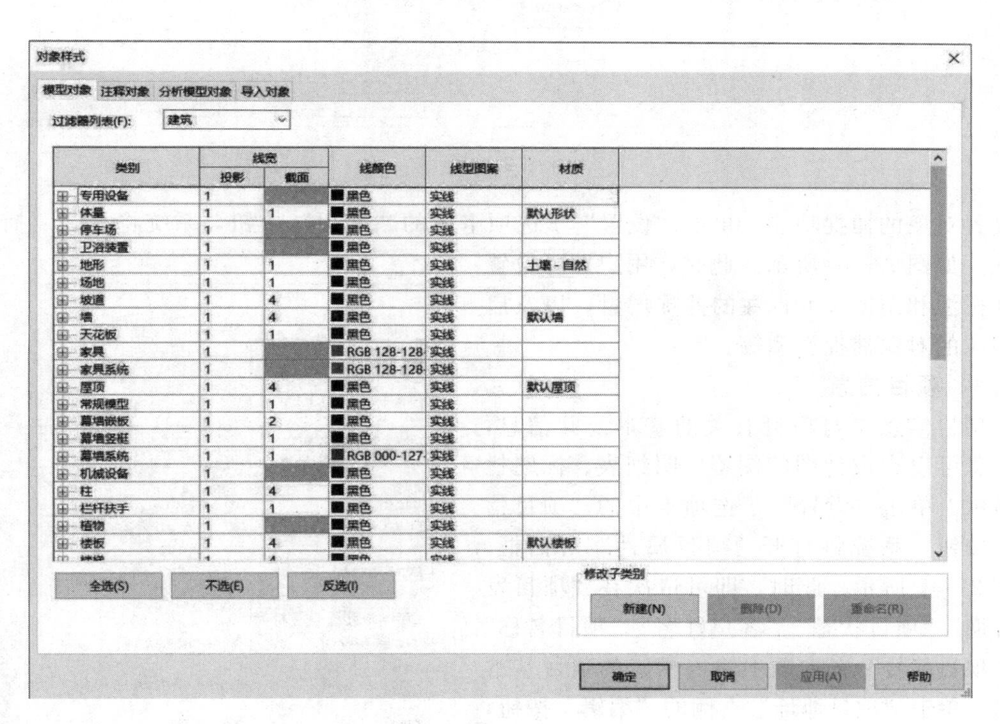

图 2-44

性/图形替换”是控制当前视图显示的。在“可见性/图形替换换”对话框中，点击下方“对象样式”按钮，也可以打开“对象样式”对话框。

2.5.3 捕捉

为了方便在建模中精确地捕捉定位，用户还可以在项目开始前或者根据个人的操作习

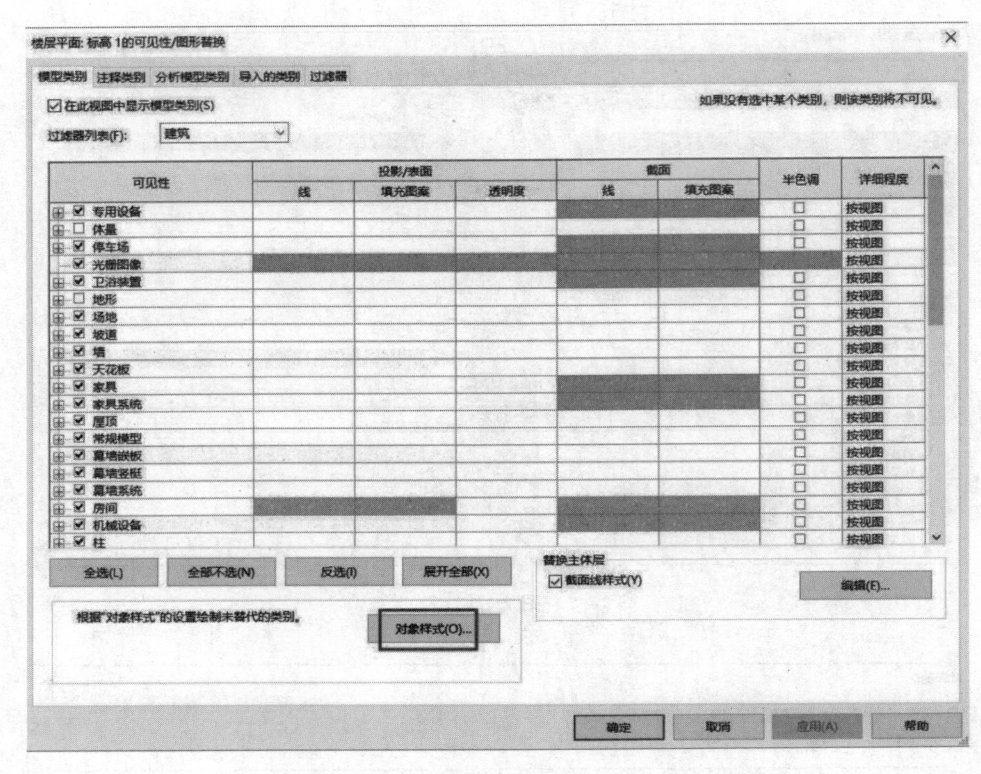

图 2-45

惯设置对象的捕捉功能。单击“设置”子选项卡中的“捕捉”按钮，系统将打开“捕捉”对框，如图 2-46 所示。此时，用户即可设置长度标注和角度尺寸标注的捕捉增量，以及启用相应的对象捕捉类型等。

2.5.4 项目信息

项目信息是与项目有关的基本公共信息，该信息可以在设计图的图鉴、明细表、标题栏中显示。单击“设置”子选项卡中的“项目信息”按钮，系统将打开“项目属性”对话框，如图 2-47 所示。此时，即可依次在“项目发布日期”“项目状态”“客户姓名”“项目名称”和“项目编号”文本框中输入相应的项目基本信息。单击“项目地址”右侧的“编辑”按钮，在打开的“编辑文字”对话框中输入相应的项目地址信息。

单击“能量设置”右侧的“编辑”按钮，即可在打开的“能量设置”对话框中设置“模式”和“地平面”等参数信息，如图 2-48 所示。

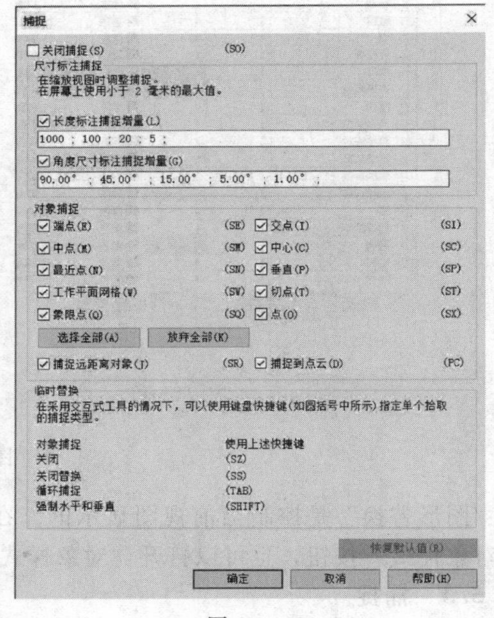

图 2-46

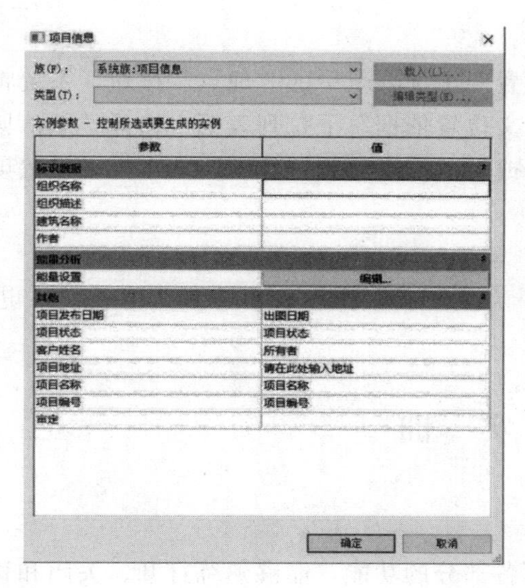

图 2-47

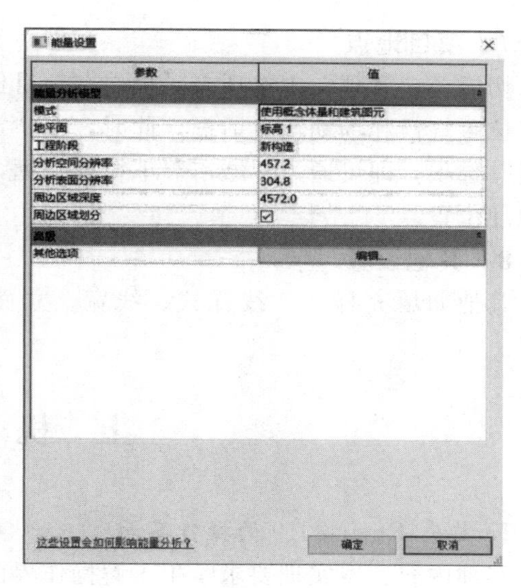

图 2-48

2.5.5 项目参数

项目参数是定义后添加到项目多类别图元中的信息容器。项目参数特定于项目，不能与其他项目共享。随后可在多类别明细表或单一类别明细表中使用这些项目参数。单击“设置”子选项卡中的“项目参数”按钮，系统将打开“项目参数”对话框。

2.5.6 项目单位

虽然对项目单位在之前的样板文件中已经完成了相应的设置，但在开始具体的建模之前，用户还应根据实际项目的要求进行相关设置。切换至“管理”主选项卡，单击“设置”子选项卡中的“项目单位”按钮，系统将打开“项目单位”对话框，如图 4-49 所示。此时，单击各单位参数后面的格式按钮，即可在打开的“格式”对话框中进行相应的单位设置，如图 2-50 所示。

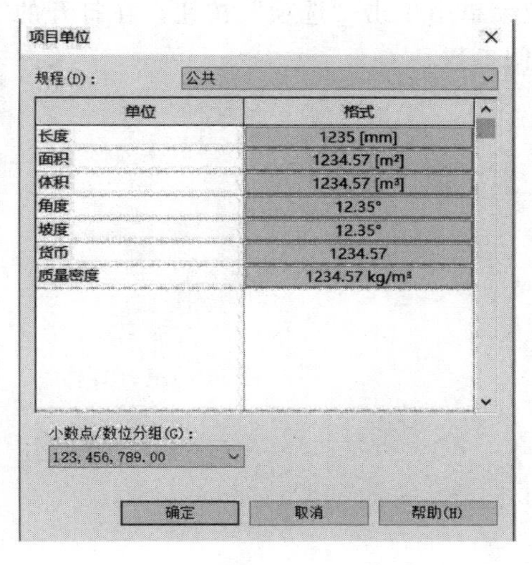

图 2-49

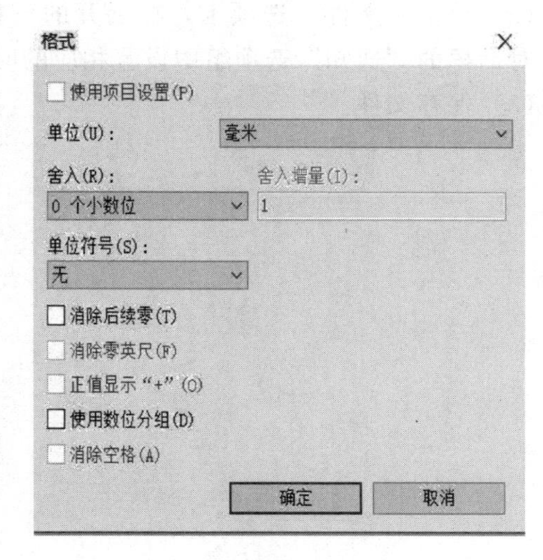

图 2-50

2.5.7 项目地点

切换至“管理”主选项卡，单击“项目位置”子选项卡中的“地点”按钮，系统将打开“位置气候和场地”对话框。此时，在“定义位置依据”下拉列表框中选择“默认城市列表”选项，即可通过“城市”下拉列表框，或者“纬度”和“经度”文本框来设置项目的地理位置。

2.5.8 其他设置

其他如填充样式、线样式、线宽、立面标记、剖面标记等可以在其他设置中进行设置。

上 机 实 训

1. 熟悉 Revit 2019 的操作界面

实训内容：本实训要求学生了解操作界面各部分的功能，能够熟练打开、关闭和移动“项目浏览器”和“属性”选项板。

操作提示：

(1) 新建项目。启动 Revit 2019，选择“建筑样板”新建项目文件，进入操作界面。

(2) 切换至“视图”主选项卡，单击右侧的“用户界面”下拉三角箭头，勾选“项目浏览器”复选框即为打开，取消勾选则关闭“项目浏览器”，拖动“项目浏览器”的最上面，放到合适的位置。“属性”选项板的操作方法同此。

2. 熟悉文件管理

实训内容：本实训要求学生熟悉 Revit 2019 操作界面，学会新建文件并保存，并将“保存提醒间隔”设置为每隔 15min 自动保存。

操作提示：

(1) 新建项目。启动 Revit 2019，进入操作界面。

(2) 单击“文件”选项卡，在展开的下拉菜单中单击“选项”按钮，在打开的“选项”对话框的“通知”选项组中设置相应的时间参数。

(3) 保存文件。

项目3

标 高 与 轴 网

【学习目标】

(1) 掌握新建和编辑标高的方法。

(2) 掌握新建和编辑轴网的方法。

(3) 掌握标注轴网的方法。

【思政目标】

通过讲解标高和轴网的创建与编辑的具体操作，并不断地练习和改进，使学生严格按照流程规范进行建模，培养学生严谨务实的科学态度和精益求精的学习作风。

标高和轴网是建筑模型中确定房屋各承重构件空间关系的重要定位信息，他们是模型创建的参照，是项目基准。在 Revit 中，标高和轴网是绘制立面视图、剖面视图及平面视图时重要的定位依据。在设计项目时，以标高和轴网之间的间隔空间为依据，创建墙、门、窗、梁柱、楼梯、楼板、屋顶等建筑模型构件。总体而言，标高用于反映建筑构件在高度方向上的定位情况，轴网用于反映平面上建筑构件的定位情况。

提示：进行模型创建时，建议先创建标高，再创建轴网。只有这样，在立面视图和剖面视图中创建的轴线标头才能在顶层标高线之上，轴线与所有标高线相交，且基于楼层平面视图中的轴网才会全部显示出来。

任务3.1 标高的创建与编辑

标高是无限水平面，用来定义建筑物楼层层高及生成平面视图，标高命令只有在立面视图或剖面视图中才能使用。因此，在正式开始项目模型创建前，应先进入立面视图对建筑物的层高和标高信息作出整体规划。

下面介绍在 Revit 2019 中创建项目标高的步骤。

启动 Revit 2019 后，单击左上角的“应用程序菜单”按钮，在展开的下拉菜单中选择“新建”→“项目”命令，弹出“新建项目”对话框，如图 3-1 所示。在“样板文件”的选项中选择“建筑样板”，确认“新建”类型为“项目”，单击“确定”按钮，即完成了新项目的创建，如图 3-1 所示。

默认情况下，绘图区域中将打开“标高 1”楼层平面视图。在项目浏览器中展开“立面”视图类别，双击“南”选项，切换至南立面。在南立面视图中，显示项目样板中预设的默认标高“标高 1”和“标高 2”，且“标高 1”的标高值为±0.000，“标高 2”的标高值为 4.000，蓝色倒三角为标高图标，图标上方的数值为标高值，右侧文字为标高名称，默认标高线为虚线，颜色为灰色，并且只有一端显示标高名称，如图 3-2 所示。

图 3-1　　　　图 3-2

如需修改默认的预设标高值和名称，可以在视图中滚动鼠标滑轮适当放大标高右侧标头位置，将光标指向“标高 2”一端，双击标高值，在文本框中输入新的标高值 3.3，按 Enter 键完成标高值的更改操作，如图 3-3 所示；双击标高名称，在文本框中输入新的标高名称“F2”，按 Enter 键会弹出“是否希望重命名相应视图?”，选择“是”，如图 3-4 所示，完成标高名称的更改操作。

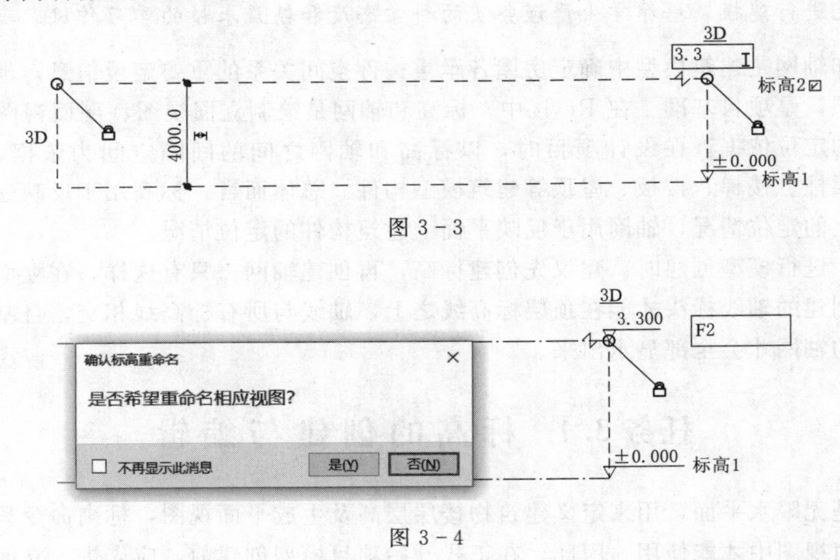

图 3-3

图 3-4

提示：在样板文件中，设置标高值的单位为 m，因此在双击标高值文本框时输入 3.3，小数点后的零可以省略，Revit 2019 将自动换算成项目单位 3300mm。

标高也可以通过修改标高间的距离来修改，选择要修改的标高，在标高间会显示临时标注，点击临时标注，进入编辑界面也可修改标高。

3.1.1　新建标高

除了默认的预设标高外，其余标高的创建可以通过三种方法实现：绘制标高、复制标高和阵列标高。用户可以根据需要选择创建标高的方法。

1. 绘制标高

绘制标高是创建标高的基本方法之一，对于低层或楼层尺寸变化差异过大的建筑物，使用该法可以直接创建标高。具体操作如下：

单击“建筑”主选项卡→“基准”子选项卡→“标高”命令，如图 3－5 所示，进入“修改｜放置 标高”界面，如图 3－6 所示。

图 3－5

在“修改｜放置 标高”界面中单击“绘制”子选项卡中的“直线”按钮，确定绘制标高的工具。此时在立面视图中移动鼠标光标至已有标高左侧上方，会有蓝色虚线与已有标高对齐，并且光标与现有标高之间会显示一个临时尺寸标注，显示当前光标位置与标高 2 的距离，此处显示的距离单位为 mm。此时通过上下移动鼠标确定新建标高与已有标高的距离并点击左键确定或者通过键盘直接输入标高 2 与标高 3 的距离，如 3000，单击鼠标左键，确定标高 3 的起点，如图 3－7 所示，沿水平方向向右移动鼠标光标，显示端点对齐位置，单击鼠标左键确定右侧的标高端点，即可完成标高 3 的绘制，如图 3－8 所示。

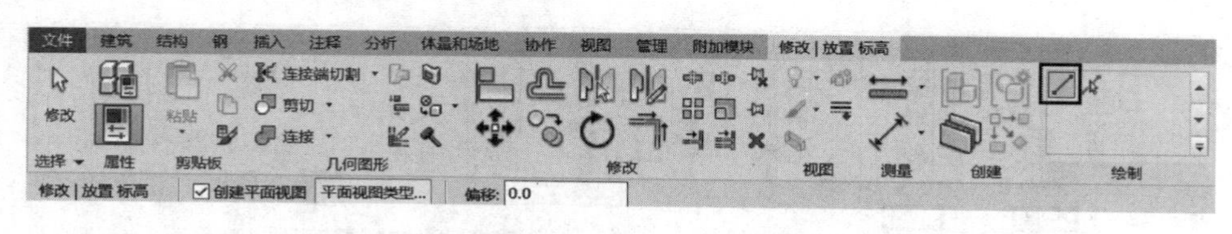

图 3－6

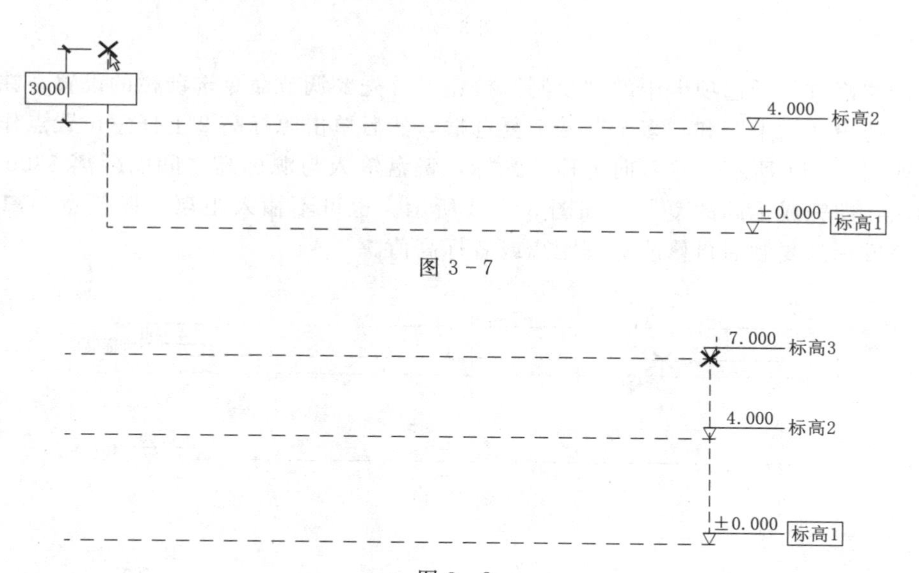

图 3－7

图 3－8

绘制标高时，上面的功能区选项栏中会显示“创建平面视图”复选框。当选中该复选框时，所创建的每一个标高都是一个楼层。鼠标单击选项栏中“平面视图类型…”按钮，系统将弹出“平面视图类型”对话框，其中包括了三种可以创建的视图类型，即天花板平面、楼层平面和结构平面，如图 3－9 所示。若取消选中“创建平面视图”复选框，则认为标高是非楼层的标高，不会创建关联的平面视图。

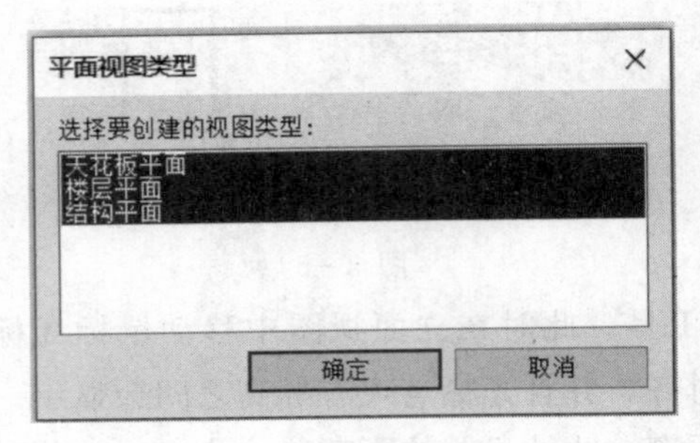

图 3-9

选项栏右侧“偏移”选项用来控制标高值的偏移范围，偏移量可以是正数，也可以是负数。通常情况下，“偏移”选项的默认值为 0.0。

除了使用子选项卡中的“直线”工具外，还可以使用“拾取线”方式。拾取线的方式是在现有标高参考线的基础上，通过设置“偏移”距离来确定标高值。

2. 复制标高

复制标高是创建标高的常用方法，对于多层且间距不等的建筑物，通常使用该方法。具体操作如下：

例如要创建标高值为 7.300 的标高线，首先选择将要复制的源标高 2，这时功能区自动切换到“修改 | 标高”界面，如图 3-10 所示。

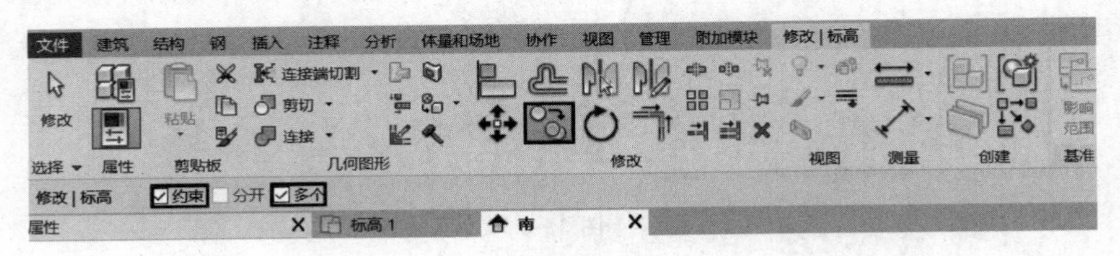

图 3-10

单击“修改”子选项卡中的“复制”按钮。首先要调节命令选项栏的设置，在打开的选项栏中选中“约束”和“多个”两个复选框，然后单击源标高 2 上任意位置点作为复制基点，如图 3-11 所示，接着向上移动光标，键盘输入与源标高之间的距离 3300 并按回车键确认，即完成标高的复制，如图 3-12 所示。也可不输入距离，以任意距离点击鼠标，在完成标高复制后再修改标高距离或者标高值。

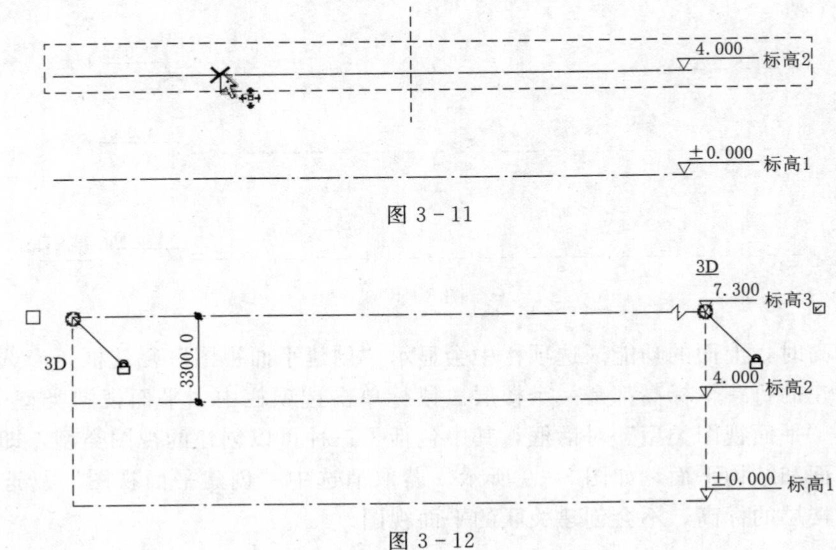

图 3-11

图 3-12

提示：选中“约束”复选框，光标只能垂直或水平方向复制；选中“多个”复选框可以连续复制多个标高，中间不用再次选择需要复制的标高，要想取消复制，只需要连续按两次 Esc 健即可。

3. 阵列标高

对于多层且间距相等的建筑物，除了可以复制标高外，还可以通过阵列来创建标高。具体操作如下：

选择要阵列的源标高，切换到“修改 | 标高”界面，单击“修改”子选项卡中的“阵列”按钮，在打开的选项栏中单击“线性”按钮，设置“项目数”，如图 3-13 所示。

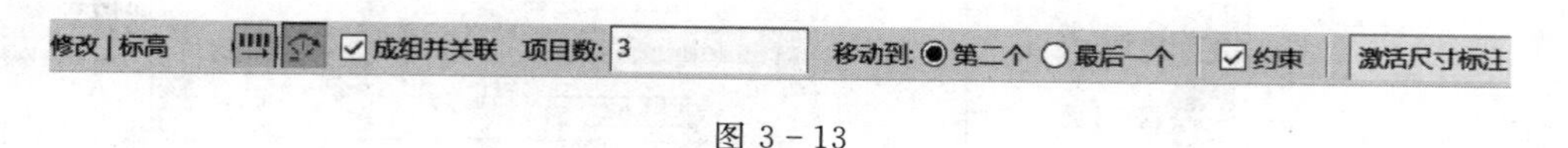

图 3-13

选择阵列工具后，通过设置选项栏中的选项可以创建线性阵列或者半径阵列。下面介绍各个选项的作用。

(1) 线性：阵列对象沿着某一直线方向进行阵列。由于标高只能进行垂直方向阵列，此处阵列方式默认为线性且不可更改。

(2) 半径：阵列对象沿着某一圆心方向进行旋转阵列。

(3) 成组并关联。若选中“成组并关联”复选框，则阵列后的标高将自动成组，需要编辑或解除该组才能修改标头的位置、标高高度等属性。

(4) 项目数。阵列后总对象的数量（包括源阵列对象在内）。

(5) 移动到。包括以下两个单选按钮。

1）第二个。代表在绘图区输入的尺寸为相邻两两阵列对象间的距离。

2）最后一个。代表输入的尺寸为源阵列对象与最后一个阵列对象的总距离。

(6) 约束。同复制命令的约束设置。

设置完成后，将鼠标放在源标高对象的任意位置上确定基点，点击并向上移动鼠标，手动输入临时尺寸标注数值确定阵列距离，按 Enter 键或点击空白处完成创建。

楼层平面的添加：在 Revit 中，楼层平面是和标高符号相关联的，通过直接绘制的新标高，Revit 会在项目浏览器中自动生成与标高同名的楼层平面视图，而用复制和阵列方法创建的新标高，系统不会自动生成与之对应的楼层平面视图，必须手动生成。可以通过单击功能区“视图”选项卡，在“创建”子选项卡的“平面视图”按钮中下拉点击倒三角，如图 3-14 所示，选择“楼层平面”，弹出“新建楼层平面”对话框，如图 3-15 所示，单击用复制和阵列创建的标高 3 和标高 4，然后按“确定”按钮，系统将在项目浏览器中创建与标高同名的楼层平面视图。

说明：在 Revit 中，标高对象实质为一组平行的水平面，该标高平面会投影显示在所有的立面或剖面视图中。因此在任意立面视图中绘制标高后，会在其余相关视图中生成与当前绘制视图中完全相同的标高。标高作为楼层层高时代表的是此标高高度所在楼层层面，否则只是一个限制高度的平面。

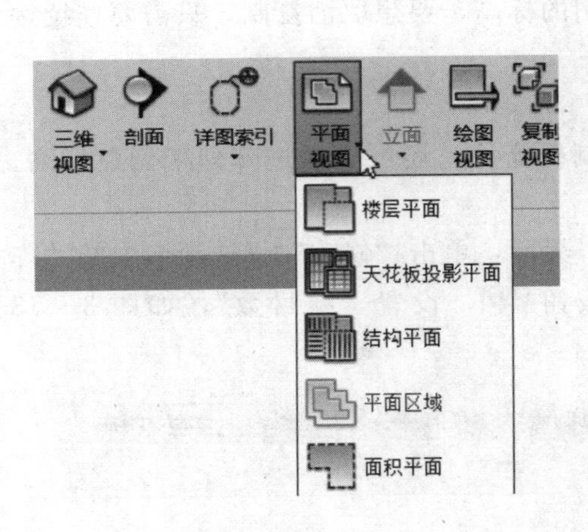

图 3－14

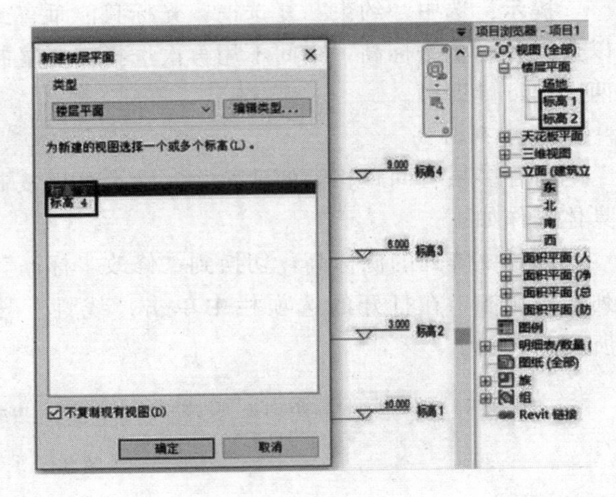

图 3－15

3.1.2 编辑标高

在标高中，标高显示并不是一成不变的，不仅能够设置标高的类型，如将上标头设置为下标头，还可以设置标高显示的线宽、颜色、线型图案、符号，以及标高端点符号是否显示。在 Revit 中可以通过“类型属性”对话框统一设置标高图形中的各种显示效果，也可以通过手动方式对其进行调整。

1. 统一设置

选择某个标高后，单击“属性”选项板中的“编辑类型”按钮，如图 3－16 所示，弹出“类型属性”对话框，如图 3－17 所示。

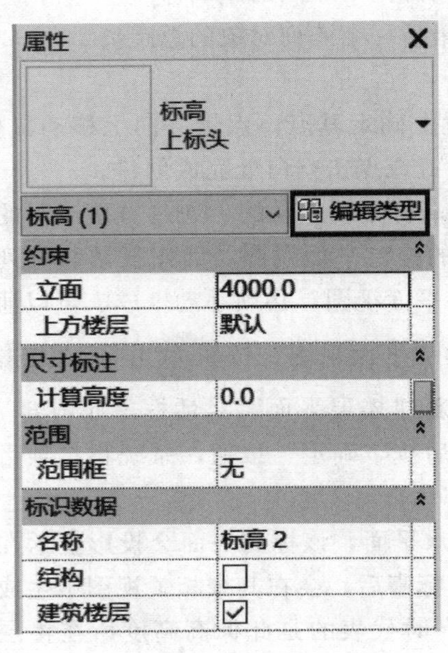

图 3－16

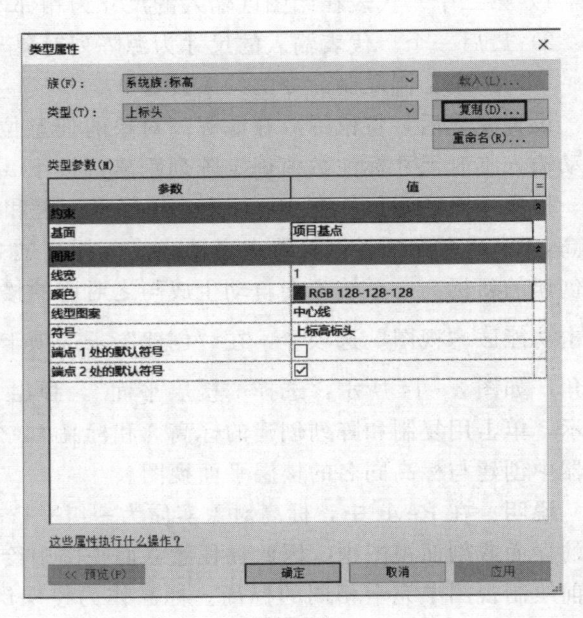

图 3－17

说明：在修改类型属性对话框里面的内容时，可以使用“复制”改名称后再修改所需要的类型，则类型下拉菜单会出现复制（相当于新建）的新的标高类型名称，如果不复制直接修改类型属性，则之前所创建的同一种标高的相应参数都会随之改变。

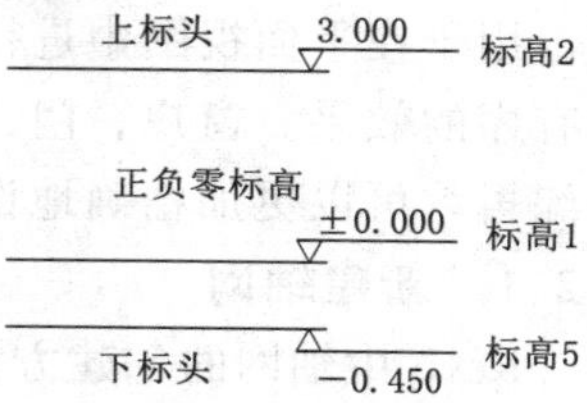

上标头 3.000 标高2
正负零标高 ±0.000 标高1
下标头 −0.450 标高5

图 3-18

标头有上标头、下标头和正负零标高三种形式，如图 3-18 所示。正负零标头在模型中只有一个用来定位基准面，上下标头根据具体情况灵活运用，避免标高过密时重叠。

2. 手动设置

除了能够在“类型属性”对话框中统一设置外，还可以手动方式重新设置标高的名称以及重新调整图 3-19 中的各项属性。

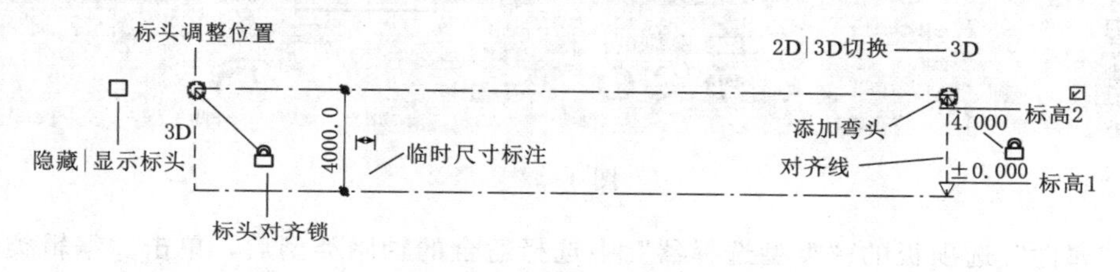

图 3-19

例如重新设置标高的名称，只要单击标高的名称，即可在弹出的文本框中输入新的标高名称。然后按 Enter 键，系统将打开“确认标高重命名”提示框，询问“是否希望重命名相应视图?”，单击“是”按钮，即可在更改标高名称的同时更改相应视图的名称，如图 3-20 所示。

图 3-20

在 Revit 中，通过调整图 3-19 中的符号可以重新设置相关属性。例如当标高的端点对齐时，会显示对齐符号。当单击并用鼠标拖动其中一个标高的端点的“标头调整位置”符号并改变其位置时，发现所有对齐的标高会同时移动。点击“标头对齐锁”符号进行解锁后，再单击“标头调整位置”符号并拖动某标高的端点，会发现只有该标高被移动其他的标高不会随之移动。

提示：在完成标高创建后，为防止之后不小心拖动标高位置，可点击该标高的“标头对齐锁”将其锁定。还可以框选所有标高，在“修改 | 标高”选项栏中点击“锁定”命令即可将所有标高锁定。

任务 3.2 轴网的创建与编辑

在立面视图创建完成标高后，我们切换到楼层平面视图进行轴网的创建和编辑。轴网是模型创建时的基准参照网格，是人为地在建筑图纸中为了标示构件的详细尺寸组成的网，用于在平面视图中进行定位。建筑物的主要支撑构件按照轴网进行定位排列，达到井然有序的效果。窗户、门、阳台等构件的定位都与标高和轴网息息相关。通过轴网的创建与编辑，可以更加精确地设计与放置建筑物的构件。

3.2.1 新建轴网

Revit 中轴网的创建方法和标高的创建方法操作基本一致，双击项目浏览器中“视图”→“楼层平面”下的“标高 1”，进入“标高 1”平面视图，单击“建筑”主选项卡→“基准”子选项卡→“轴网”命令，如图 3－21 所示，进入“修改 | 放置 轴网”界面，如图 3－22 所示。

图 3－21

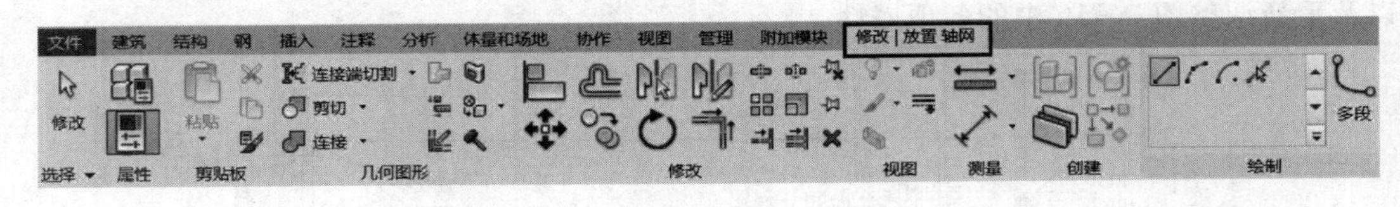

图 3－22

在“属性”选项板的“类型选择器”中选择适合的轴网类型后，单击“编辑类型”按钮，弹出“类型属性”对话框。根据制图要求在对话框中设置需要的类型参数值，通常单击“符号”值，在右侧下拉列表中选择“符号单圈轴号：宽度系数 0.5”；“轴线中端”值的下拉列表中选择“连续”；“轴线末端颜色”值的下拉列表中选择红色，并勾选“平面视图轴号端点 1（默认）”，单击“确定”按钮退出“类型属性”对话框，修改前后如图 3－23、图 3－24 所示。

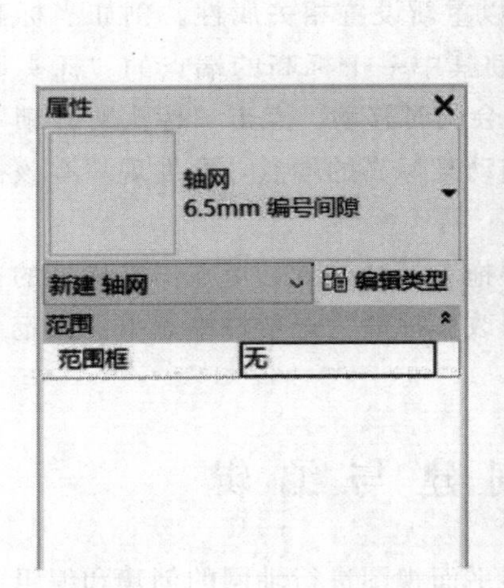

类型属性

族(F)： 系统族：轴网　载入(L)...

类型(T)： 6.5mm 编号间隙　复制(D)...

重命名(R)...

类型参数(M)

参数	值
图形	
符号	符号单圈轴号：宽度系数 0.65
轴线中段	无
轴线末段宽度	1
轴线末段颜色	黑色
轴线末段填充图案	轴网线
轴线末段长度	25.0
平面视图轴号端点 1 (默认)	☐
平面视图轴号端点 2 (默认)	☑
非平面视图符号(默认)	底

这些属性执行什么操作？

<< 预览(P)　确定　取消　应用

图 3－23

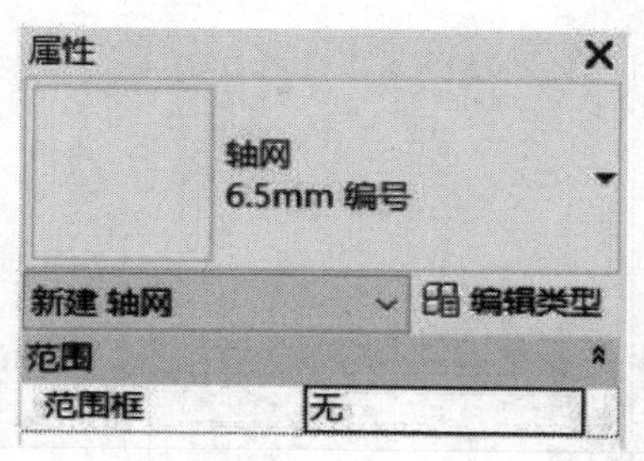

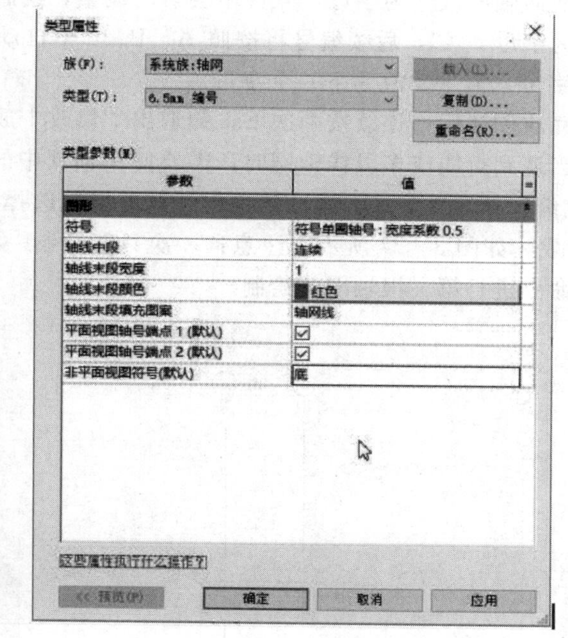

图 3 - 24

轴网和标高类似，可以通过多种方式创建。

1. 绘制轴网

轴网分直线轴网、斜交轴网和弧线轴网，可以选择“绘制”子选项卡中的 5 种工具来创建轴网。

“直线”：用于绘制直线的轴网。

“起点—终点—半径弧”：用于绘制弧形的轴网。

“圆心—端点弧”：用于绘制弧形的轴网。

“拾取线”：可以通过拾取模型线或者链接 CAD 的轴网线快速生成轴网。

“多段”：用于绘制有折线或者有直线和弧线组成的复杂轴网。

例如：单击“轴网”命令，进入“修改 | 放置 轴网”界面，单击“绘制”子选项卡中的“直线”按钮，确定绘制轴网的工具。在绘图区域的适当位置单击，确定第 1 条垂直轴线起点，沿垂直方向移动鼠标光标，在适当位置处再次单击鼠标左键确定终点，完成第一条轴线的创建，该轴线将自动编号为“1”，如图 3 - 25 所示。

与绘制标高类似，绘制新轴网时会有蓝色虚线与已有轴网对齐并显示距离，此时可移动鼠标或输入距离确定新轴网，例如键盘输入 3300 并按下回车键，将在距离轴线 1 右侧 3300mm 处确定轴线 2 的起点，沿垂直方向移动鼠标，直到捕捉到轴线 1 的上方端点时单击鼠标左键，完成第二根垂直轴线的绘制，该轴线自动编号为“2”，如图 3 - 26 所示。后续轴号按 1、2、3…自动排序，且删除轴网后轴号不会自动更新，如删除轴号为“3”的轴网，绘制时轴号将变为“4”，轴号“3”不会再次出现，需要点击轴号照轴网定位“4”输入“3”，之后会在“3”的基础上继续自动排序。

横向轴网轴号为字母，软件不会自动调整，绘制第一根横向轴网后双击轴网轴号把数字改为字母“A”，后续编号将按照 A、B、C…自动排序，软件不能自动排除“I”“O”“Z”字母，需手动改为下一个字母。

完成创建后，连续按两次 Esc 键退出“修改 | 放置 轴网”界面。

当遇到折线或多段线轴网时，需要使用轴网中的“多段”命令，点击按钮后进入“修改编辑草图”界面，在“绘制”子选项卡中选择适合的命令绘制所需轴网并点击按钮✔完成，如图 3-27 所示。注意：一次只能绘制一根轴网，绘制完成后需再次点击“多段”命令进行第二根轴网的绘制。

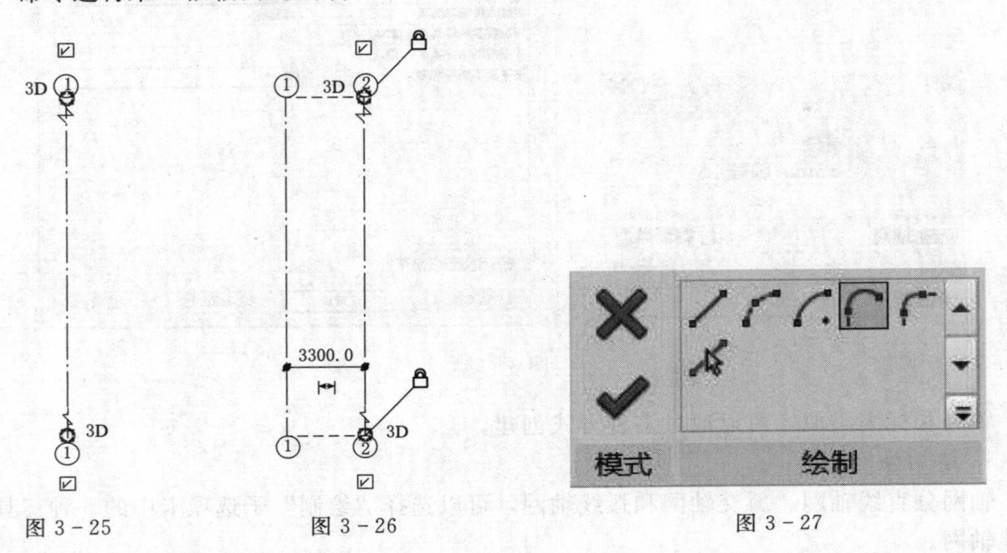

图 3-25　　图 3-26　　图 3-27

创建其余轴线的方法类似标高，也可以运用“复制”“阵列”“镜像”等修改工具创建。

2. 复制轴网

选择任意轴线，自动激活进入至“修改 | 轴网”界面，单击“修改”子选项卡中的“复制”按组，并确认勾选选项栏中的“约束”和“多个”复选框 修改 | 轴网 ☑约束 □分开 ☑多个。在绘图区单击所选轴线 1 的任意位置作为复制的基点，如图 3-28 所示。向右移动光标，此时可以输入两条轴网间距数值 3000 后回车或当临时尺寸标注显示为 3000 时单击，即可完成一条轴线的复制。由于勾选了选项栏“多个”，可继续向右移动光标输入下一轴网间距，而无需再次选择轴网并激活“复制”工具，依次复制得到其余轴线，按 Esc 键结束复制命令，如图 3-29 所示。

3. 阵列轴网

选择图 3-30 中轴线 1，自动激活进入“修改 | 轴网”界面，单击“修改”子选项卡中的“阵列”按钮，在选项栏中选择“线性”按钮，取消勾选“成组并关联”，输入项目数为 4（包含本身） □成组并关联 项目数: 4，在绘图区单击轴线 1 的任意位置以确定基点，将光标向右移动，直接输入阵列的间距距离 3000 后按回车键，完成阵列操作，如图 3-30 所示。

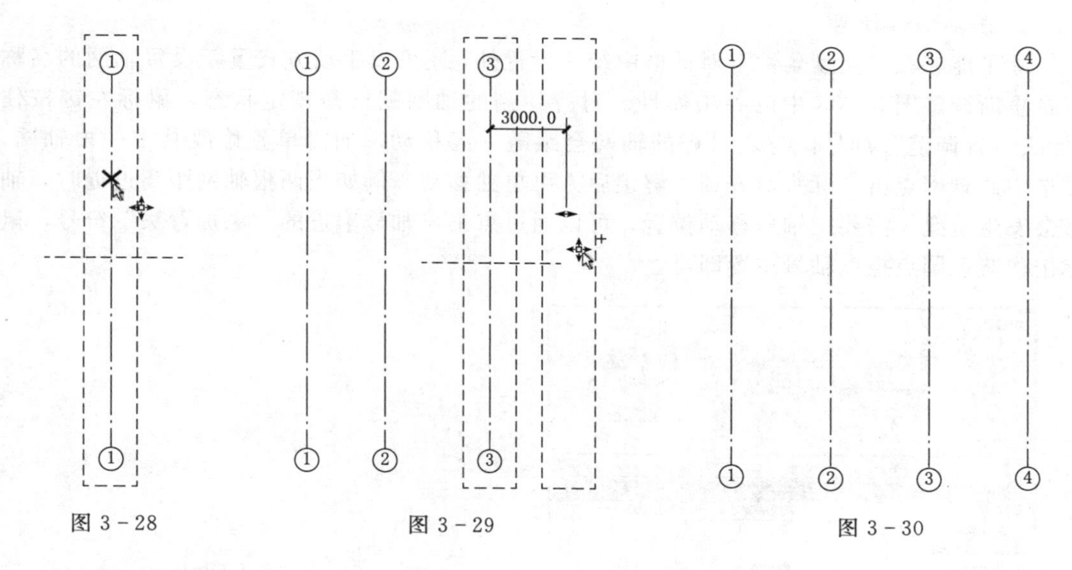

图 3－28　　图 3－29　　图 3－30

4. 镜像轴网

首先框选将要镜像的轴线 1～3 后切换至“修改 | 轴网”界面，单击“修改”子选项卡中的“镜像-拾取轴”或者“镜像-绘制轴”按钮，确认勾选选项栏中的“复制”复选框，拾取或绘制对称轴后即完成镜像操作，如图 3－31 所示。

提示：用“镜像”命令创建轴网时，如果不勾选选项栏中的“复制”复选框，则不会保留原有的轴线；镜像生成的轴线，轴号排序反向，需要手动修改轴号。

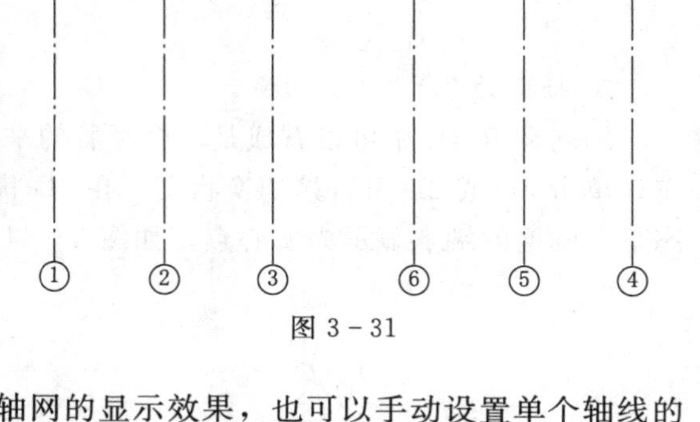

图 3－31

与标高类似，在 Revit 中轴网为一组垂直于标高平面的垂直平面。且轴网具备楼层平面视图中的长度及立面视图中的高度属性，因此会在所有相关视图中生成轴网投影。

3.2.2　编辑轴网

与标高类似，建筑设计图中的轴网既可以在轴网的“类型属性”对话框中统一设置轴网的显示效果，也可以手动设置单个轴线的显示方式。不同的是，轴网为楼层平面视图中的图元，所以只能在各个楼层平面视图中查看轴网。

1. 统一设置

选择要修改的轴网后，单击“属性”选项板中的“编辑类型”按钮，弹出“类型属性”对话框，如图 3－32 所示。

在该对话框中，不仅能够设置轴网的类型，还可以设置轴网的符号、宽度、颜色以及轴号端点是否显示。

2. 手动编辑轴网

除了能够在“类型属性”对话框中统一设置外，还可以手动方式重新设置轴网的名称以及重新调整图 3－33 中的各项属性。对齐绘制的轴网默认是锁定状态，鼠标左键按住“标头位置调整”符号，与之对齐的轴网会跟随一起移动，如需单独修改其中一根轴网，需选中此轴网点击“标头对齐锁”解锁后方可单独移动。例如当两根轴网距离过近时，轴号会发生重叠，需要把轴号移动位置，可以通过点击该轴号附近的“添加弯头”符号，鼠标按住蓝色圆点拖曳轴号位置即可。

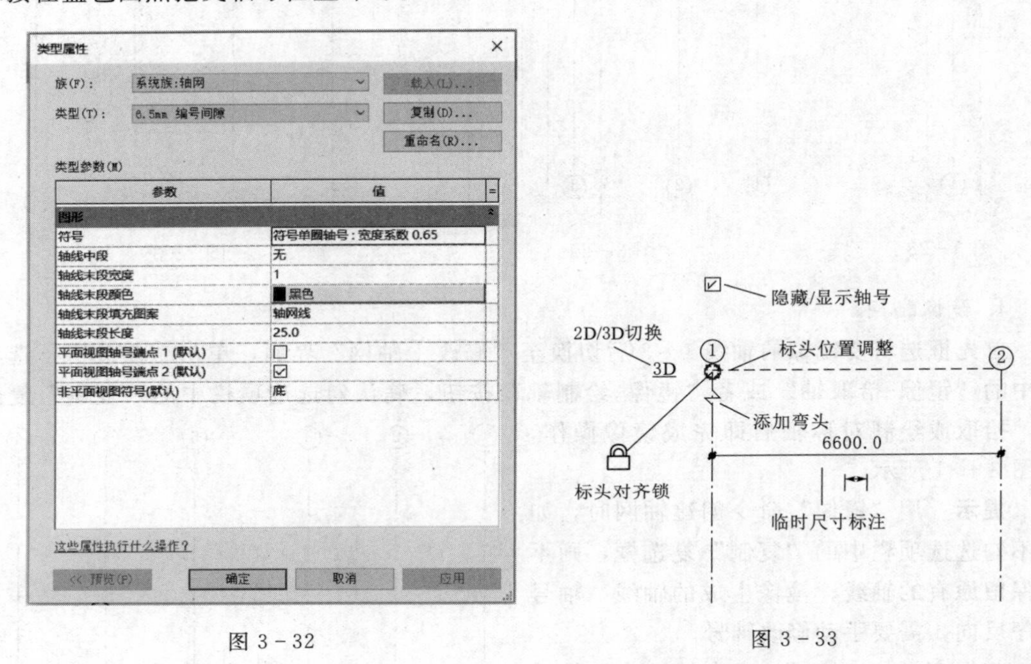

图 3－32　　　　图 3－33

3. 轴网的 3D 与 2D 切换

轴网在 Revit 中可以看成是一个竖着的平面，分为 3D 和 2D 两种状态，默认是 3D 状态，单击 3D 或 2D 可直接切换状态。在 3D 状态下，轴网的端点显示为空心圆；在 2D 状态下，轴网的端点显示为实心点，如图 3－34 所示。

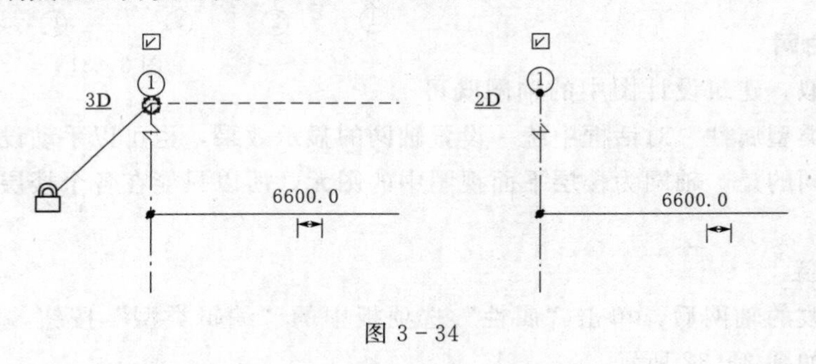

图 3－34

3D 与 2D 的区别：

（1）3D 状态下，所做的修改将影响所有平行视图。对于多层建筑，我们在任意楼层层高修改轴网其他楼层层高的轴网会有相同的修改。例如在 3D 状态下，若修改某层高轴线的长度，则其他层高的轴线长度也将对应修改，如果只需要修改当前层高轴网，需把 3D 切换到 2D。

(2) 2D 状态下，只能修改当前楼层层高的轴网。如需所有楼层层高改为相同样式，可以使用影响范围直接修改，无须一层一层修改。即选择已修改的轴网后，激活切换至“修改｜轴网”界面，点击上方“基准”子选项卡中的“影响范围”按钮，在弹出对话框中选择需要修改的楼层，如图 3－35 所示。例如勾选“楼层平面：场地”和“楼层平面：标高 2”，点击“确定”，即可将“场地”和“标高 2”中的轴网修改与“标高 1”一致。

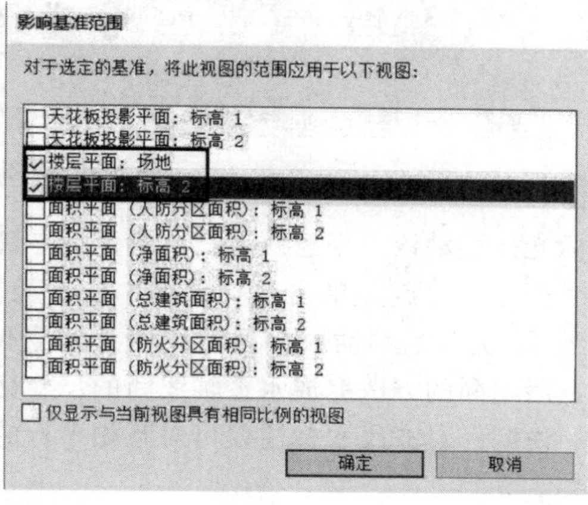

图 3－35

3.2.3 轴网间尺寸修改

轴网绘制完成后，如需改变轴网位置，可以选择任一轴网，会出现蓝色临时尺寸，点击数字修改数值即可调整轴网位置，最外侧轴网只有一个临时尺寸，中间轴网有两个临时尺寸，调整时两个临时尺寸数值之和不变，不管修改哪个数值都只能调整选中的那个轴网。如图 3－36 所示。

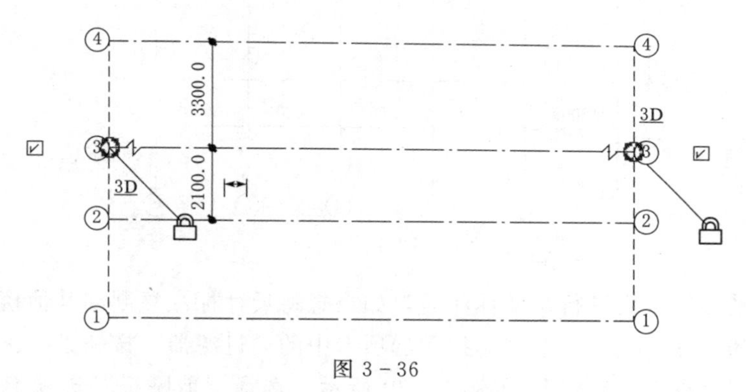

图 3－36

提示：为了保证整个轴网间的距离在后面的绘图过程中不发生改变，在标高和轴网创建完成后，回到任意一个楼层平面视图中框选所有轴线，在“修改”选项卡中单击“锁定”按钮，锁定绘制好的轴网。

3.2.4 标注轴网

绘制完成轴网后，可以使用 Revit 为各楼层平面视图中的轴网添加尺寸标注。

单击功能区的“注释”主选项卡，在“尺寸标注”子选项卡中选择尺寸标注的命令按钮，进入“修改｜放置尺寸标注”界面，如图 3－37 所示。

在“属性”选项板的“类型选择器”中选择适合的类型后，单击“编辑类型”按钮，弹出“类型属性”对话框，根据制图要求在对话框中设置需要的类型参数值，通常选择默认值。

在“尺寸标注”子选项卡中选择“对齐”按钮，确定尺寸标注的工具。此时移动

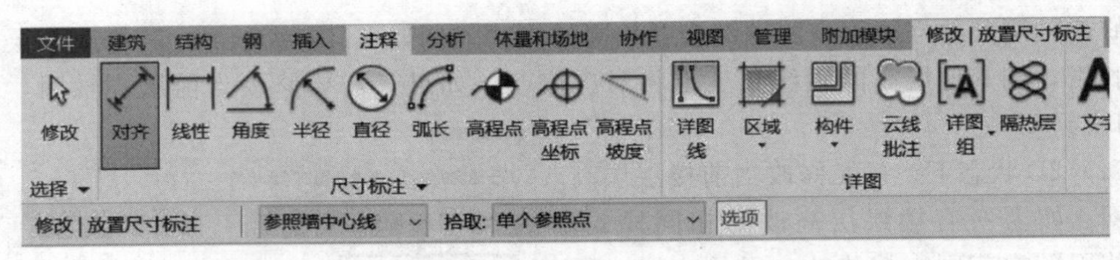

图 3 - 37

鼠标光标至轴线 1 任意一点，单击鼠标左键作为对齐尺寸标注的起点。向右移动光标至轴线 2 上任意一点并单击鼠标左键，依次类推，分别拾取并单击轴线 3、轴线 4、轴线 5、轴线 6，完成后移动鼠标至轴线附近适当位置单击空白处，即完成垂直轴线间的尺寸标注，用相同的方法完成水平轴线间的尺寸标注，标注结果如图 3 - 38 所示。

说明：对齐尺寸标注仅可对互相平行的对象进行尺寸标注。

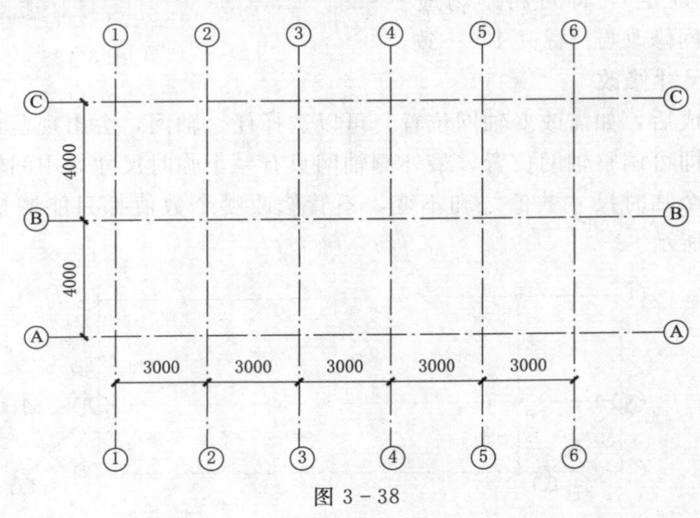

图 3 - 38

提示：在某楼层平面进行尺寸标注后，如果想将尺寸标注复制到其他楼层，可以框选该楼层的轴网和尺寸标注，点击“选择”选项卡中的“过滤器”按钮，在弹出的对话框中勾选尺寸标注后点击“确定”，如图 3 - 39 所示，选择“剪贴板”选项卡中的“复制到剪贴板”命令按钮，将尺寸标注粘贴到其他视图中，如图 3 - 40 所示。

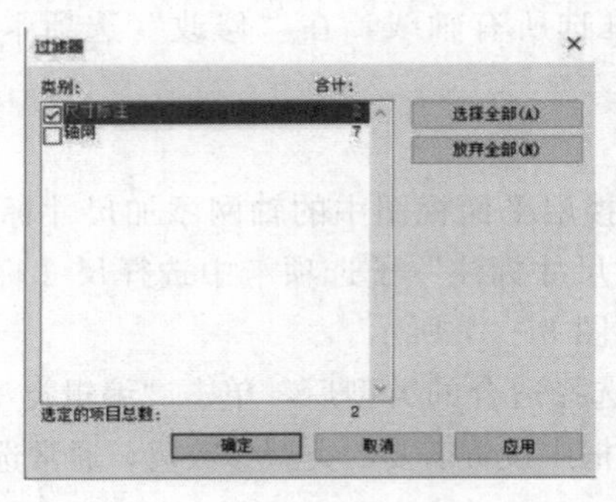

图 3 - 39

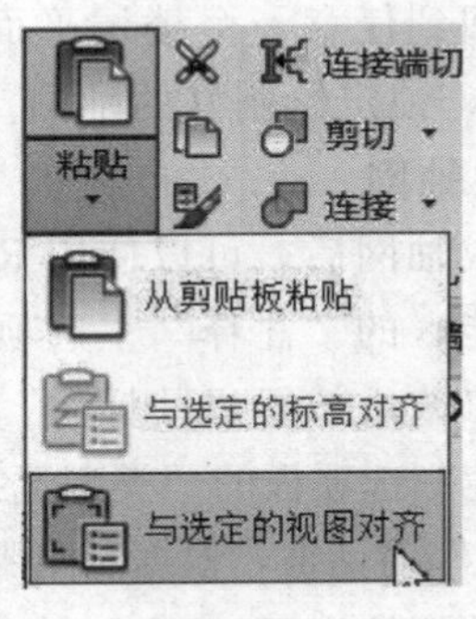

图 3 - 40

上 机 实 训

创建标高和轴网

实训内容：根据图 3-41 中给定的尺寸绘制标高轴网。某建筑共三层，首层地面标高为±0.000，层高为 3m，要求两侧标头都显示，将轴网颜色设置为红色并进行尺寸标注。并命名为“标高轴网.rvt”保存。

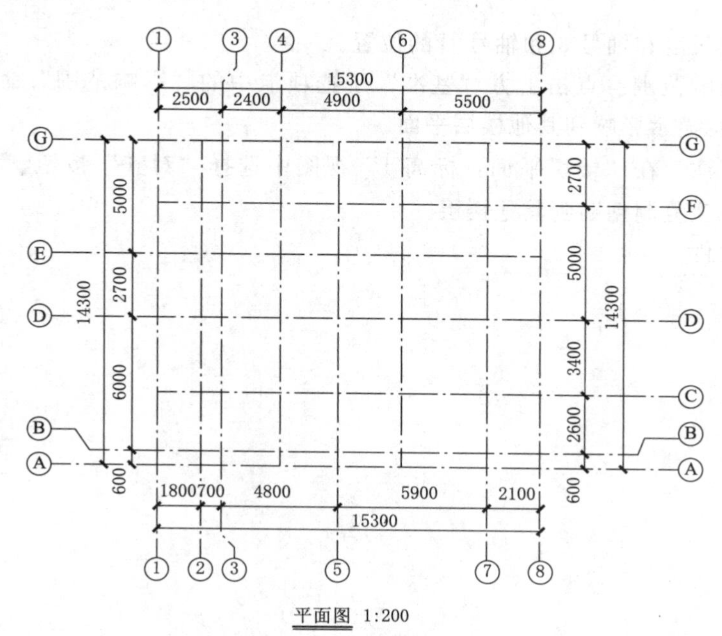

图 3-41 （单位：mm）

操作提示：

(1) 新建项目。启动 Revit 软件，选择“建筑样板”新建项目文件，保存并命名为“标高与轴网.rvt”。

(2) 创建楼层标高。在“项目浏览器”→“立面（建筑立面）”中双击“南”，进入南立面图。调整“标高 2”的标高值，将“标高 1”与“标高 2”之间的层高修改为 3m，用复制或阵列命令增加二个标高，即“标高 3”为 6m，“标高 4”为 9m。在“属性”选项板中点击“编辑类型”按钮，勾选“端点 1 处的默认符号”即可将两侧标头都显示，如图 3-42 所示。注意如果用复制和阵列方法创建的标高要添加对应视图。

(3) 修改视图比例。在“项目浏览器”中选中标高 1 至标高 4，在“属性”选项板中将“视图比例”改为 1∶200。

(4) 绘制轴网。在“项目浏览器”→“楼层平面”中双击“标高 1”，进入“楼层平面：标高 1”视图。单击“基准”子选项卡中的“轴网”按钮创建轴线。在“属性”选项板中点击“编辑类型”按钮，将“轴网中段”改为连续，“轴网末段颜色”改为红色，勾选“平面视图轴号端点 1”，用“直线”的方式按照题目尺寸绘制轴网。最后手动调整隐

标高4 9.000	9.000 标高4
标高3 6.000	6.000 标高3
标高2 3.000	3.000 标高2
标高1 ±0.000	±0.000 标高1

图 3-42

藏开锁拖拽轴线长度和轴号 3 和轴号 B 的位置。

(5) 轴网影响范围。点击上方“基准”子选项卡中的“影响范围”命令，将“标高1”视图中的轴网显示影响到其他楼层平面。

(6) 尺寸标注。在“楼层平面：标高 1”视图中选择“对齐”按钮对轴网进行标注。并将尺寸标注复制粘贴到其他楼层。

(7) 保存文件。

项目4

柱　和　梁

【学习目标】

（1）掌握柱的创建与编辑方法。

（2）掌握梁的创建与编辑方法。

【思政目标】

通过讲解创建柱和梁的具体操作，培养学生精益求精、追求极致的工作态度，以及尊崇和弘扬工匠精神的优良传统。

柱是建筑物中垂直的主要结构件，在工程结构中主要承受压力，有时也同时承受弯矩的竖向杆件，用以支承梁、桁架、楼板等。梁是由支座支承，承受的外力以横向力和剪力为主，以弯曲为主要变形的构件，是建筑上部构架中最为重要的部分。

柱和梁作为可载入族，可以通过外部创建后插入到项目中，具有较高的自定义性。

任务4.1　柱的创建与编辑

按照常规建筑设计习惯，在标高和轴网创建完成后便可创建柱网。根据柱子的用途及特征的不同，在 Revit 中将柱子分为结构柱和建筑柱两种。结构柱为结构构件，可在其属性中输入相关的结构属性，或在后期进行结构分析。建筑柱主要用于展示柱子的装饰外形及其构造层类型。对于初学者来说，在一般项目中，从建模角度，如不进行后期结构分析等，结构柱和建筑柱建模方法差别并不大，用两者都可以创建柱，以下我们以结构柱为例讲解。

柱的类型按柱的截面形式不同分为矩形柱、圆形柱、H 形柱、T 形柱、工字形柱以及其他异形柱等。按所用材料不同分为石柱、砖柱、砌块柱、木柱、钢柱、钢筋混凝土柱、劲性钢筋混凝土柱、钢管混凝土柱和各种组合柱。在“建筑样板”中由于自带柱的类型比较少，需要载入新柱的类型，可将系统自带的柱族载入到项目中建立自己的柱族。

创建结构柱可以单击“建筑”主选项卡→“构建”子选项卡→“柱”下拉列表，在列表中选择“结构柱”按钮，自动激活进入“修改 | 放置 结构柱”界面；也可以切换至功能区的“结构”主选项卡，在“结构”子选项卡中单击“柱”，进入“修改 | 放置 结构柱”界面，如图 4-1 所示。如果是第一次新建一个项目，系统自带的类型只有一个工字型钢柱。

4.1.1 结构柱的载入

以载入新柱“混凝土-正方形-柱”为例：单击“属性”选项板中的“编辑类型”按钮，如图4-2所示。弹出“类型属性”对话框，单击“载入”按钮，如图4-3所示。再次弹出“打开”对话框，在该对话框中点击“结构”文件夹，如图4-4所示。在“柱”文件夹中看到软件系统自带的结构柱类型分为钢、混凝土、木质、预制混凝土，如图4-5所示。双击进入柱类型文件夹“混凝土”，选择“混凝土-正方形-柱”，如图4-6所示，单击“打开”按钮即可完成载入。

在“类型属性”选项板中的“类型选择器”中可以找到刚刚载入的新柱类型，如图4-7所示。

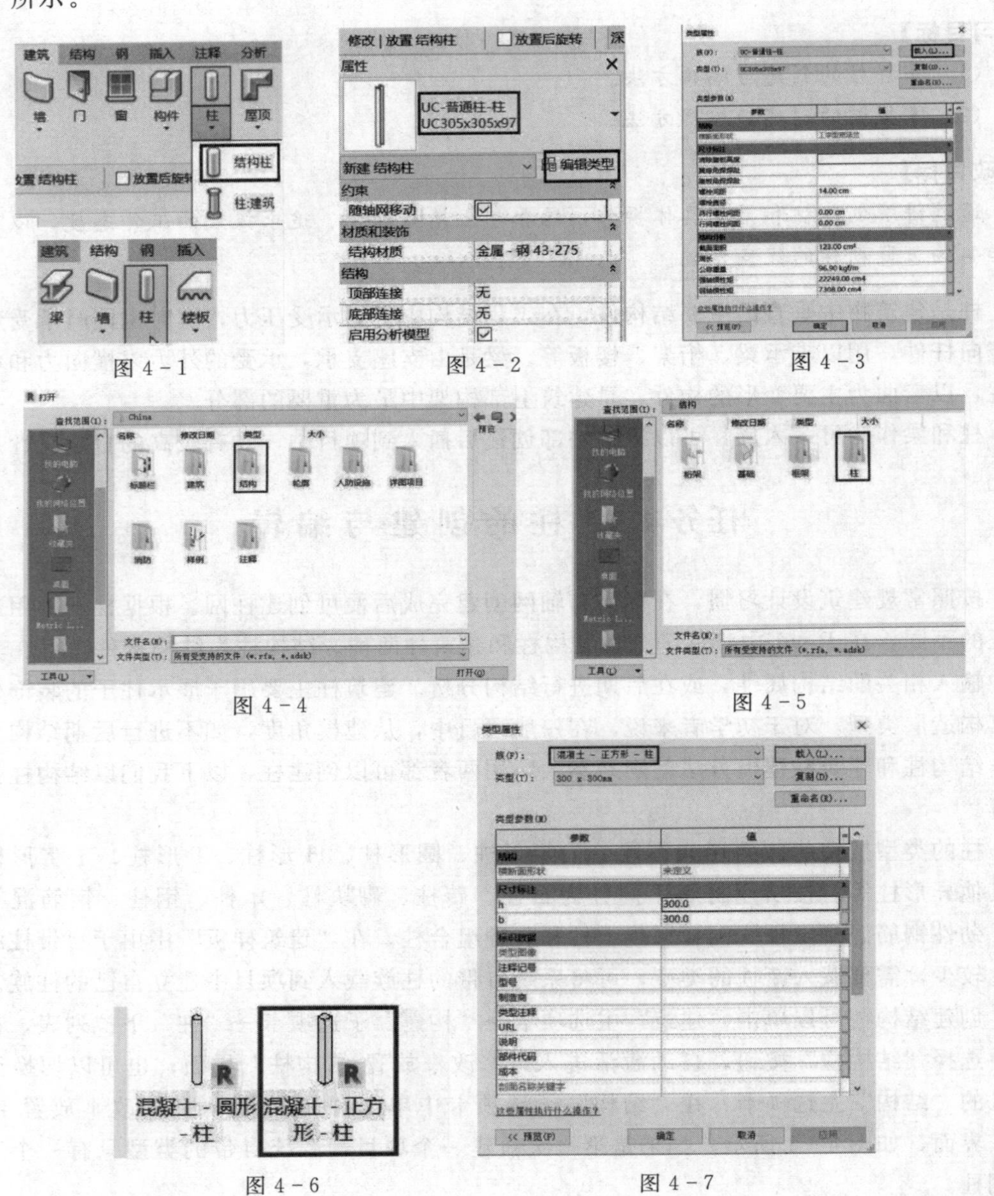

图4-1　图4-2　图4-3

图4-4　图4-5

图4-6　图4-7

4.1.2 属性参数的设置

将柱族载入项目后，需要对柱的属性进行相关调整，以满足项目设计的要求。柱的属性设置包括类型属性设置和实例属性设置。通常先设置类型属性，再设置实例属性。

1. 类型属性设置

在“类型选择器”中选择将要放置的结构柱样式“混凝土-正方形-柱”，单击“编辑类型”按钮，进入其“类型属性”对话框。载入的柱只有一个默认尺寸需要按所需柱子尺寸进行创建。例如以创建 400mm×400mm 的“混凝土-正方形-柱”为例，单击“复制”按钮，在弹出的“名称”对话框中输入新建的柱名称，如“400×400mm”（b×h），如图 4-8 所示，完成后单击“确定”按钮返回到“类型属性”对话框中，这时在“类型属性”对话框的“类型”一栏中就会显示刚刚命名的柱尺寸值。修改“尺寸标注”项下的 b 和 h 的值，将原有的数值 300 修改为新的尺寸值 400，如图 4-9 所示，单击“确定”按钮，点击左下角“预览”可以查看，完成类型属型的设置，返回到“修改 | 放置 结构柱”界面。在平面视图或剖面视图下，b 代表柱的长度，h 代表柱的宽度。

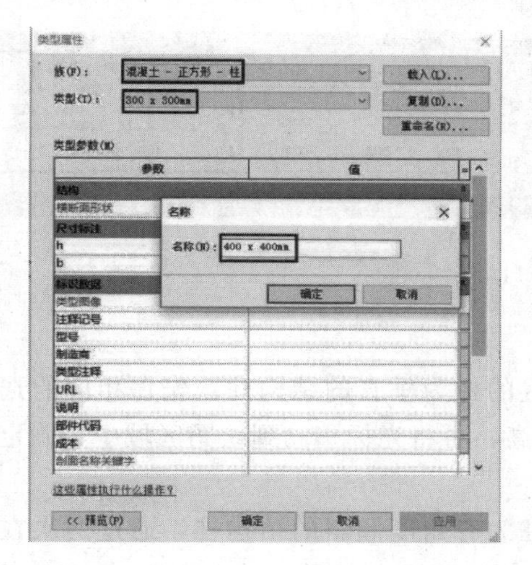

图 4-8

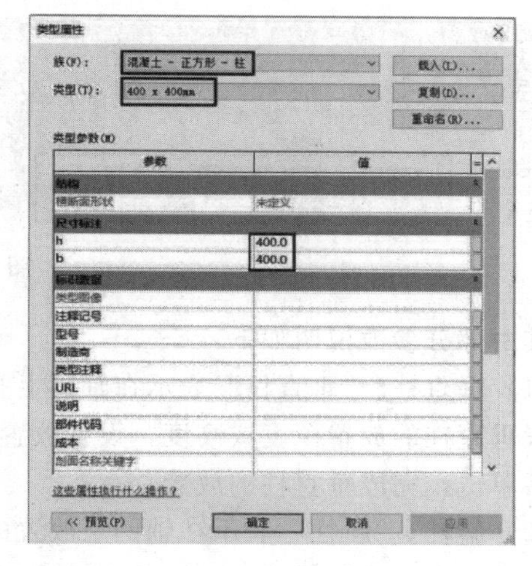

图 4-9

2. 实例属性设置

返回到“属性”选项板，柱子的材质默认为“混凝土”，可以对柱子的材质做修改，如图 4-10 所示。

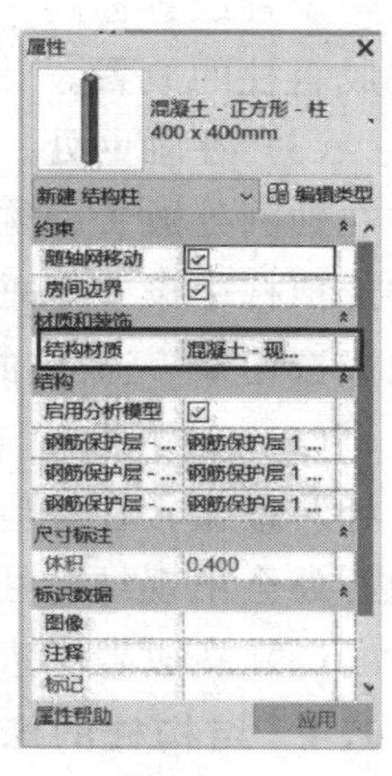

图 4-10

其中部分参数说明如下：

（1）随轴网移动。选中此复选框，当轴网发生移动时，柱也随之移动；反之，柱不随轴网的移动而移动。

（2）房间边界。选中此复选框，将柱子的边界算作房间边界；反之则柱子的边界不是房间边界，房间边界按照墙体边界计算。

（3）结构材质。该参数用来为当前的结构柱赋予某种。

（4）启用分析模型。选中此复选框，可显示分析模型，并将它包含在分析计算中。在建模过程中建议取消选中该复选框。

（5）钢筋保护层-顶面。该参数用来设置与柱顶面间的钢筋保护层距离，其只适用于混凝土柱。

（6）钢筋保护层-底面。该参数用来设置与柱底面间的钢筋保护层距离，其只适用于混凝土柱。

（7）钢筋保护层-其他面。该参数用来设置从柱到其他图元面间的保护层距离，其只适于混凝土柱。

4.1.3 结构柱的放置

完成属性参数的设置后，即可在轴网中放置结构柱。放置时还需选择相应的放置方式。切换至“建筑”主选项卡，单击“构建”子选项卡中的“柱”按钮，在弹出的下拉列表中选择“结构柱”命令，在“类型选择器”中选择需要放置的结构柱类型。在放置前，还需在状态栏中进行相关的设置，例如：选择“放置 ”选项板上的放置方式（默认为“垂直柱”方式），将选项栏中的“深度”改为“高度”，“未连接”改为“标高 2”，即可在“标高 1”和“标高 2”间创建结构柱，如图 4－11 所示。

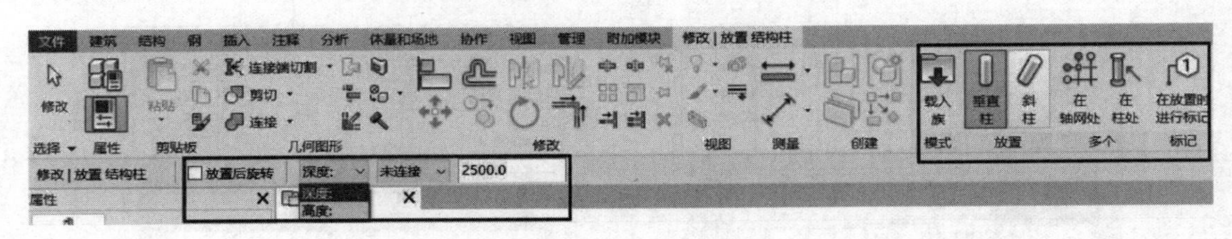

图 4－11

其中部分参数说明如下：

（1）垂直柱。“垂直柱”表示在轴网上布置的柱为垂直的结构柱。先在相应的选项栏中设置垂直柱的放置深度或高度，设置放置标高，再将光标移动到绘图区域中，确定放置位置后单击，完成垂直柱的放置。

（2）斜柱。“斜柱”表示在轴网上放置的柱为有角度倾斜的结构柱，通过两次在不同位置上的单击完成倾斜操作。先在相应的选项栏中设置斜柱第一点和第二点的深度或高度，设置放置标高，再将光标移动到绘图区域中，分别单击第一点和第二点的放置位置，完成斜柱的放置。

（3）在轴网处。“在轴网处”用于按轴网放置多个柱，能够快速创建同种类型的结构柱在轴网处放置结构柱适用于垂直柱，先单击垂直柱，再单击“在轴网处”按钮，在相应的选项栏中设置好垂直柱的放置标高，选择相关轴网，在轴线相交处会出现结构柱，单击完成按钮✔完成柱的放置。

（4）在柱处。“在柱处”用于将结构柱添加到建筑柱内，先单击垂直柱，再单击“在柱处”按钮，在相应的选项栏中设置好垂直柱的放置标高，选择相关建筑柱，在建筑柱的中心处会出现结构柱，单击按钮✔完成柱的放置。

（5）在放置时进行标记。其表示在放置完成结构柱后自动生成相应的结构柱标记。

4.1.4 结构柱的修改

结构柱放置后二次修改主要包括“属性”选项板中实例属性的修改和选项卡中柱的修改。

（1）实例属性的修改。框选需要修改的结构柱，可在“属性”选项板中修改该柱的实例属性，且不影响其他柱的属性，如图4-12所示。

对部分参数说明如下：

1）柱定位标记。该参数用来指定项目轴网上垂直柱的坐标位置。

2）底部标高。该参数用来指定柱底部的限制标高。

3）底部偏移。该参数用来指定柱底部到底部标高的偏移值，正值表示在标高以上，负值表示在标高以下。

4）顶部标高。该参数用来指定柱顶部的限制标高。

5）顶部偏移。该参数用来指定柱顶部到顶部标高的偏移值，正值表示在标高以上，负值表示在标高以下。

6）柱样式。该参数用来指定柱的样式为“垂直”“倾斜-端点控制”或“倾斜-角度控制”。

（2）选项卡中柱的修改。选择要修改的结构柱，在功能区的选项卡中可以看到如图4-13所示的几个工具，可用于修改柱。

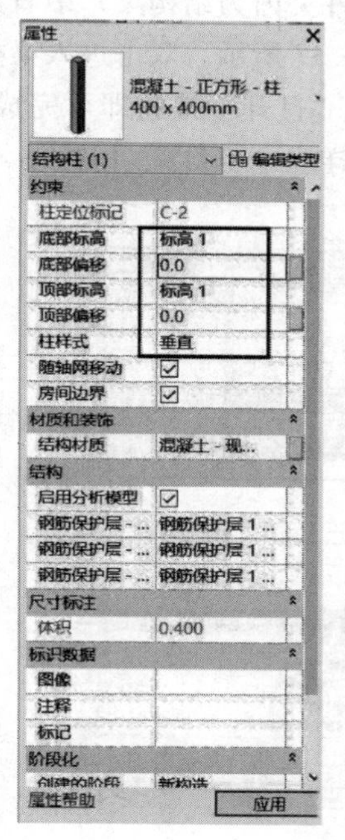

图4-12

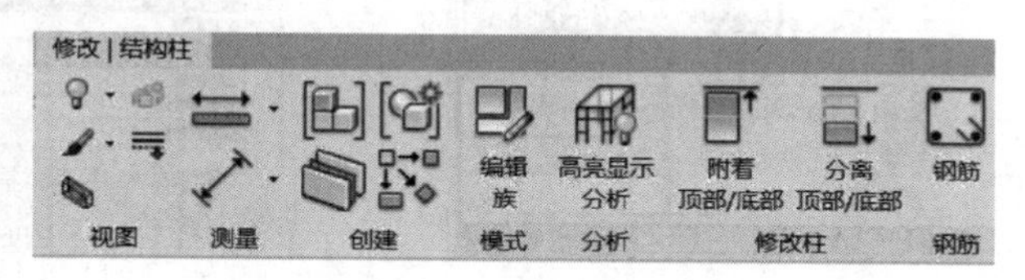

图4-13

对各选项卡工具说明如下：

1）编辑族。该工具表示可以通过族编辑器来修改当前的柱族，然后将其载入到项目中去。

2）高亮显示分析。该工具用于在当前视图中高亮显示与选定的物理模型相关联的分析模型。

3）附着顶部/底部。该工具用来将柱附着到如屋顶和楼板等模型图元上。

4）分离顶部/底部。该工具用来将柱从屋顶和楼板等模型图元中分离出去。

5）钢筋。该工具用来放置平面钢筋或多平面钢筋。

通过上述两种方式可以将放置的结构柱修改成设计所需的形式。

任务 4.2 梁的创建与编辑

梁由支座支承，承受的外力以横向力和剪力为主，以弯曲为主要变形的构件称为梁，是建筑上部构架中最为重要的部分。梁的分类比较多，从截面几何形状上可以分为矩形梁、圆形梁、L 形梁、T 形梁、工字形梁以及其他异形梁等。

梁只有在结构系统中有，单击“结构”主选项卡→“结构”子选项卡→“梁”命令，进入“修改 | 放置 梁”界面。如果是第一次新建一个项目，系统自带的是一个热轧 H 型钢。同柱一样，在绘制梁之前，也需要将所需要的梁样式族载入到当前的项目中。

1. 梁的载入

在“属性”选项板中单击“编辑类型”按钮，如图 4 - 14 所示。弹出“类型属性”对话框，单击“载入”按钮，如图 4 - 15 所示。再次弹出“打开”对话框，在该对话框中单击“结构”文件夹，如图 4 - 16 所示。在“框架”文件夹（框架文件夹内为结构梁）中看到软件系统自带的梁类型分为钢、混凝土、木质、预制混凝土，如图 4 - 17 所示。双击进入梁类型文件夹“混凝土”，选择梁样式，例如“砼梁-矩形顶切角”。单击“打开”按钮即可完成载入。这时，在“属性”选项板的“类型选择器”中将出现新载入的梁样式，如图 4 - 18 所示。

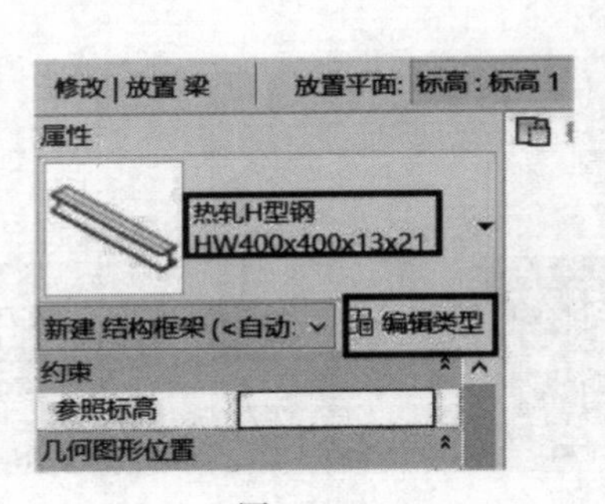

图 4 - 14

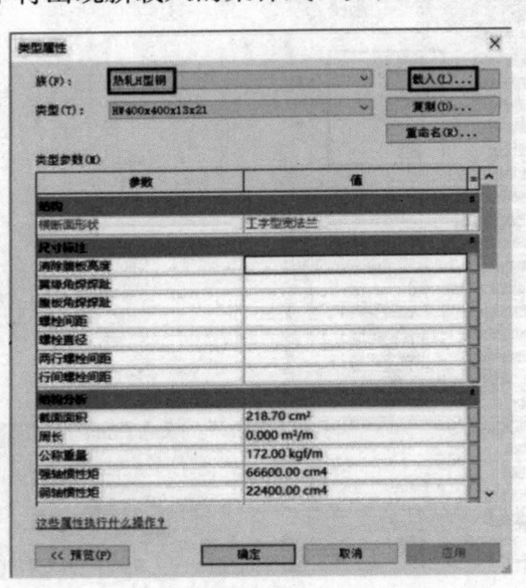

图 4 - 15

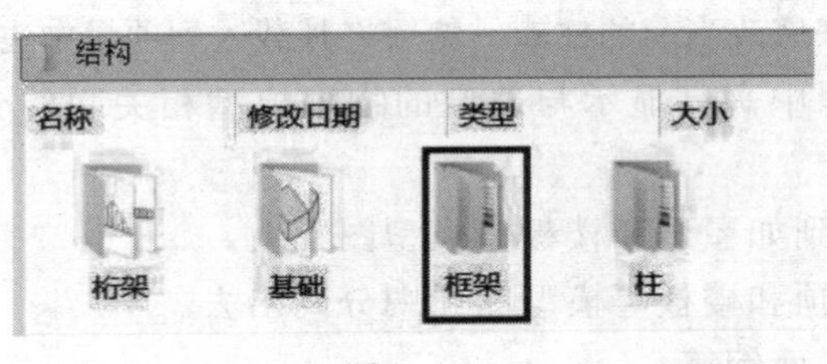

图 4 - 16

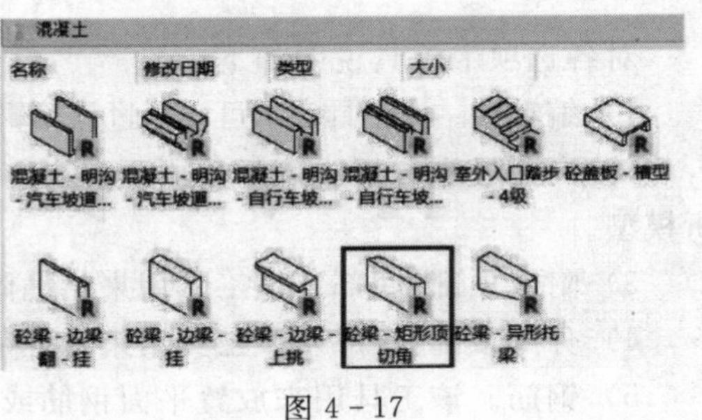

图 4 - 17

2. 梁的参数设置与创建

将梁族载入项目后，梁的尺寸创建与柱一样，单击“复制”创建名为“300×600”结构梁，单击“确定”。在“类型参数”中对尺寸进行修改后单击“确定”，如图 4－19 所示，点击“预览”可以查看，返回到梁的放置界面。

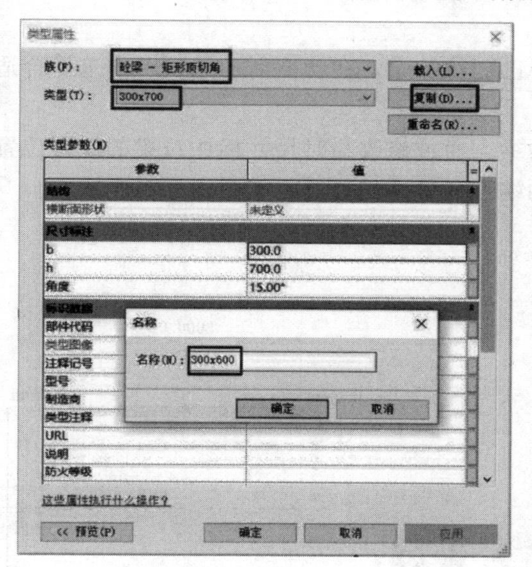

图 4－18

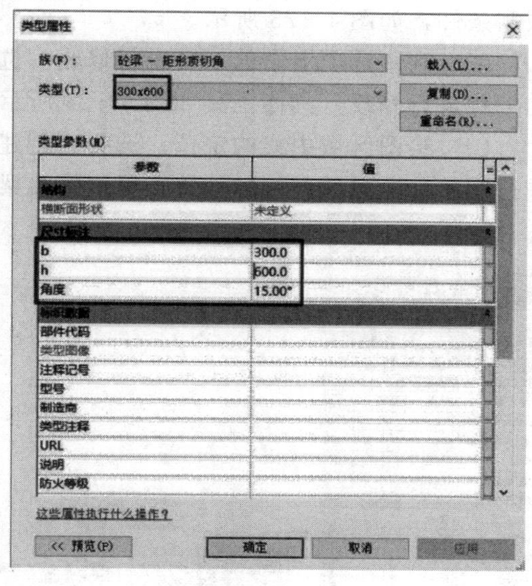

图 4－19

完成属性参数的设置后，还需在选项栏中进行相关的设置。先将视图切换到需要创建梁的标高结构平面中，然后在选项栏中确定梁的放置平面标高，选择梁的结构用途，例如“放置平面”中选择“标高 2”，结构用途选择“自动”，如图 4－20 所示。梁默认的高度是当前标高底部向下，在绘制一层的梁时需要在标高 2 进行绘制，如图 4－21 所示。

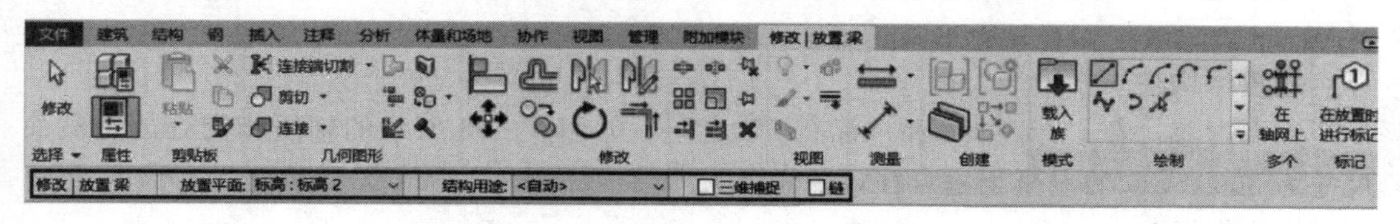

图 4－20

梁的创建需要绘制梁的路径，可以是直线，也可以是弧线。例如在“绘制”选项卡中选择绘制方式“线”后，移动光标创建一段长 8000mm 的梁，如图 4－22 所示。

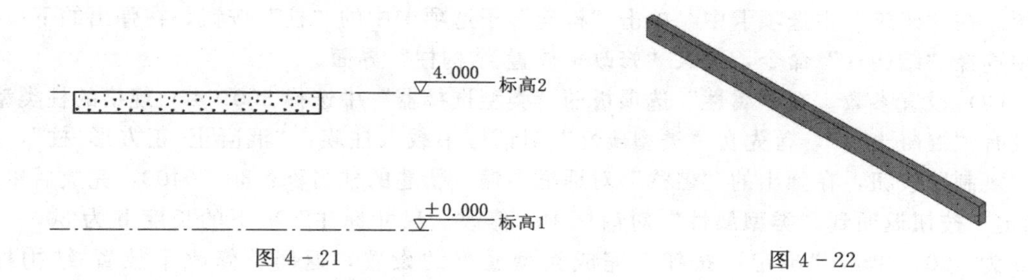

图 4－21　　　图 4－22

3. 梁的编辑

创建完成项目中的梁后，可以对梁进行编辑，以满足设计的需求。梁的编辑主要包括实例属性的修改、利用选项卡中的工具进行修改和绘图区域中梁的定位。

（1）实例属性的修改。选择已创建的结构框架梁，在“属性”选项板中修改实例梁的限制条件，如图 4-23 所示。

（2）利用选项卡中的工具进行修改。选择已创建的梁，在功能区的选项卡中选择合适的工具进行修改，具体工具如图 4-24 所示。

（3）绘图区域中梁的定位。选择已创建的梁，通过修改临时尺寸标注对梁的放置位置进行调整，通过梁两端的拖拽点可以拖拽梁的端点到另外的位置，如图 4-25 所示。

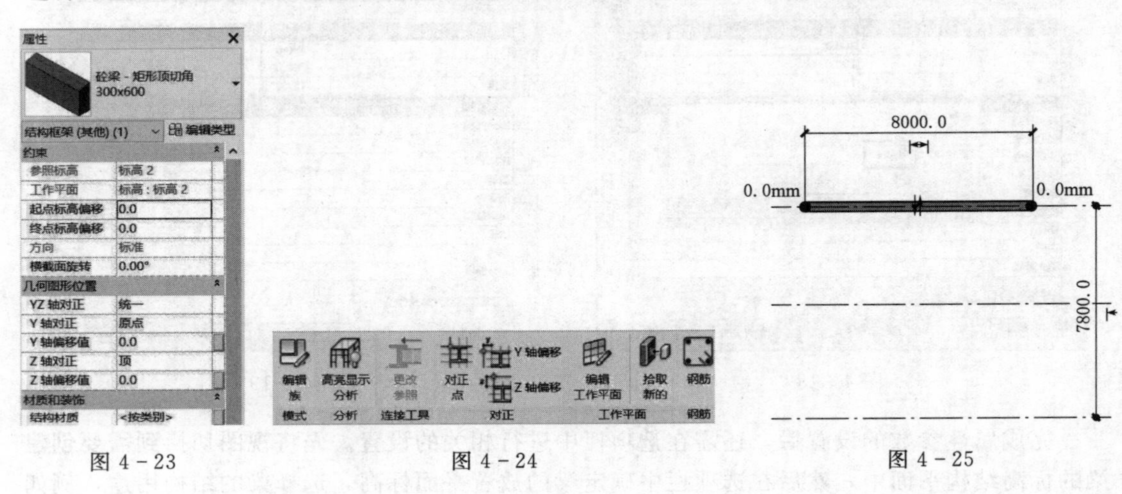

图 4-23　　图 4-24　　图 4-25

上 机 实 训

放置结构柱

实训内容：在“标高 1”和“标高 2”之间，如图 4-26 所示的轴线相交处放置截面尺寸为 300×400 的混凝土垂直柱，并命名为“结构柱 . rvt”保存。

操作提示：

（1）新建项目。启动 Revit 软件，选择“建筑样板”新建项目文件，保存并命名为“结构柱 . rvt”。

（2）在“项目浏览器”→“楼层平面”中双击“标高 1”，进入“楼层平面：标高 1”视图。在“建筑”主选项卡中，单击“构建”子选项卡中的“柱”按钮，在弹出的下拉列表中选择“结构柱”命令，进入“修改 | 放置 结构柱”界面。

（3）设置参数。在“属性”选项板的“类型选择器”中选择 300×400 规格的柱类型。如没有“混凝土柱”，首先在“类型属性”对话框中载入柱族：“混凝土-正方形-柱”，单击“复制”按钮，在弹出的“名称”对话框中输入新建的柱名称：300×400，完成后单击“确定”按钮返回到“类型属性”对话框中，修改“尺寸标注”项下的长度 b 为 300、宽度 h 为 400，单击“确定”按钮，完成类型属型的设置，返回“修改 | 放置 结构柱”

界面。

(4) 放置多个结构柱。在放置前，还需在状态栏中进行相关的设置，将选项栏中的“深度”改为“高度”，“未连接”改为“标高 2”。默认“垂直柱”，单击“多个”选项卡中的“在轴网处”按钮，在“属性”选项板的“类型选择器”中选择柱类型 300×400，框选整个轴网，系统将在框选中的轴网交点上自动放置结构柱，单击按钮✔，即可实现在轴网中放置多个同类型的结构柱，如图 4－27 所示。

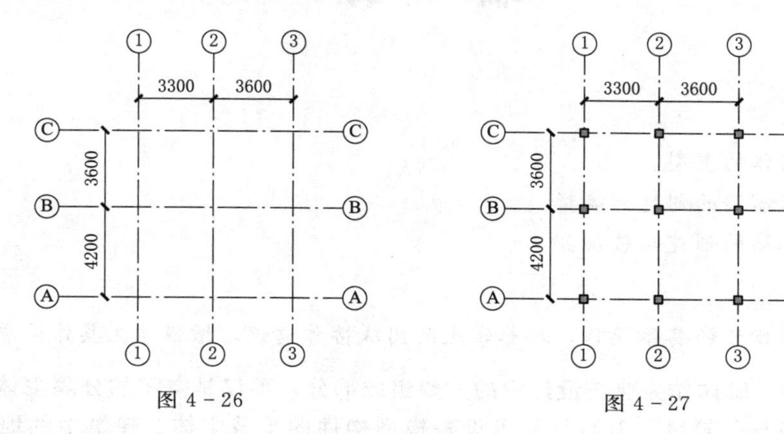

图 4－26　　图 4－27

(5) 保存文件。

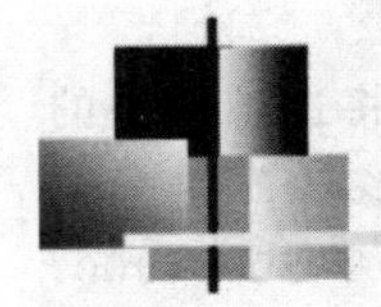

项目 5

墙　体

【学习目标】

（1）了解墙体的类型。

（2）掌握基本墙的创建和编辑。

（3）掌握幕墙的创建与编辑。

【思政目标】

通过讲解创建墙的具体操作，培养学生的团队协作意识，增强学生集体荣誉感。

在 Revit 中，墙体作为建筑设计中的重要组成部分，不仅是空间的分隔主体，而且也是门窗、墙饰条与分隔缝、卫浴灯具等设备模型构件的承载主体。建筑中的墙体类型很多，而墙体的分类方式也多种多样，按照不同的分类标准可以分为不同的类型。因此，在绘制时要根据墙的用途及功能，例如墙体的高度、墙体的构造、内墙和外墙的区别等，分别创建不同的墙体类型。

在 Revit 中，墙属于系统族，不能进行族编辑。系统提供三种类型的墙族：基本墙、幕墙和叠层墙。所有的墙体类型都是通过这三种系统族建立不同的样式和参数来定义的。

任务 5.1　基　本　墙

在 Revit 中，提供了多种墙体创建方式。如图 5-1 所示。“墙：建筑”用于在建筑模型中创建非结构墙；“墙：结构”用于在建筑模型中创建承重墙或剪力墙；“面墙”可以使用体量面或常规模型来创建墙；“墙：饰条”和“墙：分隔条”只有在三维视图下才能激活亮显，用于墙体绘制完成后添加。本任务中介绍以“墙：建筑”方式创建墙体。

5.1.1　创建墙体

墙属于系统族，不能从族库中载入，墙体相关信息的修改需通过属性参数来设置。在创建墙体时，首先要对墙体赋予参数来确定墙体的类型（包括功能、材质、墙厚等），再指定墙体的平面位置、高度等参数。

5.1.1.1　类型属性设置

（1）在平面视图中，单击“建筑”主选项卡→“构建”子选项卡→“墙”下拉列表，在列表中选择“墙：建筑”命令，“类型选择器”默认为“基本墙 常规－200mm”，进入“修改 | 放置 墙”界面，此时“属性”选项板如图 5－2 所示；选项栏变为墙体选项栏，如图 5－3 所示。

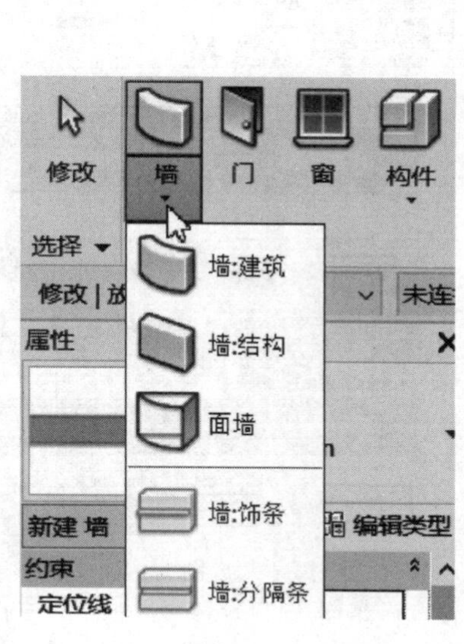

图5-1

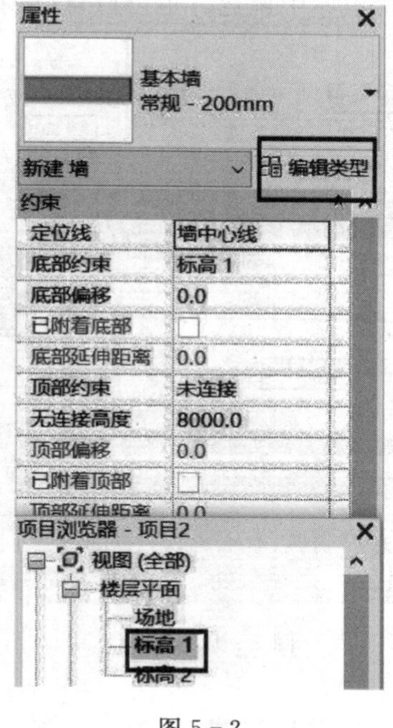

图5-2

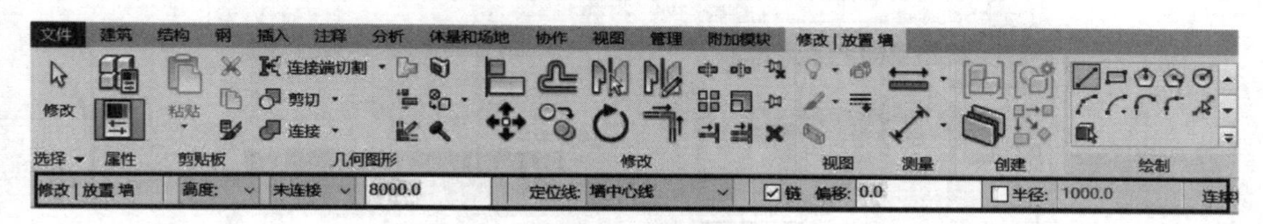

图5-3

(2) 单击“属性”选项板中的“编辑类型”按钮，弹出“类型属性”对话框。在“类型属性”对话框中，“族”列表中有“叠层墙、基本墙、幕墙”三种墙类型，确认当前族为“系统族：基本墙”，在类型中选择需要的类型；单击“复制”按钮，弹出“名称”对话框，如图5-4所示；在弹出的“名称”对话框中输入新墙体的名称，然后单击“确定”按钮返回“类型属性”对话框。

(3) 接着设置墙体构造。单击“类型属性”对话框中的“编辑”按钮，弹出“编辑部件”对话框，如图5-5所示。在此定义墙体的构造，在该对话框中，点击“插入”按钮为墙体插入新构造层，新构造层可以更改名字和厚度，并通过“向上”和“向下”按钮调整构造层顺序；点击“按类别”后显示按钮...，弹出“材质浏览器”对话框，如图5-6所示。可以选择“项目材质：所有”列表中的材质，也可以为构造层添加新材质；单击“预览”按钮可以在预览窗口切换“楼层平面”和“剖面”两种视图预览墙体构造。

“材质浏览器”对话框可以为墙体的每个构造层设置不同的材质，对话框由三部分组成，从上至下分别为：当前项目中所有可用材质列表、系统默认材质库、材质库管理及创建材质区域，如图5-6所示。如果“当前项目：所有”列表中没有项目所需材质，可以从系统默认材质库中挑选，也可以自行创建。

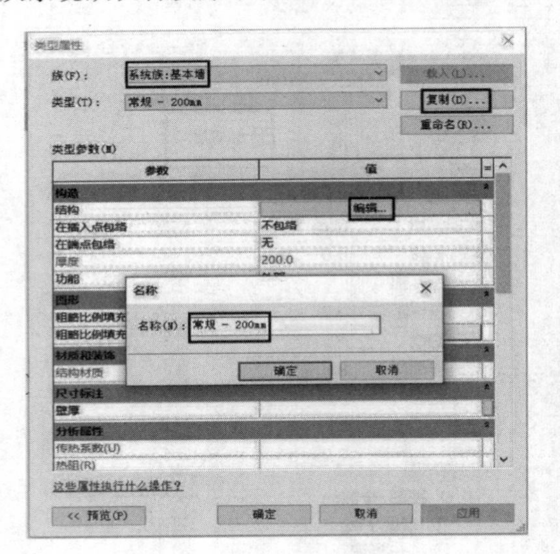

图 5-4

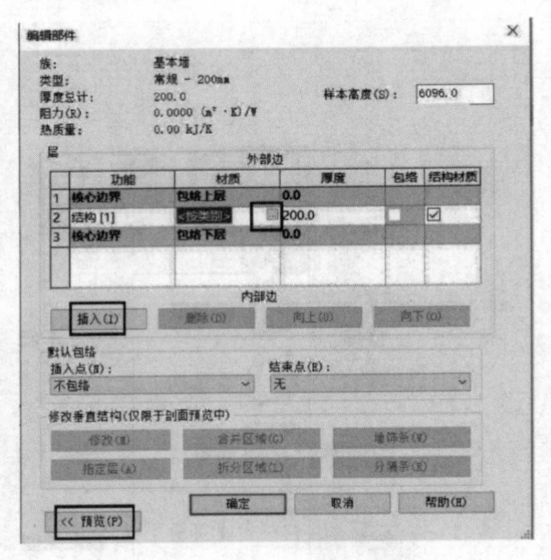

图 5-5

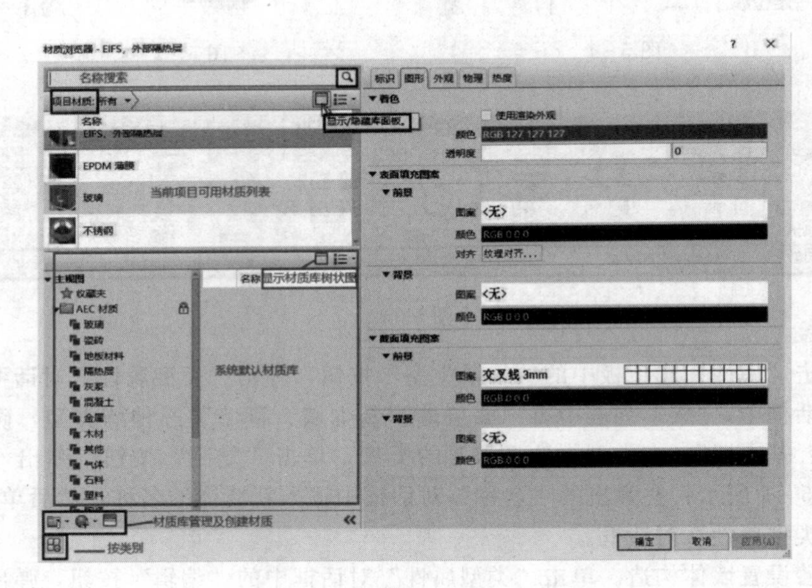

图 5-6

在为墙体构造层选择材质时，如果选择系统默认材质库中的材质，选择前必须先将该材质添加到“当前项目：所有”列表中，再对其进行选择、重命名或编辑后才可以使用。例如添加“混凝土-预制”首先在该对话框的下面展开“AEC材质”列表，表中列举了Revit系统中所有可以使用的预定义材质类别，点击“混凝土”材质，将在右侧显示所有属于“混凝土”类别的材质名称，如图5-7所示，选择“混凝土预制”，此时右侧编辑器将对应显示其图形、外观等详细设置，点击右侧的按钮，该材质将添加到顶部“项目材质：所有”列表中。在“项目材质：所有”中选择已添加的“混凝土，预制”材质，右键可以对该材质编辑、重命名、复制等，单击“确定”按钮，返回到“编辑部件”对话框。

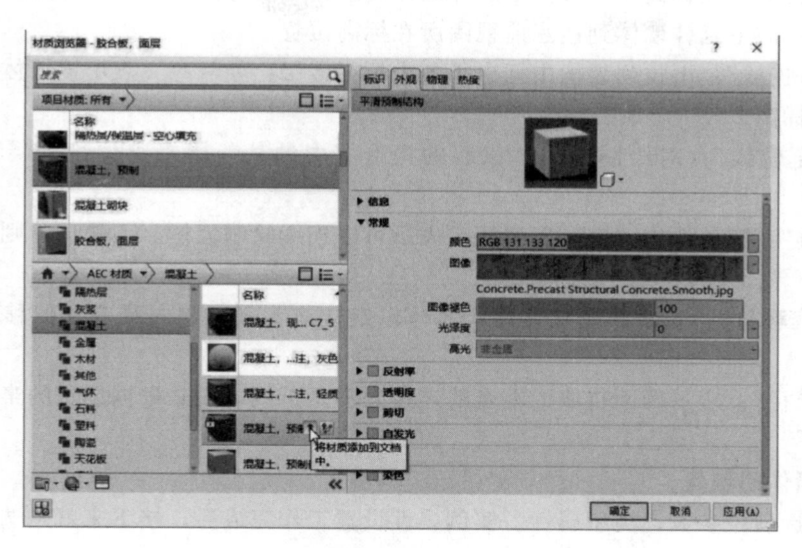

图 5 - 7

5.1.1.2 实例属性设置

在完成墙体类型属性的设置后，还要在墙“属性”选项板中设置有关墙体的实例参数。

墙“属性”选项板主要设置墙体的定位线、高度、底部和顶部的约束与偏移等；有些参数为暗显，只在更换为三维视图、选中构件、附着时或改为结构墙等情况下亮显。

（1）定位线。定位线共分为墙中心线、核心层中心线、面层面内外部和核心面内外部共六种定位方式。在 Revit 术语中，墙的核心层是指其主结构层。在简单的砖墙中，“墙中心线”与“核心层中心线”平面会重合，但在复合墙中可能会有不同的情况。当顺时针绘制墙时，其外部面（面层面：外部）在默认情况下位于外部。选中绘制好的墙体，单击“翻转控件”按钮可以调整墙体的方向。

注意： 由于 Revit 中的墙体有内外之分，因此绘制墙体时应选择顺时针绘制，保证外墙侧朝外。

（2）底部限制条件/顶部约束。它表示墙底部和顶部对齐到的标高层即墙体上下的约束范围。

（3）底/顶部偏移。在底和顶约束范围的条件下，可上下微调墙体的高度，如果同时偏移表示墙体高度不变，整体向上偏移 100mm。+100 表示向上偏移 100mm，−100 表示向下偏移 100mm。

（4）无连接高度。当“顶部约束”选择未连接时，在“无连接高度”后面输入墙的总高度即可。当“顶部约束”选择标高层时，可在“顶部偏移”输入偏移量。

5.1.1.3 选项栏的参数设置

在墙体选项栏中可以设置墙体高度、定位线、偏移量、链、半径等参数。

(1)“高度”和“深度”：Revit 提供了两种指定墙体的高度的方式。高度方式是以当前楼层平面视图所在标高为墙底向上延伸墙体到达指定的标高位置；深度方式是以指定标高位置为墙底向下延伸墙体到达当前视图所在标高位置。

(2)“未连接”：下拉列表框中列出了各个标高楼层：如标高 2 表示该墙体的底部到顶部的距离为标高 2。

(3)“定位线”：对绘制的墙体以墙的构造层中的某一层来定位绘制，默认为墙中心线。

(4)“链”：默认选中“链”复选框，表示可以连续绘制墙体。不勾选，则墙体为一段一段绘制。

(5)“偏移量”：表示绘制墙体时，墙体以定位线为基准向内或向外偏移距离，默认为 0.0。

(6)“半径”：表示两面直墙的端点的连接处不是折线，而是根据设定的半径值自动生成圆弧墙。

5.1.1.4 墙体的创建

在墙体选项栏参数、类型属性、实例属性设置工作完成后，接下来就是选择墙体的绘制方式。

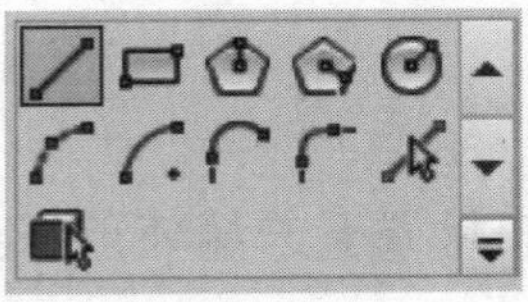

图 5-8

在某楼层平面视图中选择“墙：建筑”按钮后，进入“修改 | 放置 墙”界面，在“绘制”子选项卡中将出现墙体的绘制命令，如图 5-8 所示。

墙体的绘制方式有直线、矩形、多边形、圆形、弧形等多种绘制方式可供选择。如果有导入的二维平面图作为底图，可以先单击“拾取线”按钮，用鼠标拾取平面图中的墙线自动生成 Revit 墙体；除此以外，还可利用“拾取面”按钮通过拾取体量面或常规模型来创建。

提示：由于 Revit 中的墙体有内外之分，因此绘制墙体时应选择顺时针绘制，保证外墙侧朝外。

5.1.2 编辑墙体

5.1.2.1 当前标高编辑墙体

在创建好墙体后，有时还需要对墙体进行编辑，与在 CAD 中线段的编辑一样，利用“修改 | 墙”子选项卡中的移动、复制、旋转、阵列、镜像、对齐、拆分、修剪、偏移等命令可对墙体进行编辑操作。需要注意的是上述中的复制命令只能在当前标高（当前工作平面）使用，如果要把当前标高的墙体复制到其他楼层，由于是跨标高（跨工作平面），则需通过“剪贴板”进行跨标高的复制。

5.1.2.2 跨标高复制墙体

在平面视图“标高 1”中选择要复制的墙体，单击“剪贴板”选项卡中“复制到剪贴板”按钮，然后单击“粘贴”下拉箭头，如图 5-9 所示。选择“与选定的标高对齐”，出现“选择标高”窗口，如图 5-10 所示。选择需要复制到的“标高 2”，最后单击“确定”，墙体将复制到平面视图“标高 2”上。

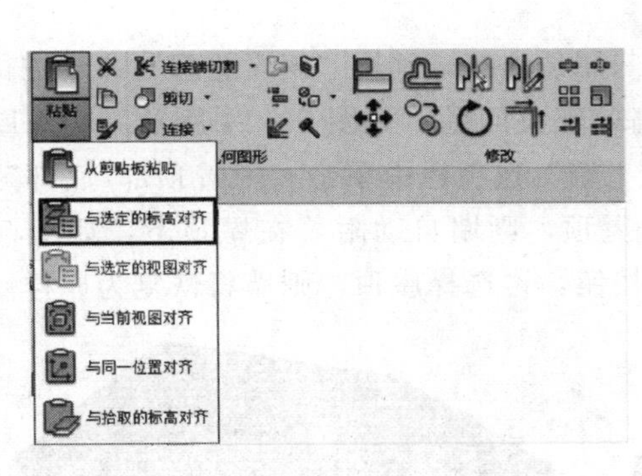

图 5-9

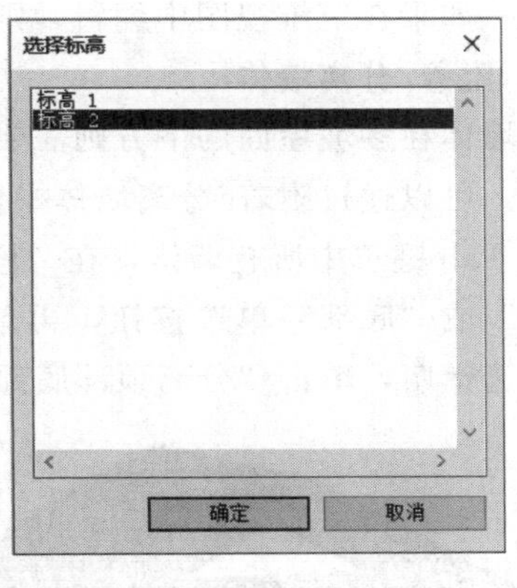

图 5-10

5.1.2.3 绘图区调整墙体

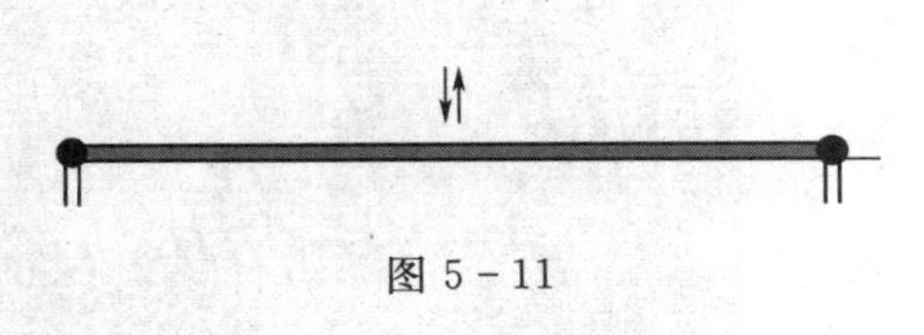

图 5-11

选择已创建好的墙体，墙体一侧会出现反转符号⇅，如图 5-11 所示。该符号所在位置表示墙的“外面”，点击该符号或者按键盘空格键，可以翻转墙外部边的方向。墙两侧的蓝色原点为墙体拖拽点，可以用鼠标左键按住该原点，进行两边拖拉，调整墙体长度。

5.1.2.4 编辑墙体立面轮廓

在平面视图中选择绘制好的墙后，自动激活进入“修改 | 墙”界面，单击“模式”选项卡中的“编辑轮廓”按钮，将弹出“转到视图”对话框，如图 5-12 所示。在该对话框中选择任意立面视图或三维视图，进入相应的绘制轮廓草图编辑界面。使用“直线”等绘制工具绘制封闭轮廓，点击按钮✔，完成绘制，可生成任意形状的墙体，如图 5-13 所示。如需还原已编辑过轮廓的墙体，选择该墙体，单击“重设轮廓”命令，即可实现。

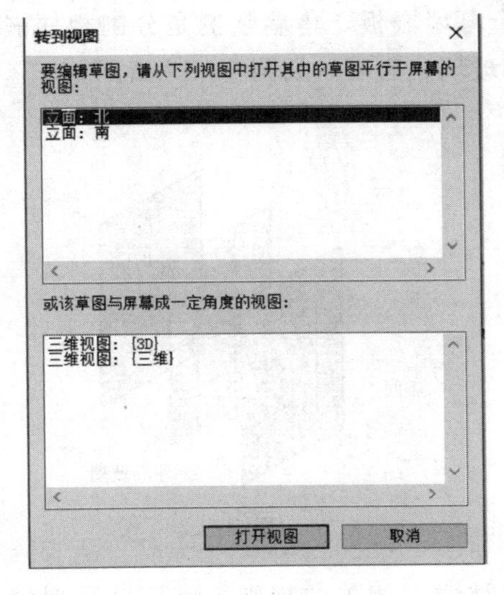

图 5-12

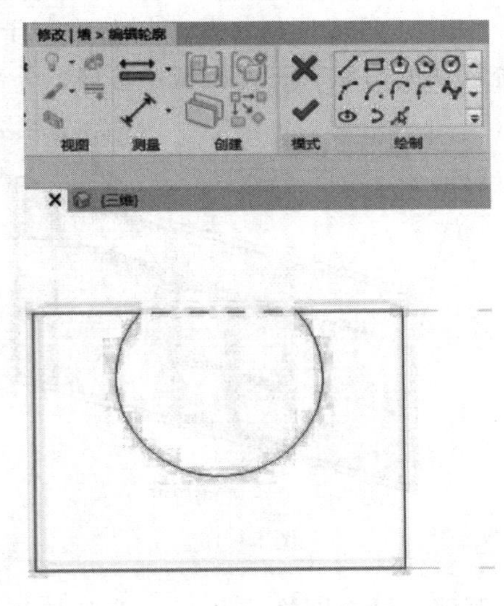

图 5-13

说明： 如果在三维视图中编辑，则编辑轮廓时的默认工作平面为墙体所在平面。

5.1.2.5 附着/分离墙体

如果墙体在多坡屋面的下方则需要其与屋顶连接，利用“编辑轮廓”命令进行操作会比较麻烦，可以通过附着/分离墙体操作高效解决问题，如图 5-14 所示。墙与屋顶未连接，利用 Tab 键选中所有墙体，在“修改 | 墙”选项栏中单击“附着顶部/底部”按钮选中“顶部”或“底部”单选按钮，再单击屋顶，则墙自动附着在屋顶下，如图 5-15 所示。再次选择墙，单击“分离顶部底部”按钮，再选择屋顶，则墙将恢复为原样。

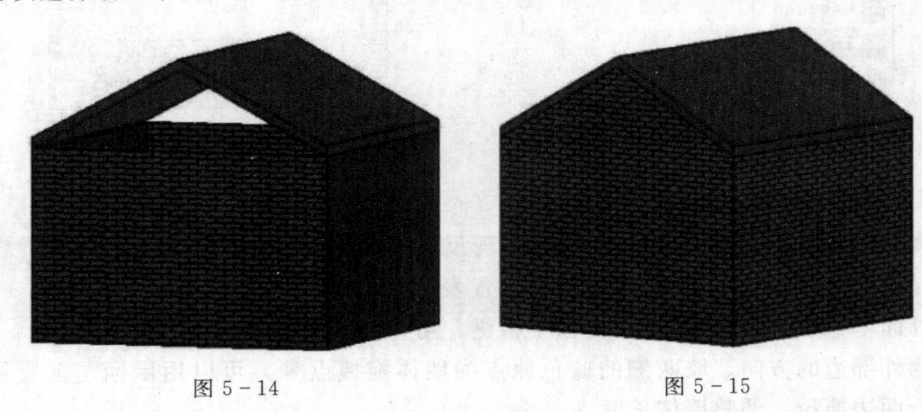

图 5-14　　　　图 5-15

说明： 墙不仅可以附着于屋顶，而且可以附着于楼板、天花板、参照平面等。

任务 5.2 幕　墙

幕墙是建筑的外墙围护，附着在建筑结构上，不承担建筑的楼板或屋顶的荷载，像幕布一样挂上去，故又称“帷幕墙”。幕墙由幕墙网格、幕墙竖梃和幕墙嵌板组成，如图 5-16 所示。其中，幕墙网格将幕墙划分为若干个幕墙嵌板，幕墙竖梃是分割相邻嵌板的结构。系统默认的幕墙有三种类型：幕墙、外部玻璃、店面，如图 5-17 所示。

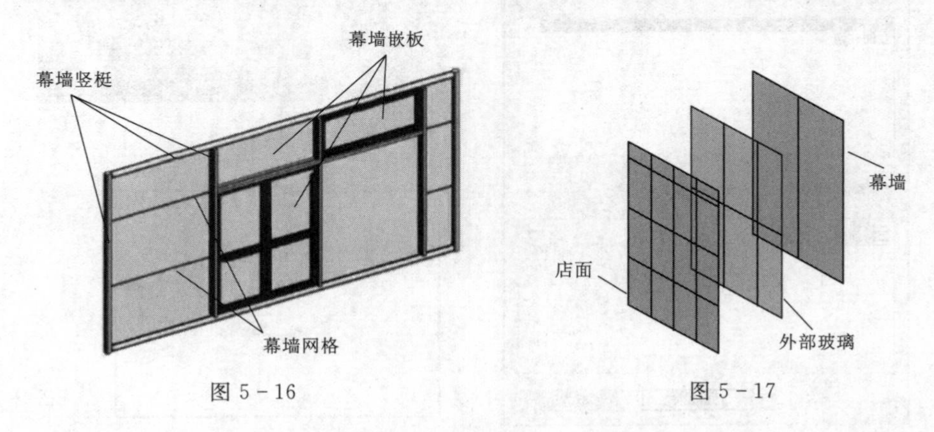

图 5-16　　　　图 5-17

(1) 幕墙：没有网格或竖梃。没有与此幕墙类型相关的规则，该幕墙类型的灵活性最强。

（2）外部玻璃：具有预设网格。如果设置不合适，可以修改网格规则。

（3）店面：具有预设的网格和竖梃。如果设置不合适，可以修改网格和竖梃的规则。

5.2.1 创建玻璃幕墙

幕墙可通过幕墙网格、竖梃及嵌板三大组成元素进行创建，我们以玻璃幕墙为例进行说明：在“项目浏览器”→“楼层平面”中选择某平面视图。单击功能区的“建筑”主选项卡，在“构建”子选项卡中单击“墙”下拉列表，在列表中选择“墙：建筑”按钮，在“类型选择器”中选择幕墙类型，如图5－18所示，然后创建幕墙并编辑幕墙。幕墙的绘制方式和基本墙的绘制方式相同，首先选择绘制的方式，进入到“修改｜放置 墙”界面，在功能区选项栏对幕墙高度/深度等进行设置，然后设置幕墙相关参数。

5.2.1.1 类型属性设置

绘制幕墙前，单击“属性”选项板中的“编辑类型”按钮，在弹出的“类型属性”对话框中设置幕墙参数，主要需设置“构造”“垂直网格”“水平网格”“垂直竖梃”和“水平竖梃”等参数，如图5－19所示。

图5－18

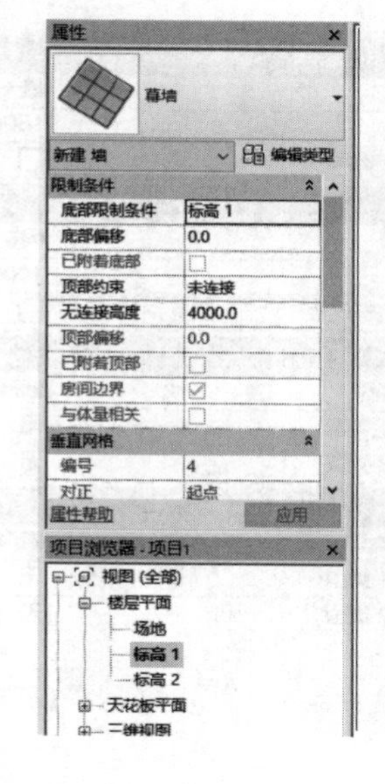

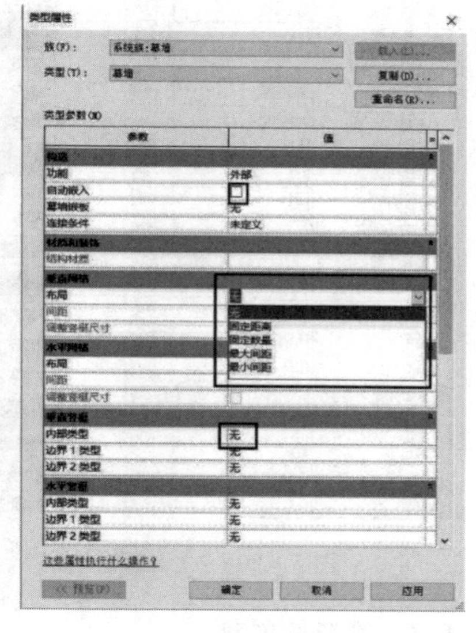

图5－19

其中：

（1）构造。构造主要用于设置幕墙的嵌入和连接方式。选中“自动嵌入”复选框，在普通墙体上绘制的幕墙会自动剪切墙体。在“幕墙嵌板”下拉列表框中可选择绘制幕墙的默认嵌板，一般幕墙的默认选择为“系统嵌板：玻璃”。

（2）垂直网格和水平网格。这两种样式均用于分割幕墙表面和整体分割或局部细分幕墙嵌板。其布局方式可分为“无”“固定数量”“固定距离”“最大间距”“最小间距”五种。

1）无。绘制的幕墙没有网格线，可在绘制完幕墙后，在幕墙上添加网格线。

2）固定数量。若选择该方式，则不能编辑幕墙“间距”选项，可直接利用幕墙属性选项板中的“编号”选项来设置幕墙网格的数量。

3）固定距离、最大间距和最小间距。这三种方式均是通过“间距”来设置的。

绘制幕墙时，多用“固定数量”和“固定距离”两种方式。

（3）垂直竖梃和水平竖梃。设置的竖梃样式会自动在幕墙网格上添加；如果该处没有格线，则该处不会生成竖梃。

5.2.1.2 实例属性设置

玻璃幕墙的实例属性与基本墙类似，只是多了垂直网格和水平网格样式，如图5－20所示。其中编号只有在网格样式被设置成“固定距离”时才会被激活，编号值即等于网格数。

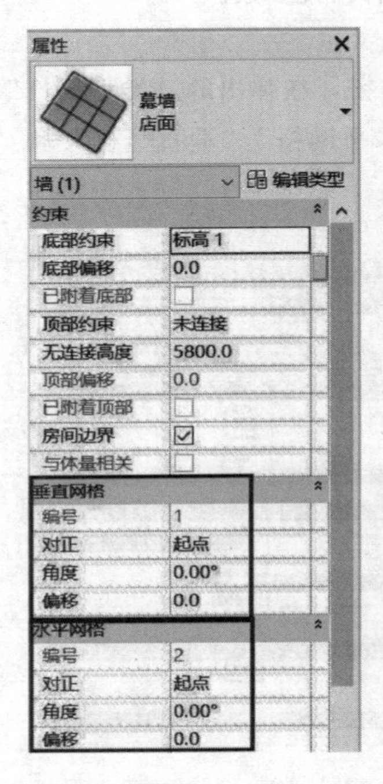

图5－20

构造	
功能	外部
自动嵌入	☑
幕墙嵌板	无
连接条件	未定义
材质和装饰	
结构材质	
垂直网格	
布局	最大间距
间距	1500.0
调整竖梃尺寸	☐
水平网格	
布局	固定距离
间距	1000.0
调整竖梃尺寸	☐
垂直竖梃	
内部类型	圆形竖梃：25mm 半径
边界 1 类型	无
边界 2 类型	无
水平竖梃	
内部类型	圆形竖梃：25mm 半径
边界 1 类型	无
边界 2 类型	无

图5－21

5.2.1.3 幕墙的创建

单击“属性”选项板中的“编辑类型”按钮，弹出“类型属性”对话框。在“类型属性”对话框中，在“族”列表中，确认当前族为“系统族：幕墙”，在“类型”列表中确认幕墙类型为“店面”，单击“复制”按钮，弹出“名称”对话框，在弹出的“名称”对话框中输入新墙体的名称“综合楼幕墙”，然后单击“确定”按钮返回“类型属性”对话框。在“垂直网格”和“水平网格”中选择“固定距离”，参数如图5－21所示，选择绘制方式后绘制一段长10000mm高4000mm的幕墙，切换到南立面视图，如图5－22所示。

创建幕墙后，还可以通过单击图中幕墙网格后按钮，修改临时尺寸对网格进行修改，如图5－22所示。

如果画出的为无网格幕墙，还可以放置幕墙网格和竖梃。

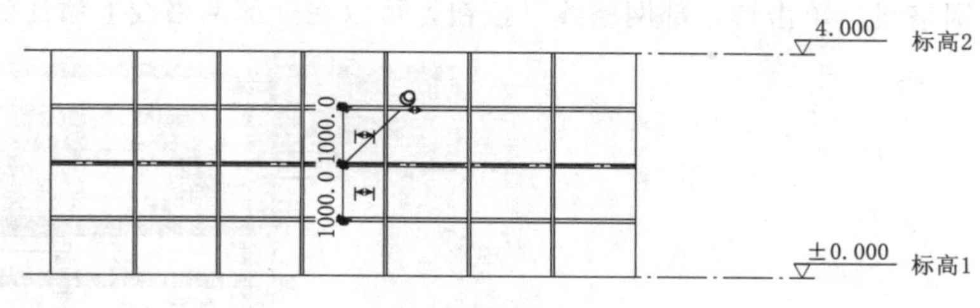

图 5-22

1. 放置幕墙网格

单击“构建”选项卡中的幕墙网格按钮，如图 5-23 所示，切换到“修改 | 放置幕墙网格”界面，如图 5-24 所示，通过“放置”子选项卡中的命令对幕墙进行网格划分。

图 5-23

图 5-24

其中：

(1) 全部分段。单击“全部分段”按钮，可以添加整条网格线。

(2) 一段。单击“一段”按钮，可以添加一段网格线，从而拆分嵌板。

(3) 除拾取外的全部。单击“除拾取外的全部”按钮，先添加一条红色的网格线，再单击某段删除，其余的嵌板将均被添加网格线。

2. 放置幕墙竖梃

单击“构建”选项卡中的竖梃按钮，切换到“修改 | 放置 竖梃”界面，如图 5-25 所示。单击“属性”选项板中的“编辑类型”按钮，弹出“类型属性”对话框，通过“复制”命令创建新的竖梃并对该竖梃进行编辑，如图 5-26 所示。通过“放置”子选项卡中的命令放置竖梃。

(1) 网格线。单击“网格线”按钮，可在一整条网格线上添加竖梃。

(2) 单段网格线。单击“单段网格线”按钮，在每根网格线相交后形成的单段网格线处添加竖梃。

（3）全部网格线。单击“全部网格线”按钮，可以在全部网格线上添加竖梃。

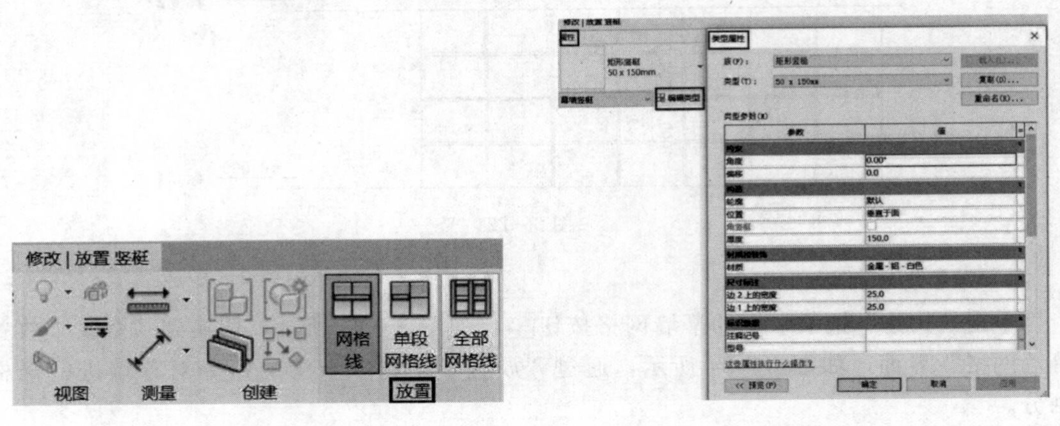

图 5-25　　图 5-26

放置幕墙竖梃后，连接处有些不合理之处，需要进行调整。可以选择竖梃，切换到“修改｜幕墙竖梃”界面，如图 5-27 所示，通过“竖梃”子选项卡中的命令对竖梃进行调整。也可以选中需要调整的一段竖梃，单击“切换竖梃连接”符号进行调整，调整前后如图 5-28 所示。

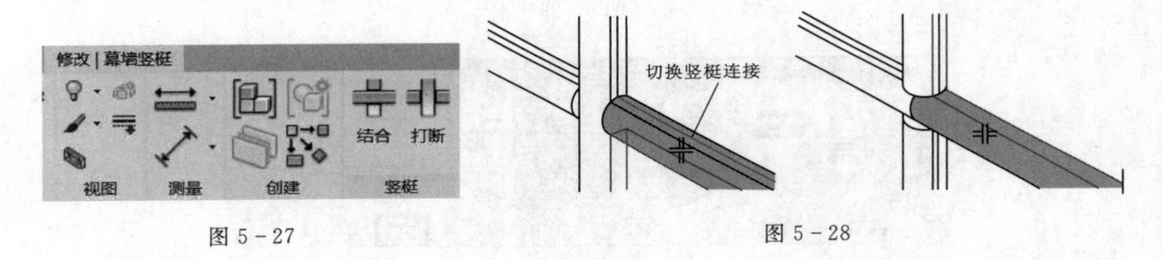

图 5-27　　图 5-28

5.2.2　编辑玻璃幕墙

编辑玻璃幕墙主要包括两方面：一是编辑幕墙网格线段和竖梃；二是编辑幕墙嵌板。

5.2.2.1　编辑幕墙网格线段和竖梃

在三维或平面视图中绘制一段带幕墙网格和竖梃的玻璃幕墙，然后转到三维视图中，如图 5-29 所示。将光标移至某根幕墙网格线处，待网格虚线高亮显示时，单击幕墙网格，激活“修改｜幕墙网格”选项卡，单击“幕墙网格”子选项卡中的“添加/删除线段”按钮。此时，单击幕墙网格中需要断开的网格线，即可删除网格线，如图 5-30 所示；同样，也可在删除网格线的地方添加网格线。如果在类型属性中设置了幕墙竖梃，那么在添加或删除幕墙网格线的同时会添加或删除幕墙竖梃。

5.2.2.2　编辑幕墙嵌板

幕墙网格线段将幕墙分为数个独立的幕墙嵌板，可以自由指定和替换每个幕墙嵌板。例如为了保证通行或通风，需要在玻璃幕墙中设置可开启的窗和门，通过在 Revit 中将系统玻璃嵌板替换为窗嵌板和门嵌板即可实现。

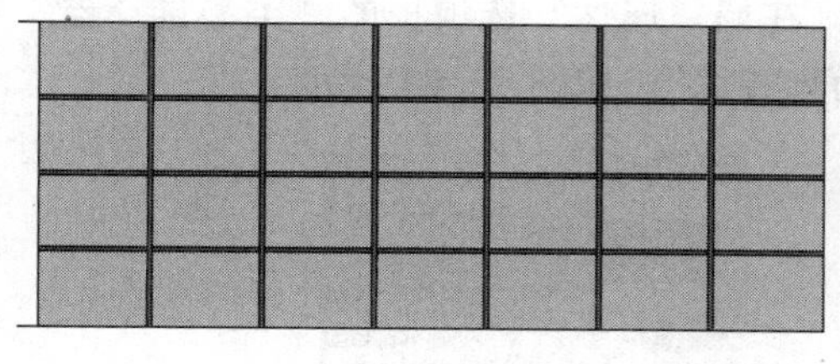

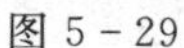
图 5 - 29

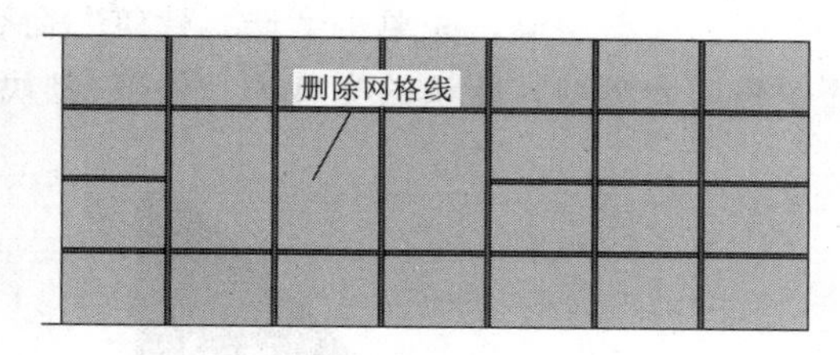

图 5 - 30

1. 创建窗嵌板

将光标放在幕墙网格上，循环按 Tab 键，直到要替换的幕墙嵌板高亮显示时，单击选择该嵌板，在“属性”选项板的“类型选择器”中选择幕墙嵌板的类型。如没有所需类型，可以单击“编辑类型”，在“类型属性”对话框中点击“载入”，如图 5 - 31 所示。依次点击文件夹“建筑”→“幕墙”→“门窗嵌板”，选择“窗嵌板_50 - 70 系列上悬铝窗”并单击“打开”，如图 5 - 32 所示，返回到“类型属性”对话框点击“确定”按钮，回到视图中完成幕墙嵌板替换。

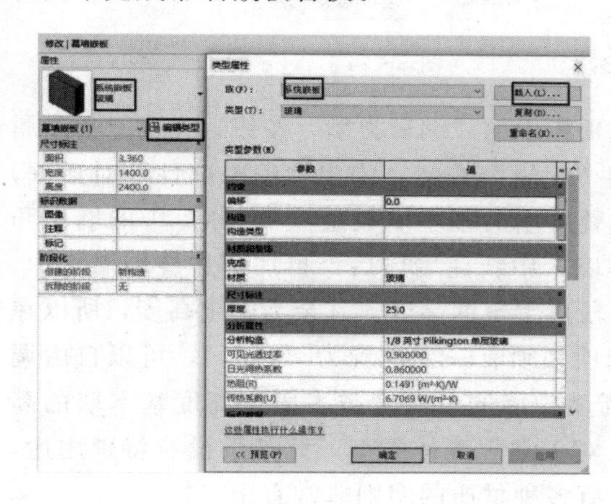

图 5 - 31

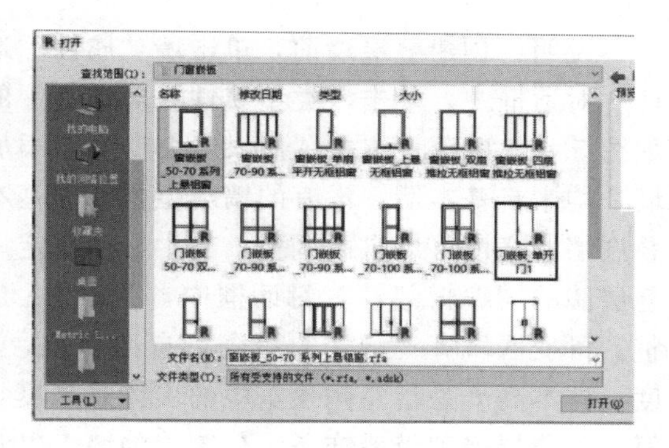

图 5 - 32

2. 创建门嵌板

与创建窗嵌板方法类似，选择“门嵌板 _ 单开门 1”，这里需要注意如果之前已经载入了相同的门窗嵌板，再载入的时候在“族（F）”列表中就会出现想要的门窗嵌板，这时只需要在“系统嵌板”下拉菜单中选择即可。

任务 5.3 叠　层　墙

在 Revit 中，除了基本墙和幕墙两种墙系统族外，还提供了另一种墙系统族——叠层墙。使用叠层墙可以创建结构更为复杂的墙，如由上下两种不同厚度、不同材质的基本墙类型构成的墙，如图 5 - 33 所示。叠层墙是一种由若干个不同基本墙相互堆叠在一起组成的墙，可以在不同的高度下定义不同的墙厚、复合层和材质。由于叠层墙是由不同厚度或不同材质的基本墙组合而成的，所以在绘制叠层墙之前，首先要创建多个基本墙。

要创建叠层墙，先单击“墙：建筑”命令，在墙“属性”选项板的“类型选择器”中选中叠层墙类型，默认的类型为“外部-砌块勒脚砖墙”，如图 5-34 所示。

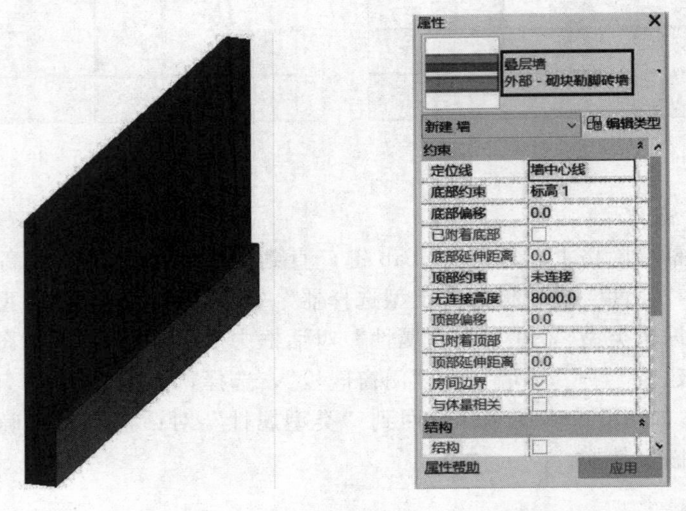

图 5-33　　图 5-34

说明：创建叠层墙前，单击墙“属性”选项板中的“编辑类型”按钮，弹出“类型属性”对话框中，单击“类型属性”对话框中的“编辑”按钮，弹出“编辑部件”对话框，如图 5-35 所示。点击“插入”命令可以添加叠层墙的基本墙数量，“名称”中的墙 1 和墙 2 均来自基本墙，没有的墙类型要在“基本墙”中新建墙体后，再加到“叠层墙”中。叠层墙的高度可以自由调整，其中必须指定一段可编辑的高度，其余为固定高度，所以在叠层墙的“编辑部件”对话框中，“高度”选项必须有一个设置为“可变”，可以自由调整。可变区域有“可变”命令可自由切换，高度为墙的总高度减去固定高度基本墙的高度。样本高度是指左侧预览中的墙体总高度，对于常规墙体类型，此参数没有特别用途，但对于叠层墙和带墙饰条、分割缝的墙，以及有多种材质的墙则非常有用。

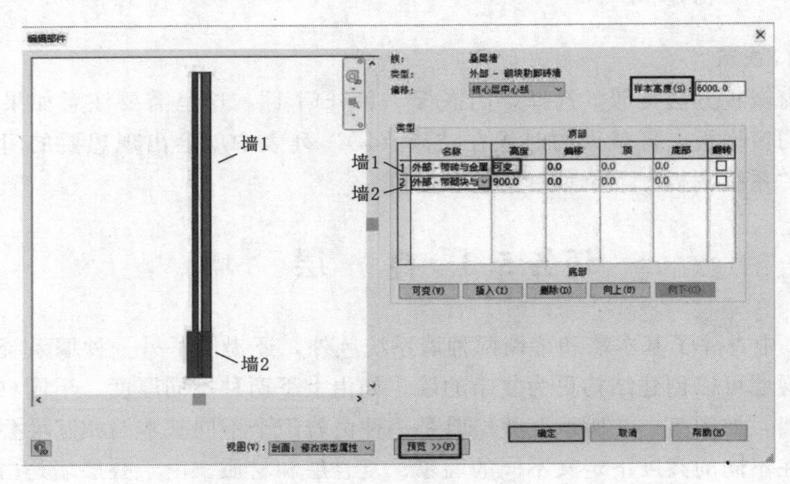

图 5-35

上 机 实 训

创建墙体与幕墙

实训内容：根据图 5－36 创建墙体与幕墙，墙体构造与幕墙竖梃连续方式如图 5－36 所示，竖梃尺寸为 100mm×50mm，并命名为“墙体与幕墙．rvt”保存。

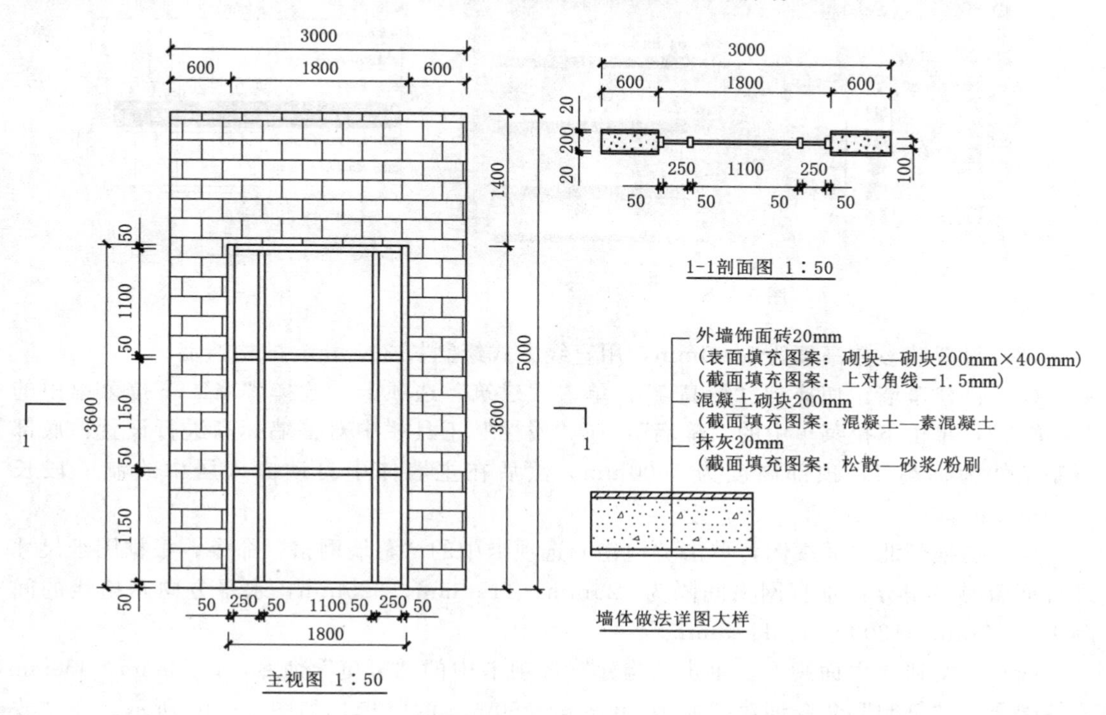

图 5－36

操作提示：

（1）新建项目。启动 Revit 软件，选择“建筑样板”新建项目文件，保存并命名为“墙体与幕墙．rvt”

（2）创建主墙体：在“项目浏览器”→“楼层平面”中双击“标高 1”，进入“楼层平面：标高 1”视图。在“建筑”选项卡中，选择“墙”下拉菜单中的“建筑：墙”，“类型选择器”默认为“基本墙 常规－200mm”，进入“修改｜放置 墙”界面。单击“属性”选项板中的“编辑类型”按钮，在弹出的“类型属性”对话框中，单击“复制”按钮，在弹出的“名称”对话框中输入新墙体的名称“240”，然后单击“确定”按钮返回“类型属性”对话框；单击“编辑”按钮，弹出“编辑部件”对话框，在此定义墙体的构造；点击“插入”按钮为墙体插入新构造层，更改名字和厚度，并通过“向上”和“向下”按钮调整构造层顺序，如图 5－37 所

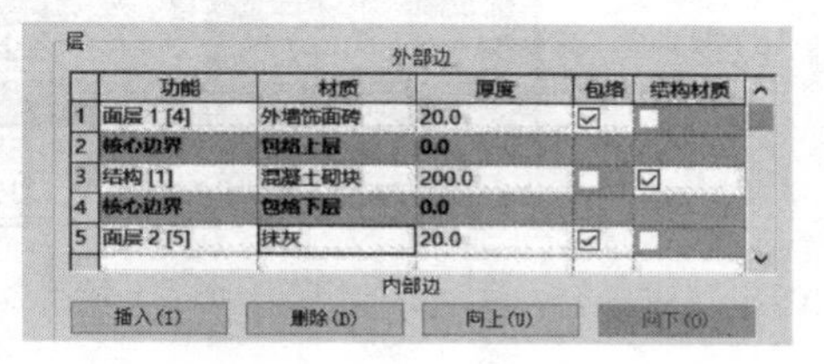

图 5－37

示。点击“按类别”后的按钮[...]，弹出“材质浏览器”对话框，按图中要求为墙体构造层选择材质和表面和截面填充图案，如图 5－38、图 5－39 所示。

以新建材质“外墙饰面砖”为例：

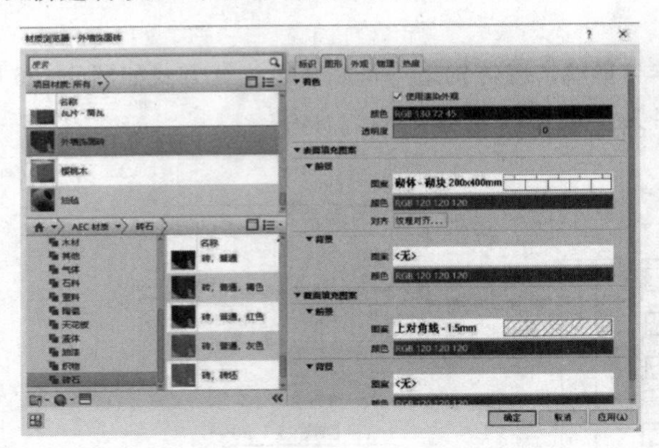

图 5－38

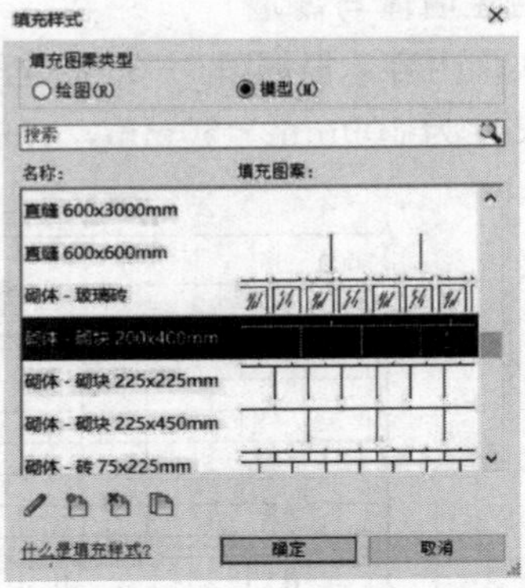

图 5－39

（3）设置墙参数高度为 5000mm，用直线方式绘制长 3000mm 的构造墙。

（4）创建幕墙：切换到“标高 1”，单击“建筑”选项卡，选择“墙”下拉菜单中的“建筑墙”，单击下拉菜单中的“幕墙”，在“属性”工具栏中对幕墙标高进行设置：底部限制条件为标高 1，顶部高度为 3600mm，然后在主墙体中自动嵌入居中绘制一段长 1800mm 的幕墙。

（5）切换到北立面视图，单击“构建”选项卡中的“幕墙网格”命令，根据图纸尺寸进行幕墙网格划分：垂直网格间隔为 325mm、1150mm、325mm，水平方向网格线的间隔为 1225mm、1200mm、1175mm。

（6）切换到北立面视图，单击“构建”选项卡中的“竖梃”命令，以 50mm×150mm 为基础通过“复制”命令创建截面为 100mm×50mm 的竖梃，如图 5－40 所示。在“放置”子选项卡中点击“全部网格线”生成竖梃结构。

（7）放置幕墙竖梃后，连接处对照图纸有些需要调整，可以选择竖梃，切换到“修改｜幕墙竖梃”界面，通过“竖梃”子选项卡中的“结合”命令对竖梃进行调整，如图 5－41 所示。

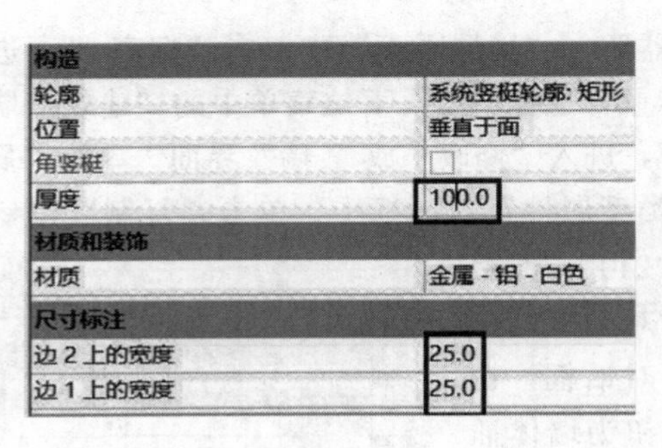

构造	
轮廓	系统竖梃轮廓: 矩形
位置	垂直于面
角竖梃	☐
厚度	100.0
材质和装饰	
材质	金属 - 铝 - 白色
尺寸标注	
边 2 上的宽度	25.0
边 1 上的宽度	25.0

图 5－40

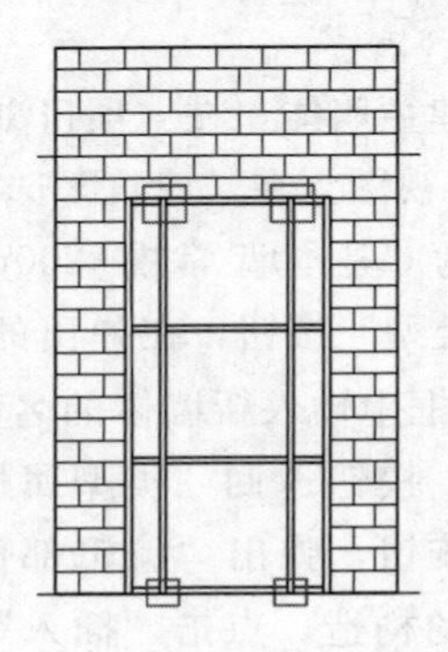

图 5－41

（8）保存文件。

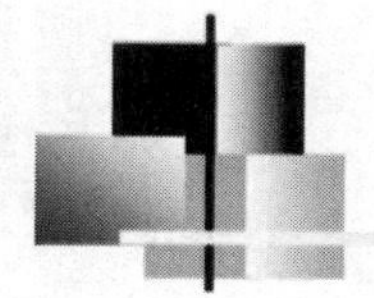

项目 6

门 和 窗

【学习目标】

（1）掌握门和窗的放置。

（2）掌握门窗的属性修改。

【思政目标】

通过讲解放置门和窗的具体操作，培养学生认真细致、追求极致的工匠精神，增强团队的协作意识，树立学生集体荣誉感。

门和窗是房屋的重要组成部分。门的主要功能是实现交通出入，分隔与联系建筑空间并兼有采光和通风的作用；窗主要供采光和通风之用。门和窗是建筑物围护结构系统中重要的组成部分，在 Revit 中，墙是门和窗的承载主体，门和窗可以自动识别墙，并且只能依附于墙存在。删除墙体时，其上的门和窗也将随之删除。

门和窗的形式主要取决于门和窗的开启方式，门通常可分为平开门、弹簧门、推拉门、折叠门和转门等。窗通常可分为平开窗、推拉窗、固定窗和悬窗等。

任务 6.1 门和窗的放置与编辑

门和窗是基于主体的构件，可将其添加到任何类型的墙体中；门窗在平面、立面、剖面及三维视图中均可添加，且会在自动剪切墙体后进行放置。

单击“建筑”主选项卡→“构建”子选项卡→“门”或“窗”命令，如图 6-1 所示。从“类型选择器”中选择所需门或窗的类型；如果需要更多的门或窗的类型，点击“编辑类型”，通过“类型属性”对话框中“载入”命令从族库中载入，如图 6-2 所示。确定门窗类型后，回到墙体，选择合适的位置放置。

图 6-1

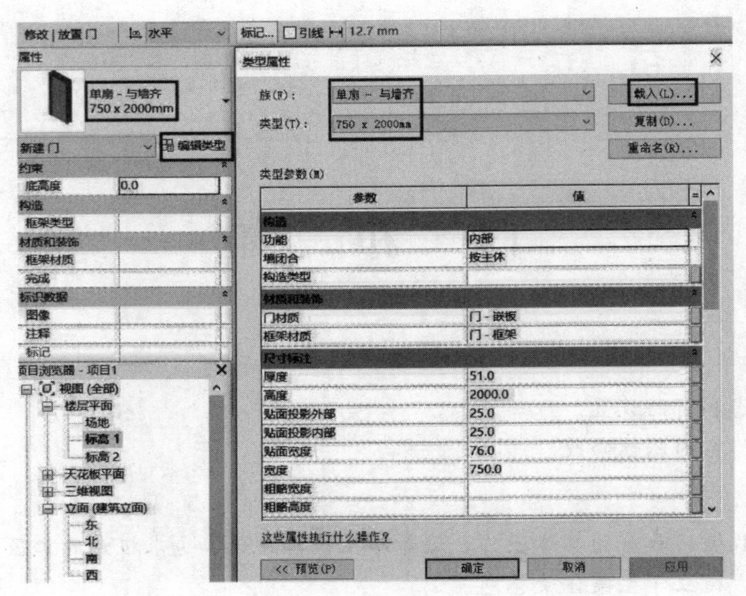

图 6-2

说明：通过“载入”后的门或窗族文件尺寸一般与图纸不一致，如果直接修改就会将系统门或窗族文件一起修改并影响以后的调用，因此需要单击“复制”按钮进行新建。

6.1.1 标记门和窗

在放置门或窗前，如果单击“标记”子选项卡中的“在放置时进行标记”按钮，如图 6-3 所示，软件会自动标记门或窗；选中选项栏中的“引线”复选框可以设置引线长度，如图 6-4 所示。门和窗只有在墙体上才会显示出来，在墙体上移动光标，参照临时尺寸标注，当门窗位于正确的位置时单击鼠标放置。

图 6-3

图 6-4

在放置门或窗时，如果未单击“在放置时进行标记”按钮，还可通过第二种方式对门或窗进行标记：切换至“注释”主选项卡，如图 6-5 所示，单击“标记”子选项卡中的“按类别标记”按钮，将光标移至插入标记的构件上，待其高亮显示时单击，则可直接标记；或者单击“全部标记”按钮，在弹出的“标记所有未标记的对象”对话框中选择所需标记的类别，如图 6-6 所示，单击“确定”按钮。

6.1.2 临时尺寸标注

根据临时尺寸可能很难快速地对门窗进行定位放置，此时可通过调整临时尺寸标注或尺寸标注来精准定位：如果放置门或窗时，开启方向设反了则可和墙一样先选中门或窗再单击“转控件”按钮 ⇅ 来调整。

图 6-5

放置门或窗时，可调节临时尺寸的捕捉点。切换至“管理”主选项卡，如图 6-7 所示，在“设置”子选项卡的“其他设置”下拉列表中选择“临时尺寸标注”，打开“临时尺寸标注属性”对话框，如图 6-8 所示。

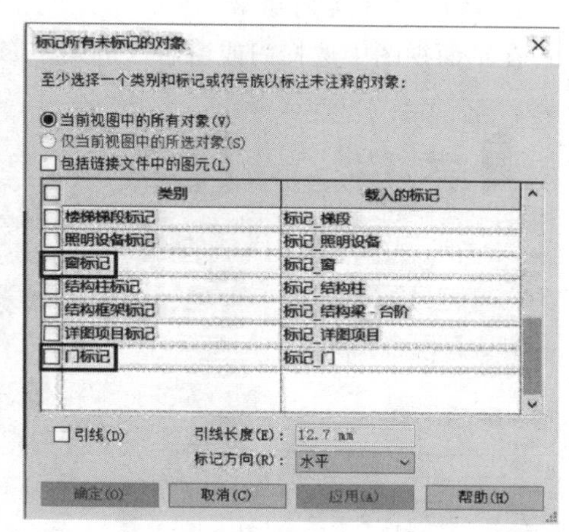

图 6-6

对于“墙”，若选中“中心线”单选按钮，则在墙周围放置构件时，临时尺寸标注会自动捕捉墙的中心线；对于“门和窗”，若选中“洞口”单选按钮，则在放置门和窗时，临时尺寸标注会自动捕捉门、窗洞口的距离。

说明：放置门或窗时同时输入 SM，可自动捕捉到中点并放置。放置门窗时在墙内外移动鼠标改变内外开启方向，按空格键改变左右开启方向。

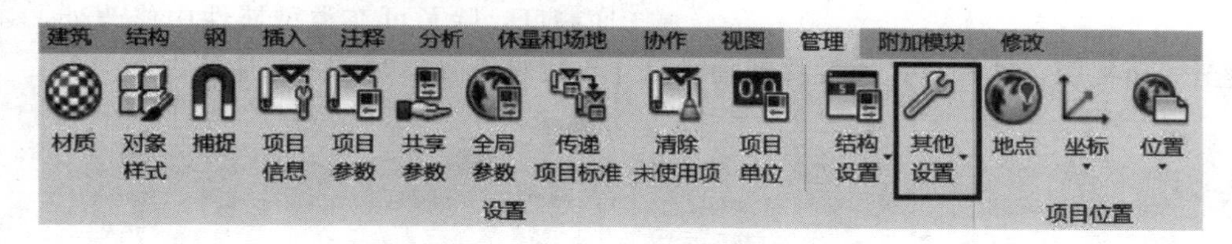

图 6-7

在一面叠层墙上，门、窗会默认地拾取该面墙体，但是如果门、窗放置在两面不同厚度的叠层墙中间，则门、窗只能附着在单一的主体上，但可替换主体。以窗为例，需要先选中窗，然后在“修改 | 窗”界面中单击“主体”子选项卡中的“拾取主要主体”按钮，更换放置窗的主体，如图 6-9 所示。

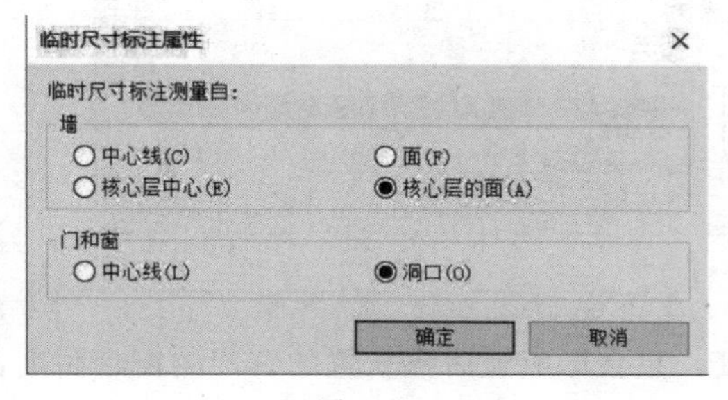

图 6-8

图 6-9

提示：单击选项卡“拾取新主体”按钮可使门或窗脱离原本所在的墙，被捕捉到其他墙上。

任务6.2 编 辑 门 窗

1. 修改门窗实例参数

在平面视图中选择门或窗后，进入“修改 | 门或窗”界面，此时“属性”选项板会自动变成门或窗的“属性”选项板，如图6－10所示。在该“属性”选项板中可以设置门或窗的标高、底高度（窗台高度）和顶高度（门或窗的高度＋底高度）。该“属性”选项板中的参数为门或窗的实例参数。

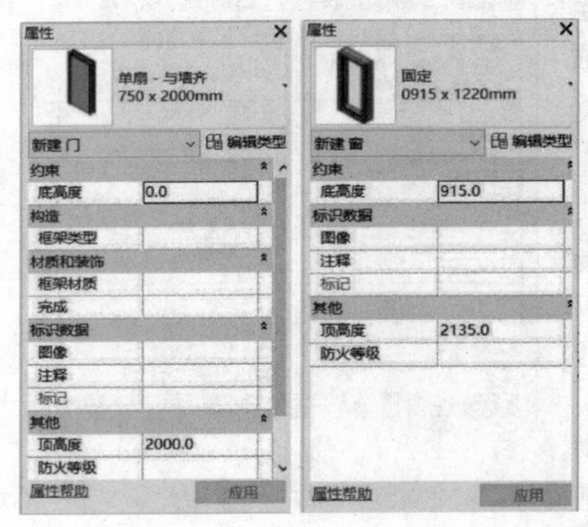

图6－10

2. 修改门窗类型属性参数

选择门窗，进入“修改 | 门或窗”界面，在“属性”选项板中单击“编辑类型”按钮，在打开的“类型属性”对话框中可以设置门或窗的高度、宽度、材质等属性，如图6－11所示。在该对话框中还可复制新的门或窗，并对新的门或窗重命名。对于窗的底高度，除了可在类型属性中修改外，还可切换至立面视图，选择窗，通过移动临时尺寸界线来修改临时尺寸标注值。

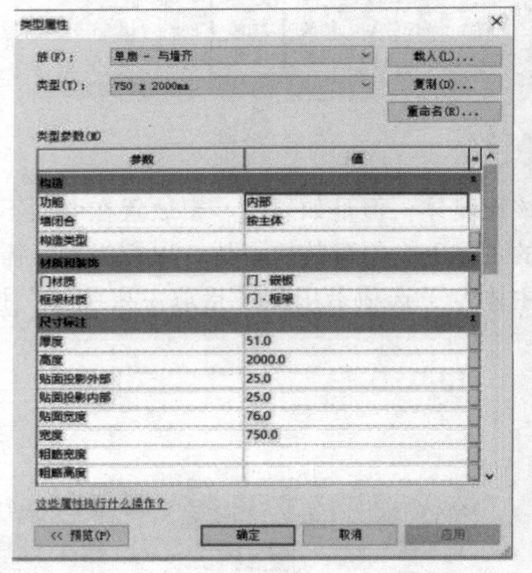

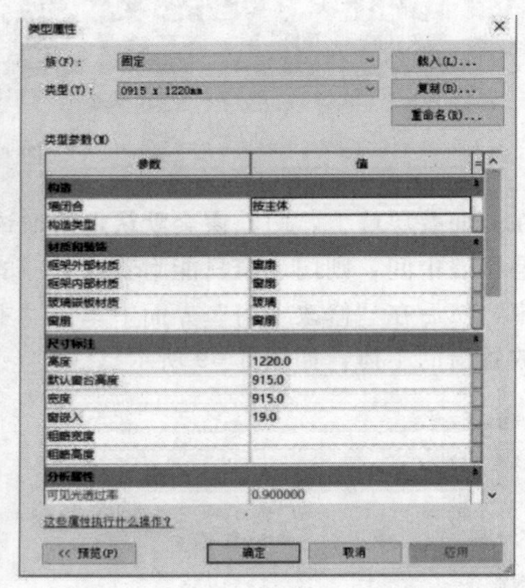

图6－11

说明：“类型属性”对话框中默认窗台高度，只会影响随后再放置的窗户的窗台高度，对之前放置的窗户的窗台高度并不产生影响。

上 机 实 训

创建墙体并放置门窗

实训内容：根据图 6－12 所示尺寸、样式，创建墙体、放置门窗，保存并命名为“门窗 . rvt”。

基本墙	常规：300mm
M1	双面嵌板玻璃门1500mm×2100mm
C1	推拉窗1200mm×1500mm
C2	中悬窗900mm×900mm

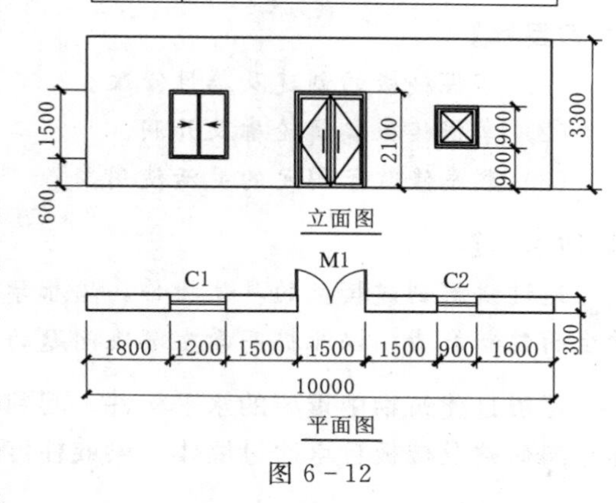

图 6－12

操作提示：

（1）新建项目。启动 Revit 软件，选择“建筑样板”新建项目文件，保存并命名为“门窗 . rvt”。

（2）创建楼层标高 3. 3m。

（3）创建墙体：切换到楼层平面“标高 1”，单击“建筑”选项卡，选择“墙”下拉菜单中的“建筑：墙”，在“类型选择器”中选择“基本墙常规：300”，用直线方式绘制长 10000mm 的墙体。

（4）放置门：在“构建”子选项卡中单击“门”按钮，确认“在放置时进行标记”，点击“编辑类型”通过“类型属性”对话框中“载入”命令从族库中（建筑→门→普通门→平开门→双扇）找到门样式，点击“打开”载入“双面嵌板玻璃门”；返回到“类型属性”对话框，在“类型”中找到 1500mm × 2100mm，点击“复制”按钮，新建门名称“M1”，返回到“类型属性”对话框，将“类型标记”改为 M1，点击“确认”在墙体中放置门，注意调整门的准确位置和开启方向。

（5）放置窗：在“构建”子选项卡中单击“窗”按钮，与门相同，在建筑→窗→普通窗中的“推拉窗”和“悬窗”文件夹中载入 C1、C2 的类型并放置准确位置。注意窗户尺寸。

（6）保存文件。

项目7

楼　板

【学习目标】

(1) 掌握楼板的创建及属性修改。

(2) 掌握楼板编辑轮廓及开洞。

(3) 熟悉修改子图元的灵活使用。

【思政目标】

通过讲解创建楼板的具体操作，培养学生独立分析问题、注重实践的工匠精神，激发学生的创新能力，以此提高学生解决问题的能力和效率。

楼板是建筑物中重要的水平构件，起到将房屋垂直方向分隔为若干层，并把人和家具等竖向荷载及楼板自重通过墙体、梁或柱传给基础。

任务7.1　创　建　楼　板

Revit 中提供了4个楼板命令：建筑楼板、结构楼板、面楼板和楼板边缘，如图7-1所示。其中建筑楼板对应非承重楼板；结构楼板对应于承重楼板；在基于体量模型创建楼板时需要应用面楼板；楼板边缘是楼板的延续，多用于生成建筑外的小台阶。本任务主要介绍建筑楼板。

在平面视图中，单击“建筑”主选项卡→“构建”子选项卡→“楼板”命令，在弹出的下拉列表中单击“楼板：建筑”按钮，进入“修改｜创建楼层边界”界面，开始楼板轮廓草图的绘制；单击“属性”选项板中的“编辑类型”按钮，“类型属性”对话框中单击“复制”按钮，在弹出的“名称”对话框中输入新楼板的名称，然后单击“确定”按钮，返回“类型属性”对话框；如果需要重新定义楼板的构造层，可以单击“类型属性”对话框中的“编辑”按钮，弹出“编辑部件”对话框，在此定义楼板的构造层，与墙类似，楼板属于系统族，不能从族库中载入，楼板的功能、材质和厚度等参数需通过属性设置来确定。

楼板类型确定后，可通过拾取墙或选择“绘制”子选项卡中的绘制工具定义楼板的边界来创建楼板，如图7-2所示。

7.1.1　属性设置

当选用不同的绘制方式绘制楼板时，选项栏中的绘制选项是不同的，如图7-3、图7-4所示。

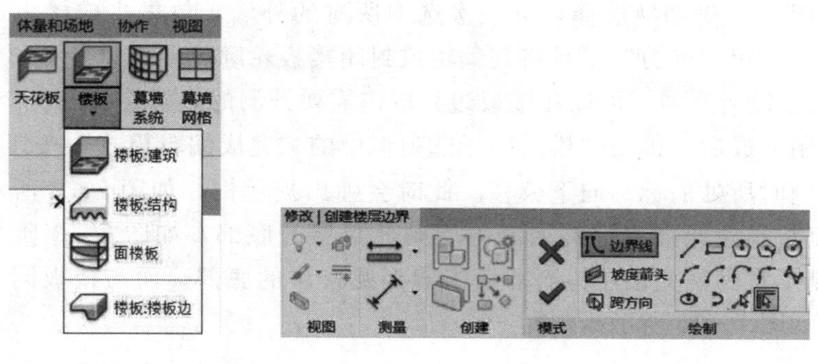

图 7 - 1　　　　　　图 7 - 2

图 7 - 3　　　　　　图 7 - 4

“偏移”功能是提高绘制效率的有效方式，通过设置偏移量，可直接生成距离参照线有一定偏移量的板边线。顺时针方向绘制楼板边线时，偏移量为正值，在参照线的外侧；逆时针方向绘制楼板边线时，偏移量为负值，在参照线的内侧。

楼板的类型属性主要用于设置楼板的功能、厚度、材质等，如图 7 - 5、图 7 - 6 所示。

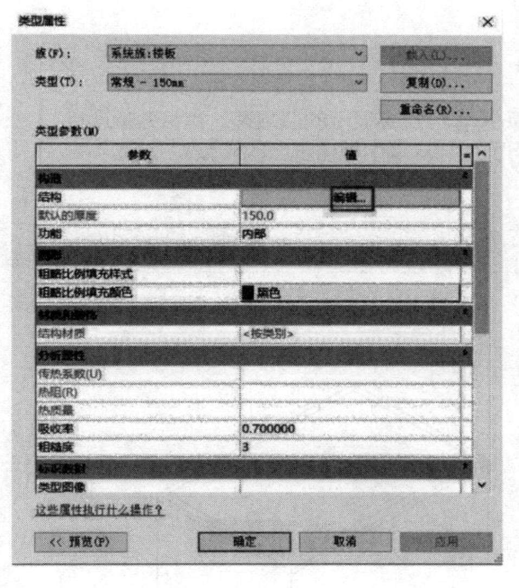

图 7 - 5

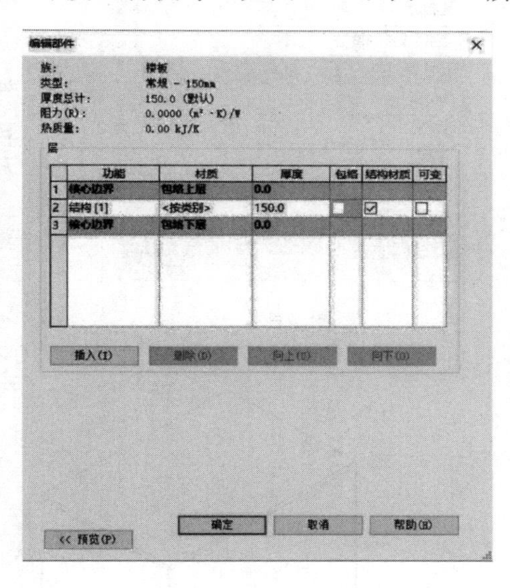

图 7 - 6

楼板的实例属性主要用于设置楼板的标高、自标高的高度偏移量等，如图 7 - 7 所示。

7.1.2　绘制楼板

楼板属性参数设置后，若定义楼板边界，其在“边界线”方式下“绘制”子选项卡默认绘制方式是“拾取墙”，可以根据已绘制好的墙体快速生成楼板，采用此方式绘制楼板时，生成的楼板会与墙体发生约束关系，墙体移动时楼板会随之发生相应的变化。

技巧：使用Tab键切换选择，可一次选中所有的外墙，单击生成楼板边界。如果出现交叉线条，可使用“修剪”工具将其编辑成封闭楼板轮廓。楼板边界必须为闭合环（轮廓），如果要在楼板上开洞，可以在楼板边界以内需要开洞的位置绘制另一个闭合环。

边界线绘制完成后，单击“模式”子选项卡中的“完成编辑模式”按钮✔完成绘制，楼板将会沿绘制时所处的标高向下偏移。此时会弹出提示框，如图7-8所示。如果单击“是”按钮，则将高达此楼层标高的墙附着到此楼层的底部，如图7-9所示；如果单击“否”按钮，则不将高达此楼层标高的墙附着到此楼层的底部，而与楼板同高度，此时外墙是连续的，如图7-10所示。

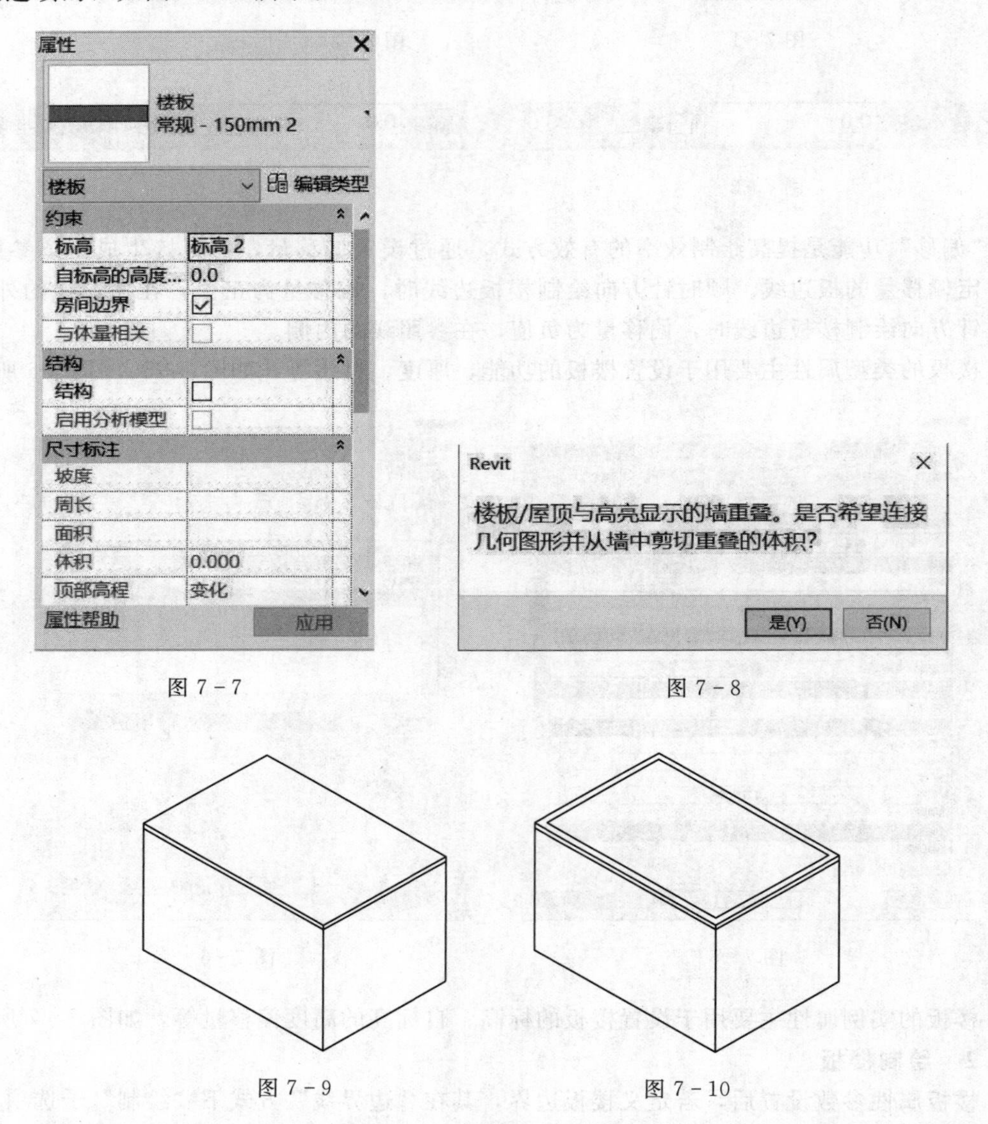

图7-7

图7-8

图7-9

图7-10

“坡度箭头”方式下“绘制”子选项卡显示如图7-11所示，主要用于楼板轮廓草图绘制时通过坡度箭头定义斜楼板的坡度。

在绘制楼板草图时，点击“坡度箭头”用绘制子选项卡中“线”或“拾取线”方式绘制坡度箭头方向，在“属性”选项板中通过设置“尾高”或“坡度”两种方式确定楼板坡度，如图 7－12 所示。

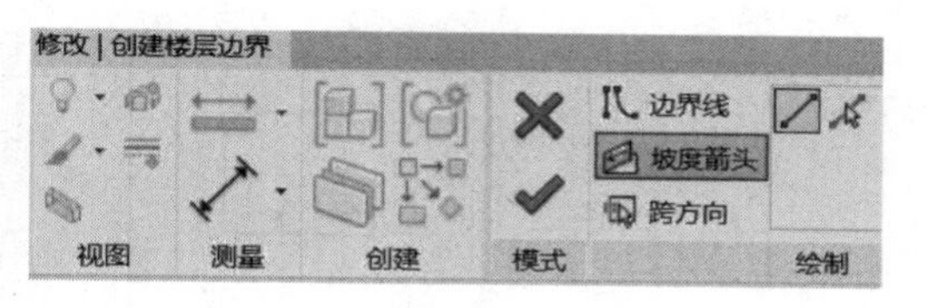

图 7－11

如果楼板边界线绘制不正确需要修改，可双击再次选中楼板，进入“修改｜编辑边界”界面，如图 7－13 所示，再次编辑楼板轮廓草图。

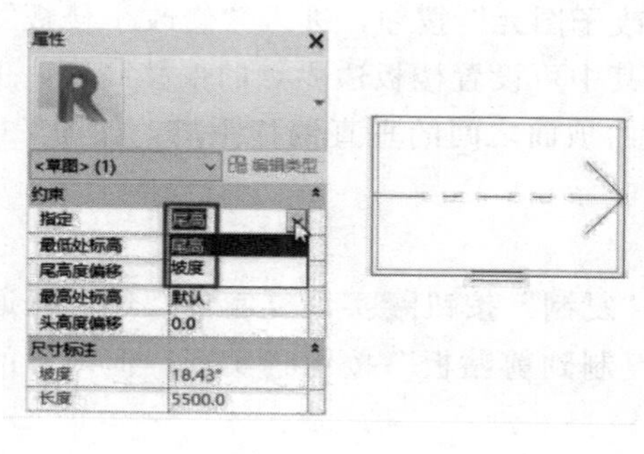

图 7－12

图 7－13

任务 7.2　编　辑　楼　板

楼板创建后，有时需要对楼板的图元属性进行修改、楼板开洞、放坡以及复制楼板等，可以选中楼板，自动激活进入“修改｜楼板”界面，如图 7－14 所示。

7.2.1　修改图元属性

在“修改｜楼板”界面下，点击属性选项板中的“编辑类型”按钮，可再次对楼板的厚度、材质等进行修改。

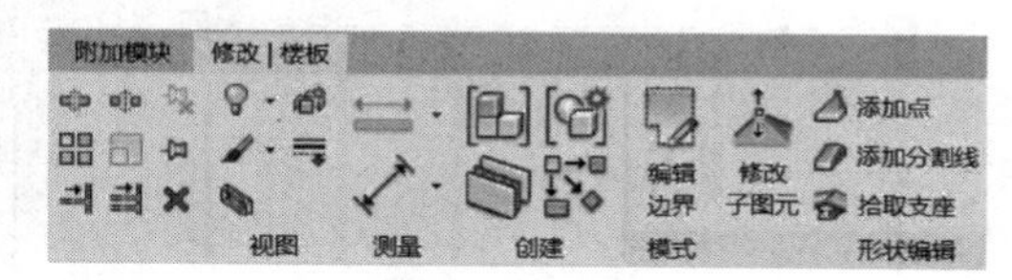

图 7－14

7.2.2　楼板开洞

选择楼板，单击“模式”子选项卡中的“编辑边界”按钮，进入“修改｜楼板编辑边界”界面进行开洞，如图 7－15 所示；或在创建楼板时，在楼板轮廓以内直接绘制洞口闭合轮廓，完成绘制。

带坡度的楼板不适合用“编辑边界”开洞，可在“建筑”主选项卡的“洞口”子选项卡中，选择合适的洞口命令，如用“按面”“竖井”“墙”“垂直”和“老虎窗”等方式，绘制封闭轮廓创建洞口，如图 7－16 所示。

7.2.3　编辑坡度

除了通过“坡度箭头”命令绘制斜楼板，还可以通过“修改子图元”命令添加定义坡度的点创建带坡度的楼板。

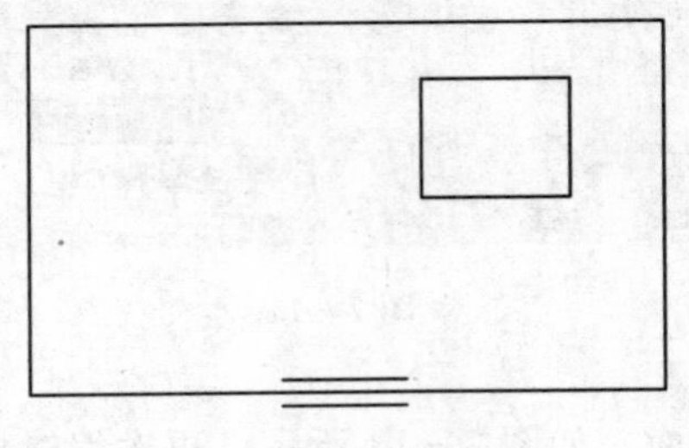
图 7－15

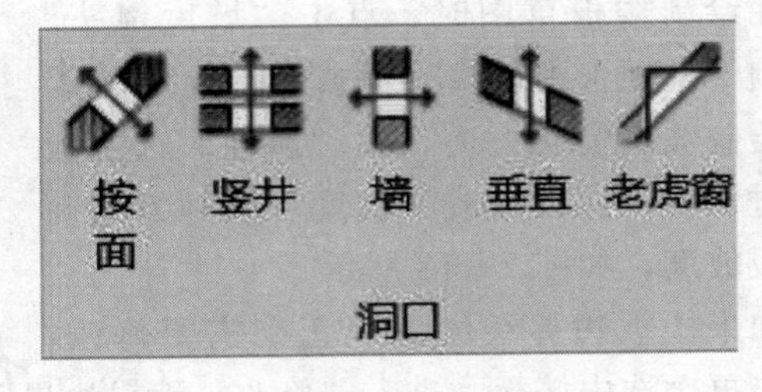

图 7－16

选择楼板，单击“形状编辑”选项卡中“修改子图元”按钮，进入“修改｜楼板”界面，单击图中角顶点的绿点，出现“0”文本，在其中可设置楼板边界点的偏移高度，正值向上偏移，负值向下偏移，调整顶点与楼板的原始顶面之间的垂直偏移距离，如图 7－17 所示。

7.2.4 复制楼板

Revit 中除了可以通过“修改”选项卡中的“复制”按钮实现复制外，还可以通过“修改”主选项卡的“剪贴板”子选项卡中的“复制到剪贴板”按钮实现，但两者的使用功能是不一样的。

单击“复制”按钮，可将在当前视图中选中的楼板，复制后放置在同一视图的指定位置。“复制到剪贴板”按钮可在当前视图选中楼板，通过选择多个目标标高名称，楼板自动复制到所有目标标高，如图 7－18 所示。

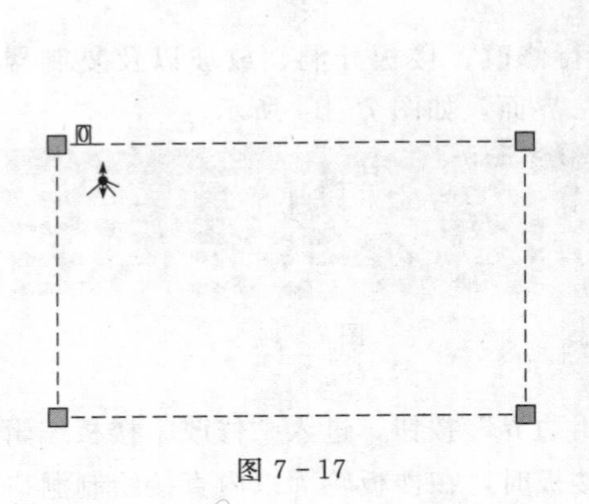

图 7－17

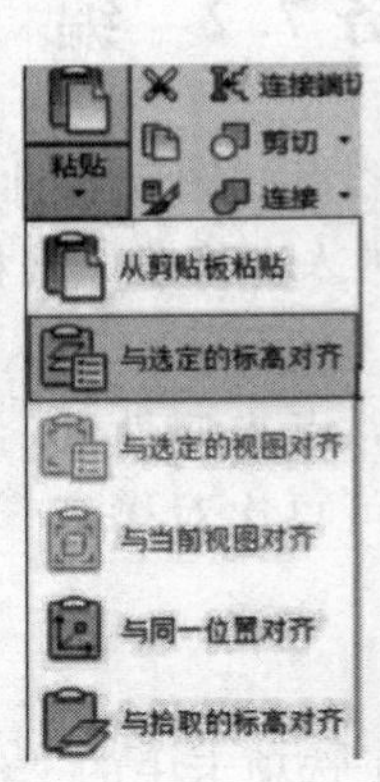

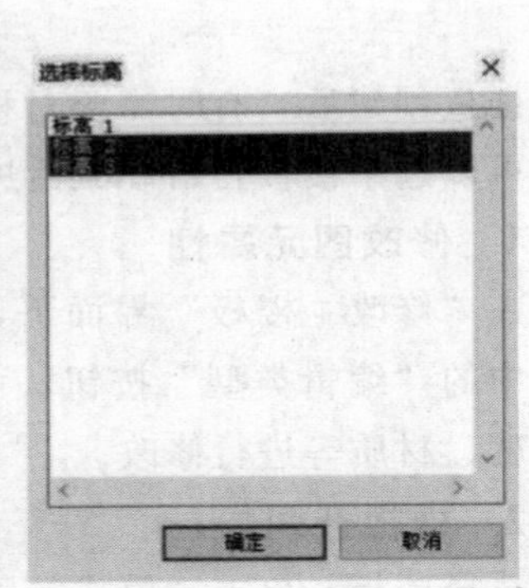

图 7－18

上 机 实 训

创建卫生间楼板

实训内容：根据图 7－19 中给定的尺寸及详图大样创建卫生间楼板（楼板上层为 60mm 水泥砂浆，下层为 100mm 混凝土），顶部所在标高为±0.000，构造层保持不变，水泥砂浆层进行放坡并创建直径为 60mm 的洞口，保存并命名为“卫生间楼板.rvt”。

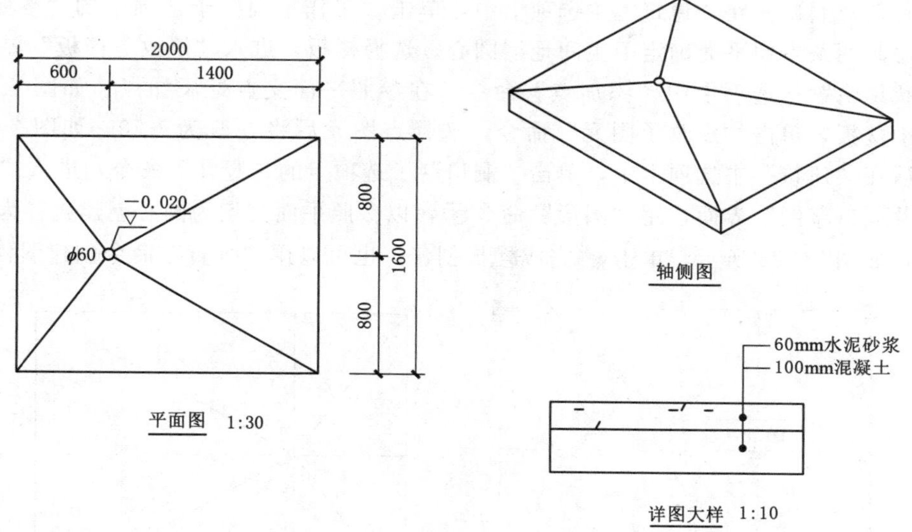

图 7－19

操作提示：

（1）新建项目。启动 Revit 软件，选择“建筑样板”新建项目文件，保存并命名为“卫生间楼板 . rvt”。

（2）创建楼板。在“项目浏览器”→“楼层平面”中双击“标高 1”，进入“楼层平面：标高 1”视图。在“建筑”主选项卡中，选择“构建”子选项卡的“楼板”下拉菜单中的“楼板：建筑”，进入“修改 | 创建楼层边界”界面，在“属性”选项板中单击“编辑类型”按钮，在弹出的“类型属性”窗口通过“复制”新建“卫生间楼板”，单击“编辑”按钮，进入“编辑部件”窗口，定义楼板功能、材质和厚度，注意水泥砂浆层勾选“可变”，如图 7－20 所示。应用命令绘制 1600mm×2000mm 的楼板并改比例为 1∶30。

说明：勾选“可变”，楼板的顶面将倾斜，而底部保持为水平平面，形成可变厚度楼板。

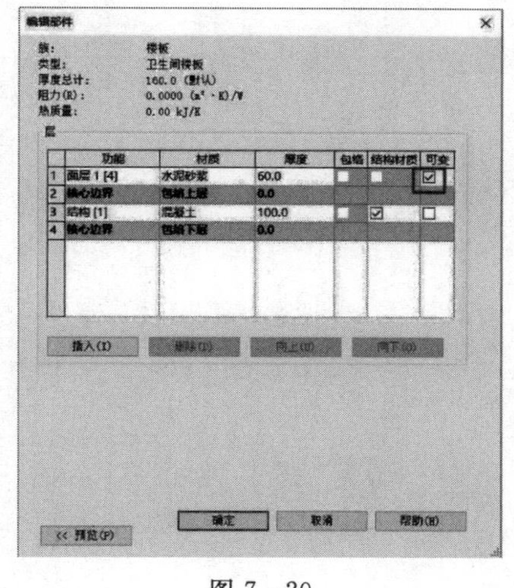

图 7－20

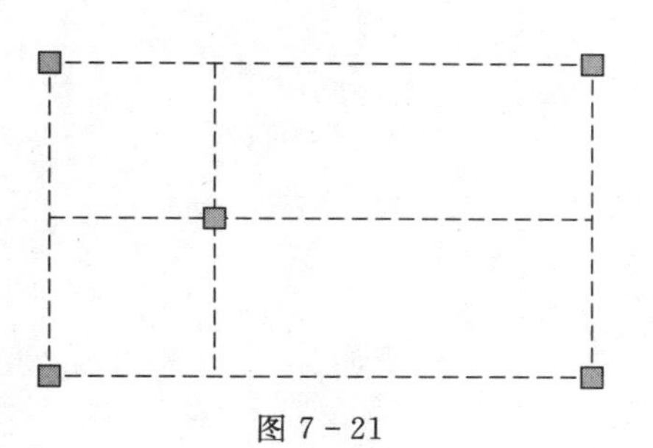

图 7－21

(3) 创建洞口。在“建筑”主选项卡中，单击“工作平面”子选项卡的“参照平面”命令，绘制两条参照平面确定卫生间地漏圆心。选择楼板，进入“修改 | 楼板”界面，单击“形状编辑”子选项卡中“添加点”命令，在参照平面交点处添加点，如图 7-21 所示；选中楼板，单击“修改子图元”命令，选择点图元后将 0 改为-20，如图 7-22 所示。然后在“建筑”主选项卡中，单击“洞口”子选项卡的“竖井”命令，进入“修改 | 创建竖井洞口草图”界面，用“圆形”命令，以参照平面交点为圆心创建直径为 60mm 的圆洞，如图 7-23 所示，单击完成楼板创建。也可以用“垂直”命令创建洞口。

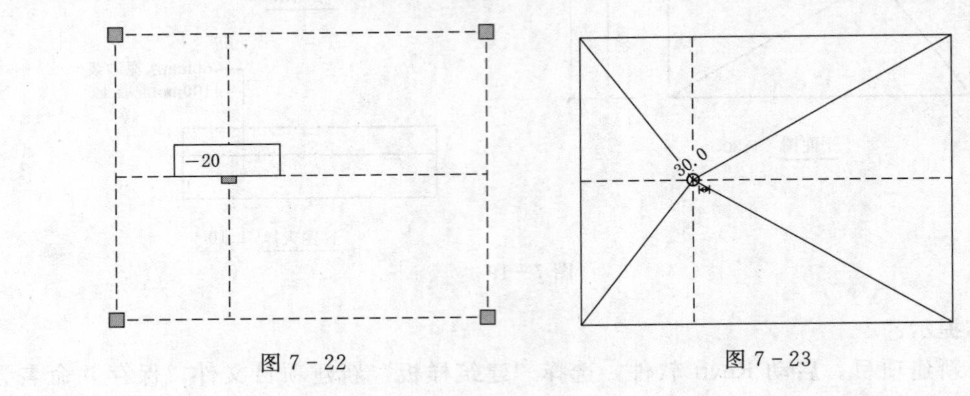

图 7-22　　图 7-23

(4) 保存文件。

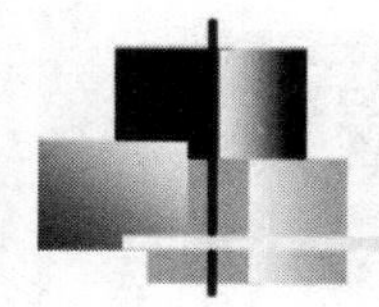

项目 8

屋　顶

【学习目标】

(1) 掌握迹线屋顶的创建方法。

(2) 掌握拉伸屋顶的创建方法。

【思政目标】

通过讲解创建屋顶的具体操作，激发学生追求创新的工匠精神，鼓励学生用所学技能报效国家和社会。

屋顶是建筑的重要组成部分，它是房屋最上层的承重和围护构件。屋顶形式有平屋顶、坡屋顶和其他形式屋顶。在 Revit 建筑模板，提供了多种屋顶建模工具，包括迹线屋顶、拉伸屋顶和面屋顶等，可以在项目中建立生成任意形式的屋顶。此外，对于一些特殊造型的屋顶，还可以通过内建模型的工具来创建。与墙、楼板类似，屋顶也属于系统族，不能从族库中载入，需要根据草图轮廓及类型属性中定义的结构生成。

任务 8.1　迹　线　屋　顶

8.1.1　屋顶类型

迹线屋顶可以创建平屋顶和坡屋顶。二者方法相同，只是平屋顶不需要设置屋顶坡度。

我们以案例讲解：根据图 8-1 所示平面视图，在标高 2 上创建房屋坡屋顶，屋顶厚度均为常规 400mm。

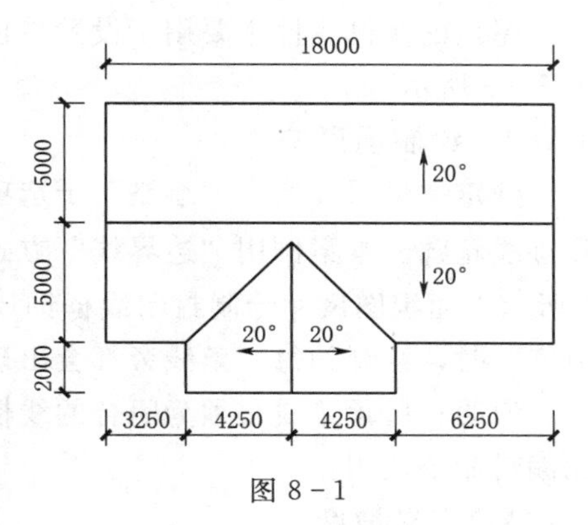

图 8-1

首先创建屋顶类型。创建迹线屋顶前，应将视图切换至屋顶所在的楼层平面（如果当前视图为最低标高，系统会弹出对话框，提示是否切换标高），在“标高 2”平面视图中，单击“建筑”主选项卡→“构建”子选项卡→“屋顶”命令，在下拉列表中选择“迹线屋顶”命令，“类型选择器”默认为“基本屋顶常规-400mm”，进入“修改 | 创建屋顶迹线”界面，此时选项栏变为屋顶选项栏，如图 8-2 所示，确定是否需要“定义坡度”和设置“悬挑”值。

在“属性”选项板“类型选择器”中确认屋顶类型。本案例为默认类型，无须创建，如需要创建新屋顶类型，需要在“类型属性”和“实例属性”设置，方法与楼板类似。

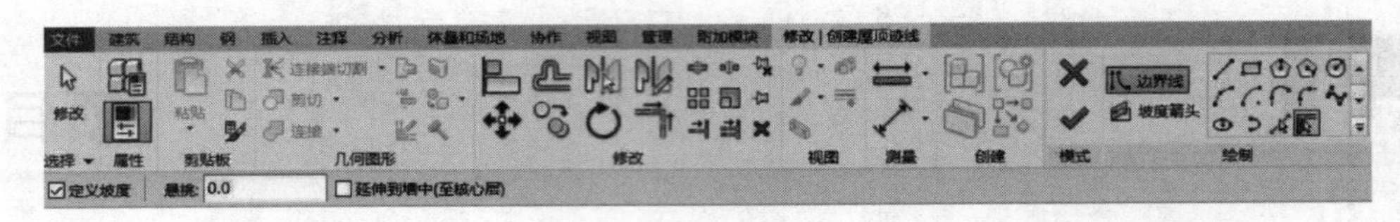

图 8-2

屋顶的类型属性主要用于设置楼板的类型、功能、材质、厚度等，如图 8-3、图 8-4 所示。

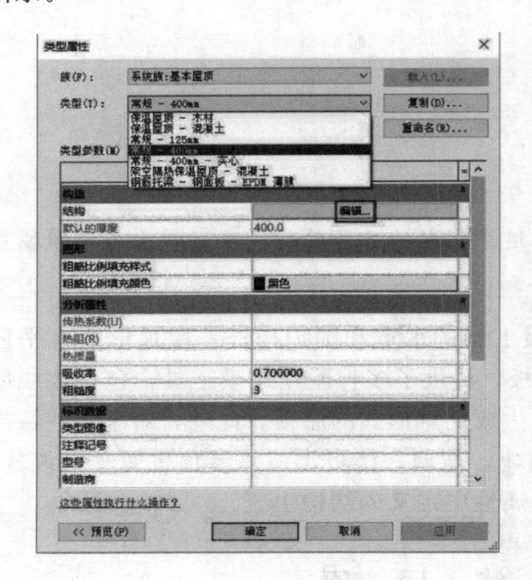

图 8-3

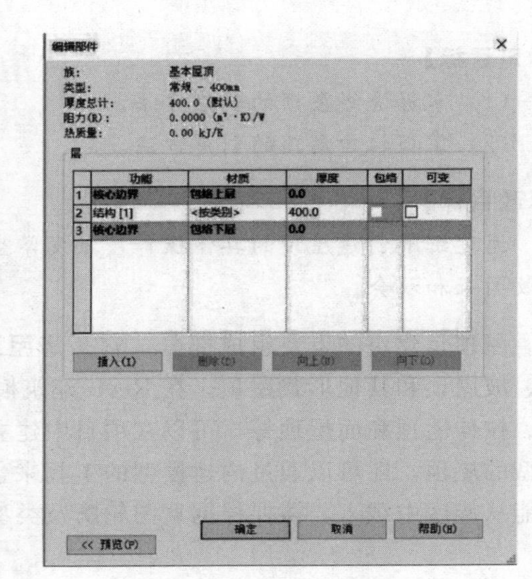

图 8-4

屋顶的实例属性主要用于设置屋顶的底部标高、房间边界、自标高的底部偏移等，如图 8-5 所示。

8.1.2 绘制屋顶迹线

确定类型后开始在“绘制”子选项卡中选择合适的工具顺时针方向绘制一个封闭的屋顶迹线轮廓。本案例用“边界线”方式下“绘制”子选项卡中的“线”命令，按图 8-1 所示平面视图尺寸绘制封闭线框即屋顶迹线，如图 8-6 所示。当选项栏中勾选“定义坡度”时，绘制的每一条线旁都会出现一个坡度三角形。

说明：屋顶迹线必须为闭合的线框，在绘制过程中可结合修剪/延伸、拆分图元等图元编辑命令使用。

8.1.3 定义坡度

迹线绘制完成后，需要确定迹线是否定义坡度。如果是平屋顶则不需要定义坡度，可以在选项栏中取消勾选“定义坡度”。本案例是 20°坡屋顶，选中所有迹线，在如图 8-7 所示“属性”选项板中，先将所有坡度值统一定义为 20°；判别哪些迹线没有坡度，选中这些无坡度的迹线，在“属性”选项板中取消勾选“定义屋顶坡度”，如图 8-8 所示。单击模式子选项卡中的“完成编辑模式”按钮，此时系统通过默认算法生成相应屋顶，即完成屋顶的创建。切换至默认三维视图中可以看到屋顶的三维效果，如图 8－9 所示。

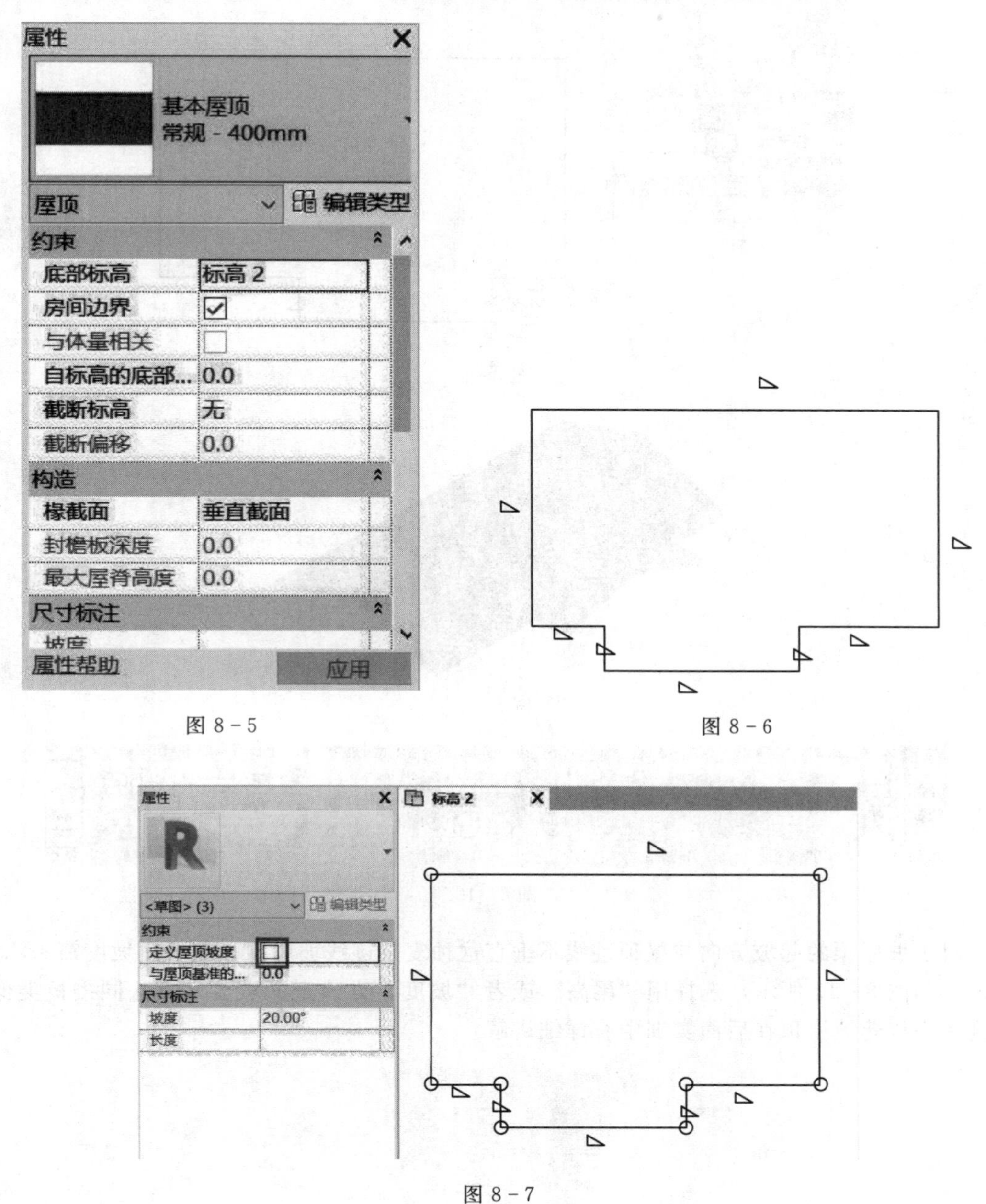

图 8－5

图 8－6

图 8－7

提示：若生成的屋顶在平面视图中不能完全显示出来，需要调整楼层平面“属性”选项板中的“视图范围”。

8.1.4 编辑坡度

使用迹线屋顶方式创建屋顶后，可以在“修改｜屋顶”界面下，点击“编辑迹线”重新定义坡度，如图 8－10 所示。

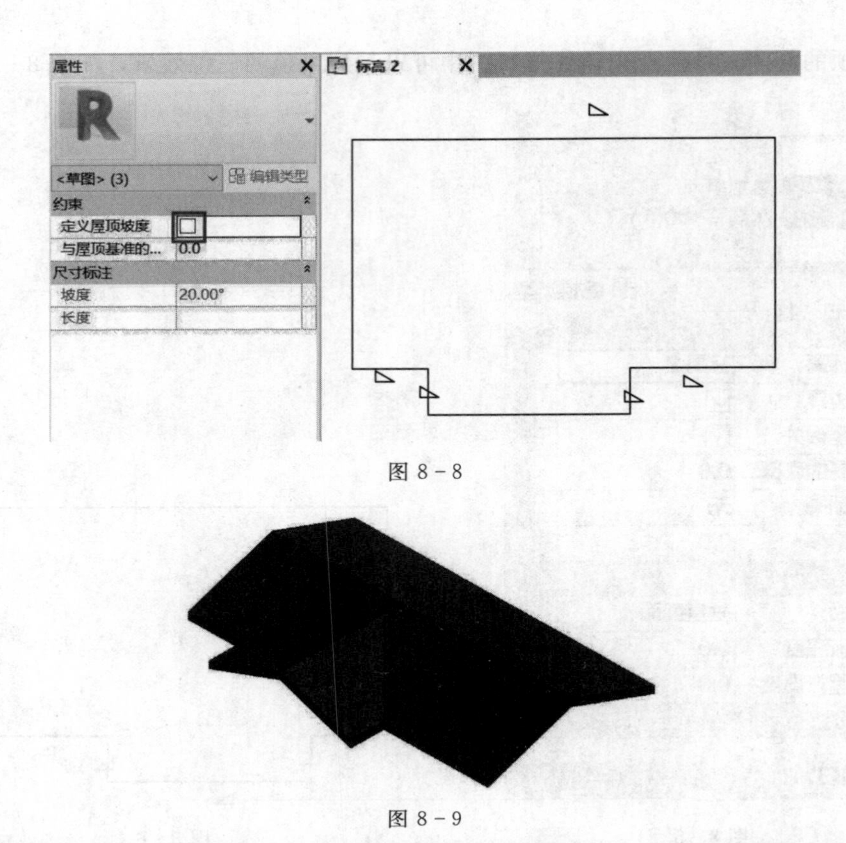

图 8－8

图 8－9

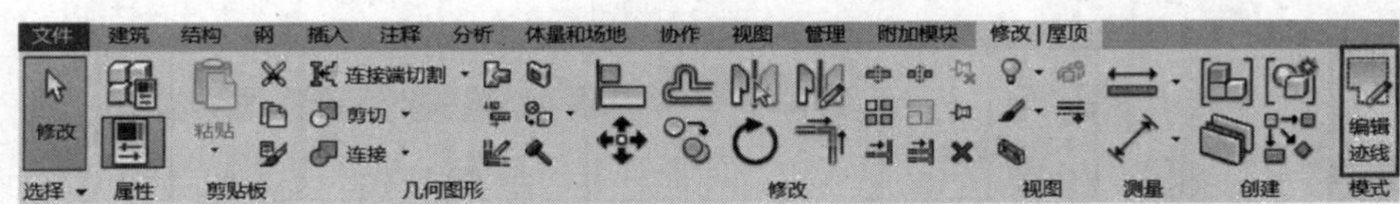

图 8－10

对于坡屋顶的起坡方向与屋顶迹线不垂直这种复杂迹线坡屋顶，需要用坡度箭头添加坡度，如图 8－11 所示，选择用“尾高”或者“坡度”方式定义坡度，方法同楼板类似。坡度箭头创建坡屋顶在后面实训中有详细讲解。

图 8－11

任务 8.2 拉 伸 屋 顶

对于从平面上不能创建的屋顶，可以用拉伸屋顶从立面上通过拉伸截面轮廓来创建，如人字屋顶、斜面屋顶、曲面屋顶等简单屋顶。

我们以案例进行讲解：根据西立面视图，创建如图 8-12 所示曲面屋顶，屋顶厚度为常规 400mm。

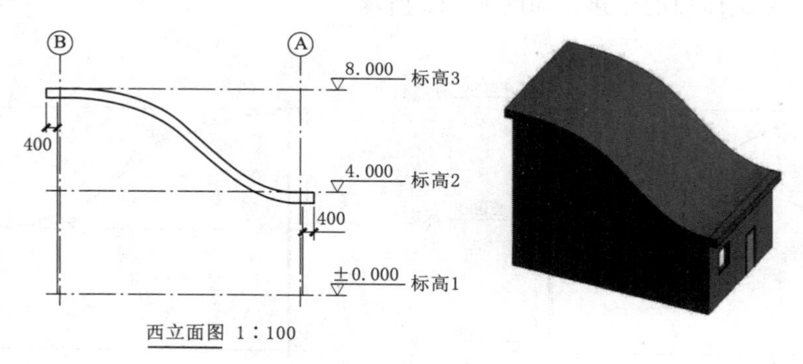

图 8-12

8.2.1 屋顶类型

在西立面视图中，单击“建筑”主选项卡→“构建”子选项卡→“屋顶”下拉列表，在列表中选择“拉伸屋顶”命令，弹出拉伸屋顶“工作平面”对话框，如图 8-13 所示。

选择“拾取一个平面（P）”，点击“确定”后回到立面视图中拾取墙体作为工作平面，弹出“屋顶参照标高和偏移”对话框，如图 8-14 所示。单击“确定”按钮，进入“修改 | 创建拉伸屋顶轮廓”界面，如图 8-15 所示。在“属性”选项板“类型选择器”中确认屋顶类型。

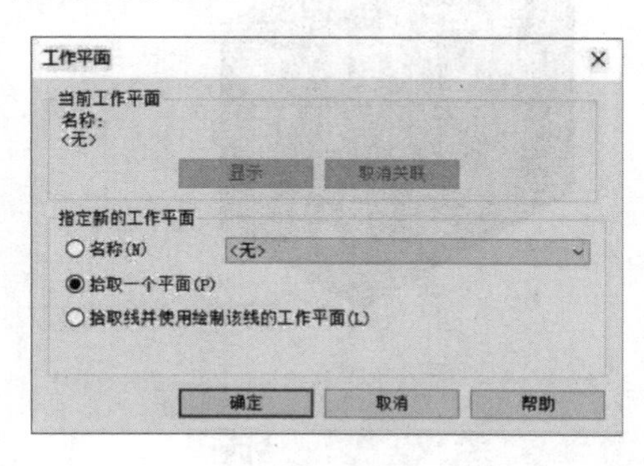

图 8-13

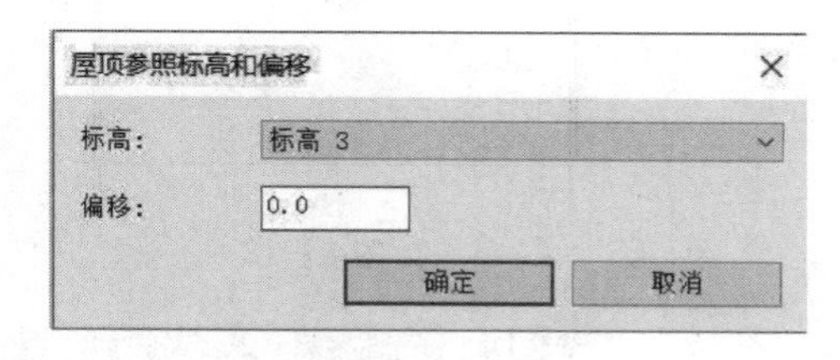

图 8-14

8.2.2 绘制屋顶截面轮廓线

确定类型后开始绘制拉伸屋顶截面轮廓线。

在西立面视图中使用“线”命令和“样条曲线”命令绘制截面轮廓线，如图 8-16 所示，点击样条曲线部分，可以用鼠标拖动“拖拽线端点”调整曲线形状，满足拉伸要

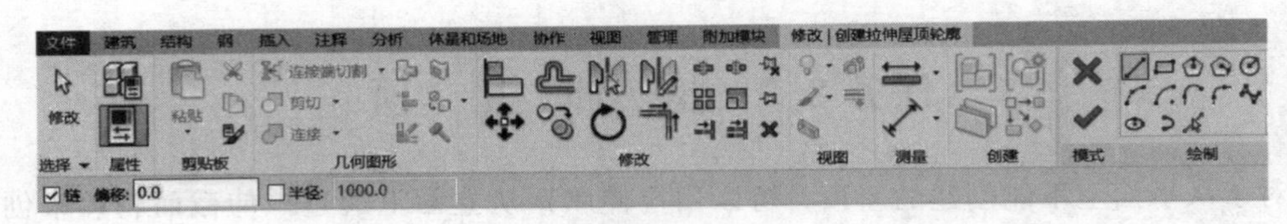

图 8-15

求，如图 8-17 所示，图中左右两条虚线为辅助定位的参照平面。单击“模式”子选项卡中的按钮✔，完成屋顶的创建，如图 8-18 所示。

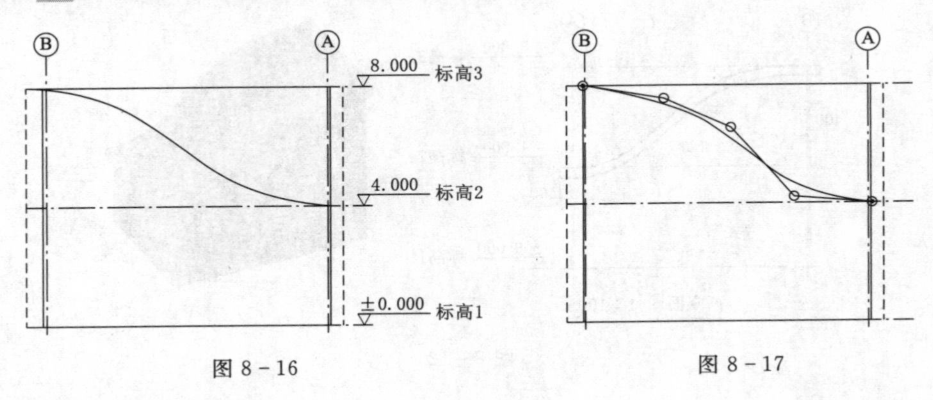

图 8-16

图 8-17

8.2.3 墙体附着到屋顶

切换至默认三维视图中可以看到屋顶的三维效果，如图 8-19 所示，此时发现墙体上部并没有与屋顶相连接。用过滤器选中墙体，进入“修改 | 墙”界面，如图 8-20 所示，单击“附着顶部/底部”命令，再选择将要附着到的屋顶，即可完成墙体附着到屋顶。

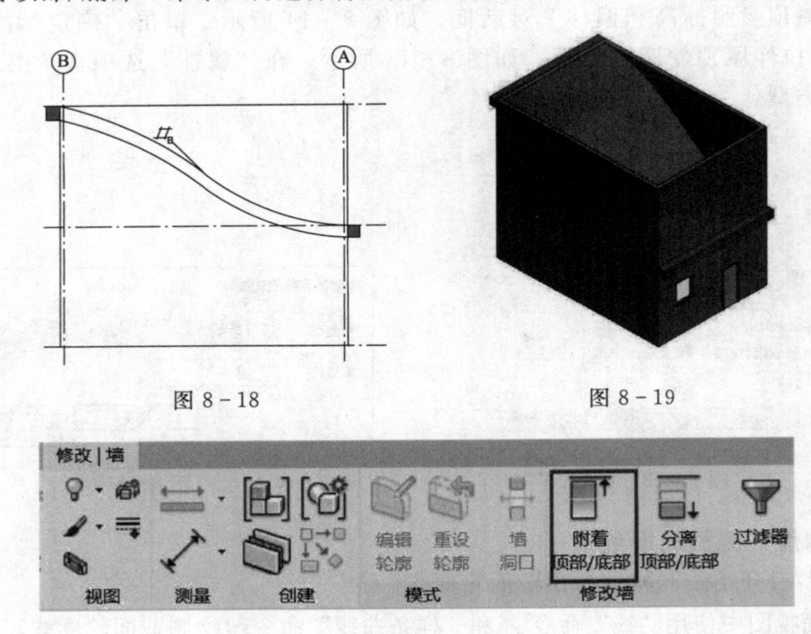

图 8-18

图 8-19

图 8-20

“拉伸屋顶”适用于创建平面形状比较简单的屋顶，还可以创建人字屋顶、斜面屋顶。

上 机 实 训

创建屋顶模型

实训内容：根据图 8－21 中给定的尺寸创建 30°坡屋顶模型，要求尺寸准确，保存并命名为“30°坡屋顶 . rvt”。

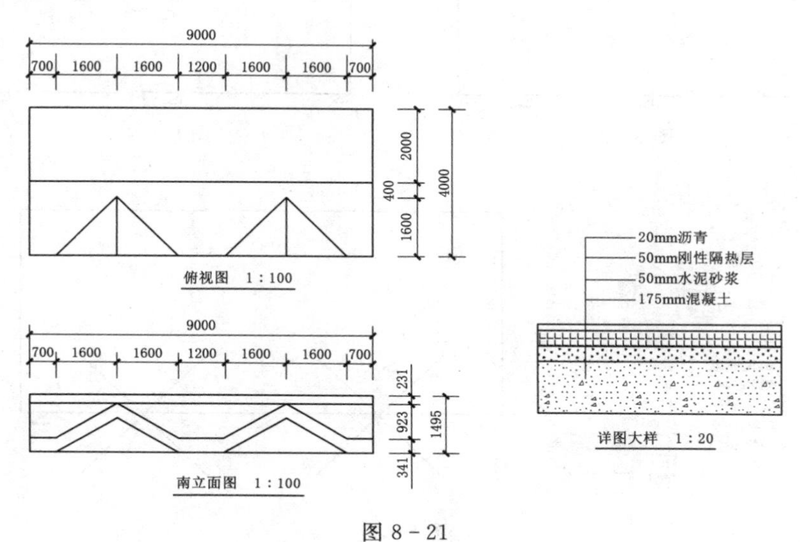

图 8－21

操作提示：

（1）新建项目。启动 Revit 软件，选择“建筑样板”新建项目文件，保存并命名为“30°坡屋顶 . rvt”。

（2）创建屋顶类型。在“项目浏览器”→“楼层平面”中双击“标高 1”，进入“楼层平面：标高 1”视图。单击“建筑”主选项卡→“构建”子选项卡→“屋顶”命令，在下拉菜单中选择“迹线屋顶”命令，进入“修改｜创建屋顶迹线”界面，在“属性”选项板中单击“编辑类型”，在弹出的“类型属性”窗口通过“复制”新建“坡屋顶”，单击“编辑”按钮，进入“编辑部件”窗口，定义屋顶功能、材质和厚度，如图 8－22 所示。

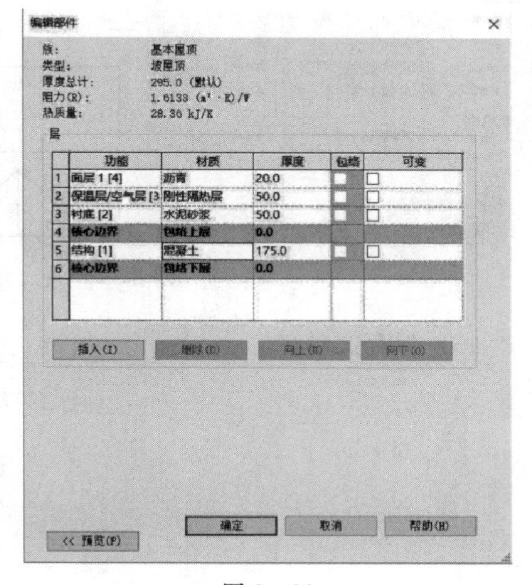

图 8－22

（3）绘制屋顶迹线。单击“绘制”子选项卡中的“线”命令，按图 8－1 所示平面视图尺寸绘制屋顶迹线，此时坡度值默认为 30°，如图 8－23 所示。

（4）定义迹线坡度。判别哪些迹线没有坡度，选中这些迹线，取消勾选“定义屋顶坡度”，如图 8-24 所示。中间迹线用“坡度箭头”添加坡度，选中这些坡度箭头，在“属性”选项板上指定“坡度”方式，将其定义坡度为 30°，单击“模式”子选项卡中的按钮 ✔，完成屋顶的创建，如图 8-25 所示。

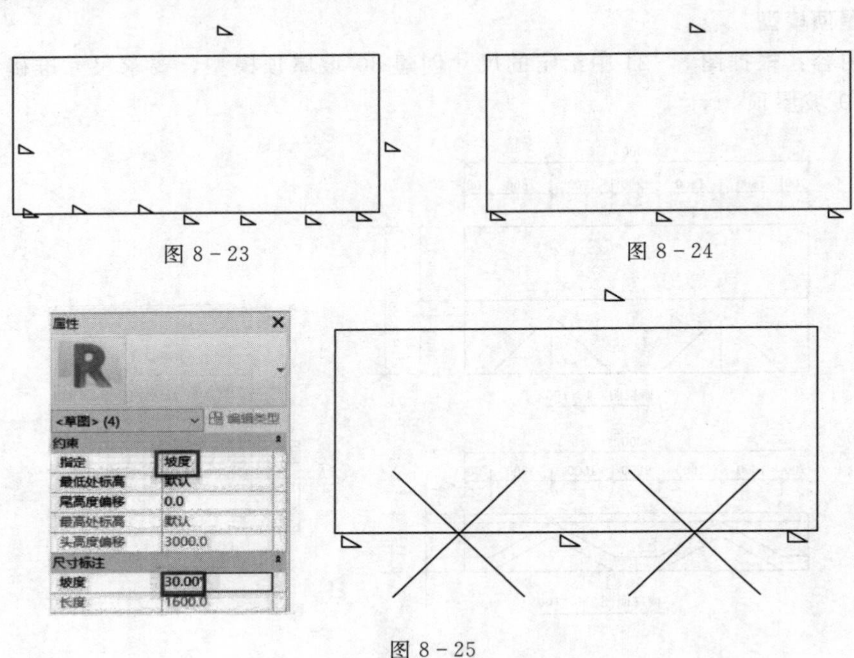

图 8-23

图 8-24

图 8-25

（5）调整视图范围。创建屋顶后需要调整平面视图的“视图范围”，如图 8-26 所示。切换至默认三维视图中可以看到屋顶的三维效果如图 8-27 所示。

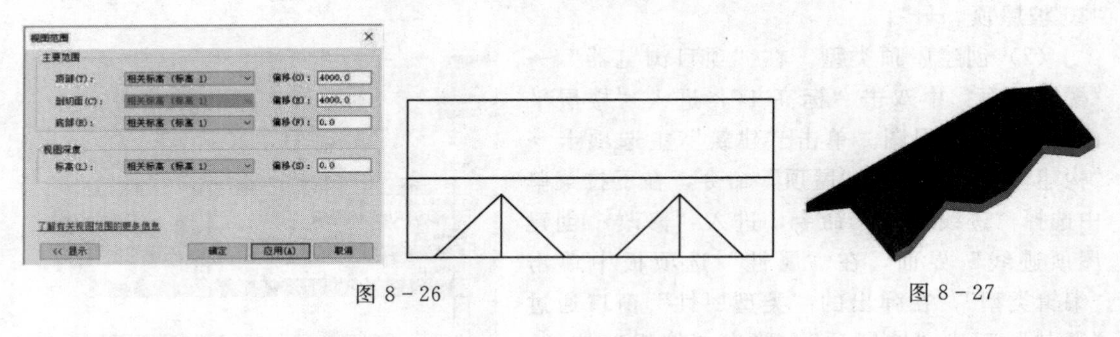

图 8-26

图 8-27

（6）保存文件。

项目 9

楼梯、栏杆扶手和坡道

【学习目标】

（1）掌握创建和编辑楼梯的方法。

（2）掌握创建和编辑栏杆扶手的方法。

（3）掌握创建和编辑坡道的方法。

【思政目标】

通过讲解创建楼梯和坡道的具体操作，协同建模培养学生的团队精神，增强团队的协作意识，树立学生集体荣誉感。

楼梯是贯穿建筑物并连接不同楼层的结构体系，它的主要作用是进行垂直交通，能够方便、快速地在不同楼层之间往来。栏杆是建筑物上的安全设施。可以起到分隔、导向的作用。坡道为连接有高差地面或楼面的斜向交通通道，也可以作为一种垂直交通和竖向疏散设施。

任务 9.1 楼梯的创建与编辑

在 Revit 中，使用楼梯工具可以在项目中添加各式各样的楼梯，楼梯由楼梯和扶手两部分构成。在绘制楼梯时，可以沿楼梯自动放置指定类型的扶手。与其他构件类似，在使用楼梯前应定义好楼梯类型属性中的各种楼梯参数。

9.1.1 创建楼梯

1. 直梯的创建与绘制

在平面视图中，单击“建筑”主选项卡→“楼梯坡道”子选项卡→“楼梯”命令，如图 9－1 所示，进入“修改｜创建楼梯”界面，如图 9－2 所示。在“属性”选项板的“类型选择器”中，单击下拉三角号选择“整体浇筑楼梯”，单击“编辑类型”按钮，弹出“类型属性”对话框，默认“最大踢面高度”为“180”，“最小踏板深度”为“280”，“最小梯段宽度”为“1000”，如图 9－3 所示，确认完成后单击“确定”按钮。

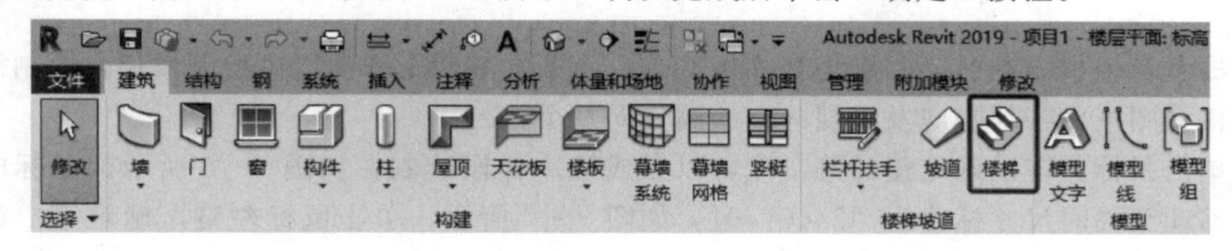

图 9－1

图 9-2

提示：“最大踢面高度”“最小踏板深度”“最小梯段宽度”三个数值主要为限制条件，并不是设置具体的数值，具体数值需要在“实例属性”中进行设置，如在绘制楼梯过程中出现超出限制值的情况软件会进行报警提示，但不影响最终绘制。

在“属性”选项板中，将“所需踢面数”改为“24”，“实际踏板深度”改为“300”，将“选项栏”中的“实际梯段宽度”改为“1200”，如图 9-4 所示。

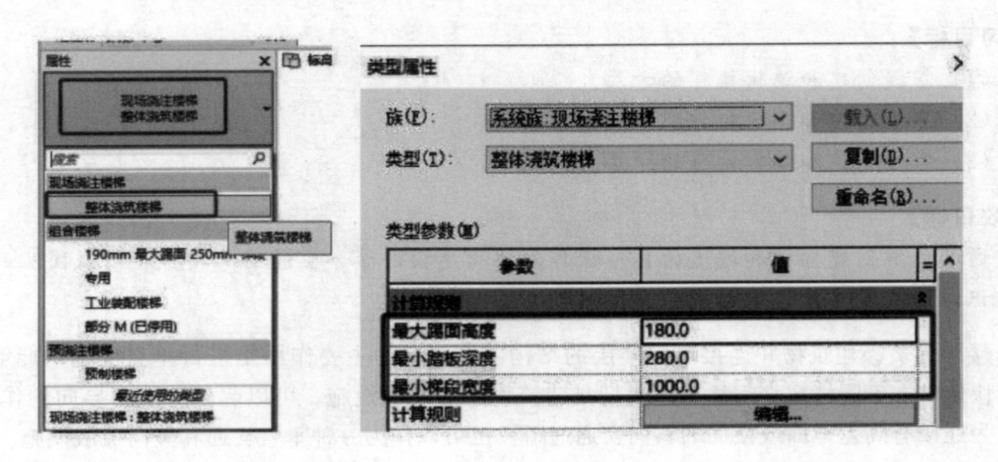

图 9-3

在绘图区域单击鼠标左键，以确定楼梯第一起点，鼠标向右拖拽绘制“3300”长度，此时绘图区域会显示“创建了 12 个踢面，剩余 12 个”如图 9-5 所示。

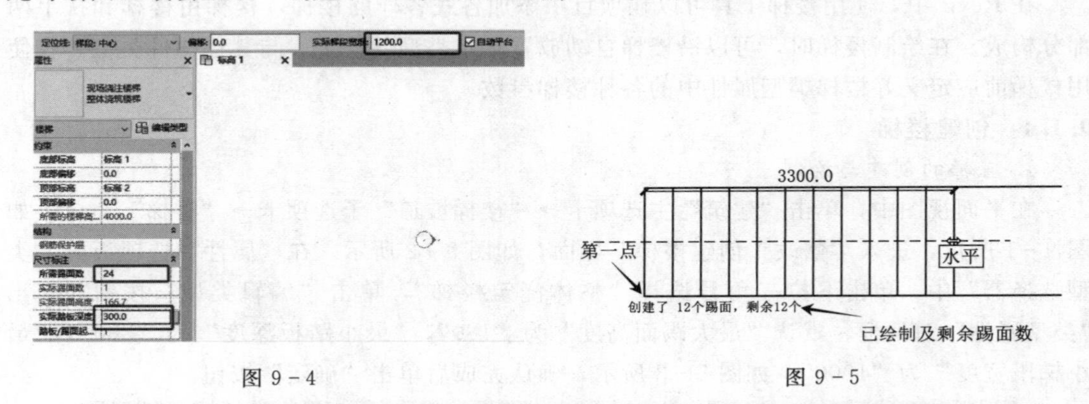

图 9-4　　图 9-5

提示：楼梯绘制的第一点为楼梯最低点，上下左右四个方向均可绘制楼梯，绘制楼梯时需根据图纸中楼梯走向及高度确定绘制方向及个数。

单击鼠标左键以确定楼梯第二点，以完成第一梯段绘制，如图 9-6 所示。鼠标向下水平移动至临时尺寸标注为“2400”时，如图 9-7 所示，单击鼠标左键以确定第二梯段的第一点，向左拖拽鼠标，绘制“3300”长度，显示“创建了 12 个踢面，剩余 0 个”时，如图 9－8 所示，单击鼠标左键以确定楼梯第二点，此时完成楼梯的草图绘制，如图 9－9 所示。

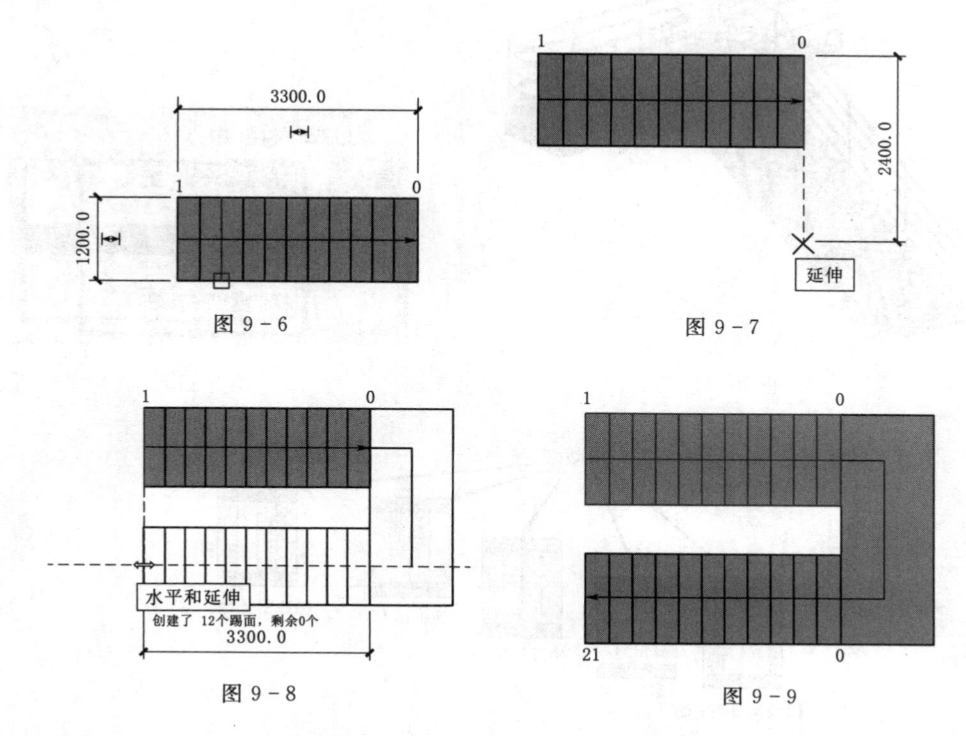

图 9－6

图 9－7

图 9－8

图 9－9

单击“模式”子选项卡中的“完成编辑模式”按钮✔，弹出警告对话框如图 9－10 所示，每次绘制楼梯时都会弹出此警告，单击“警告”窗口右上方的关闭按钮即可，单击切换至三维视图，软件会自动沿绘制的楼梯生成栏杆，此时已完成楼梯绘制，如图 9－11 所示。

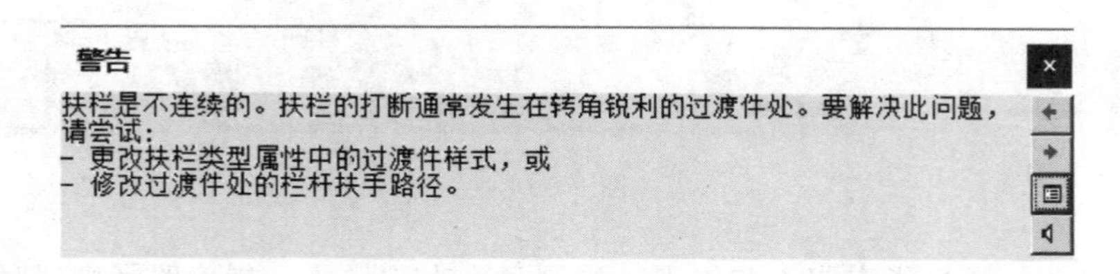

图 9－10

提示：在楼梯的草图绘制时，选项栏中可以选择楼梯绘制的“定位线”，单击下拉三角号可以根据图纸实际情况对选项进行选择，如图 9－12 所示。各种选项如图 9－13 所示。

2. 其他楼梯的创建与绘制

在平面视图中，单击“建筑”主选项卡→“楼梯坡道”子选项卡→“楼梯”命令。在“属性”选项板的“类型选择器”中，单击下拉三角号选择“整体浇筑楼梯”。在“修改｜创建楼梯”界面“构件”子选项卡中，Revit 提供了 6 种绘制楼梯的方式，如图 9－14 所示。

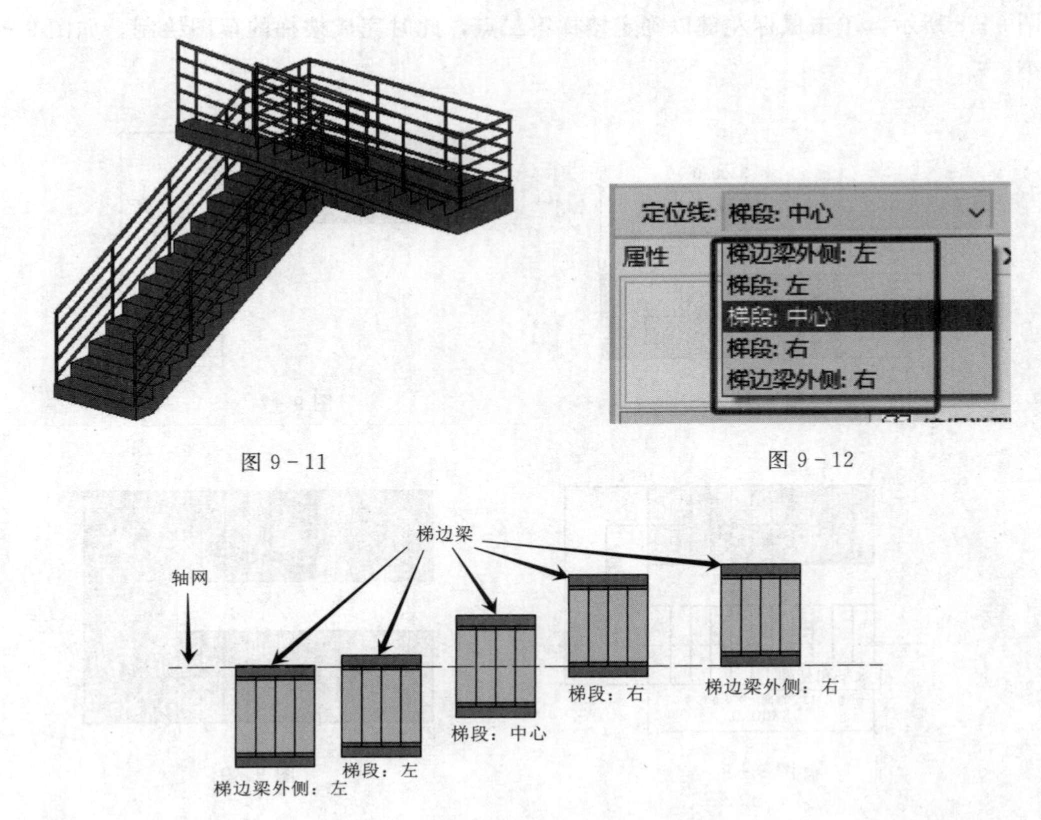

图 9－11

图 9－12

图 9－13

图 9－14

（1）直梯：通过指定起点和终点，绘制一个直跑梯段；创建路径则通过“定位线”选项指定为“左”“中心”或“右”。

（2）全踏步螺旋：通过指定起点和半径创建螺旋梯段；可创建大于 360°的螺旋梯段。创建此梯段时可包括连接底部和顶部标高所需的全数台阶。创建时采用逆时针方向，但旋转方向可以修改。

（3）圆心-端点螺旋：通过指定圆心、起点和端点创建旋梯段；可创建小于 360°的螺旋梯段。选择圆心和起点后，以顺时针或逆时针方向移动光标以指示旋转方向，然后单击以指定端点。

（4）L 形转角：通过指定较低端创建 L 形斜踏步梯段；通过创建纯斜踏步梯段或

修改梯段特性，可在梯段的起点或终点处包含平行踢面。按空格键以旋转梯段，然后单击将其放置。斜踏步楼梯会自动连接底部和顶部标高。

（5）U 形转角：通过指定较低端创建 U 形踏步梯段；方法同“L 形转角”方式。

（6）创建草图：用于通过绘制形状来创建自定义梯段；在绘制梯段时，请选择绘制边界、踢面或楼梯走向。

9.1.2 编辑楼梯

楼梯绘制完成后如果对绘制结果不满意可以进行修改，在 Revit 中既可以通过“类型属性”对话框中“类型选择器”进行选择，以改变楼梯的类型，也可以通过编辑楼梯的方式对梯段和平台进行修改。

1. 修改楼梯

在绘图区域，选中已经绘制好的楼梯，单击“修改 | 楼梯”界面中“编辑”子选项卡→“编辑楼梯”命令，如图 9-15 所示。

提示：选中楼梯可以单击任意梯段进行选择，也可以拉框选择，不要单击到栏杆进行选择，单击梯段可以选择整体楼梯，选择栏杆仅能编辑栏杆。

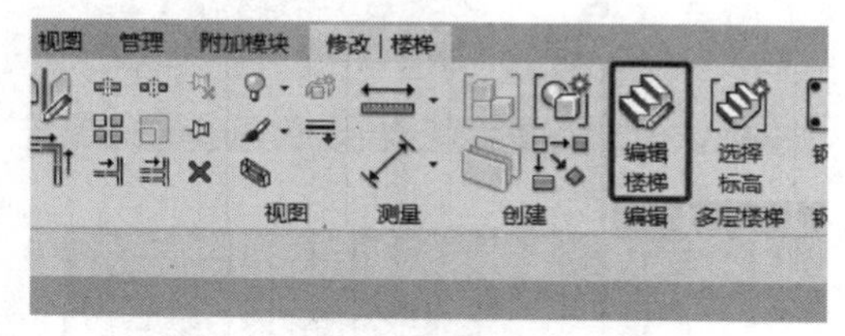

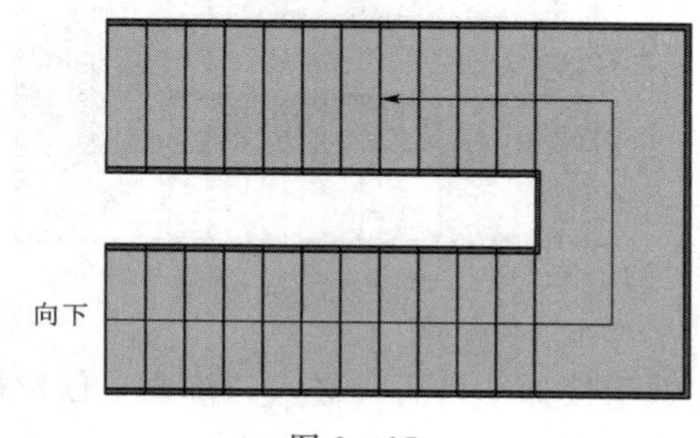

图 9-15

进入“修改 | 创建楼梯”界面后，可以在“属性”选项板的实例属性及编辑类型里面修改数值，如图 9-16 所示。

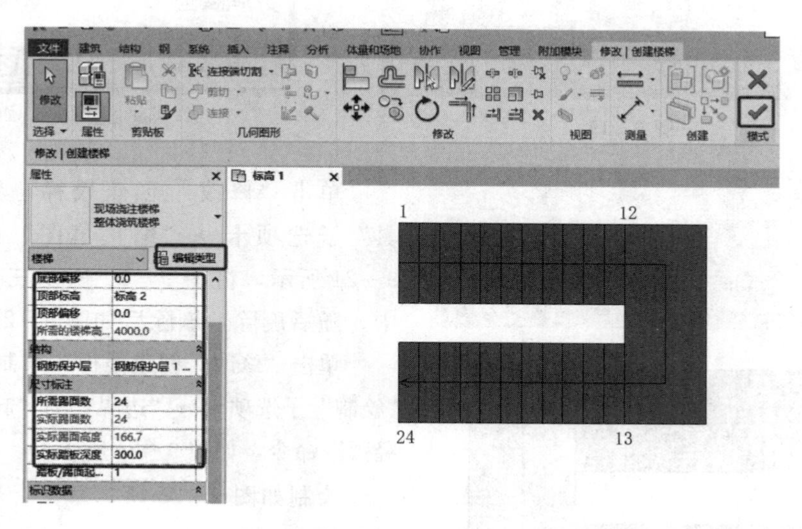

图 9-16

2. 修改平台

在平面视图中选择刚刚绘制好的楼梯，进入“修改 | 楼梯”界面，单击“编辑”子选项卡→“编辑楼梯”命令，如图 9-17 所示，进入到“修改 | 创建楼梯”界面中，选中

“楼梯平台”，单击后拖拽“造型操纵柄”，如图 9－18 所示，可对楼梯平台的长度进行调整。

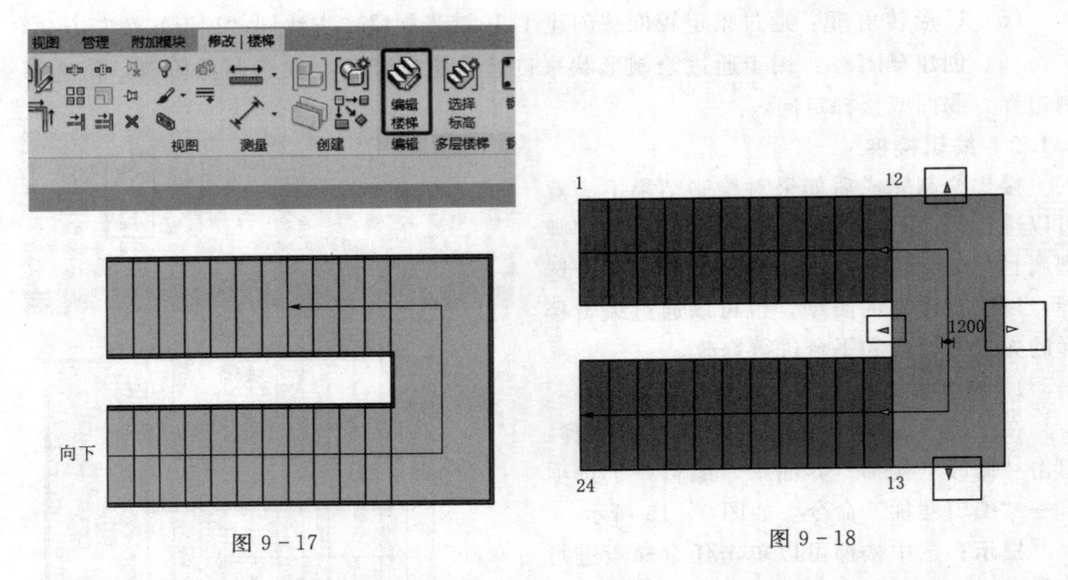

图 9－17　　　　图 9－18

选中楼梯平台后，进入“修改｜创建楼梯”界面，单击“工具”子选项卡→“转换”命令，如图 9－19 所示，弹出如图 9－20 所示对话框，单击右下角“关闭”按钮。

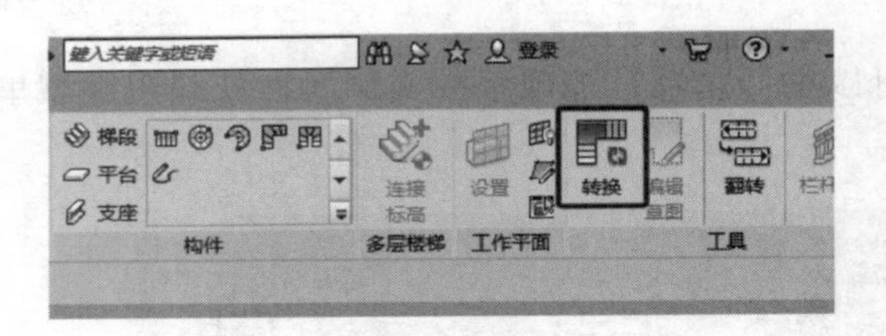

图 9－19

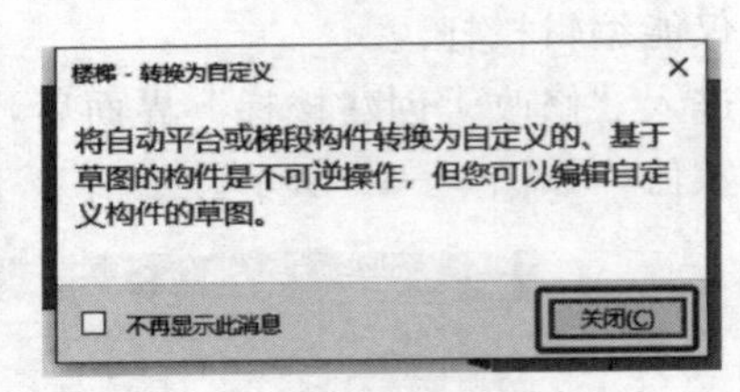

图 9－20

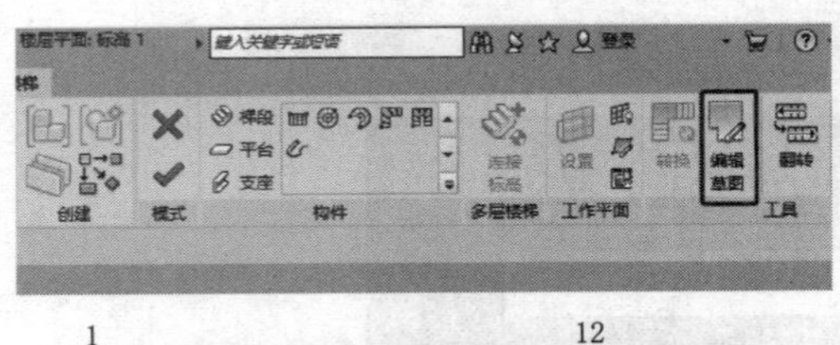

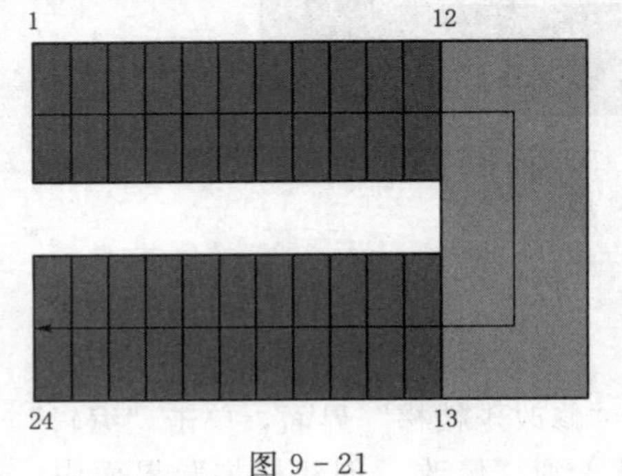

图 9－21

单击“修改｜创建楼梯”界面→“工具”子选项卡→“编辑草图”命令，如图 9－21 所示，将图 9－22 所示三条边界线选中，随后删除，删除后如图 9－23 所示。

单击“修改｜创建楼梯>绘制平台”界面“绘制”子选项卡→“边界”的“起点-终点-半径弧”命令，如图 9－24 所示。

绘制如图 9－25 所示草图，单击按钮✔以完成平台草图的绘制，如图 9－26 所示，再次单击按钮✔以完成楼梯草图的绘制，将视图切换至三维视图，此时完成平台修改，如图 9－27 所示。

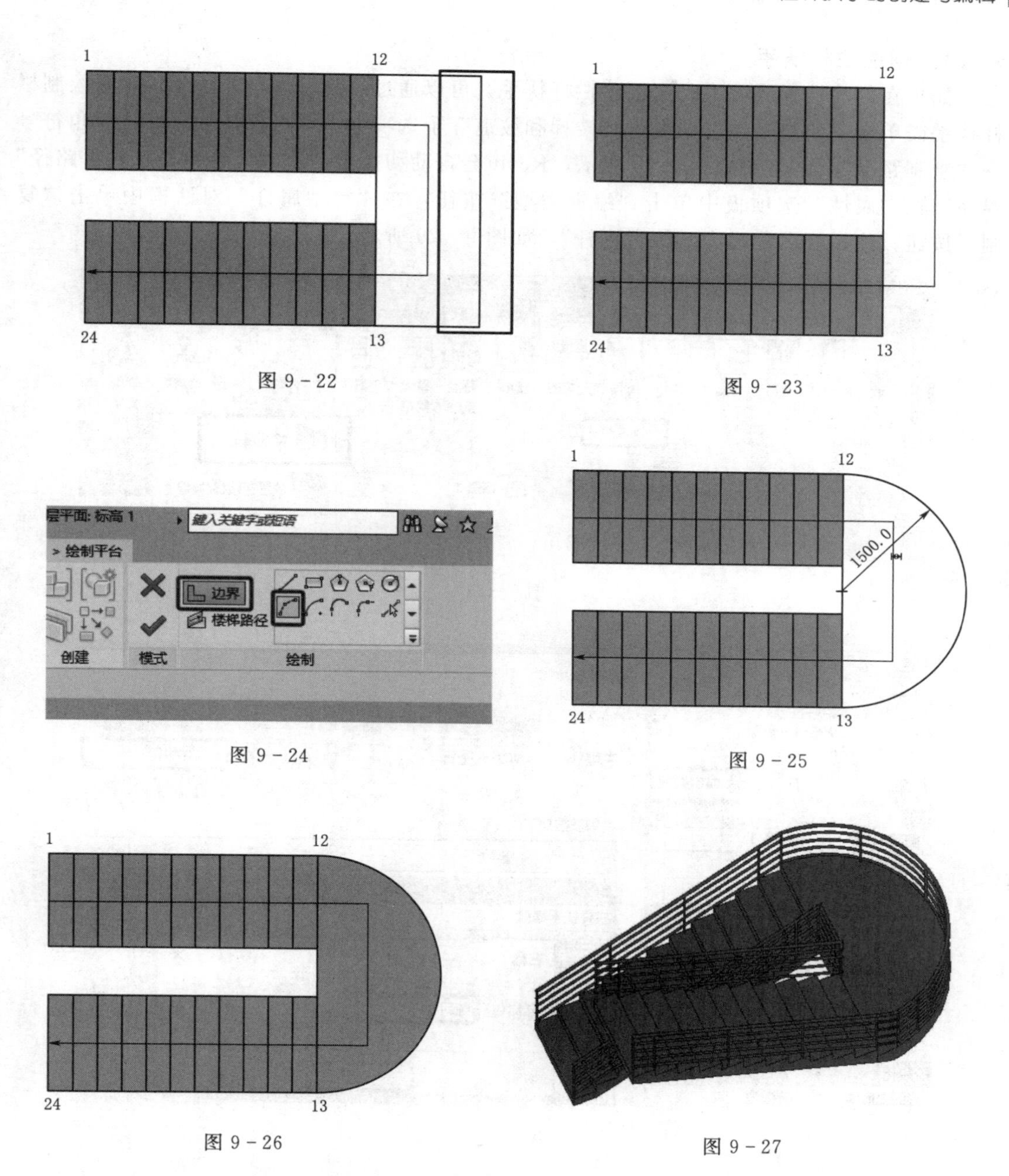

图 9-22

图 9-23

图 9-24

图 9-25

图 9-26

图 9-27

提示：楼梯平台在进行更改时可以改成其他形状，以上只是举例说明，在练习中，可以自行选择其他形状进行绘制，但需注意符合逻辑。

任务 9.2　栏杆扶手的创建与编辑

在建筑物中，栏杆是指设在梯段及平台边缘的安全保护构件。扶手一般附设于栏杆顶部，供作依扶用。扶手也可附设于墙上，称为靠墙扶手。

9.2.1 创建栏杆扶手

如果在创建楼梯或坡道时未创建栏杆扶手，可以通过绘制添加栏杆扶手。单独绘制栏杆扶手需单击“建筑”主选项卡→“楼梯和坡道”子选项卡→“栏杆扶手”下拉三角符号→“绘制路径”命令，如图9-28所示，Revit会自动切换至“修改|创建栏杆扶手路径”界面，在“属性”选项板中单击“编辑类型”按钮，在“类型属性”对话框中单击“复制”按钮，将栏杆名称改为“练习栏杆”，如图9-29所示。

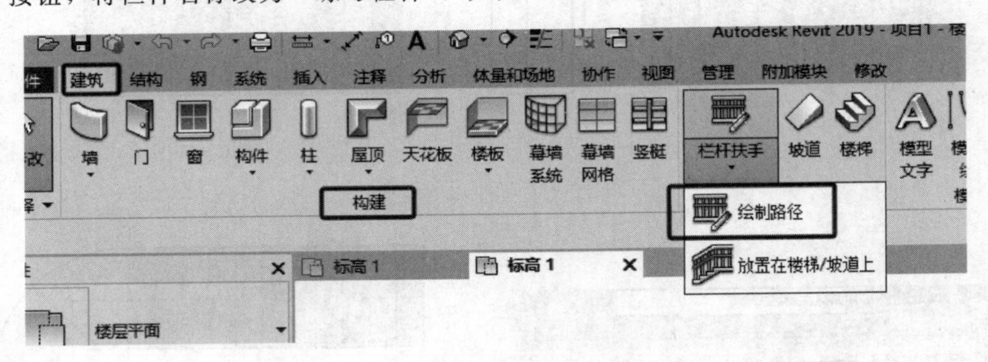

图9-28

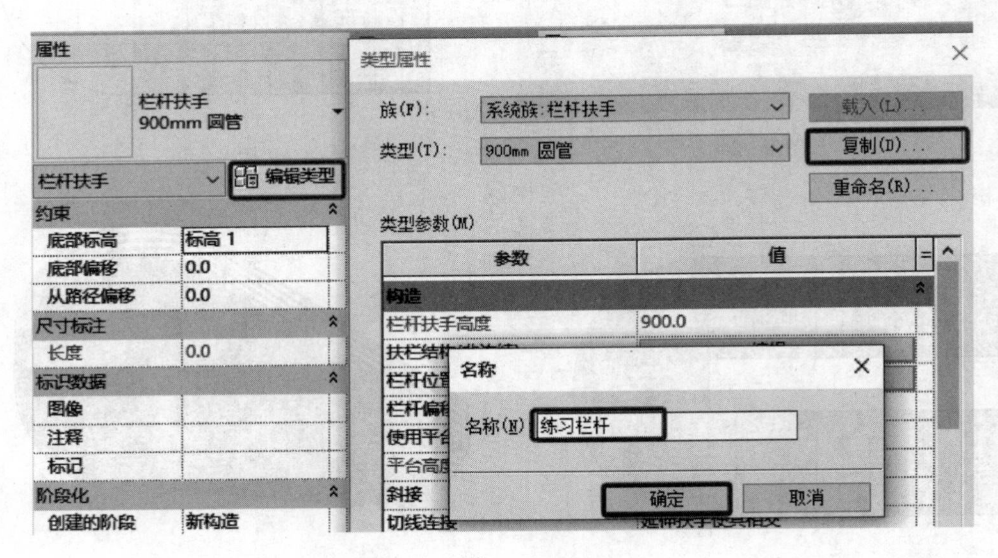

图9-29

单击“扶栏结构（非连续）”后方的“编辑”按钮，如图9-30所示，将栏杆2、3、4，选中后删除，如图9-31所示。将栏杆1高度改为“200”，轮廓改为“圆形扶手：40mm”，材质修改为“不锈钢”，如图9-32所示，填写完成后单击“确定”按钮回到“类型属性”对话框。

单击“栏杆位置”后方的“编辑”按钮，如图9-33所示，将主样式的“栏杆族”更改为“栏杆-圆形：20mm”，相对前一栏杆的距离改为“500”，所有支柱的“栏杆族”都改为“栏杆-圆形：20mm”，如图9-34所示，完成后单击“确定”按钮。

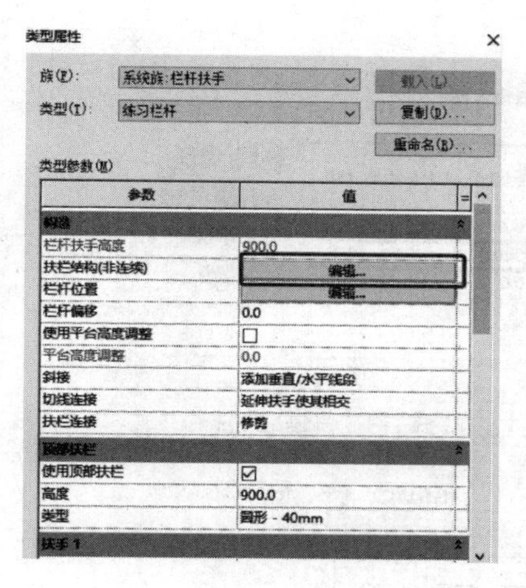

图 9－30

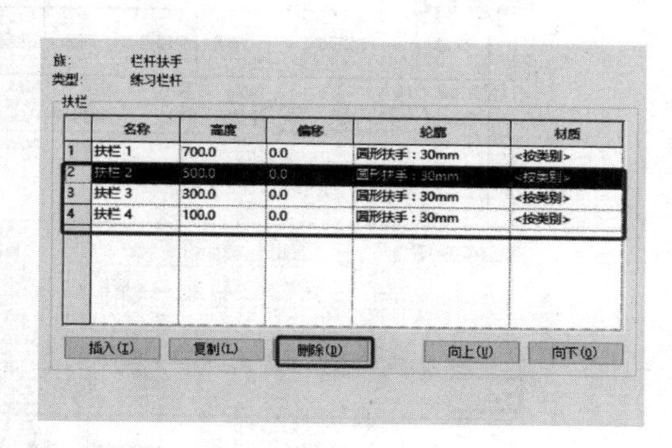

图 9－31

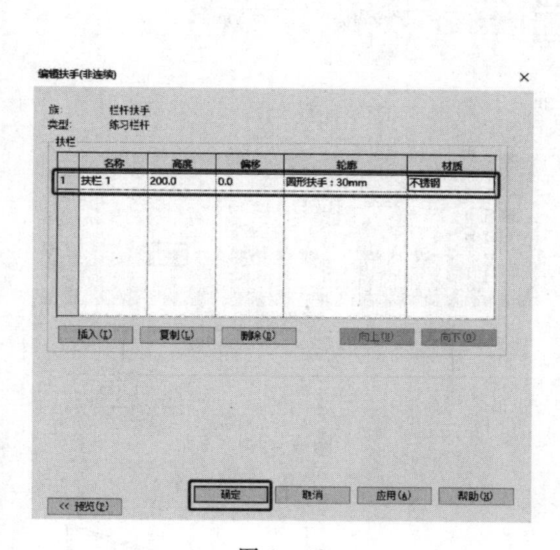

图 9－32

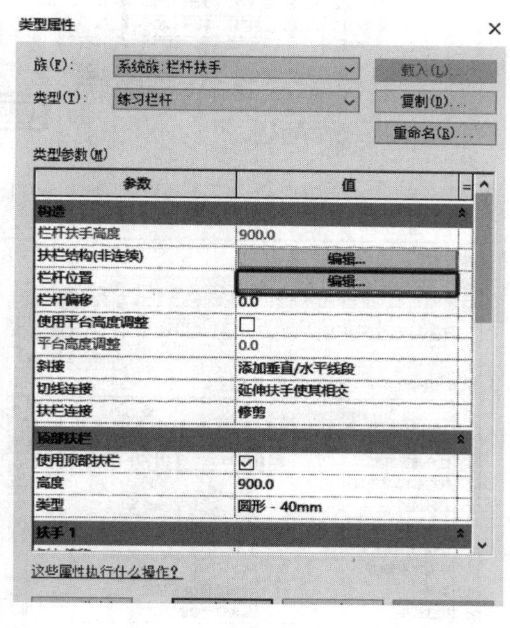

图 9－33

将顶部扶栏的高度改为“1000”，此时“栏杆扶手高度”的灰显位置会自动将高度改为“1000”，也就是整体栏杆的高度，如图 9－35 所示，设置完成后单击“确定”按钮。

单击“绘制”子选项卡→“直线”命令，绘制一段长“6000”的直线，绘制完成后单击按钮✔，如图 9－36 所示，将视图切换至三维视图进行查看，查看无误后完成绘制，如图 9－37 所示。

9.2.2 编辑栏杆扶手

完成绘制后，观察模型会发现，只有扶手的材质进行了设置及改变，接下来讲解如何更改“顶部扶栏”及“栏杆”的材质。在“项目浏览器”→“族”的位置单击鼠标右键，

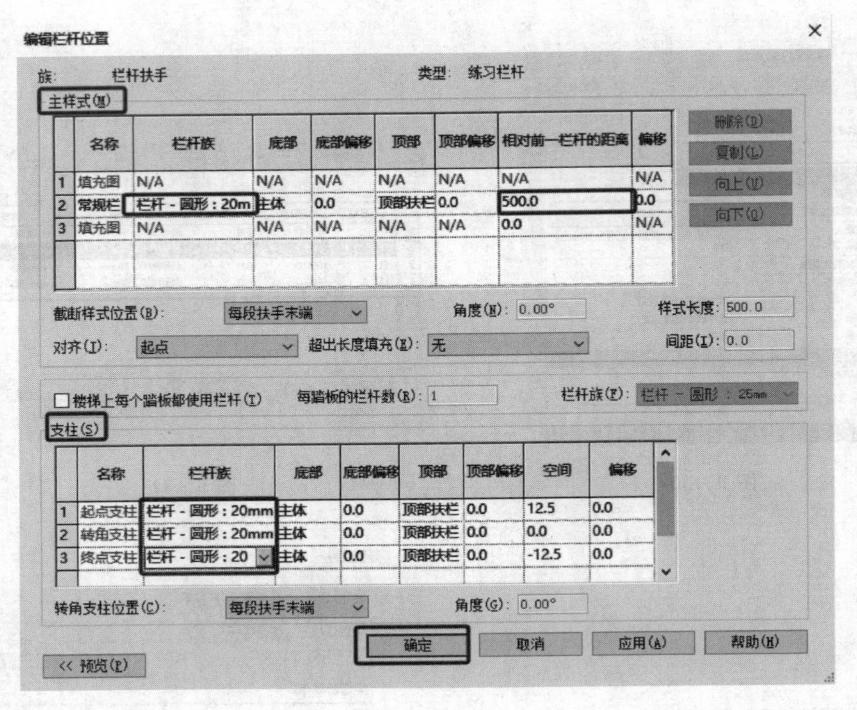

	名称	栏杆族	底部	底部偏移	顶部	顶部偏移	相对前一栏杆的距离	偏移
1	填充图	N/A	N/A	N/A	N/A	N/A	N/A	N/A
2	常规栏	栏杆 - 圆形 : 20m	主体	0.0	顶部扶栏	0.0	500.0	0.0
3	填充图	N/A	N/A	N/A	N/A	N/A	0.0	N/A

	名称	栏杆族	底部	底部偏移	顶部	顶部偏移	空间	偏移
1	起点支柱	栏杆 - 圆形 : 20mm	主体	0.0	顶部扶栏	0.0	12.5	0.0
2	转角支柱	栏杆 - 圆形 : 20mm	主体	0.0	顶部扶栏	0.0	0.0	0.0
3	终点支柱	栏杆 - 圆形 : 20	主体	0.0	顶部扶栏	0.0	-12.5	0.0

图 9-34

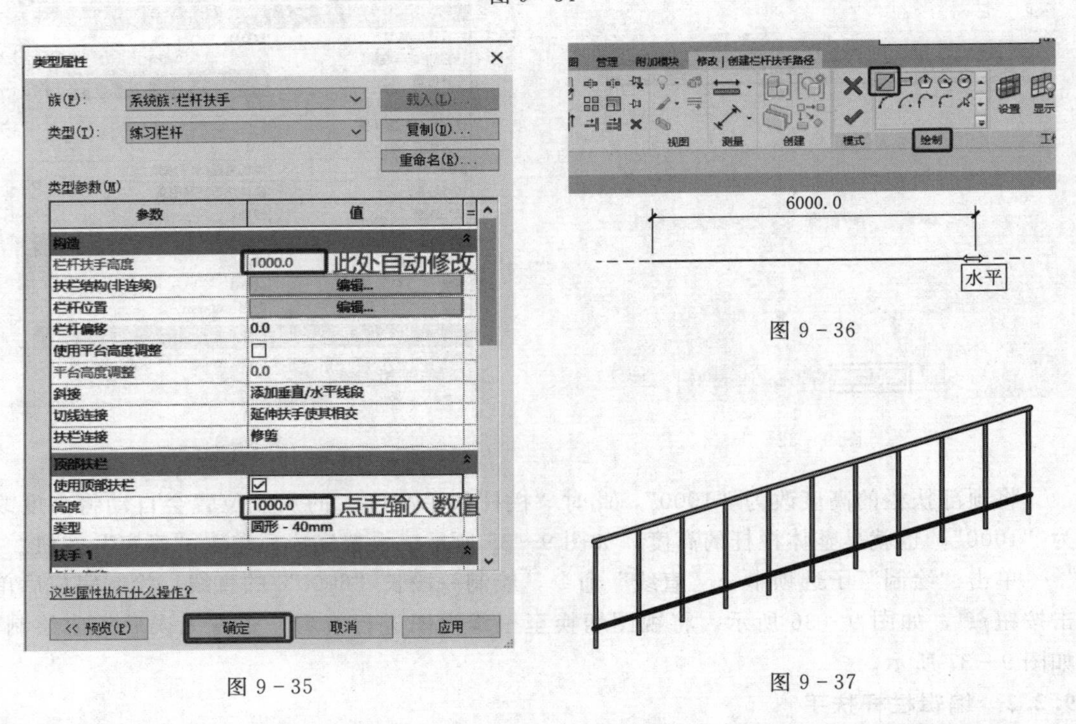

图 9-35

图 9-36

图 9-37

如图 9-38 及图 9-39 所示，单击选择“搜索”命令，在“在项目浏览器中搜索”对话框中输入“栏杆扶手”，以找到“栏杆扶手”族，如图 9-40 所示。

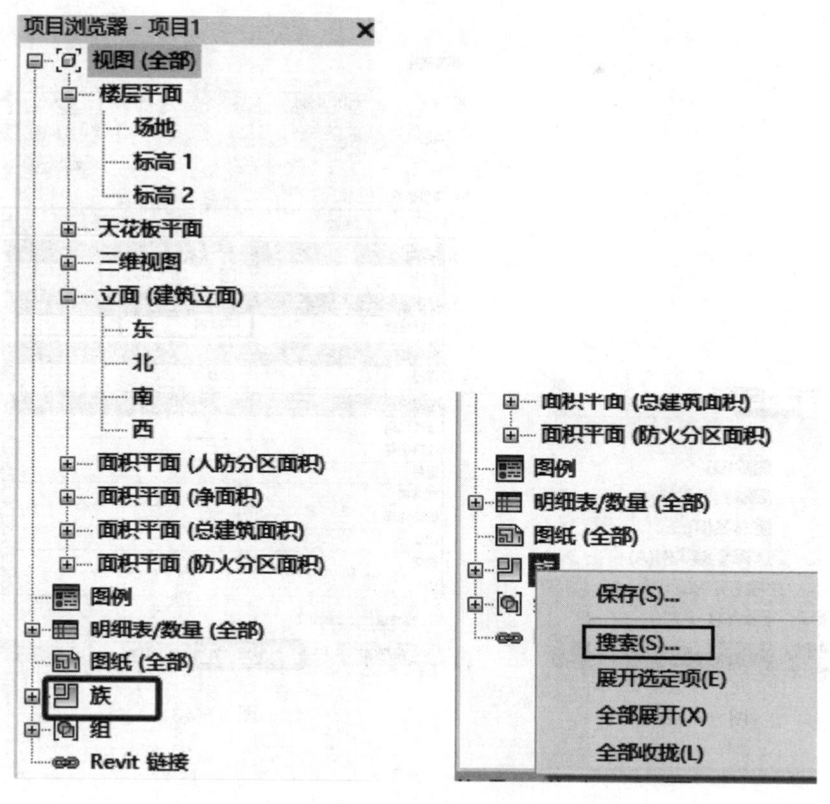

图 9－38　　　　图 9－39

找到“栏杆扶手”族下方的“栏杆-圆形”→“20mm”，如图 9－41 所示。单击鼠标右键，选择“类型属性”，如图 9－42 所示。在弹出的“类型属性”对话框中，将材质修改为“不锈钢”，如图 9－43 所示，然后单击“确定”按钮。

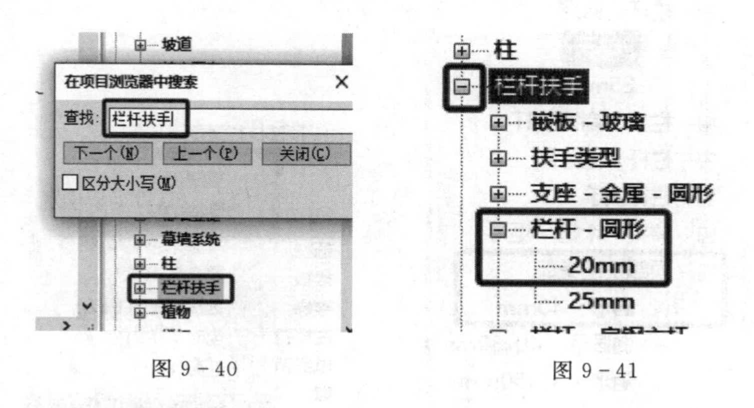

图 9－40　　　　图 9－41

继续找到“顶部扶栏类型”→“圆形- 40mm”，如图 9－44 所示。同样单击鼠标右键，选择“类型属性”，如图 9－45 所示。将材质改为“不锈钢”，如图 9－46 所示。完成修改后单击“确定”按钮，此时可看到如图 9－47 所示的效果。

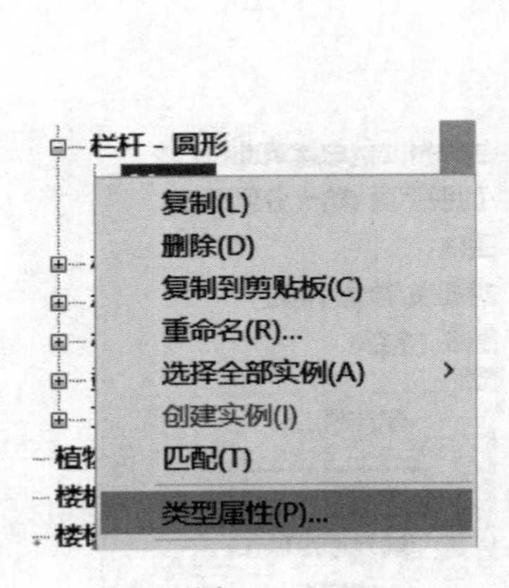

图 9-42

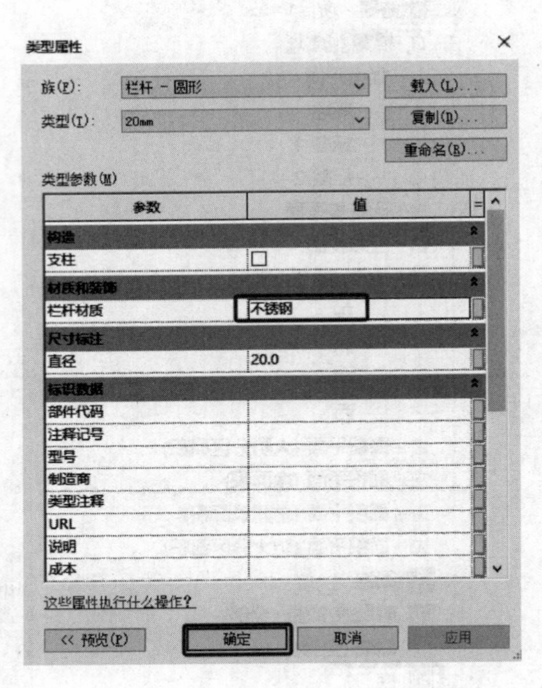

图 9-43

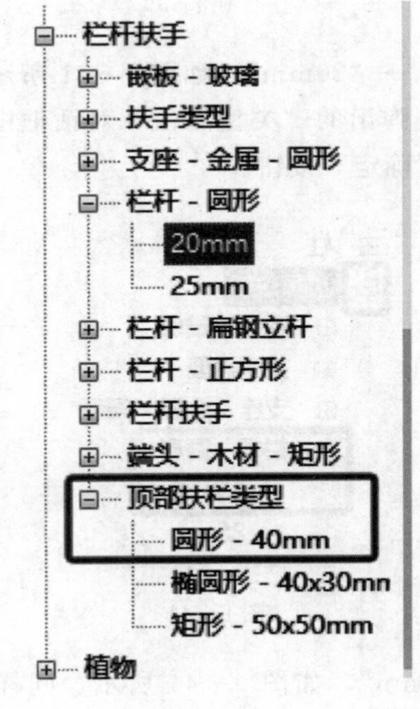

图 9-44

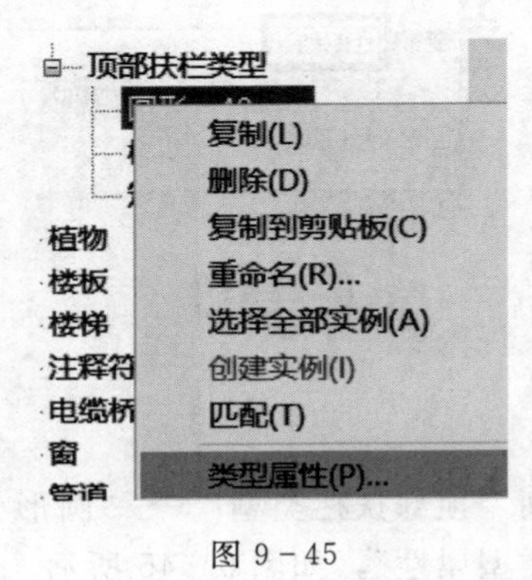

图 9-45

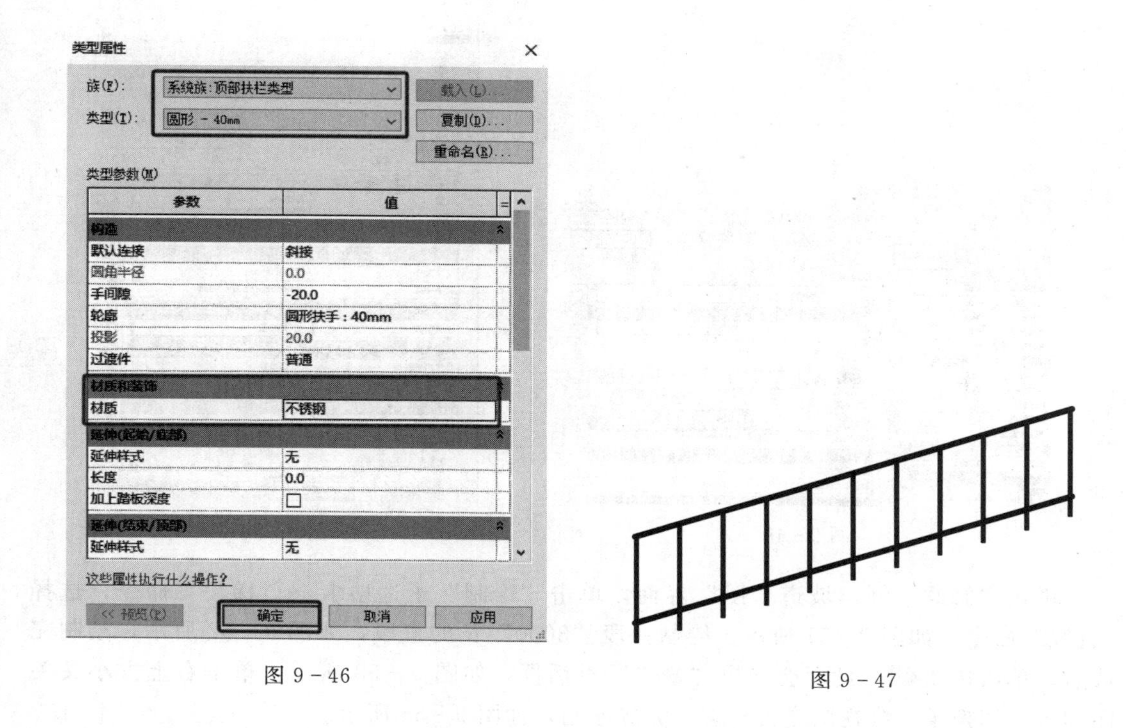

图 9-46　　图 9-47

任务 9.3　坡道的创建与编辑

9.3.1　创建坡道

与楼梯类似，坡道可以创建直梯段、L 形梯段、U 形坡道和螺旋坡道。还可以通过修改草图来更改坡道的外边界。

在平面视图中，单击“建筑”主选项卡→“楼梯坡道”子选项卡→“坡道”命令，如图 9-48 所示。

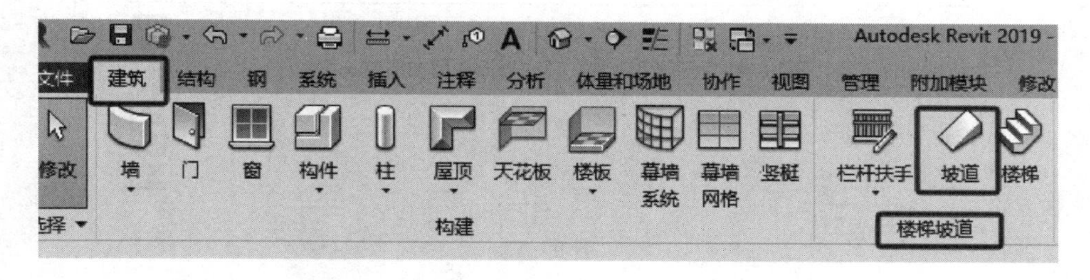

图 9-48

在“属性”选项板中单击“编辑类型”按钮，“类型属性”对话框中单击“复制”按钮，将坡道名称改为“练习坡道”，单击“确定”按钮，如图 9-49 所示。“造型”位置为“结构板”不变，“材质”改为“水泥砂浆”如图 9-50 所示，单击“确定”按钮退出编辑。

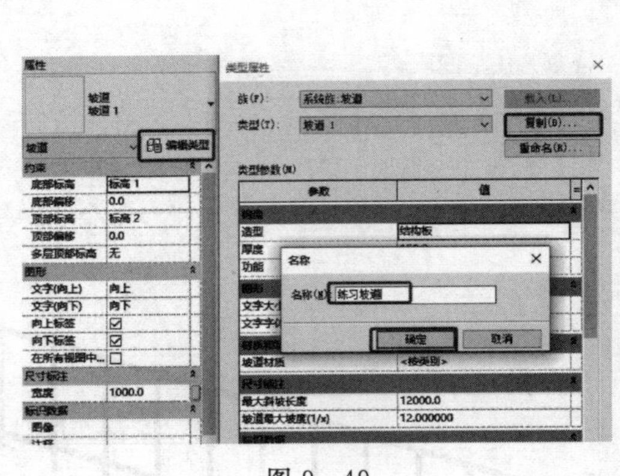

图 9 - 49

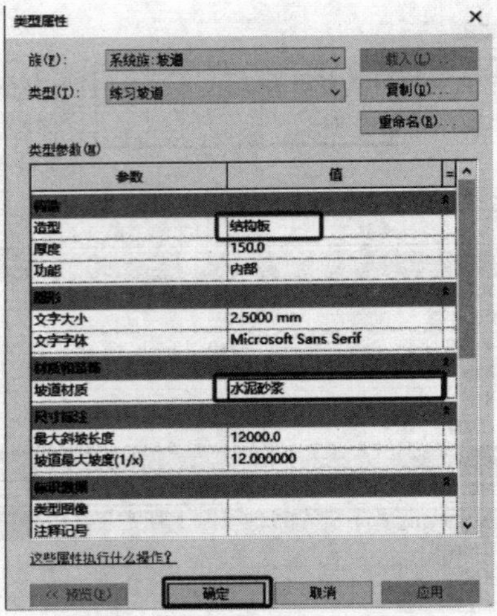

图 9 - 50

进入“修改 | 创建坡道草图”界面，单击“绘制”子选项卡→“梯段”命令，选择“直线”命令，如图 9 - 51 所示。绘制一段“3000”长的直段，如图 9 - 52 所示，绘制完成后，单击按钮✔，此时会弹出“警告”对话框，如图 9 - 53 所示。单击右上方小叉关闭即可，切换至三维视图进行查看，完成绘制，如图 9 - 54 所示。

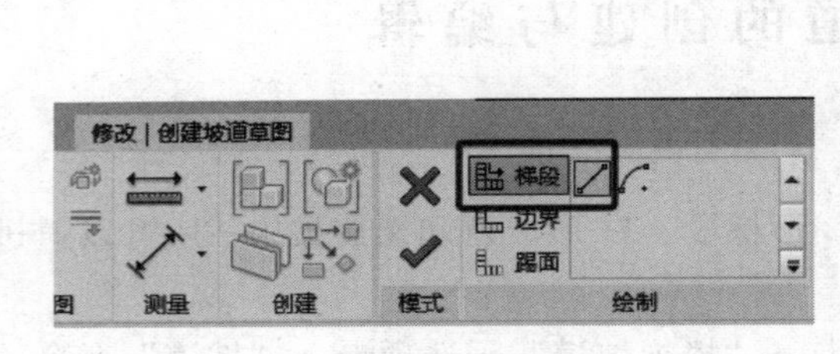

图 9 - 51

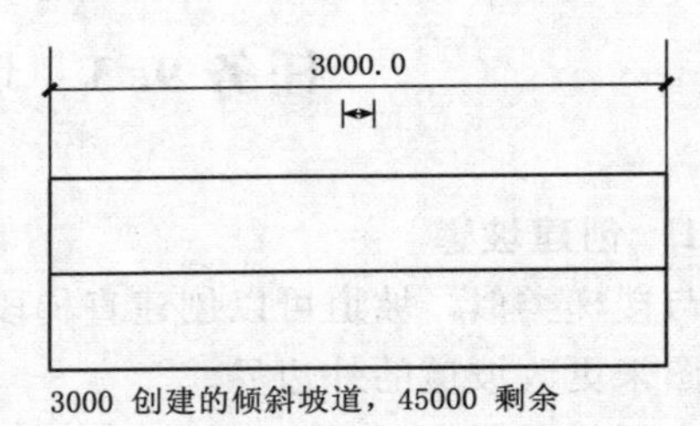

图 9 - 52

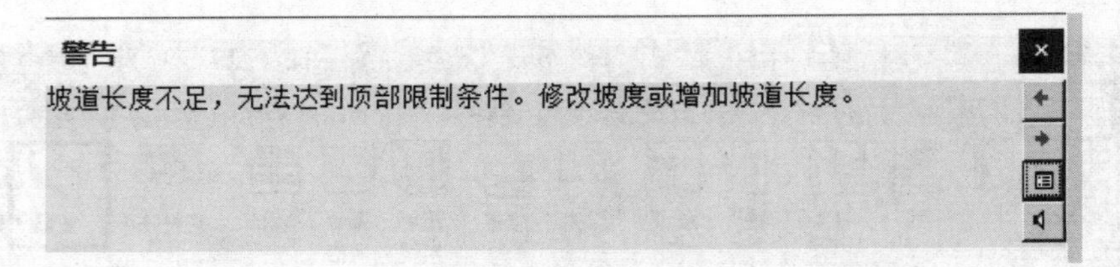

图 9 - 53

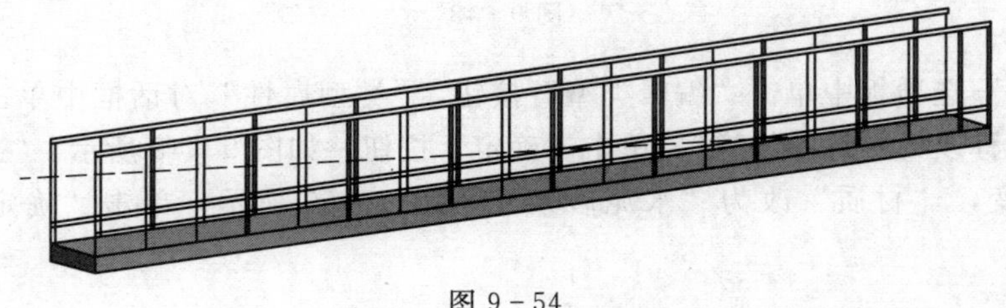

图 9 - 54

提示：警告框弹出的原因是由于“属性”选项板中坡度的高度为底部标高1一顶部标高2，此时坡度绘制的长度乘以坡度系数后并没有达到标高2的高度，只要确认绘制正确，即可关闭，不影响绘制。

9.3.2 编辑坡道

绘制完成的坡道为结构类型，与楼梯的结构类型相似，一般常见坡道为实体类型，选中已经绘制好的坡道单击“编辑类型”按钮，对坡道进行修改，如图9-55所示。在“类型属性”对话框中，单击“造型”后方的下拉三角号，选择“实体”，在“坡道材质”中可以对坡道定义材质，单击“确定”按钮，如图9-56所示。此时，结构类型已被修改为实体类型，坡道也修改为常见的坡道类型，如图9-57所示。

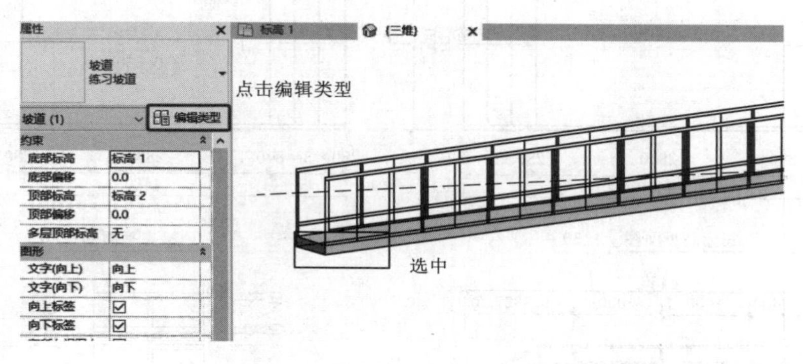

图9-55

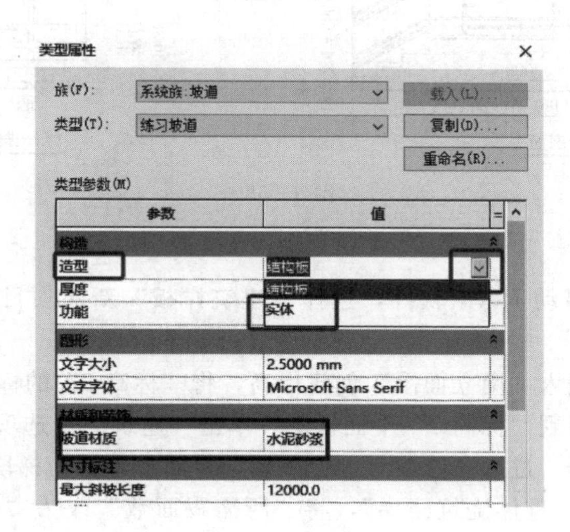

图9-56

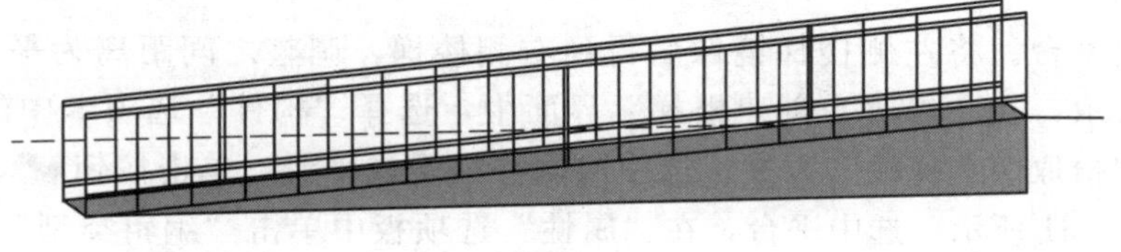

图9-57

上 机 实 训

1. 创建楼梯与扶手

实训内容：创建楼梯与扶手，楼梯类型为整体浇筑，构造与扶手样式如图 9-58 所示，顶部扶手为直径 40mm 圆管，其余扶栏为直径 30mm 圆管，栏杆扶手的标注均为中心间距，并命名为“楼梯扶手.rvt”保存。

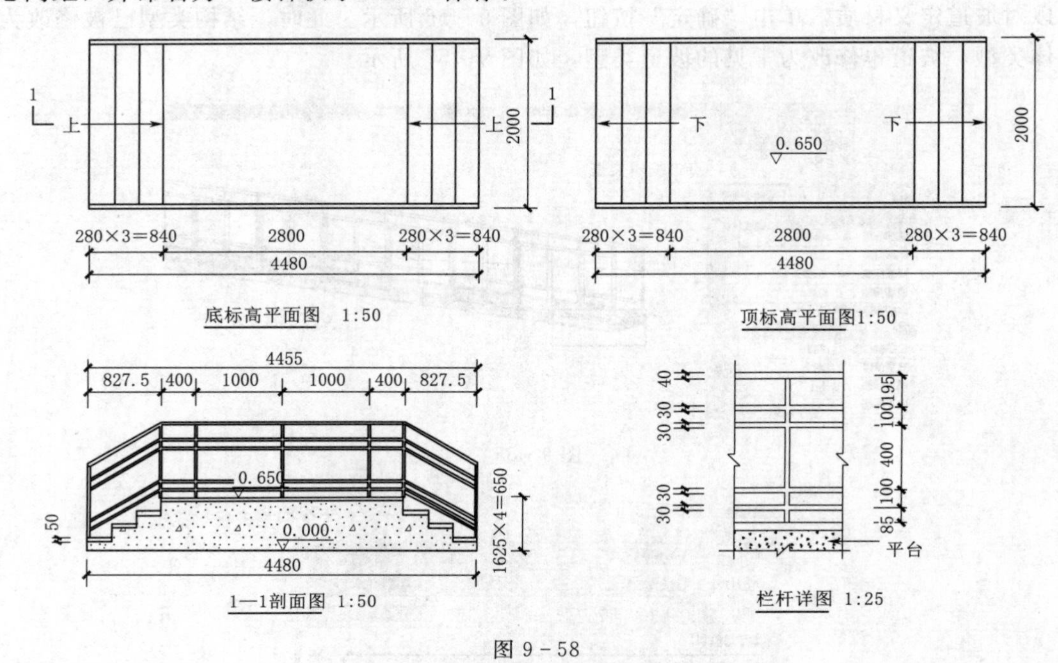

图 9-58

操作提示：

(1) 新建项目。启动 Revit 软件，选择“建筑样板”新建项目文件，保存并命名为“楼梯扶手.rvt”。

(2) 创建标高。进入“南立面图”创建标高，将“标高 2”的标高值修改为 0.650m。

(3) 创建楼梯。回到“标高 1”平面视图，单击“建筑”主选项卡→“楼梯坡道”子选项卡→“楼梯”命令，进入“修改 | 创建楼梯”界面，默认为梯段的“直梯”方式，在“属性”选项板中选择“整体浇筑楼梯”，将“所需踢面数”改为“4”，“实际踏板深度”改为“280”，将上面“选项栏”中的“实际梯段宽度”改为“2000”，创建左侧楼梯，如图 9-59 所示。

(4) 创建平台。将左侧楼梯镜像后得到右侧楼梯，调整之间距离为平台长度 2800，如图 9-60 所示，在“修改 | 创建楼梯”界面中，选择“构件”选项卡中的“平台”命令，默认为“拾取两个梯段”方式，选中两侧楼梯生成平台，单击按钮✔，切换到三维视图，如图 9-61 所示。选中平台，在“属性”选项板中单击“编辑类型”，在“类型属性”对话框中修改梯段类型和平台类型，如图 9-62 所示。点击“150mm 结构深度”后

的按钮[...]，修改台阶的材质和截面填充图案，如图 9－63 所示；单击“300mm 厚度”后的按钮[...]，修改平台厚度为 650、材质和截面填充图案，如图 9－64 所示。切换到三维视图，如图 9－65 所示。

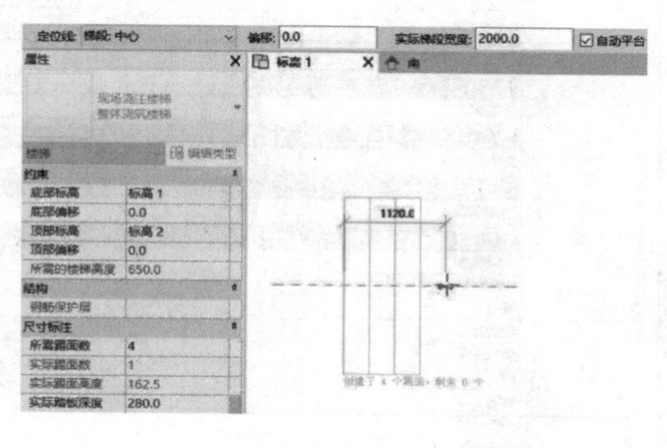

图 9－59

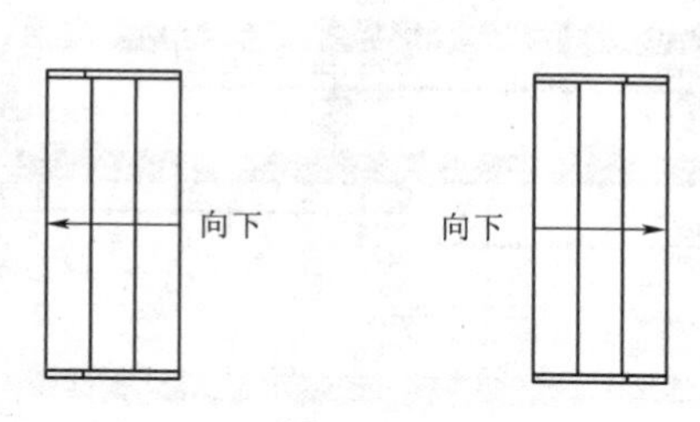

图 9－60

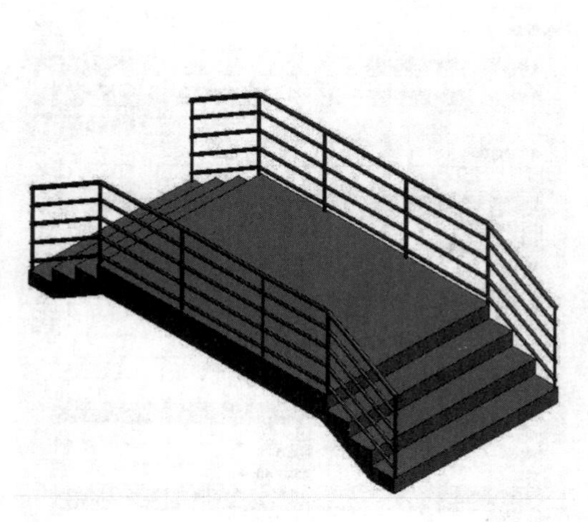

图 9－61

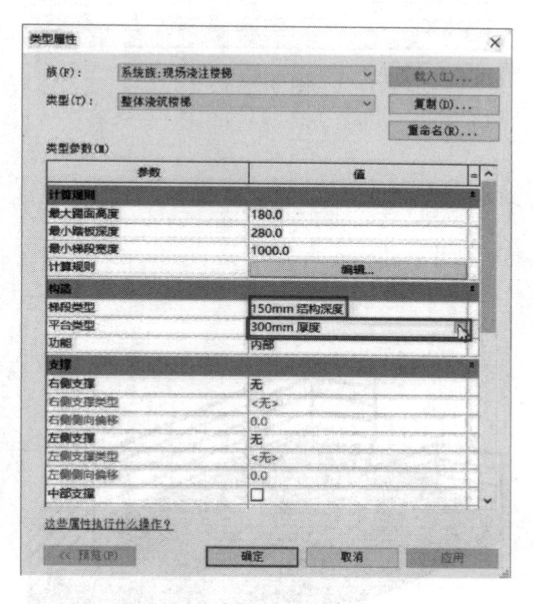

图 9－62

（5）编辑栏杆扶手。选中栏杆，在“属性”选项板中单击“编辑类型”按钮，在“类型属性”对话框中单击“复制”按钮，新建类型名为“圆管栏杆”，单击“扶栏结构”和“栏杆位置”后的“编辑”按钮，如图 9－66 所示。根据栏杆详图修改参数，如图 9－67、图 9－68 所示。

（6）保存文件。

2. 绘制坡道

实训内容：根据图 9－69 中给定的尺寸创建无障碍坡道模型（不需创建地形、栏杆扶手），墙体与坡道材质参照图 9－70 中的剖面图和断面图，并命名为“无障碍坡道 .rvt”保存。

类型属性

族(F)：系统族：整体梯段　　载入(L)...

类型(T)：150mm 结构深度　　复制(D)...

重命名(R)...

类型参数(M)

参数	值
构造	
下侧表面	平滑式
结构深度	150.0
材质和装饰	
整体式材质	混凝土，预制平滑，浅灰色
踏板材质	<按类别>
踢面材质	<按类别>
踏板	
踏板	☑
踏板厚度	50.0
踏板轮廓	默认
楼梯前缘长度	0.0
楼梯前缘轮廓	默认
应用楼梯前缘轮廓	仅前侧
踢面	
踢面	☐
斜梯	☐

这些属性执行什么操作？

<< 预览(P)　确定　取消　应用

图 9-63

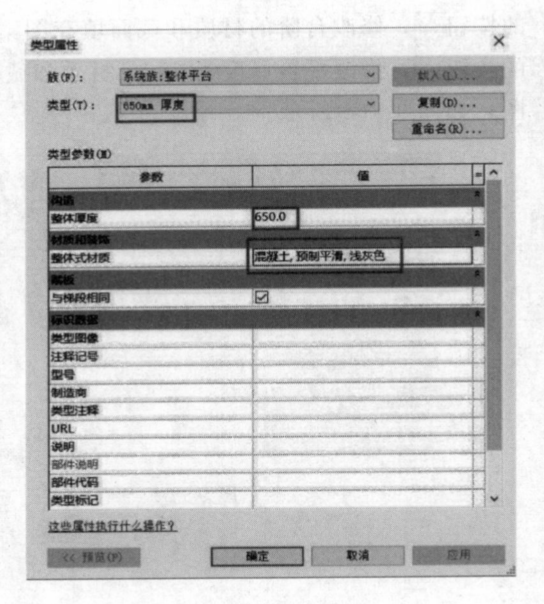

图 9-64

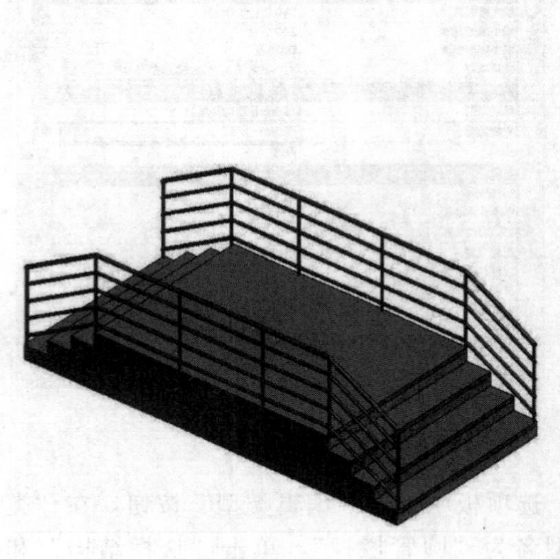

图 9-65

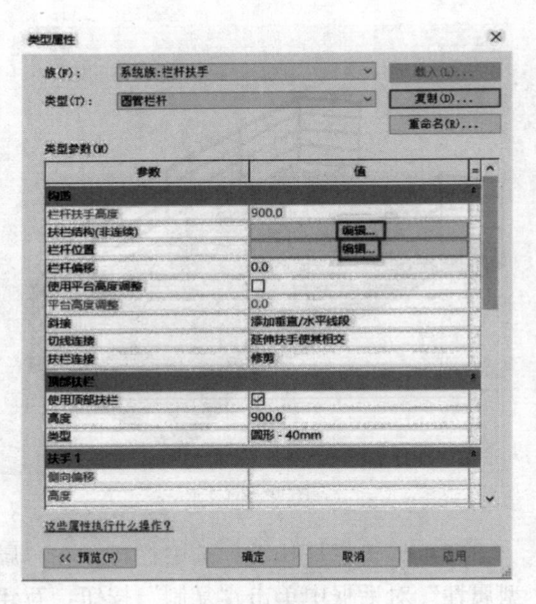

图 9-66

操作提示：

(1) 新建项目。启动 Revit 软件，选择“建筑样板”新建项目文件，保存并命名为“无障碍坡道.rvt”。

(2) 创建墙体。单击“建筑”主选项卡→“构建”子选项卡→“墙”命令，创建两侧墙体，墙体结构和材质如图 9-71 所示。分别选中两侧墙体后点击“模式”子选项卡中“编辑轮廓”按钮，在南立面视图中修改两侧墙体轮廓，如图 9-72 所示。

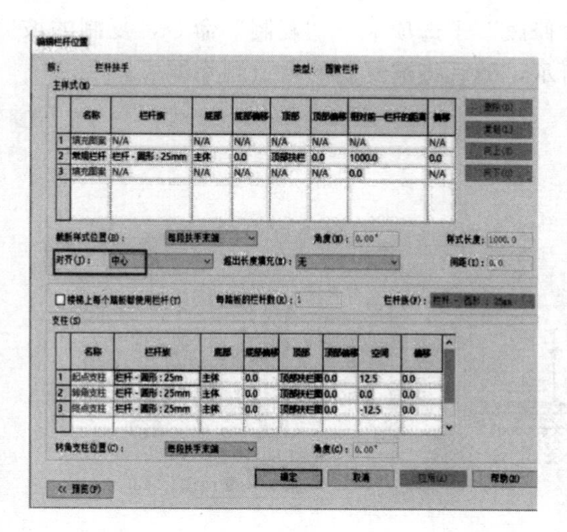

图 9 - 67

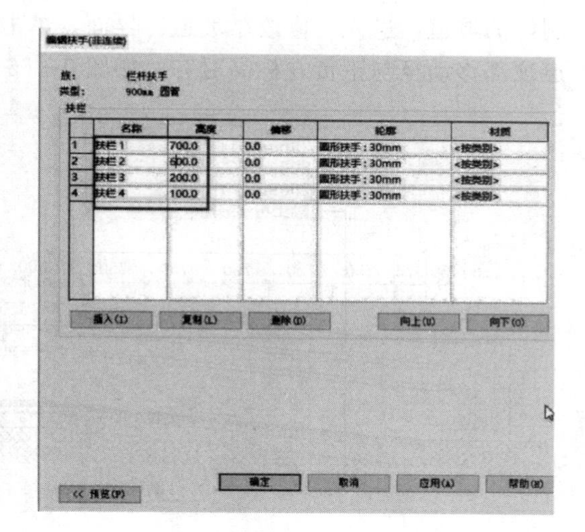

图 9 - 68

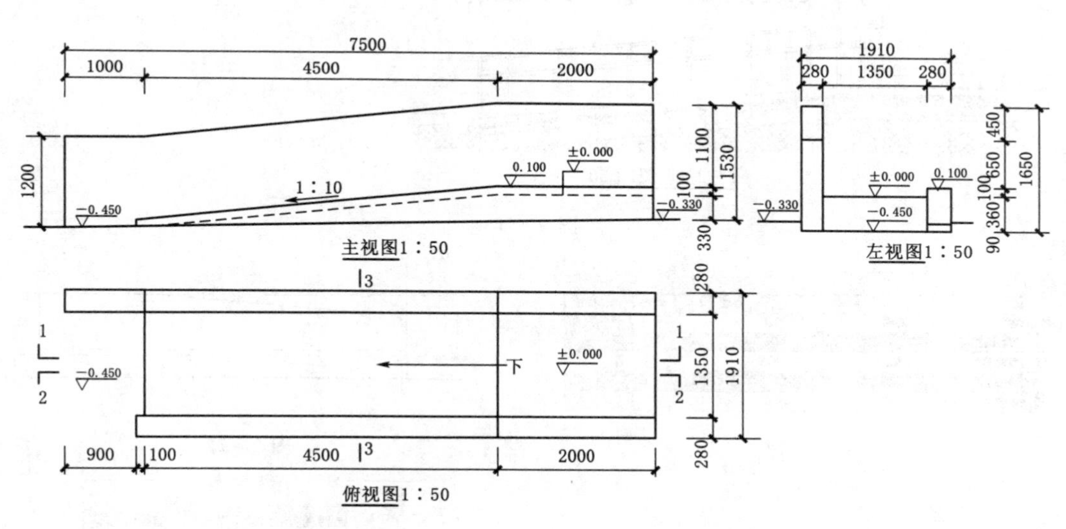

图 9 - 69

（3）创建坡道。单击“建筑”主选项卡→“楼梯坡道”子选项卡→“坡道”命令，将“属性”选项板中的“宽度”改为“1350”，由左向右绘制长度为“6400”的坡道（如找不到位置可以提前绘制参照平面进行辅助），并用“绘制”子选项卡中的“踢面”命令在距离右侧“2000”位置绘制一条踢面，如图 9 - 73 所示。

（4）在左侧“属性”选项板中单击“编辑类型”按钮，在“类型属性”对话框中：将“厚度”改为“30”，在“坡道材质”中将材质改为“烧毛花岗岩板面层”“坡道最大坡度（1/x）”右侧改为“10”，如图 9 - 74 所示。

（5）在“修改 | 创建坡道草图”界面中，单击“完成编辑模式”按钮✔，将视图切换为三维视图，选中软件自动创建好的栏杆，将其删除，如图 9 - 75 所示。随后将视图切换至南立面，进入到南立面后可以将前面的矮墙选中，按“HH”键进行临时隐藏，选中刚刚绘

制好的坡道，进入“修改｜坡道”界面，单击“修改”子选项卡→“复制”命令，复制的坡道顶部移动至与正负0标高对齐，如图9-76所示，随后将被复制的坡道删除即可。

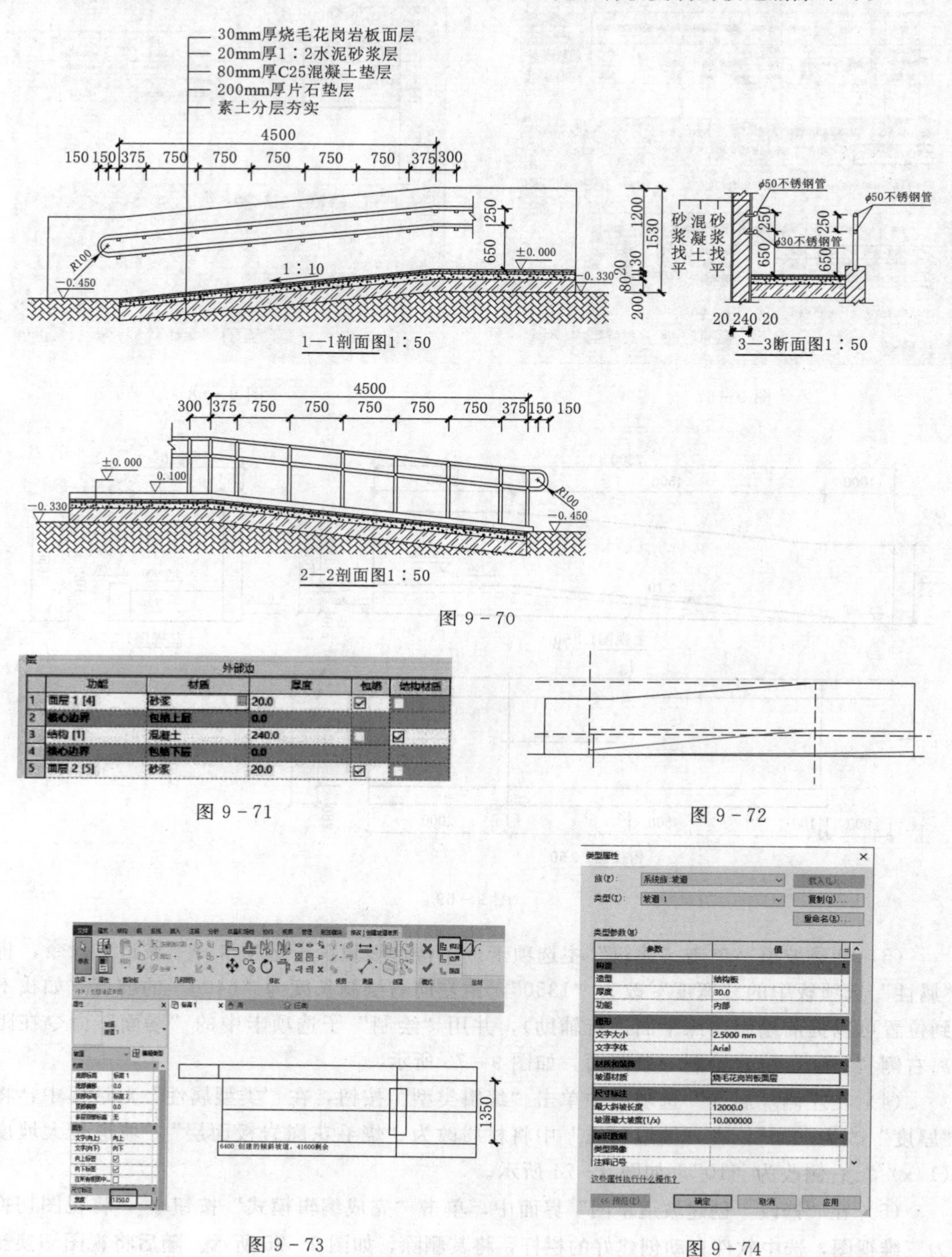

图 9-70

图 9-71

图 9-72

图 9-73

图 9-74

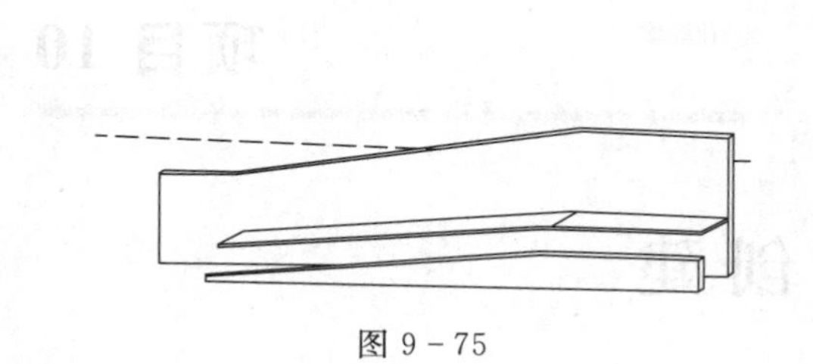
图 9－75

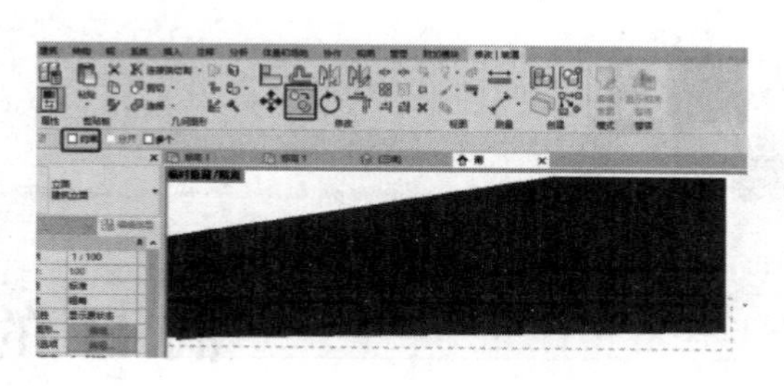
图 9－76

（6）复制坡道。选中绘制好的坡道，进入“修改｜坡道”界面，单击“修改”子选项卡→“复制”命令，向下进行复制坡道，放到随意位置，复制完成后点击“属性”选项板“编辑类型”按钮，如图 9－77 所示，点击“复制”按钮，将名称改为“坡道 2”，“厚度”改为“20”，坡道材质改为“1∶2 水泥砂浆层”，修改完成后点击“确定”按钮，如图 9－78 所示。

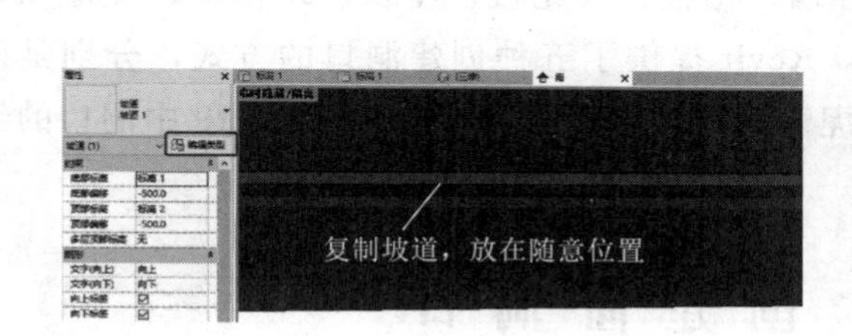

图 9－77

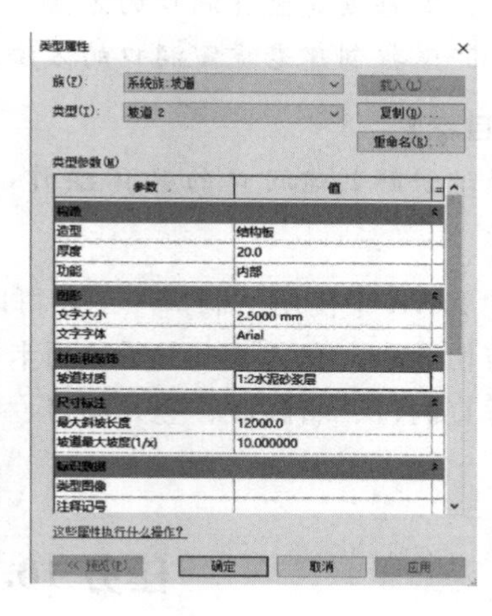

图 9－78

（7）由“坡道 1”的属性可知偏移的高度，选中坡道 2，将其“属性”选项板中的“顶部偏移”及“底部偏移”均改为“－470.0”，如图 9－79 所示。重复复制坡道步骤，直到所有层坡道全部完成，如图 9－80 所示。

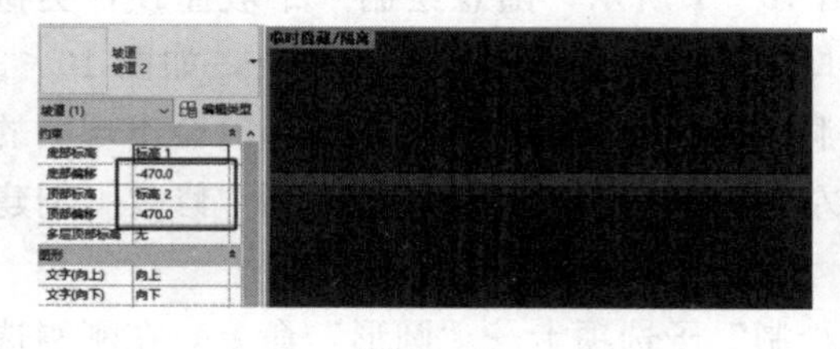
图 9－79

图 9－80

（8）保存文件。

项目 10

洞口的创建

【学习目标】

(1) 掌握创建面洞口的方法。

(2) 掌握创建垂直洞口的方法。

(3) 掌握创建墙洞口的方法。

(4) 掌握创建竖井洞口的方法。

(5) 掌握创建老虎窗洞口的方法。

【思政目标】

通过讲解创建洞口的具体操作，培养学生严谨细致、一丝不苟、精益求精的工匠精神。

在 Revit 中使用“洞口”工具可以在墙、楼板、天花板、屋顶、结构梁、支撑和结构柱上剪切洞口，在“洞口”子选项卡中，Revit 提供了五种创建洞口的方式，分别是面洞口、垂直洞口、墙洞口、竖井洞口、老虎窗洞口。接下来讲解在 Revit 2019 中洞口的绘制方式。

任务 10.1 创建面洞口

Revit 中“面洞口”工具可以创建一个垂直于屋顶、楼板或天花板选定面的洞口，要创建一个垂直于标高（而不是垂直于面）的洞口，请使用“垂直洞口”工具。

新建一个项目，选择“建筑样板”，单击“建筑”主选项卡→“构建”子选项卡→“屋顶”下拉三角符号“迹线屋顶”命令，如图 10－1 所示，随意绘制一个坡屋顶，类似图 10－2 所示，单击“建筑”主选项卡→“洞口”子选项卡→“按面”命令，如图 10－3 所示。命令选择后需在绘图区域选择需要创建洞口的面，鼠标放置前预选择时会出现面的四边亮显的状态，如图 10－4 所示，点击鼠标左键选择一个面，由此进入到“修改｜创建洞口边界”界面，如图 10－5 所示。

在“修改｜创建洞口边界”界面中单击“绘制”子选项卡→“圆形”命令，在刚刚选择的面上绘制一个圆形，尺寸自定，如图 10－6 所示，绘制完成后点击按钮✔，这样就在坡屋顶的面上创建好了一个依附于面的洞口，如图 10－7 所示。

图 10－1

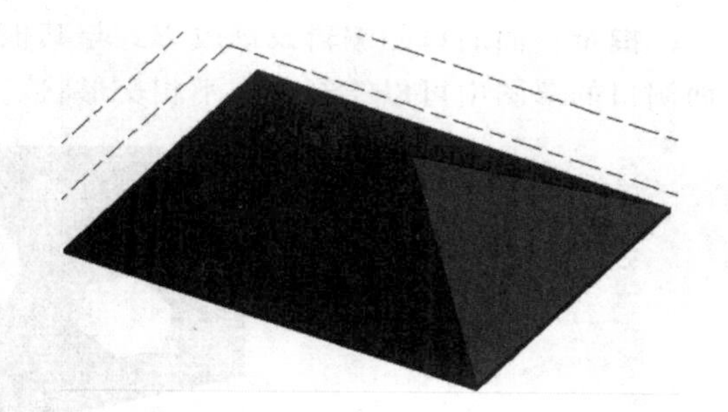

图 10－2

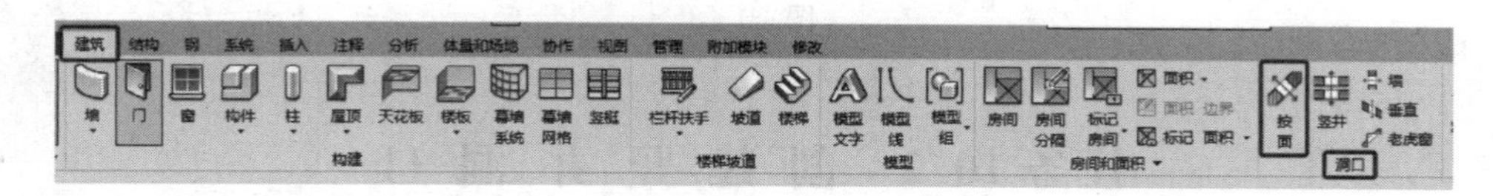

图 10－3

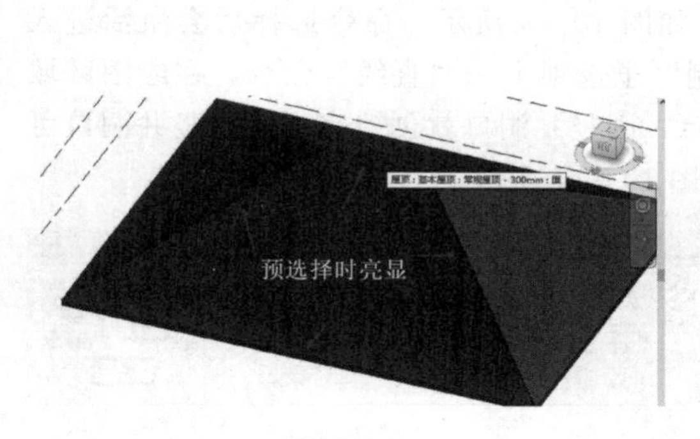

图 10－4

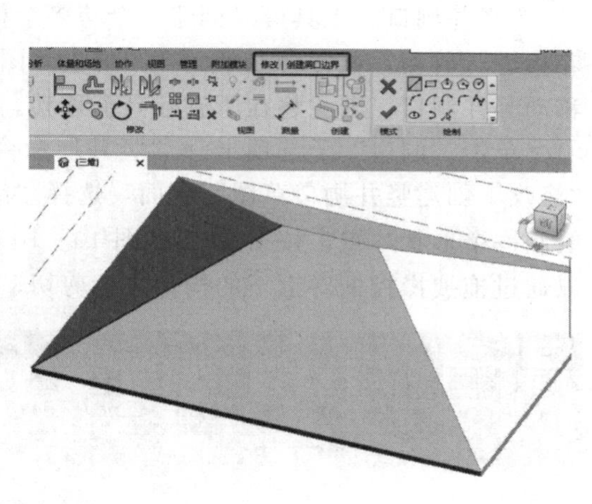

图 10－5

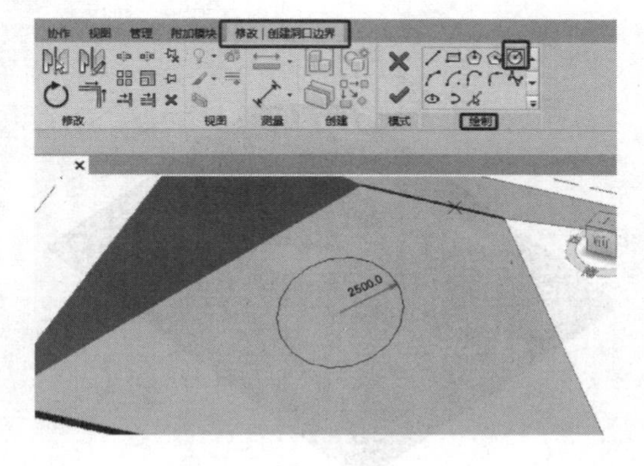

图 10－6

图 10－7

提示： 面洞口的编辑及修改方式与其他面式构件一致，这里就不再赘述，且需注意，面洞口的草图中可以绘制多个不相交形状，如图 10－8 所示。

图 10－8

任务 10.2　创建竖井洞口

“竖井洞口”工具可以创建一个跨多个标高的垂直洞口，贯穿其间的屋顶、楼板和天花板进行剪切。通常会在平面视图的主体图元（如楼板）上绘制竖井。如果在一个标高上移动竖井洞口，则它将在所有标高上移动。

单击“洞口”子选项卡→“竖井”命令，如图 10－9 所示。命令选择后会激活进入“修改｜创建竖井洞口草图”界面，选择“绘制”子选项卡→“直线”命令，在绘图区域绘制一个形状，点击按钮✔，如图 10－10 所示，则竖井洞口就创建完成了，竖井洞口可以通过拖拽操控柄对上下的构件进行剪切，如图 10－11 所示。

图 10－9

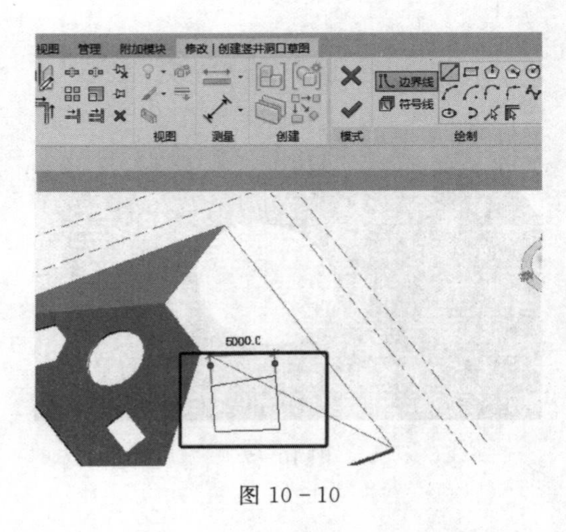

图 10－10

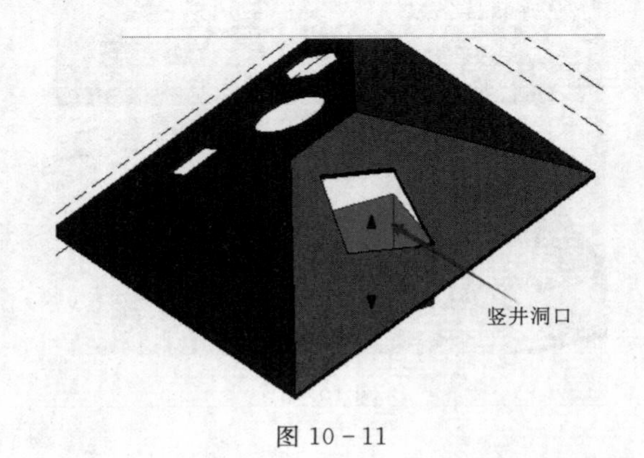

图 10－11

提示：如果想要绘制精准尺寸的竖井洞口建议在平面或垂直视图进行绘制，在三维界面绘制时由于角度因素影响，会造成尺寸不精准等情况。

任务 10.3 创建墙洞口

“墙洞口”工具可以在直墙或弯曲墙中剪切一个矩形洞口。使用一个视图创建洞口，该视图显示要剪切的墙的表面（如立面或剖面），或者使用平面视图创建洞口，然后通过墙洞口属性调整其“顶部偏移”和“底部偏移”。

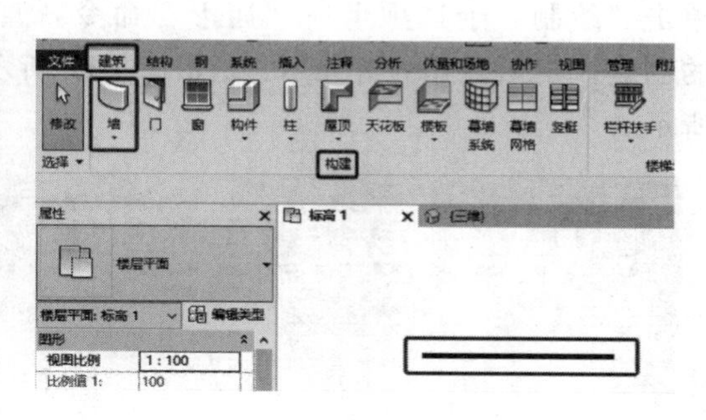

图 10-12

将视图切换至平面标高 1，单击“构建”子选项卡→“墙”命令，随意绘制一道墙体，如图 10-12 所示，将视图切换至“南立面”视图，点击“洞口”子选项卡→“墙”命令，如图 10-13 所示。命令选择后需要选择绘制洞口的墙体，点击选择墙体，鼠标会变为光标加矩形的状态，直接在墙体上绘制一个矩形，以完成墙洞口的创建，如图 10-14 所示。

图 10-13

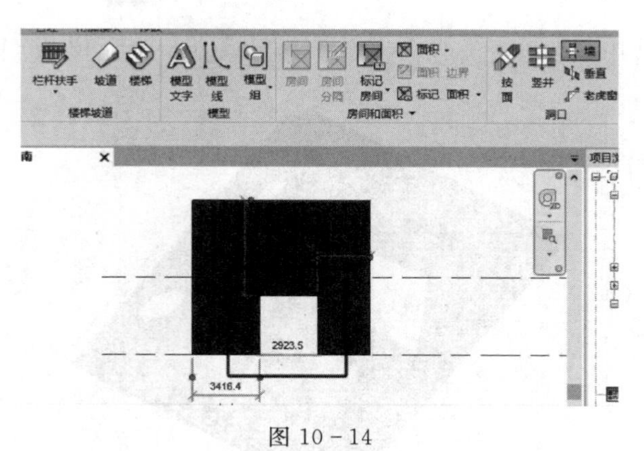

图 10-14

提示：对于墙，只能创建矩形洞口。要创建圆形或多边形洞口，请选择对应的墙并使用“编辑轮廓”工具。

任务 10.4 创建垂直洞口

“垂直洞口”工具可以剪切一个贯穿屋顶、楼板或天花板的垂直洞口，垂直洞口垂直于标高，它不反射选定对象的角度。

将视图切换三维界面，单击“洞口”子选项卡→“垂直”命令，如图 10－15 所示。命令选择后需要选择创建洞口的构件（屋顶、楼板等），预选择状态下会亮显整体构件，如图 10－16 所示，点击选中屋顶，自动激活进入“修改 | 创建洞口边界”界面，单击“绘制”子选项卡→“矩形”命令，直接在墙体上绘制一个矩形，以完成墙洞口的创建，随后点击按钮✔，如图 10－17 所示，此时垂直洞口已创建完成，如图 10－18 所示。

图 10－15

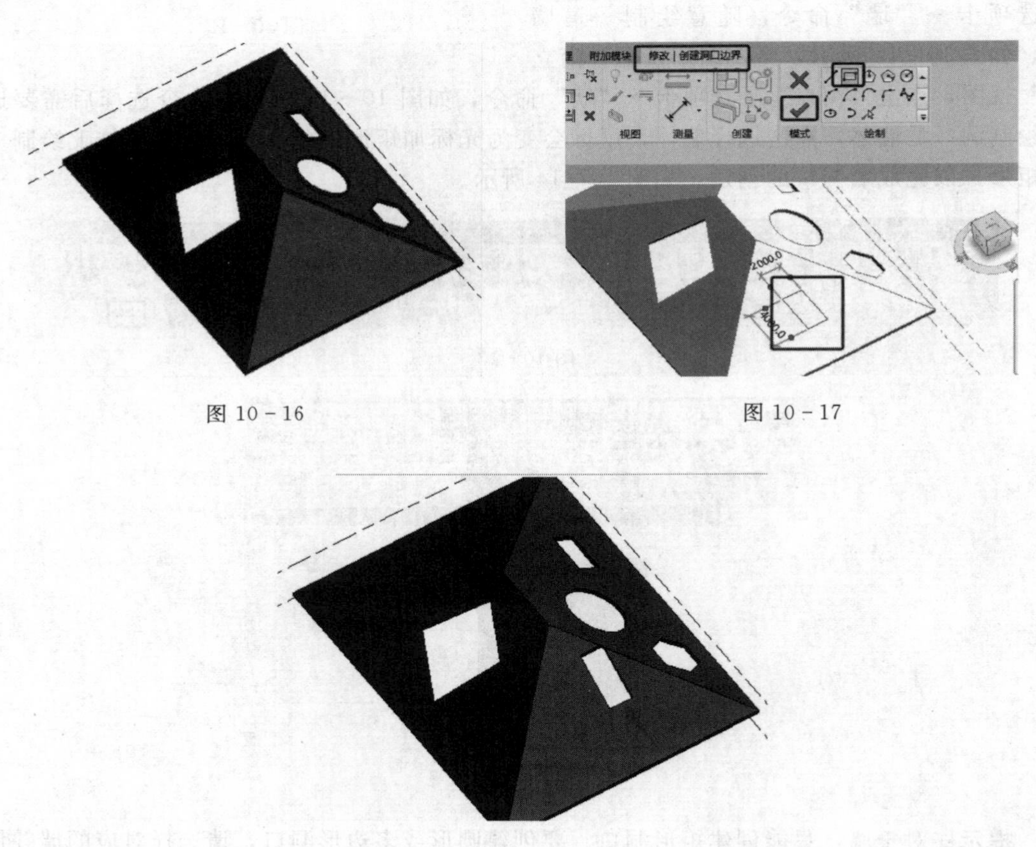

图 10－16

图 10－17

图 10－18

提示：“面洞口”与“垂直洞口”的区别：“面洞口”创建完成后洞口的边缘垂直于面，如图 10－19 所示，“垂直洞口”绘制完成后洞口的边缘垂直于参照平面，如图 10－20 所示。

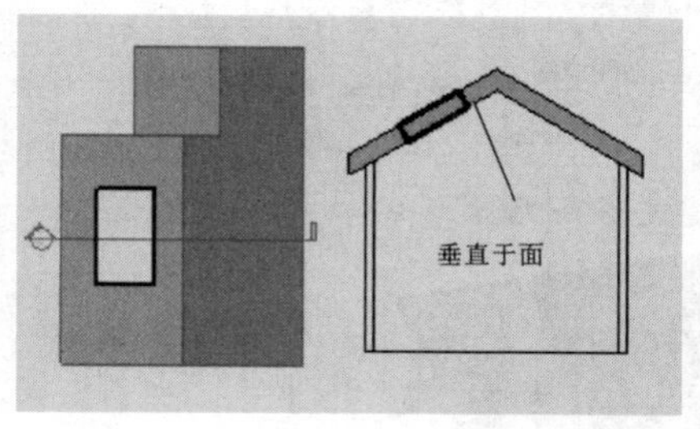

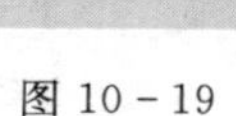

图 10-19

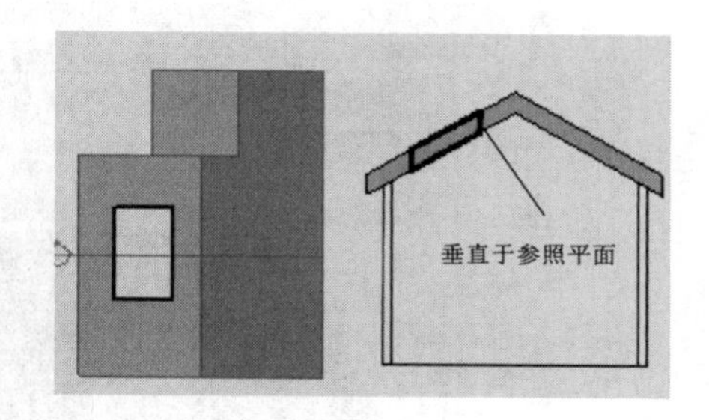

图 10-20

任务 10.5 创建老虎窗洞口

“老虎窗洞口”工具可以剪切屋顶，以便为老虎窗创建洞口。“老虎窗”又称老虎天窗，是指一种开在屋顶上的天窗，也就是在斜屋面上凸出的窗。对于老虎窗洞口，可在屋顶上进行垂直和水平剪切。

“老虎窗洞口”命令的有效边界包括连接的屋顶或其底面、墙的侧面、楼板的底面、要剪切的屋顶边缘或要剪切的屋顶面上的模型线。

将视图切换至三维“上”界面，点击“建筑”主选项卡→“构建”子选项卡→“屋顶”下拉三角符号，选择“迹线屋顶”命令，如图 10-21 所示。

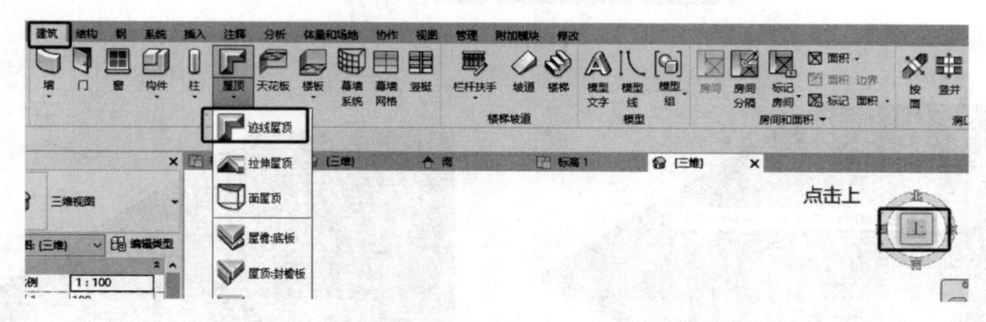

图 10-21

在绘图界面分别绘制两个屋顶，屋顶 1 为主屋顶，屋顶 2 为老虎窗屋顶，如图 10-22 所示。选中任意屋顶，进入“修改 | 屋顶”界面，单击“几何图形”子选项卡→“连接/取消连接屋顶”命令，如图 10-23 所示。选择老虎窗屋顶的边缘作为此次的有效边界，如图 10-24 所示。随后选择主屋顶想要连接的面，如图 10-25 所示。Revit 会自动将屋顶连接处进行延伸，如图 10-26 所示。

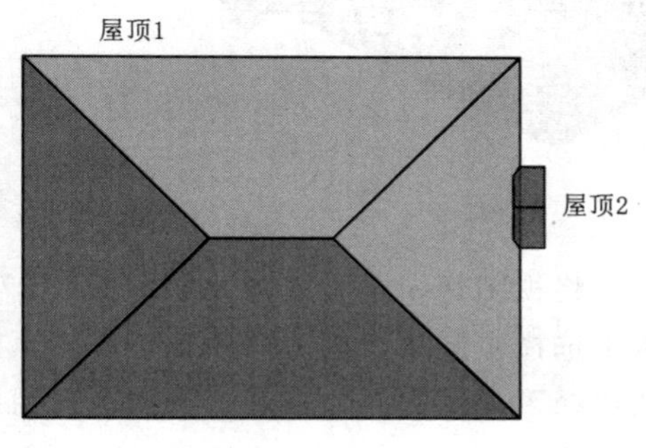

图 10-22

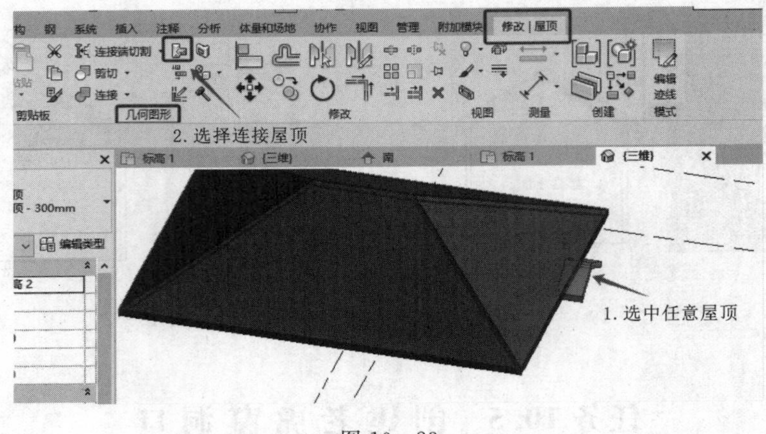

图 10-23

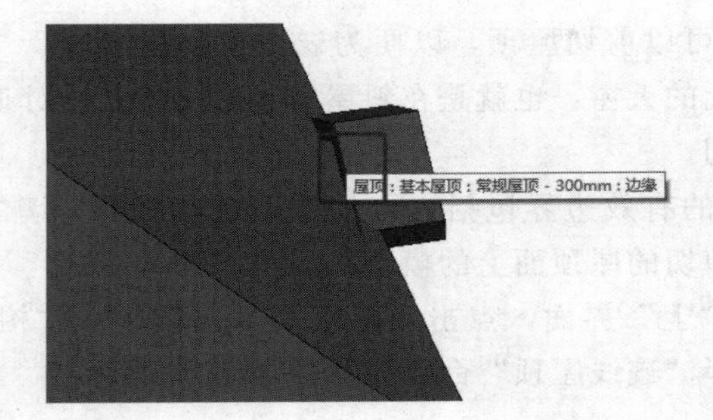

图 10-24

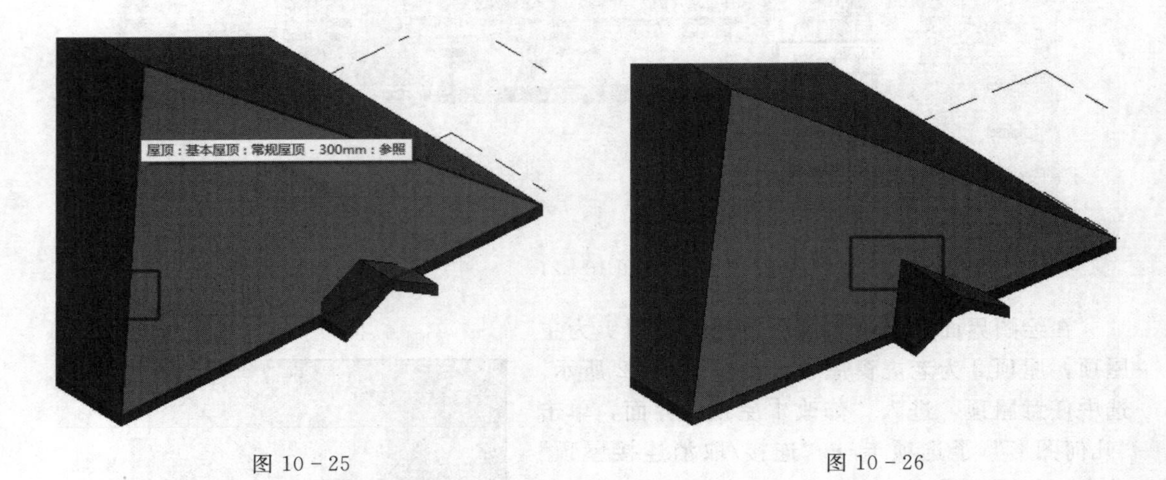

图 10-25　　图 10-26

将视图切换至右视图，如图 10-27 所示。选择“洞口”子选项卡→“老虎窗”命令，点击选择主屋顶，进入“修改 | 编辑草图”界面，单击“拾取”子选项卡→“拾取屋顶/墙边缘”命令为亮显状态，选择老虎窗屋顶的边缘及主屋顶下边缘，拾取完成后点击按钮 ✔，如图 10-28 所示。老虎窗洞口会按照老虎窗屋顶轮廓进行剪切成功，如图 10-29 所示。

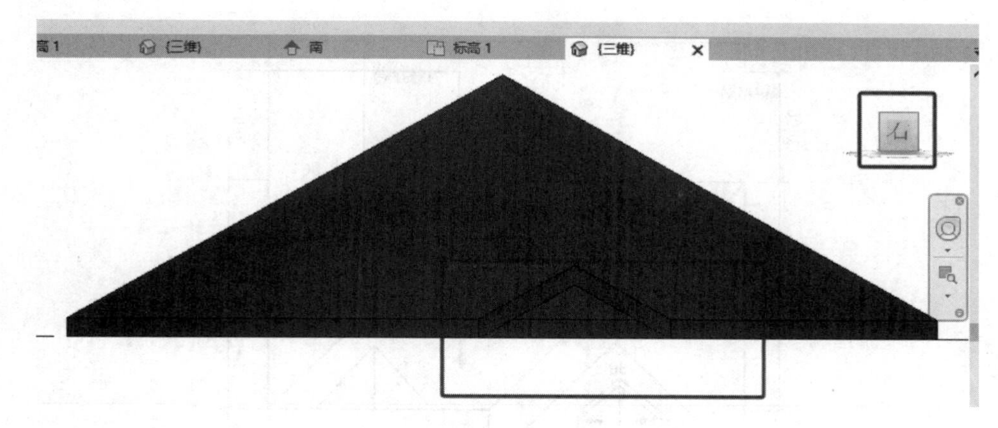

图 10 - 27

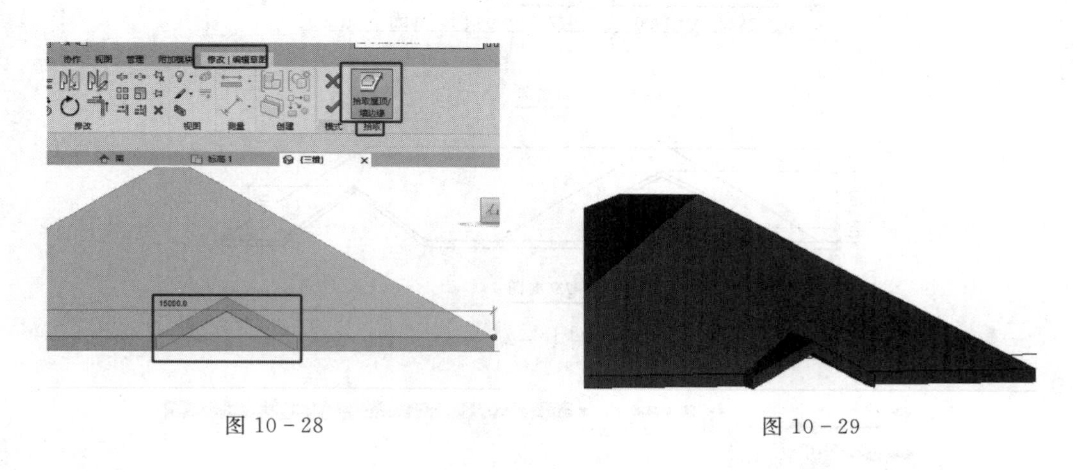

图 10 - 28　　　　图 10 - 29

上 机 实 训

洞口练习

实训内容：建立如图 10 - 30 所示的屋顶模型，屋顶类型为“常规- 125mm”，墙体类型“基本墙-常规 200mm”，老虎窗墙外边线与小屋顶迹线平齐，窗的尺寸为 1000mm×600mm，其他见标注。并命名为“老虎窗屋顶 . rvt”保存。

操作提示：

（1）新建项目。启动 Revit 软件，选择“建筑样板”新建项目文件，保存并命名为“老虎窗屋顶 . rvt”。

（2）创建屋顶。将视图切换至标高 2 平面视图，单击“建筑”主选项卡→“构建”子选项卡→“屋顶”命令，按照给出的俯视图绘制主屋顶外圈轮廓，将屋顶类型选择“常规屋顶- 125mm”，将坡度改为“33. 68°”，如图 10 - 31 所示。

（3）将如图 10 - 32 所示边线选中，将选项栏中定义坡度的对号勾选掉，进入“修改 | 屋顶 > 编辑迹线”界面中选择“坡度箭头”命令，将“属性”选项板中的“头高度偏移”

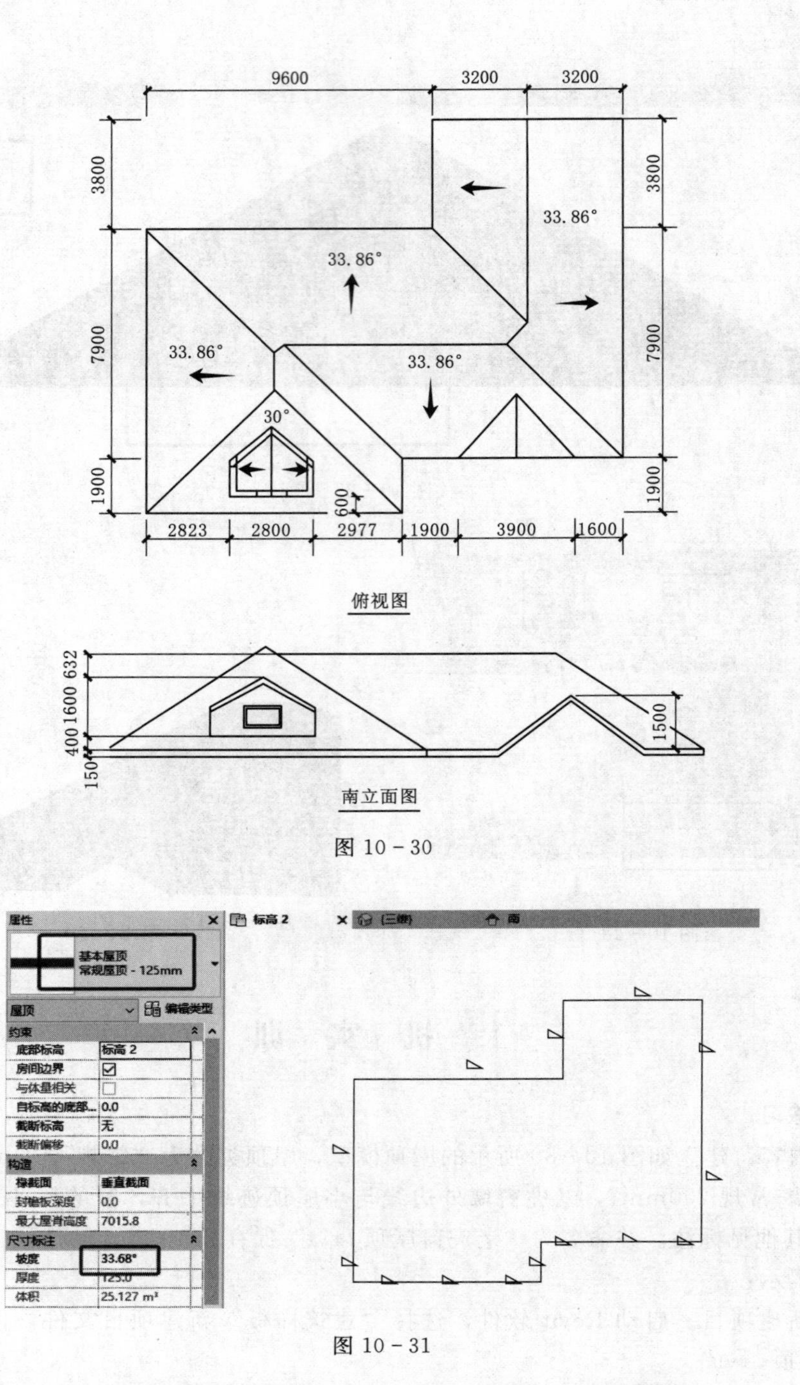

俯视图

南立面图

图 10－30

图 10－31

数值改为“1500”，绘制如图 10－33 所示坡度箭头，随后单击按钮✔。

（4）创建老虎窗屋顶。单击“建筑”主选项卡→“构建”子选项卡→“屋顶”命令，按照给出的俯视图绘制老虎窗屋顶外圈轮廓，将屋顶类型选择“常规屋顶- 125mm”，将坡度改为“30°”，随后单击按钮✔，如图 10－34 所示。

（5）绘制老虎窗墙体。将视图切换至三维视图，选中任意屋顶，进入“修改｜屋顶”

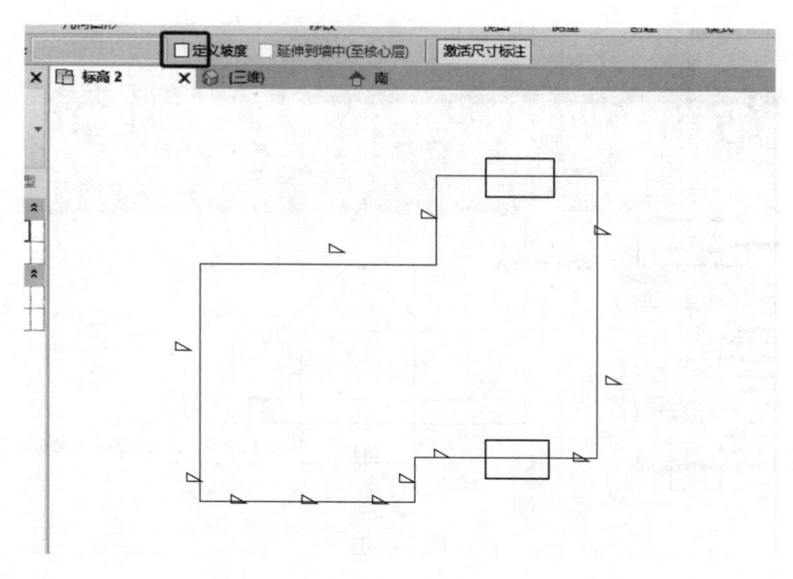

图 10－32

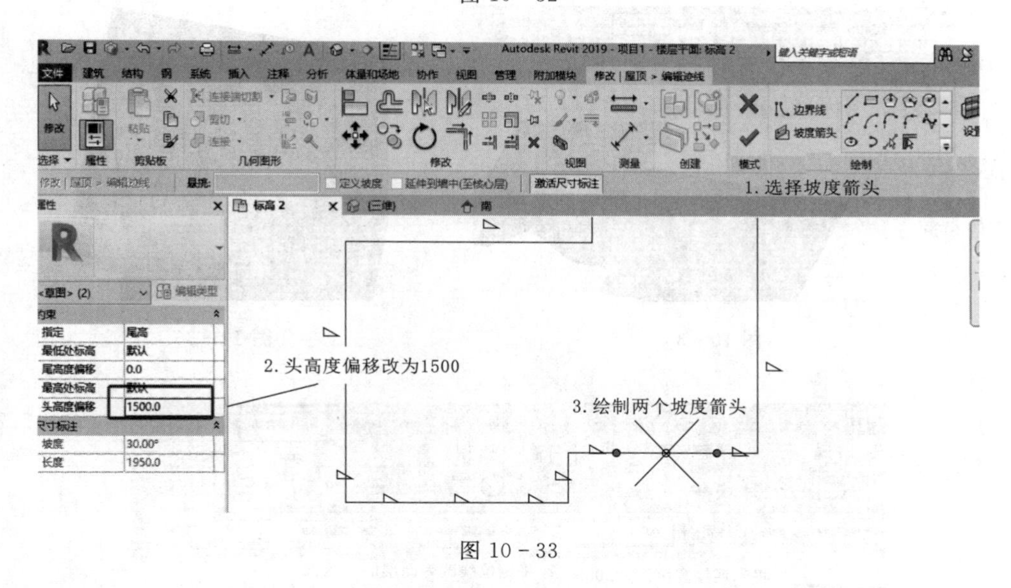

图 10－33

界面，单击“几何图形”子选项卡→“连接/取消连接屋顶”命令，如图 10－35 所示。将两个屋顶进行连接，分别点击后如图 10－36 所示。软件会自动剪切多余构件。将视图切换至标高 2 平面视图，单击“建筑”主选项卡→“构建”子选项卡→“墙”命令，按照给出的俯视图沿老虎窗屋顶外边线绘制“常规－200mm”如图 10－37 所示的墙体，完成绘制如图 10－38 所示。

（6）绘制老虎窗洞口。单击“建筑”主选项卡→“洞口”子选项卡→“老虎窗”命令，如图 10－39 所示，进入“修改｜编辑草图”界面，选择主屋顶，如图 10－40 所示，随即依次选择老虎窗屋顶、三边墙体，如图 10－41 所示，然后单击按钮✔，如图 10－42 所示，完成后老虎窗洞口从下方可以看到已创建完成，如图 10－43 所示。

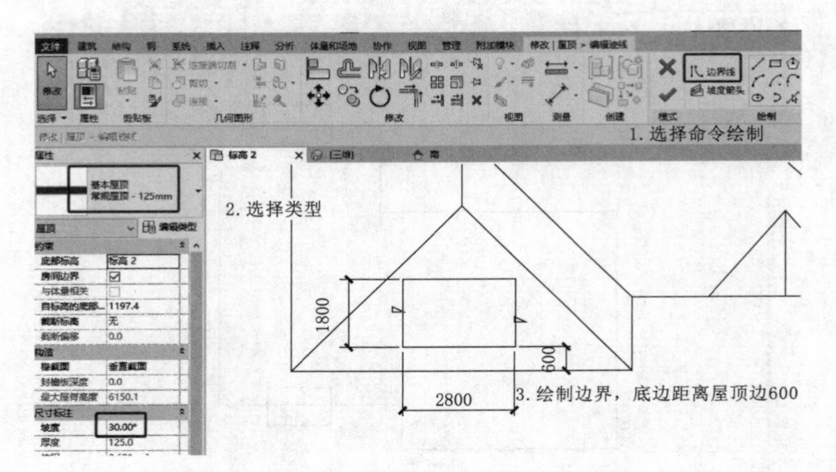

图 10－34

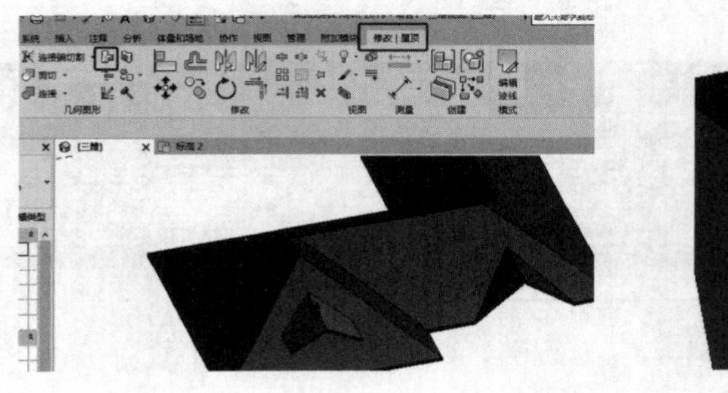

图 10－35

图 10－36

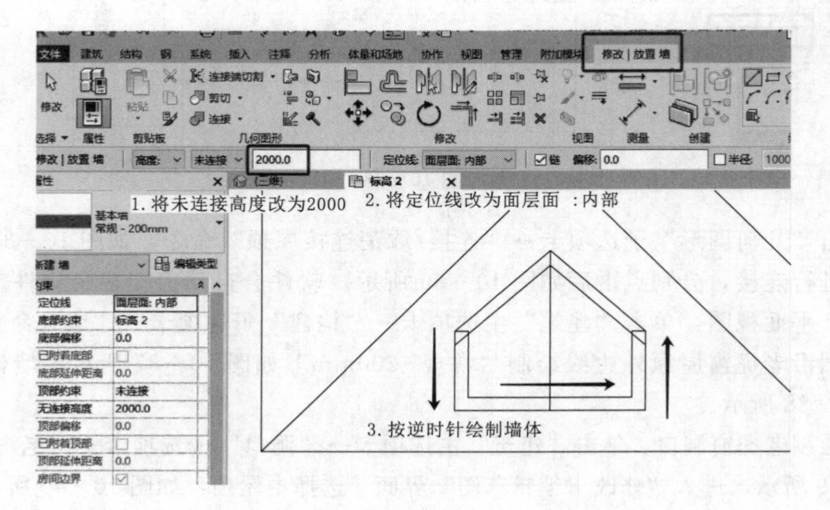

图 10－37

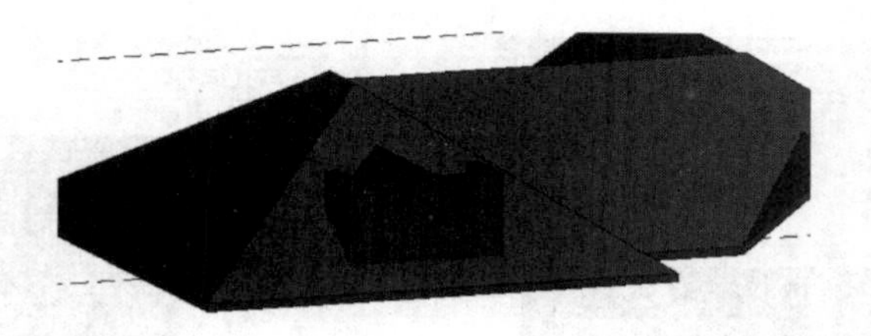

图 10 - 38

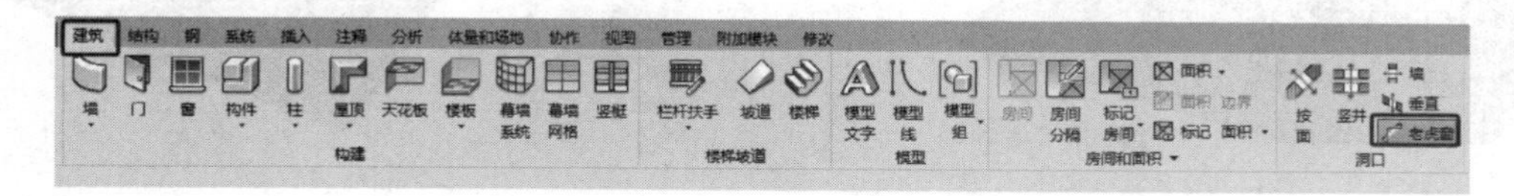

图 10 - 39

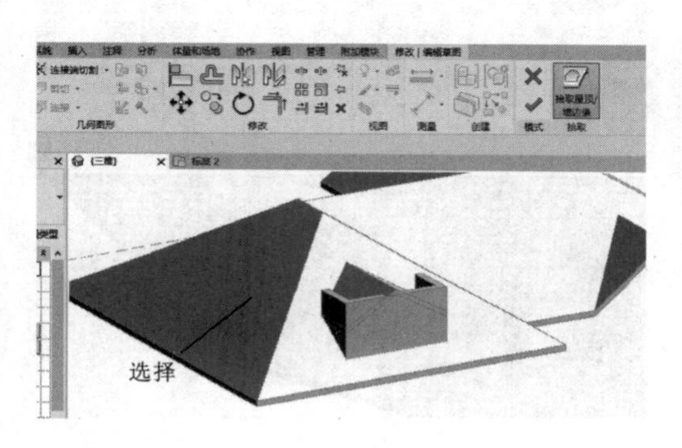

图 10 - 40

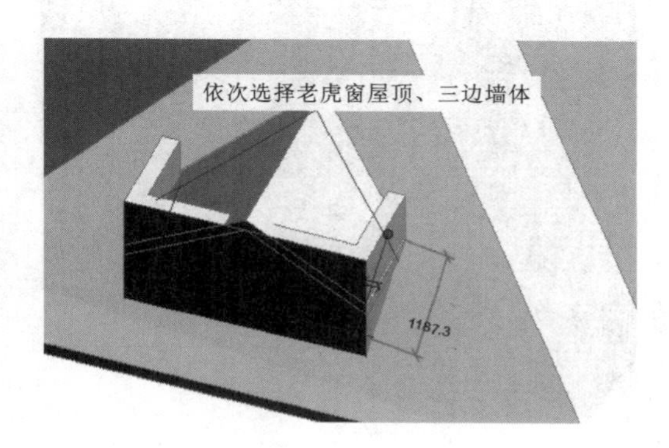

图 10 - 41

图 10 - 42

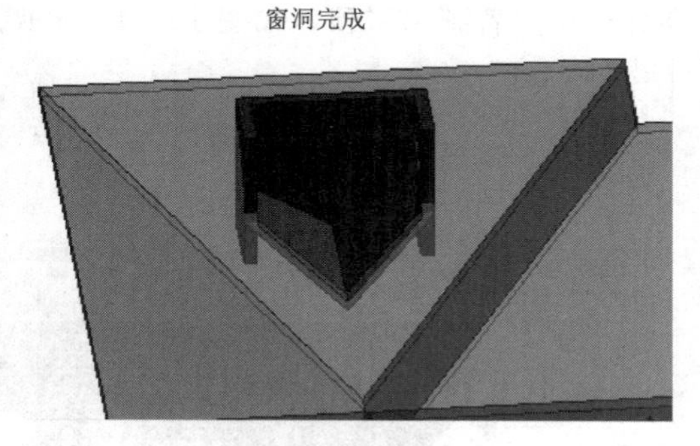

图 10 - 43

（7）选中所有墙体，随即进入“修改 | 墙”界面，单击“附着顶部/底部”命令，如图 10 - 44 所示，确保选项栏中选择顶部，随后选择老虎窗屋顶，如图 10 - 45 所示，此时墙体会自动附着到顶部，如图 10 - 46 所示。

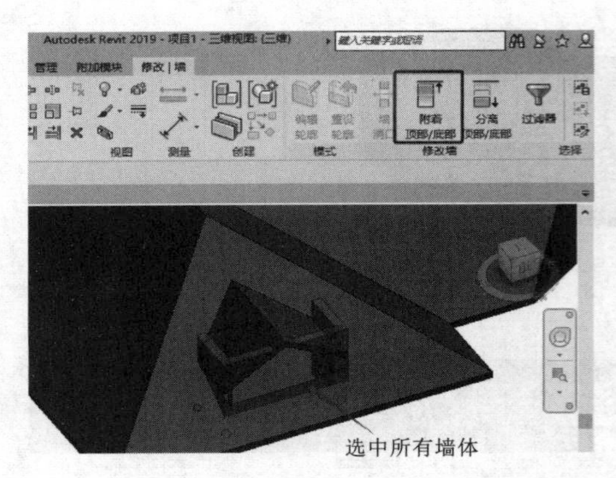

图 10 - 44

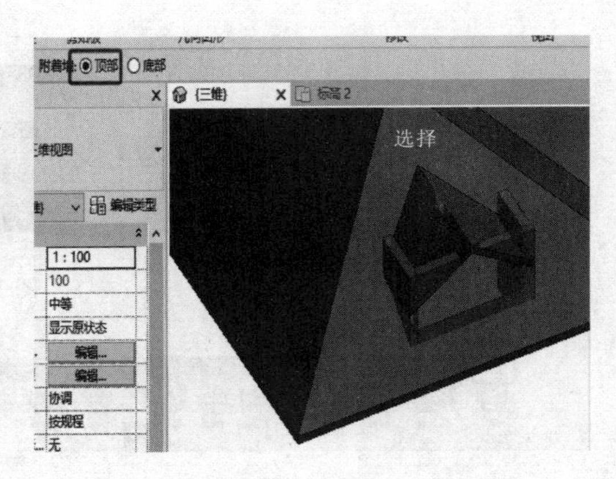

图 10 - 45

图 10 - 46

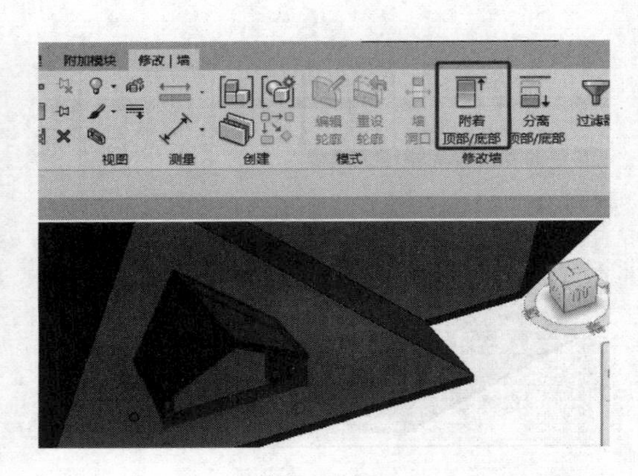

图 10 - 47

（8）再次选中所有墙体，进入“修改 | 墙”界面，单击“附着顶部/底部”命令，如图 10 - 47 所示，在选项栏中选择底部，随后选择主屋顶，如图 10 - 48 所示，此时墙体底部会自动附着到主屋顶，如图 10 - 49 所示。

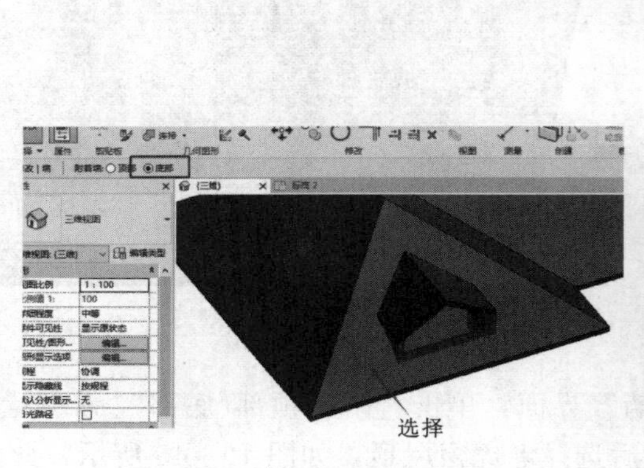

图 10 - 48

图 10 - 49

（9）放置窗。单击“建筑”主选项卡→“构建”子选项卡→“窗”命令，在“属性”选项板中单击“编辑类型”按钮，弹出“类型属性”对话框，单击“复制”按钮，将名称改为“1000×600”，单击“确定”按钮，如图 10－50 所示，将“高度”改为“600”，“宽度”改为“1000”，修改完成后单击“确定”按钮，如图 10－51 所示，将窗放置到合理位置即可，如图 10－52 所示。

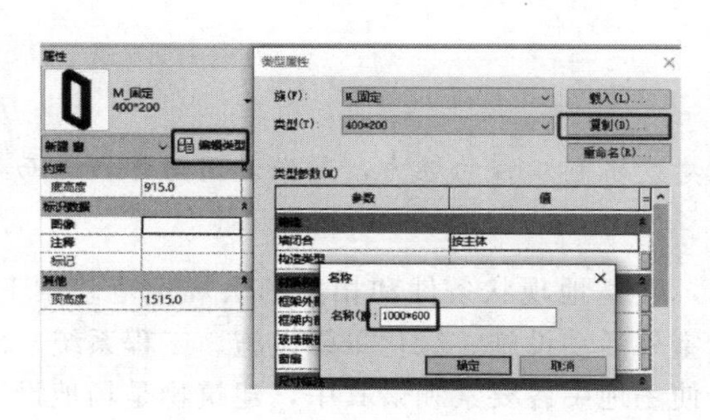

图 10－50

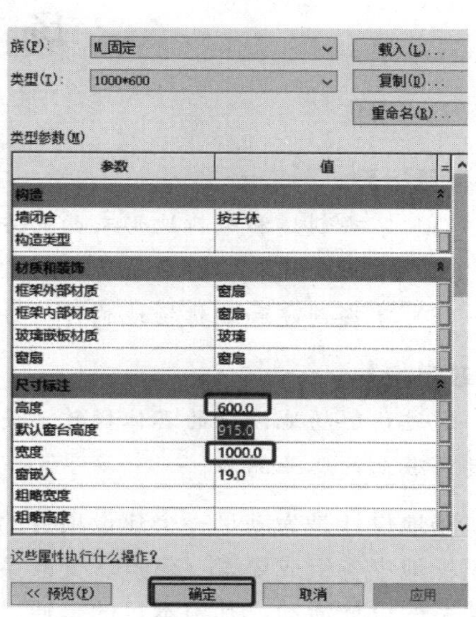

图 10－51

图 10－52

（10）保存文件。

项目 11

场 地 设 计

【学习目标】

（1）掌握创建和编辑地形表面的方法。

（2）掌握创建和编辑建筑地坪的方法。

（3）掌握创建和编辑场地构件的方法。

【思政目标】

通过讲解场地设计的具体操作，使学生感受水利工程的魅力，激发爱国情怀，进而树立爱岗敬业的职业品质。

场地设计是为满足一个建设项目的要求，在基地现状条件和相关的法规规范基础上，组织场地中各组成要素（建筑、交通系统、室外活动设施、绿化景园设施、工程系统）之间关系的设计活动。其根本目的是通过设计使场地中各要素和谐其中，建筑物是场地设计中的核心内容，与其他要素能形成一个有机的整体。地形表面是场地设计的基础。使用 Revit 提供的场地工具可以为项目创建场地三维地形模型、建筑红线、建筑地坪等构件，放置植物、公共设施等构建，完成建筑场地设计。

任务 11.1　地形表面的创建和编辑

地形表面是场地设计的基础。使用“地形表面”工具，可以为项目创建地形表面模型。下面介绍在 Revit 2019 中创建地形表面的步骤。

11.1.1　创建地形表面

在项目浏览器中找到“楼层平面”视图，切换至“场地”，如图 11－1 所示，单击功能区“体量和场地”主选项卡→“场地建模”子选项卡→“地形表面”命令，如图 11－2 所示，进入“修改｜编辑表面”界面中，Revit 提供了三种编辑地形表面的工具，分别为“放置点”“通过导入创建”中的“选择导入实例”和“指定点文件”，如图 11－3 所示。

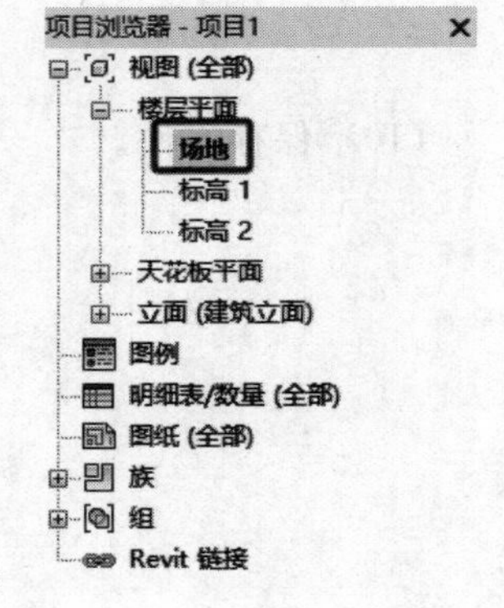

图 11－1

1.“放置点”

选择“放置点”命令，放置三个及三个以上的高程点可以组成一个地形，在绘图区域点击鼠标左键，点击三次后如图 11－4 所示，随着高程点不断的添加，地形表面会越来越大，且形状随最外侧的高程点发生变化，如图 11－5 所示，绘制完成后点击按钮。

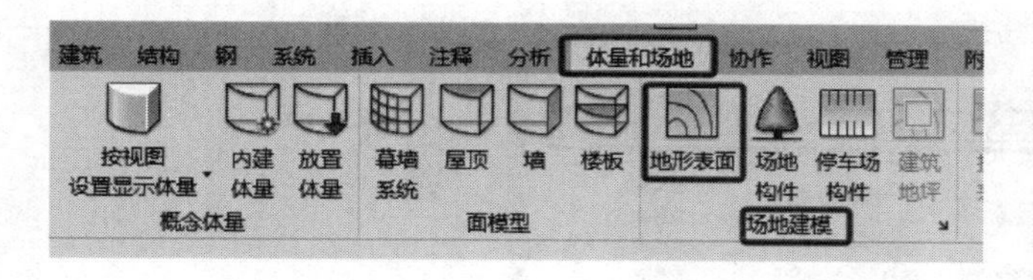

图 11－2

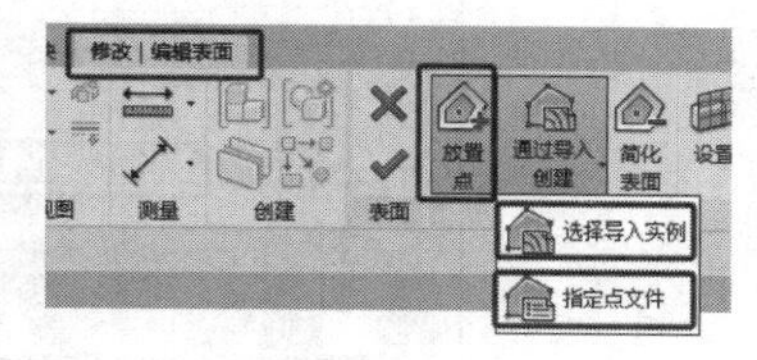

图 11－3

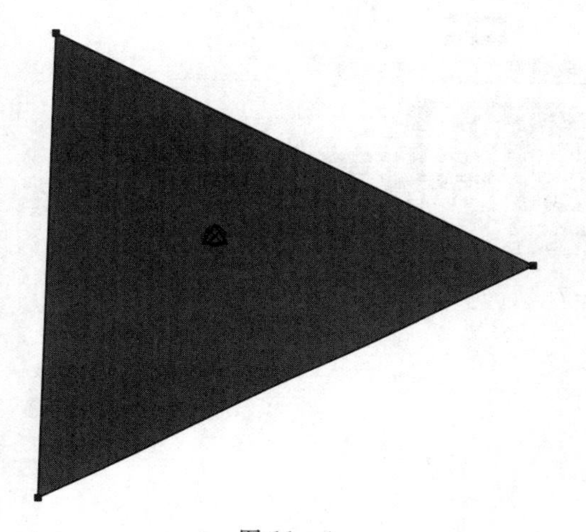

图 11－4

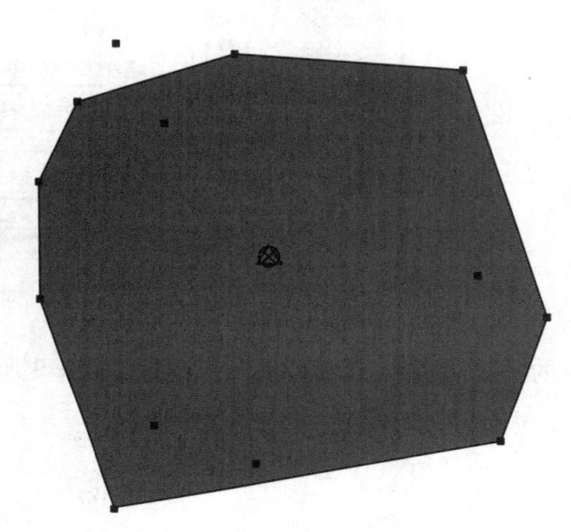

图 11－5

提示： 在使用“放置点”命令时，鼠标左键在绘图区域点击的前两次，绘图区域不会出现任何形状，当点击三次及三次以上时，绘图区域才会出现形状。

2. “通过导入创建—选择导入实例”

可以根据以 DWG、DXF 或 DGN 格式导入的三维等高线数据创建地形表面。Revit 会分析已导入的三维等高线数据并沿等高线放置一系列高程点。

单击“插入”主选项卡→“链接”子选项卡→“链接 CAD”命令，如图 11－6 所示，在弹出的“链接 CAD 格式”对话框中，选择已准备好的“等高线”CAD 图纸，将“导入单位”选择为“米”，单击“打开”按钮，如图 11－7 所示，此时，“等高线”图纸已被导入到“项目”中，且显示在绘图区域内，如图 11－8 所示。

图 11－6

单击“体量和场地”主选项卡→“场地建模”子选项卡→“地形表面”命令，进入到“修改 | 编辑表面”界面中，在“工具”子选项卡中，选择“通过导入创建”下拉三角号

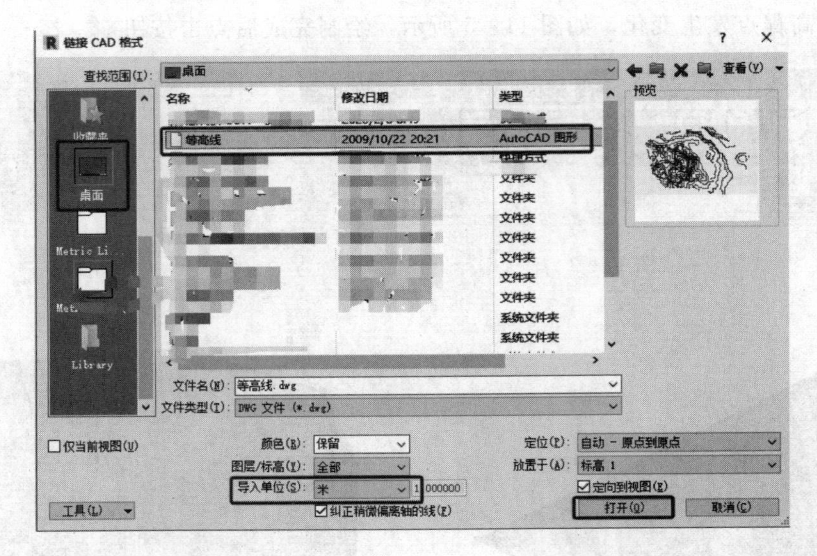

图 11－7

中的“选择导入实例”命令，如图 11－9 所示。

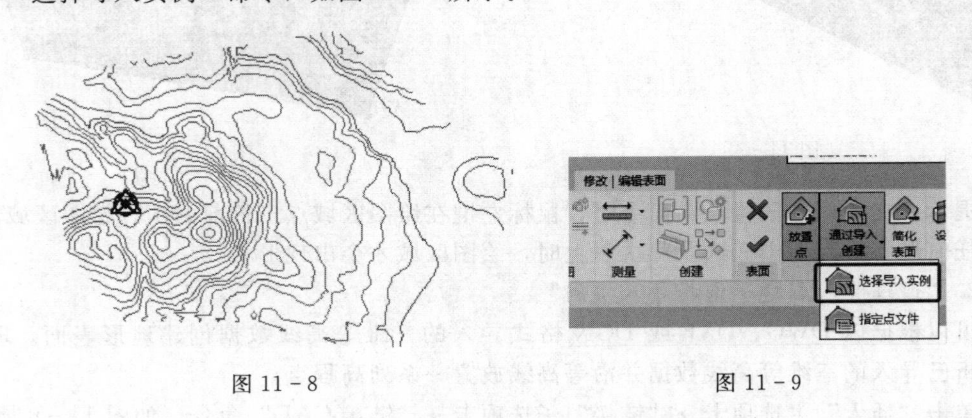

图 11－8　　　　图 11－9

随后将鼠标放置在绘图区域内的 CAD 图纸上，则图纸会蓝框显示，如图 11－10 所示。此时，单击鼠标左键进行选择图纸，在弹出的“从所选图层添加点”对话框中，将“0”“主等高线”“次等高线”全部勾选后，点击“确定”按钮，如图 11－11 所示。Revit 会自动根据导入的图纸进行等高线的拾取，创建出地形表面。此步骤可能需要一定时间，当绘图区域呈现完成不再识别后，鼠标会回复到箭头状态，此时单击按钮✔，如图 11－12 所示。将视图切换至三维视图，则会呈现与导入 CAD 图纸一致的地形模型，如图 11－13 所示。

提示：在导入 CAD 文件时，也可以使用“导入”子选项卡中的“导入 CAD”命令，与“链接 CAD”创建效果一致，可自行练习。

3. “通过导入创建—指定点文件”

可以根据来自土木工程软件应用程序的点文件来创建地形表面。点文件使用高程点的规则网格来提供等高线数据。该文件必须包含 x、y 和 z 坐标数字作为文件中的第一个数值，而且必须用逗号分隔。

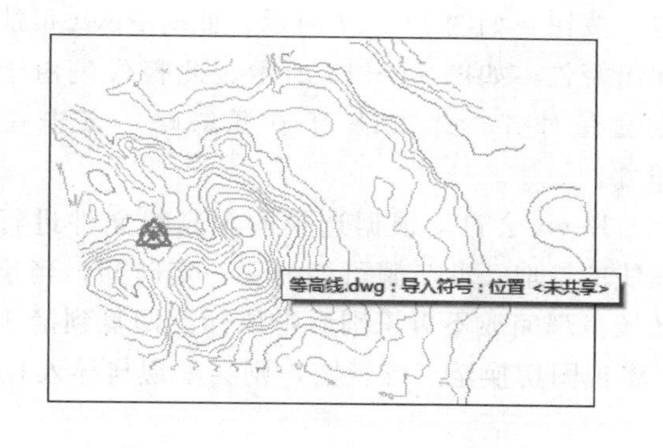

图 11-10

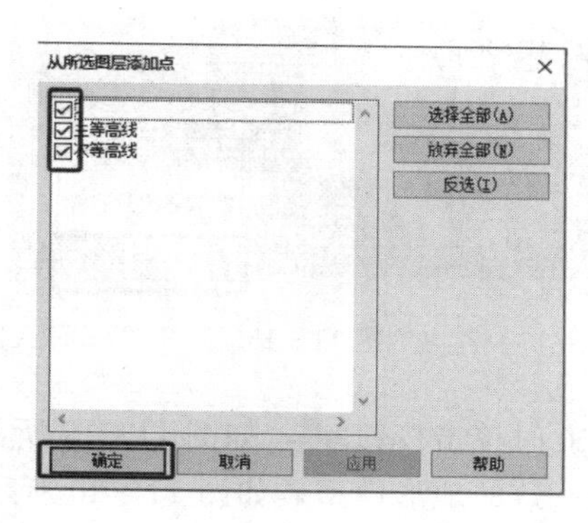

图 11-11

图 11-12

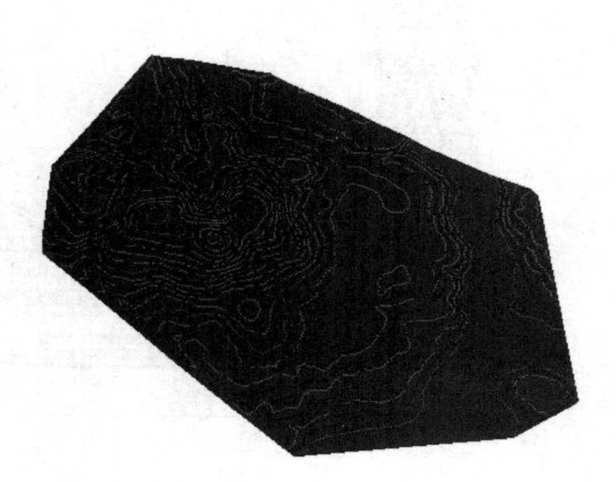

图 11-13

同样单击“场地建模”子选项卡→“地形表面”命令，如图 11-14 所示，由此进入到“修改 | 编辑表面”界面中，在“工具”子选项卡中，选择“通过导入创建”中的“指定点文件”命令，如图 11-15 所示。

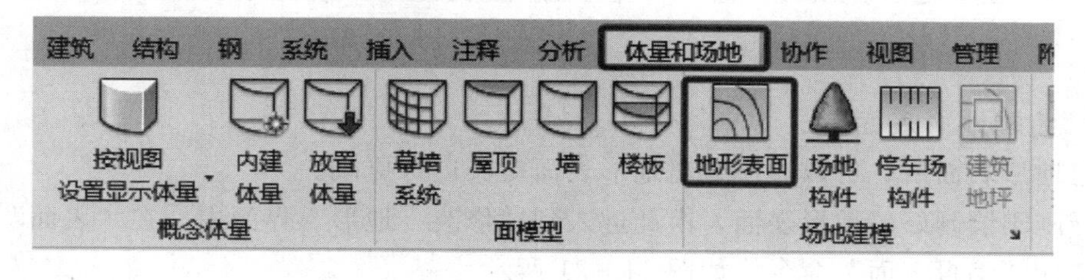

图 11-14

在弹出的“选择文件”对话框中，找到“桌面”，在“文件类型”选项中，点击下拉三角号，选择“逗号分隔文本”，此时会出现准备好的“高程文本”，选中后，单击“打开”按钮，如图 11-16 所示。在弹出的“格式”对话框中，确认单位为“米”，点击“确

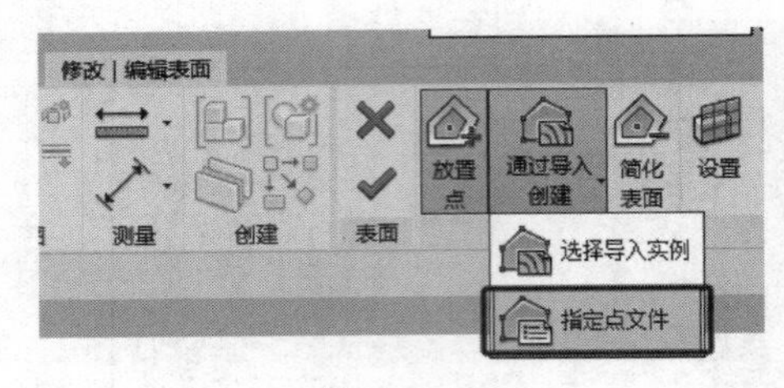

图 11－15

定”按钮，如图 11－17 所示。此时 Revit 可能会弹出警告，如图 11－18 所示。此警告是由于原点没有对齐，此次练习中可忽略，点击关闭即可。

Revit 会自动根据选择的等高线文件进行等高线的拾取，此步骤可能需要一定时间，当绘图区域呈现完成不再识别后，鼠标会回复到箭头状态，此时单击按钮✔，如图 11－19 所示。将视图切换至三维视图，则会呈现与导入 CAD 图纸一致的地形模型，如图 11－20 所示。

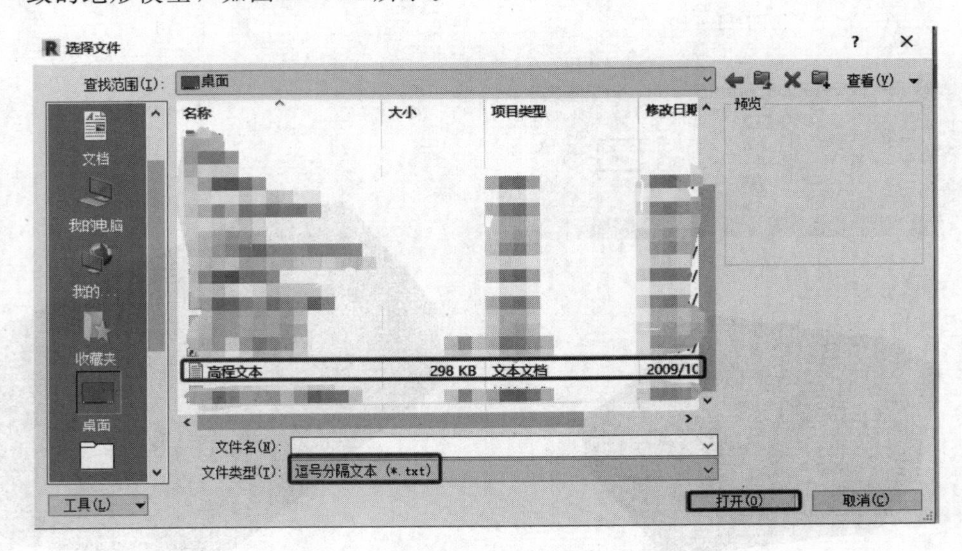

图 11－16

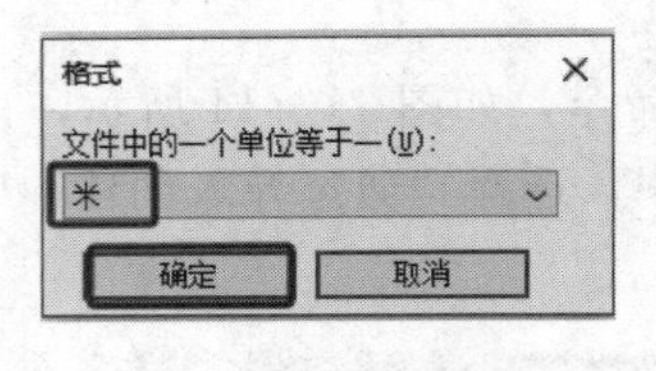

图 11－17

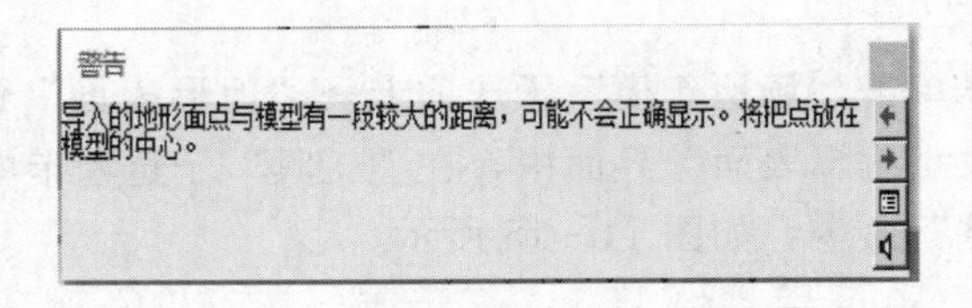

图 11－18

11.1.2　编辑地形表面

创建地形表面后，可以通过编辑地形表面对其进行更改。

选择刚刚绘制好的地形表面，由此进入到“修改 | 地形”界面中，在“表面”子选项卡中，选择“编辑表面”命令，如图 11－21 所示。

进入到“编辑表面”界面后，可以选择某个点，在键盘上点击“Delete”键对点进行删除，如图 11－22 所示。也可以使用添加点，对地形的形状进行改变，如图 11－23 所示。修改完成后，点击按钮✔，如图 11－24 所示，即可完成对“地形表面”的修改及编辑。

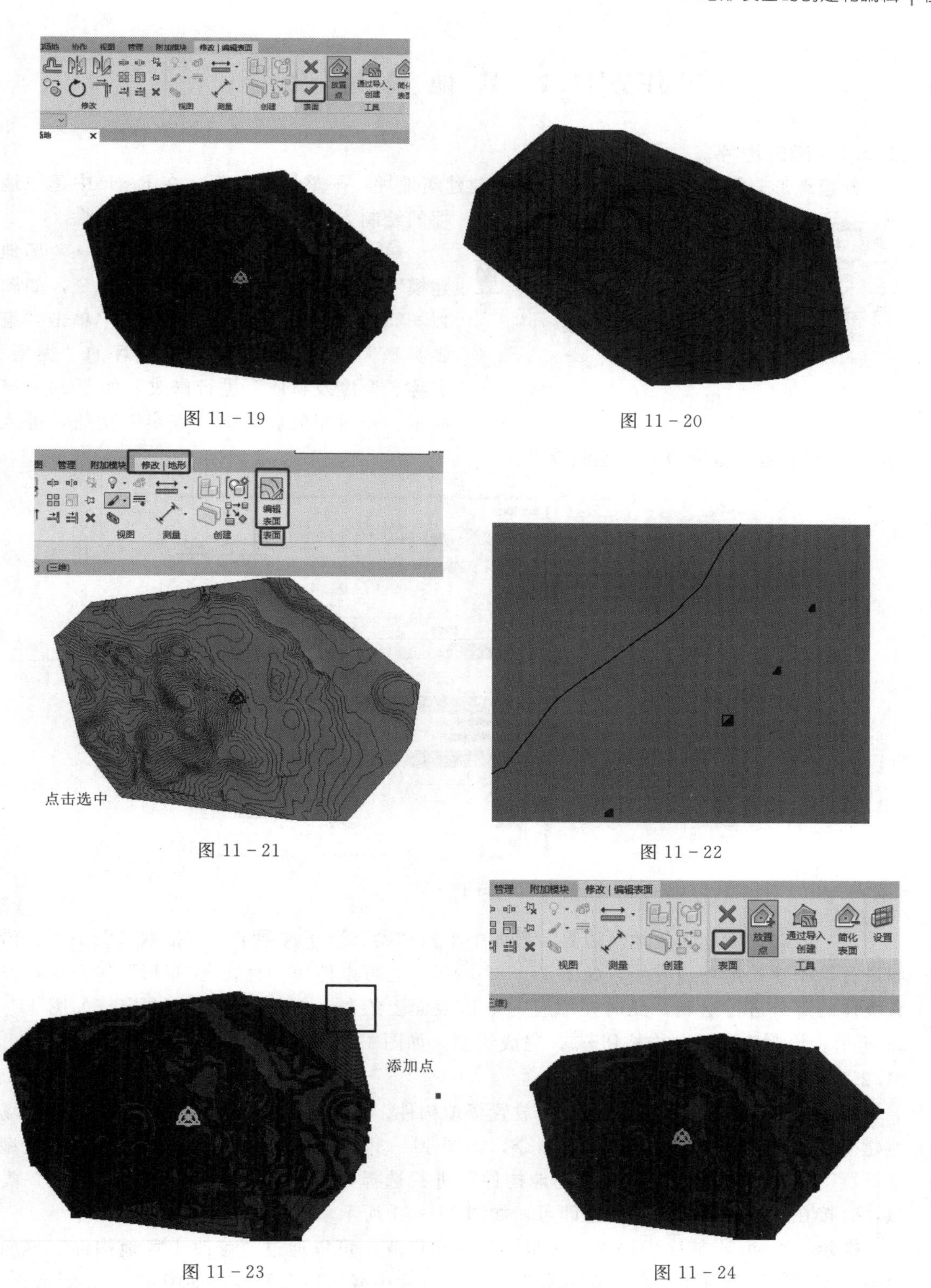

图 11 - 19

图 11 - 20

图 11 - 21

图 11 - 22

图 11 - 23

图 11 - 24

任务 11.2　其他场地设计

11.2.1　建筑地坪

创建地形表面后，可以沿建筑轮廓创建建筑地坪，平整场地表面。在 Revit 中建筑地坪的绘制方式与楼板的绘制方式类似。

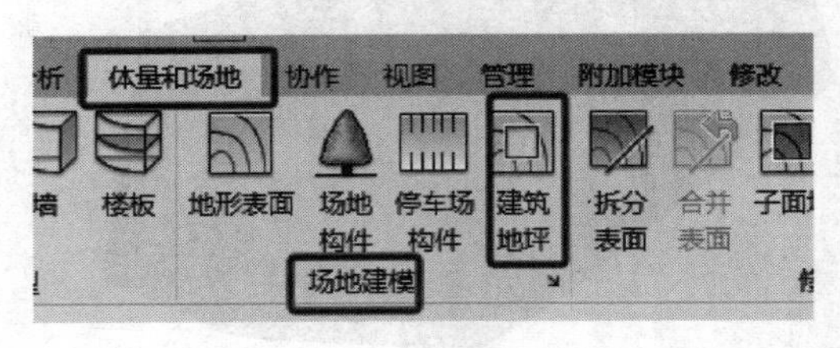

图 11-25

单击“体量和场地”主选项卡→“场地建模”子选项卡→“建筑地坪”命令，如图 11-25 所示。在“属性”选项板中单击“编辑类型”按钮，可以对建筑地坪的“类型、名称、厚度及材质”进行修改，如图 11-26 所示。修改完成后单击“确定”按钮，进入“修改 | 创建建筑地坪边界”绘制界面。

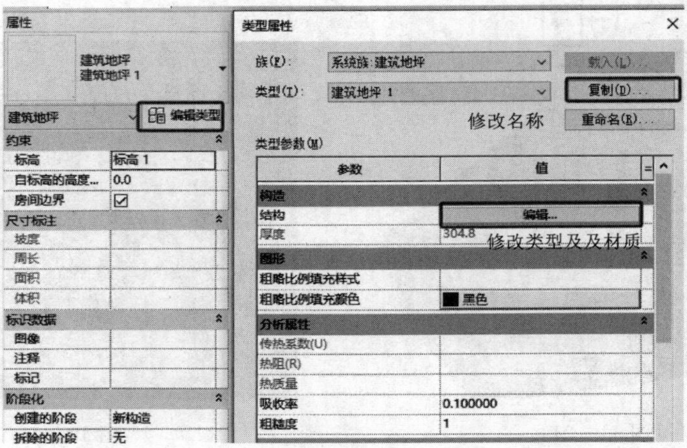

图 11-26

在“修改 | 创建建筑地坪边界”界面中单击“绘制”子选项卡→“拾取墙”命令，沿墙进行绘制建筑地坪边界线，如图 11-27 所示。也可以使用“直线”“矩形”等命令对没有墙体的部分进行绘制，此时在原有的地形表面上绘制一个矩形，尺寸自定，如图 11-28 所示。绘制完成后单击按钮✔，完成绘制，如图 11-29 所示。

11.2.2　放置场地构件

创建地形表面后，可以在地形上放置场地构件。单击“体量和场地”主选项卡→“场地建模”子选项卡→“场地构件”命令，如图 11-30 所示。在“属性”选项板的“类型选择器”中，可以对已载入的“场地构件”进行选择，随后单击鼠标左键，与“柱”类似，直接在地形表面上点击放置即可，如图 11-31 所示。

提示：Revit 在族库中提供了大量的场地构件族，可以通过“修改 | 场地构件”界面中的“模式”子选项卡中的“载入族”命令在族库中载入适合的族，如图 11-32 所示。

图 11-27

图 11-28

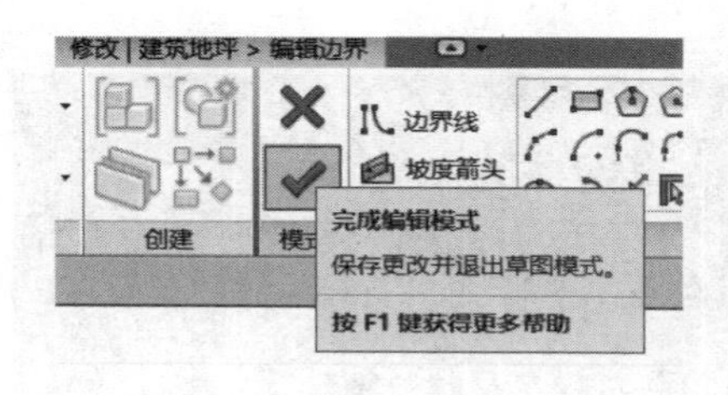

图 11-29

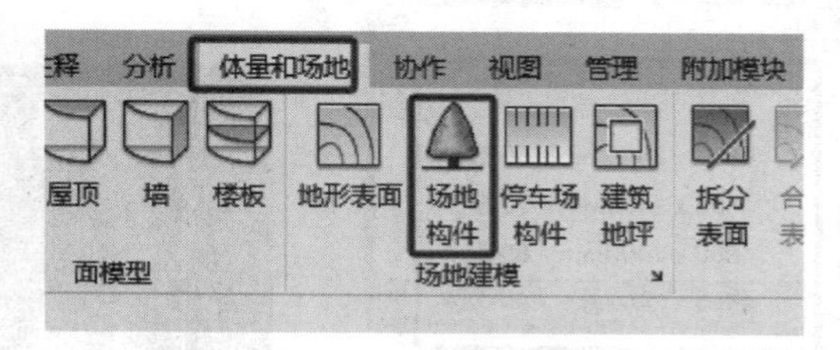

图 11-30

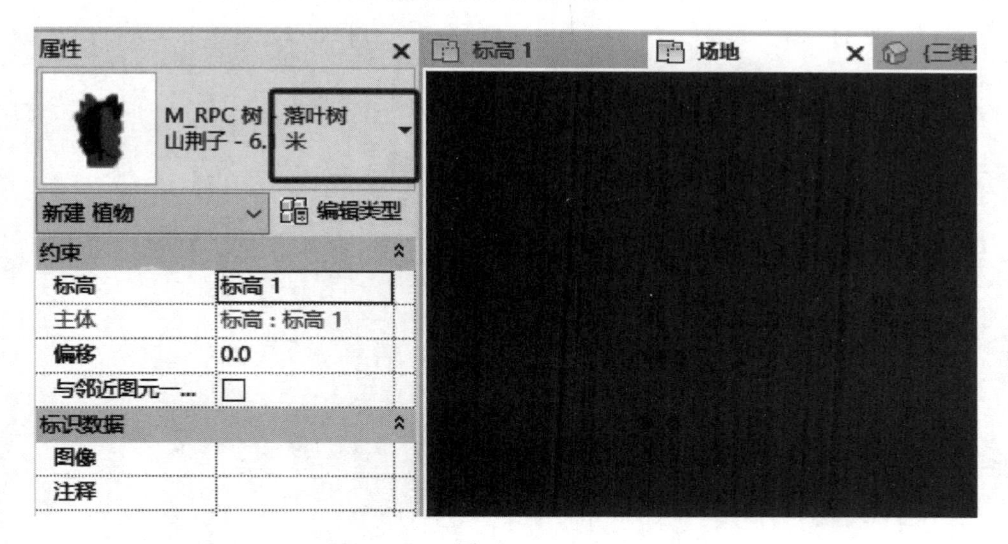

图 11-31

11.2.3 放置停车场构件

创建地形表面后，可以在地形上放置停车场构件。单击“体量和场地”主选项卡→“场地建模”子选项卡→“停车场构件”命令，如图 11-33 所示，在“属性”选项板的“类型选择器”中，可以对已载入的“停车场构件”进行选择，如图 11-34 所示随后点击鼠标左键，与“柱”类似，都属于点式构件，直接在地形表面上点击放置即可，如图 11-35 所示。

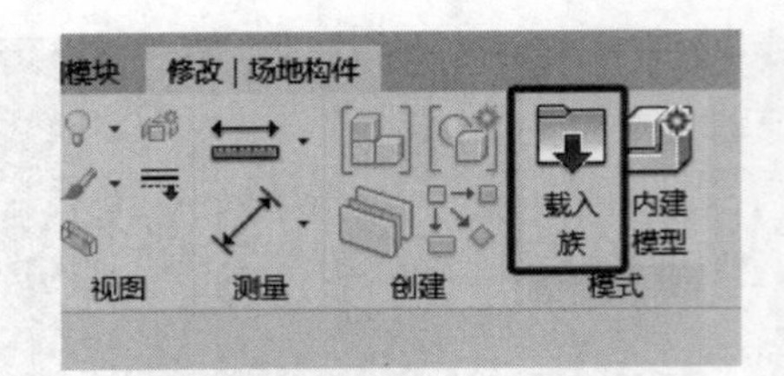

图 11－32

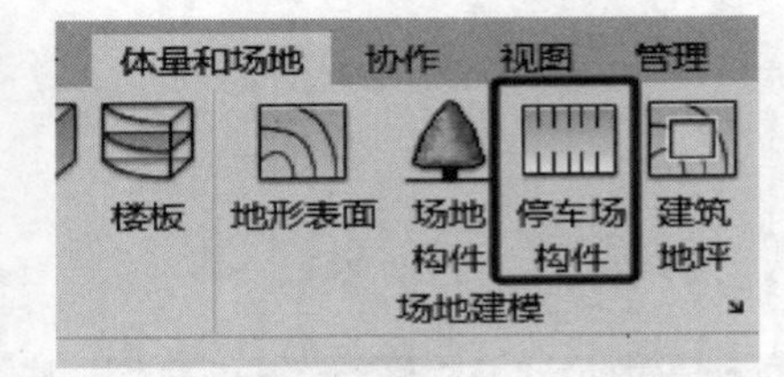

图 11－33

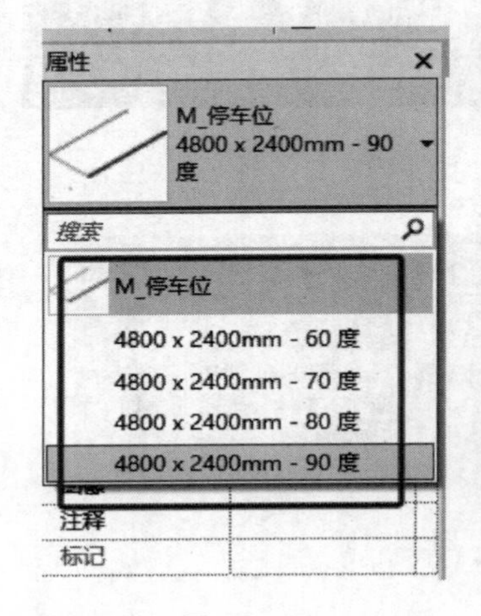

图 11－34

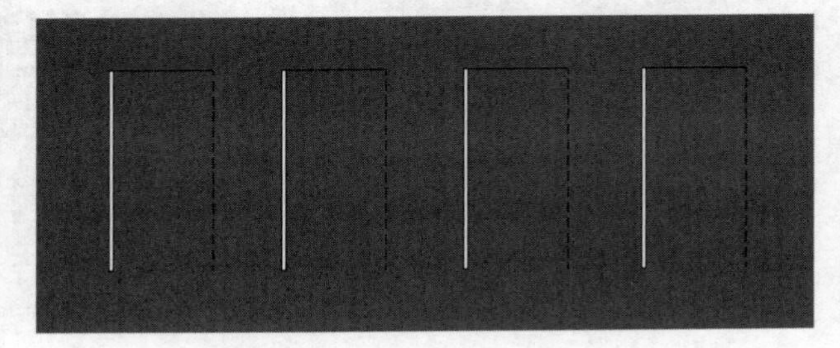

图 11－35

项目 12

族

【学习目标】

(1) 掌握创建可载入族的方法。

(2) 掌握创建内建族的方法。

(3) 掌握创建参数化族的方法。

【思政目标】

通过讲解创建族的具体操作，对族不断进行修改和调整，培养学生精益求精、追求极致的工匠精神。

Revit 包含可载入族、系统族和内建族三种。族能够很好地完善 BIM 模型，在 Revit 中根据项目实际情况，选用标准构件族样板进行族编辑与修改或者通过自建族的方式创建特定对象，再通过赋予参数信息，使构件最大限度地满足工程所需的限制条件，同时能够便利地更改设计参数、管理构件信息，提高建模效率。Revit 中的所有图元都是基于族创建而成，可以说“族”是 Revit 的基础。

任务 12.1 族的创建

要创建可载入族，可使用 Revit 中提供的族样板来定义族的几何图形和尺寸，并将其可保存为单独的 Revit 族文件（.rfa 文件），这种族可以载入到任何项目中。

在 Revit 初始启动界面，点击“族”下方，“新建”按钮，如图 12 - 1 所示。在弹出的“新族-选择样板文件”对话框中，可以选择想要创建的族的样板类型，这里一般选择“公制常规模型”，选择后单击“打开”按钮，如图 12 - 2 所示。

在族界面的“创建”主选项卡的“形状”子选项卡中提供了 5 种命令，如图 12 - 3 所示。使用这 5 种命令可以创建出各种实心模型，且可以使用空心形状对实心模型进行剪切，以得到新的模型。以下我们以案例分别讲解。

12.1.1 拉伸命令

拉伸命令是将二维轮廓沿与其垂直方向拉伸形成三维实体，适合创建柱体。根据图 12 - 4 所示及给定尺寸创建下方的螺母模型，螺母孔直径为 20mm，正六边形边长 18mm，各边距孔中心 16mm，螺母高 20mm。

在项目浏览器中双击“参照标高”视图，进入到“修改 | 创建拉伸”界面，单击“拉伸”命令，在“绘制”子选项卡中，有很多种绘制方式，包括直线、矩形等，这里选择“外接多边形”命令准备进行创建，如图 12 - 5 所示。

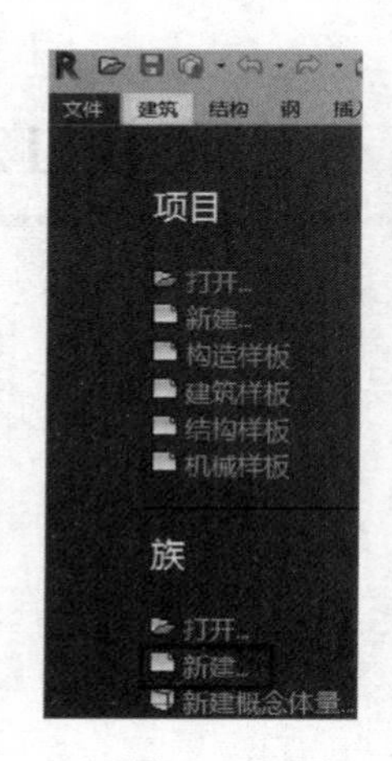

图 12－1

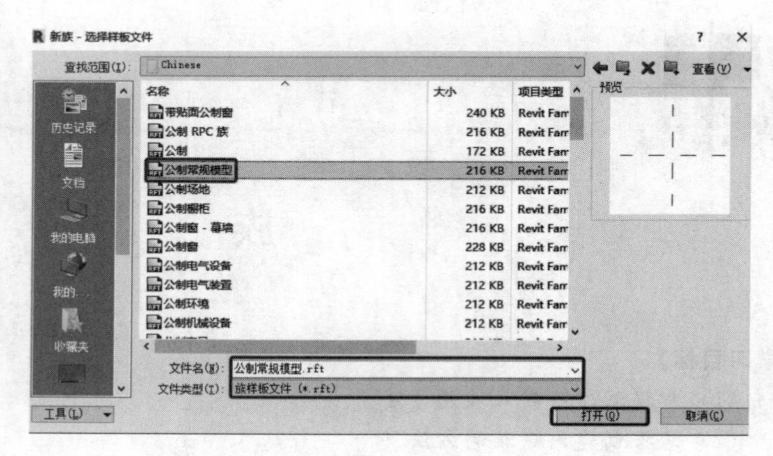

图 12－2

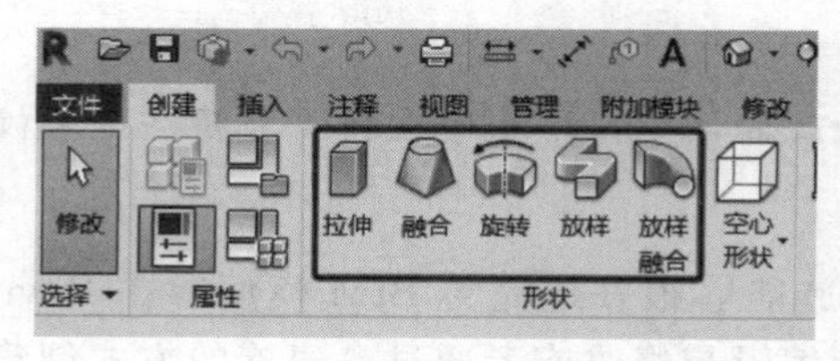

图 12－3

将鼠标移动至绘图区域，先绘制半径为16mm的外接多边形，随后选择“圆形”命令，绘制半径为10mm的圆，如图12－6所示。

将“属性”选项板中“拉伸终点”，修改为“20”，以确定螺母高度，如图12－7所示。单击“模式”选项卡中的按钮✔，将视图切换至三维视图，查看绘制完成后的螺母，如图12－8所示。

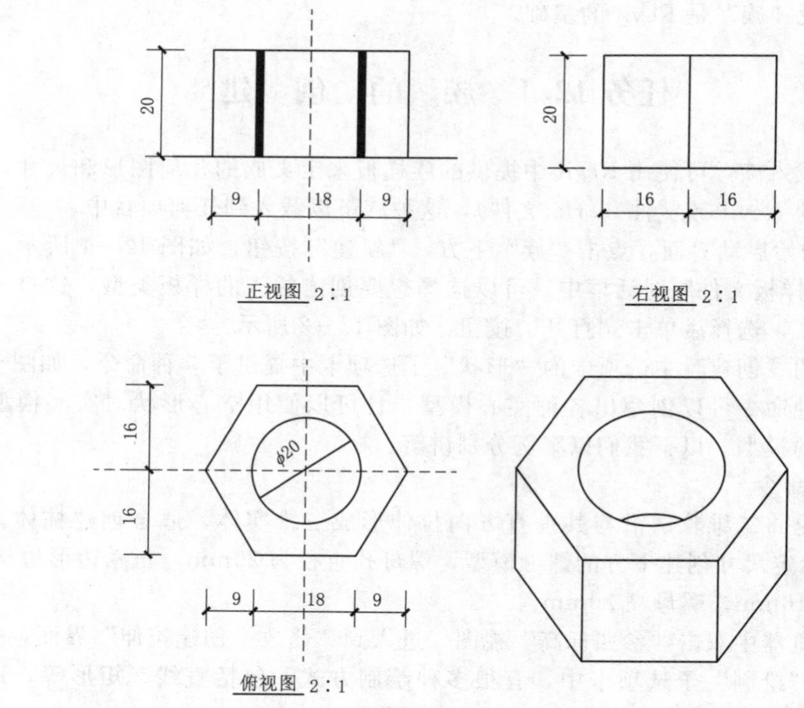

图 12－4

图 12-5

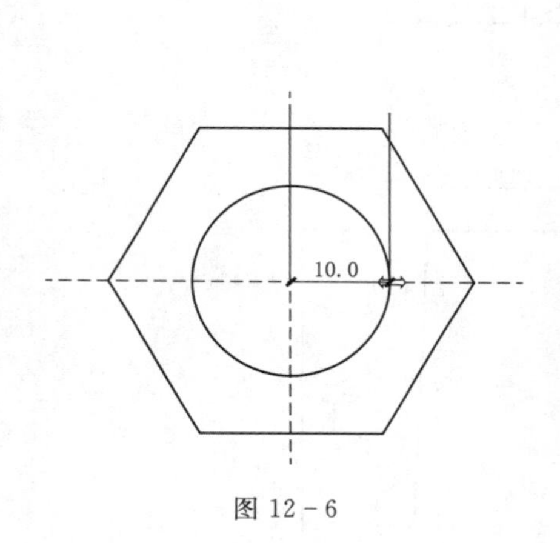

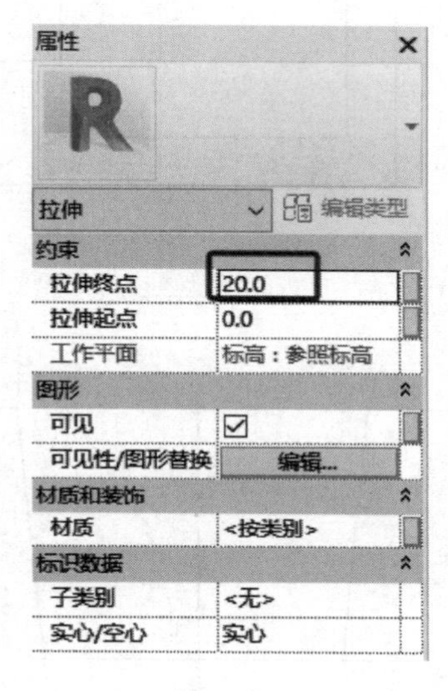

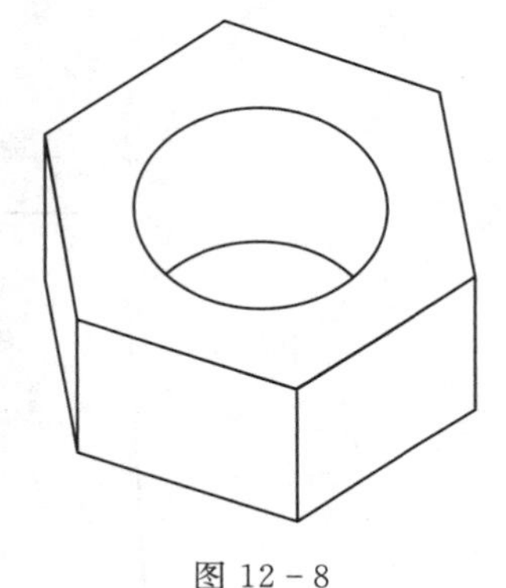

图 12-6　　图 12-7　　图 12-8

12.1.2　融合命令

融合命令是将两个相互平行的二维轮廓连接融合在一起形成三维实体。根据图 12-9 所示及给出的俯视图、左视图及右视图的尺寸，创建模型。

进入“参照标高”视图中，单击“融合”命令，进入“修改 | 创建融合底部边界”界面，如图 12-10 所示，绘制模型的底部形状。

提示：融合命令需要绘制两个形状，绘制时要注意上方“模式”选项卡的内容，确定要编辑的是顶部还是底部，不要混淆，否则模型会创建失败。

绘制长为“44000”、宽为“38000”的矩形，如图 12-11 所示。随后单击“模式”子选项卡→“编辑顶部”命令，如图 12-12 所示。

选择“绘制”子选项卡→“拾取线”命令，将上面选项栏偏移量改为“10000”，分别拾取上方及右侧两条边，如图 12-13 所示。将选项栏偏移量改为“5000”，分别拾取左侧及下方两条边，如图 12-14 所示。

将左侧“属性”选项板中“第二端点”改为“100000”，如图 12-15 所示。注意，此时选项栏中深度也自动变为“100000”，单击“模式”选项卡中的按钮✔。创建完成后，将视图切换至三维视图，如图 12-16 所示。

12.1.3　旋转命令

旋转命令是将二维轮廓绕同一平面内指定的一根轴线旋转形成三维实体。根据图 12-17 所示的俯视图及立面图创建模型。

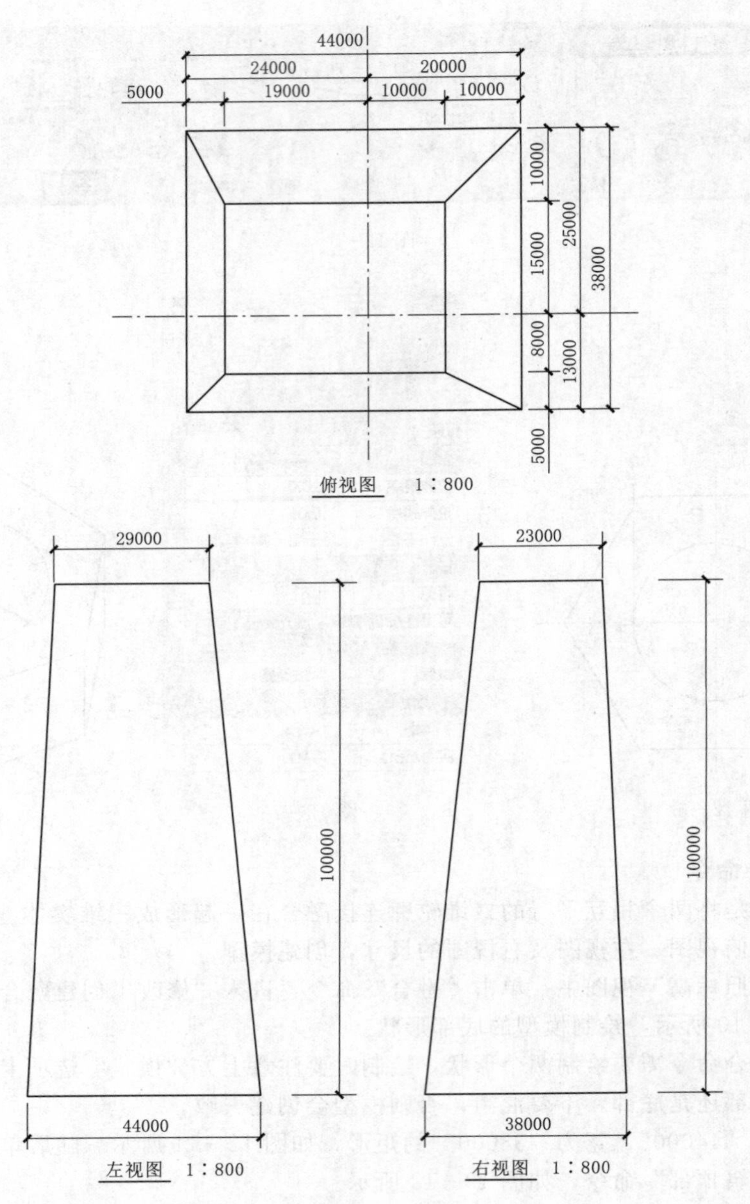
44000
24000
20000
5000
19000
10000
10000
10000
25000
15000
38000
8000
13000
5000
俯视图 1：800
29000
23000
100000
100000
44000
38000
左视图 1：800
右视图 1：800

图 12-9

修改 | 创建融合底部边界
编辑
顶部
编辑
顶点
修改
测量
创建
模式
模式
绘制

图 12-10

图 12－11

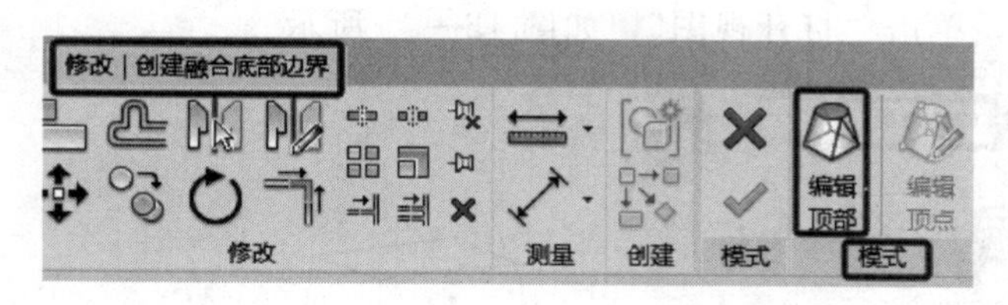

图 12－12

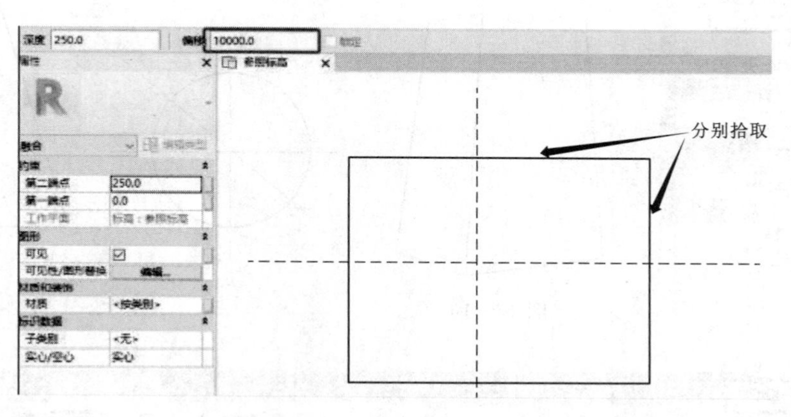

图 12－13

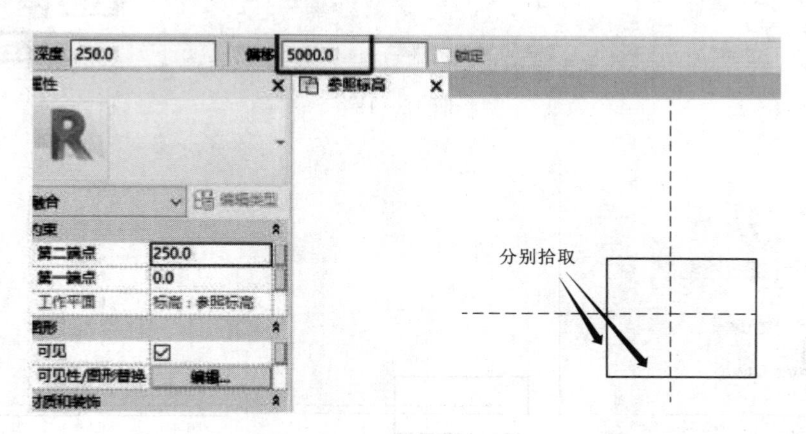

图 12－14

“旋转”命令，需要在立面视图绘制二维轮廓，但单击“旋转”命令后直接切换至立面视图系统默认不可以绘制。这里有两种方式：①先切换至立面视图，在立面视图选择“旋转”命令进行创建，此种方式比较简单；②在参照平面选择“旋转”命令后通过拾取切换至立面视图，以下以后一种方法为例进行创建。

“参照标高”平面视图中单击“旋转”命令后，进入“修改 | 创建旋转”界面，单击“工作平面”子选项卡→“设置”命令，如图 12－18 所示。在弹出的“工作平面”对话框

中选择“拾取一个平面”，单击“确定”按钮，如图 12－19 所示。随后回到平面视图选择水平方向的参照平面，如图 12－20 所示。在弹出的“转到视图”对话框中，选择“立面：前”，单击“打开视图”，如图 12－21 所示。

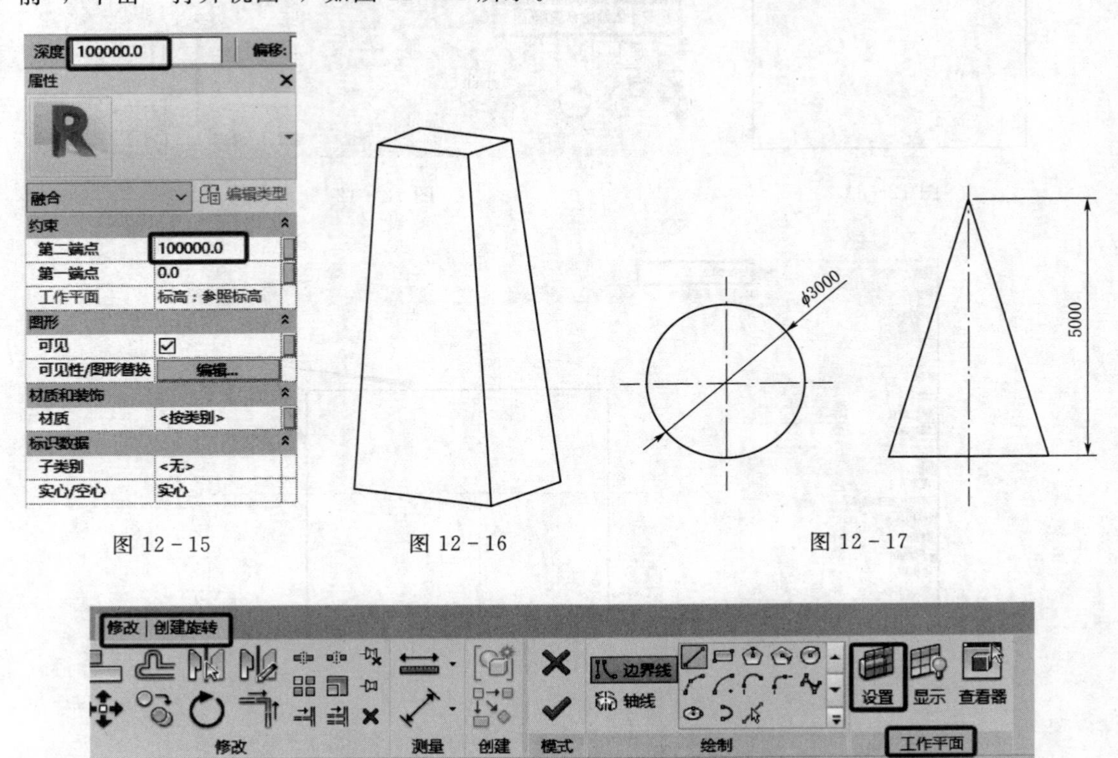

图 12－15　　图 12－16　　图 12－17

图 12－18

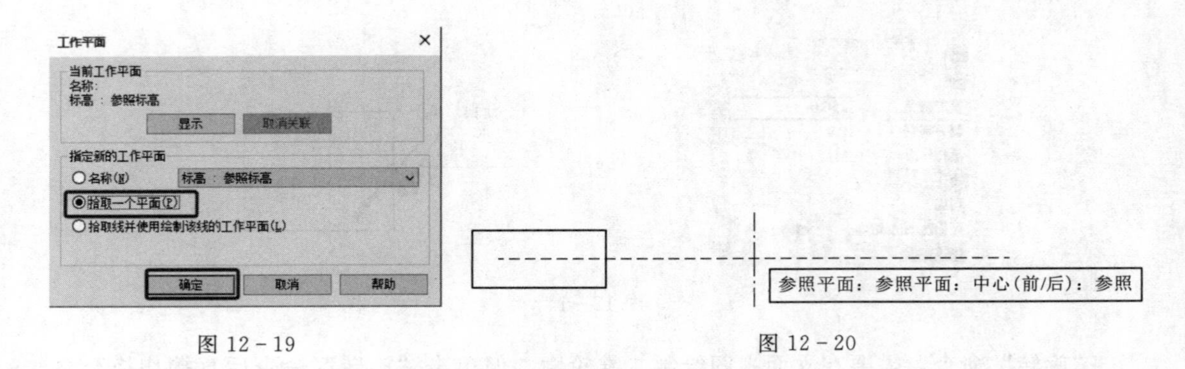

图 12－19　　图 12－20

此时 Revit 默认切换到“前立面”视图，进入“修改 | 创建旋转”界面，单击“绘制”子选项卡→“直线”命令，已知圆锥半径为“1500”，高度为“5000”，绘制立面轮廓，首先在底部绘制“1500”的直线，如图 12－22 所示。随后沿垂直方向绘制高度为“5000”的直线，如图 12－23 所示。将两条线端点进行连接，完成轮廓绘制，如图 12－24 所示。

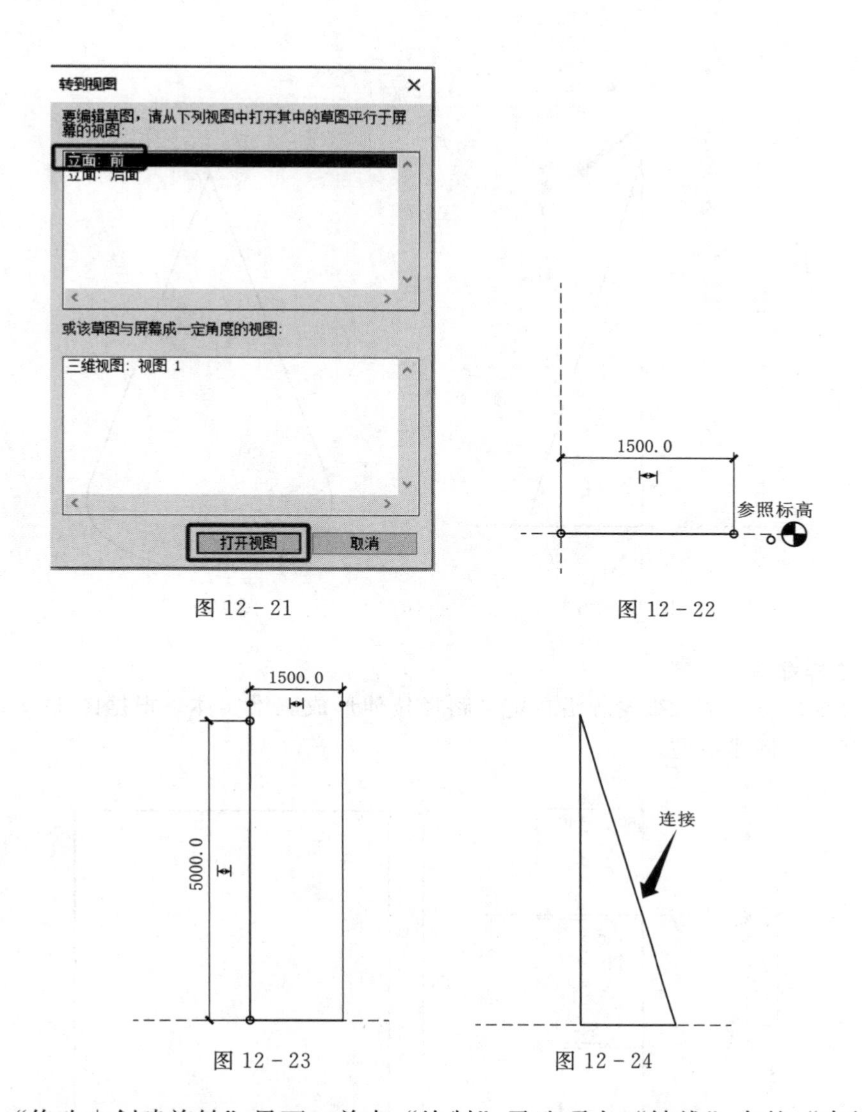

图 12-21

图 12-22

图 12-23

图 12-24

进入“修改 | 创建旋转”界面，单击“绘制”子选项卡“轴线”中的“直线”命令，如图 12-25 所示。随后在绘图区域沿垂直线位置绘制一条轴线，如图 12-26 所示。单击选项卡中的按钮✔，完成创建后，将视图切换至三维视图，如图 12-27 所示。

图 12-25

提示：旋转命令由“边界线”及“轴线”两个部分组成，如果没有绘制轴线则无法完成模型创建，轴线的长短并不重要，重要的是轴线的位置，轴线决定了模型整体走向。

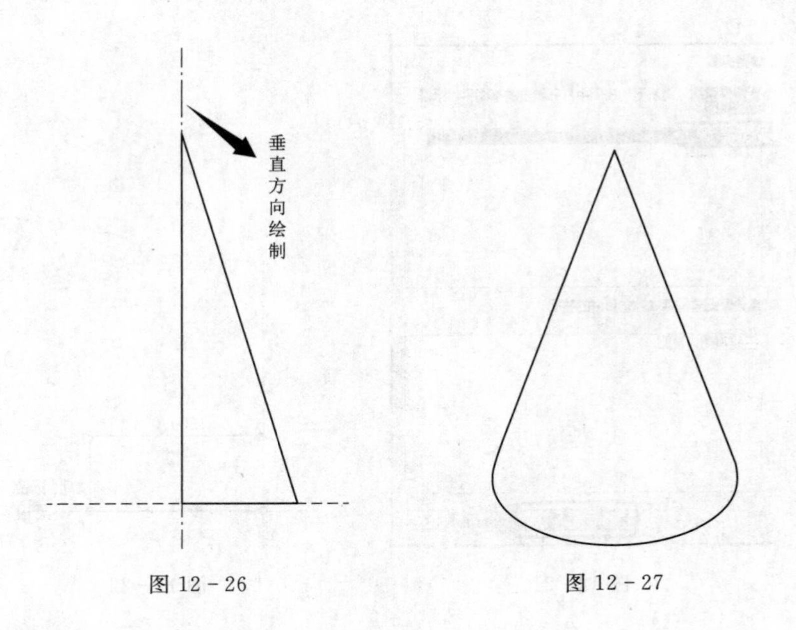

图 12－26　　　　图 12－27

12.1.4　放样命令

放样命令是将一个二维轮廓沿自定义路径拉伸形成三维实体。根据图 12－28 所给出的轮廓及路径，创建模型。

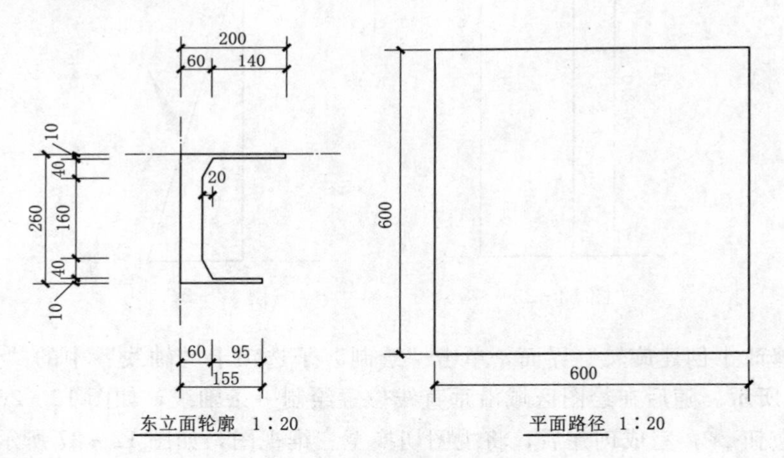

图 12－28

“参照标高”平面视图中单击“放样”命令，进入“修改｜放样”界面，单击“绘制路径”命令，如图 12－29 所示。此时进入到“修改｜放样>绘制路径”界面中，如图 12－30 所示。

图 12－29

图 12-30

从中心点开始绘制，绘制完成 600×600 的正方形，如图 12-31 所示，单击选项卡中的按钮✔。

提示：此时单击按钮✔完成的是"放样"命令中路径的绘制，并不是整体模型的绘制。

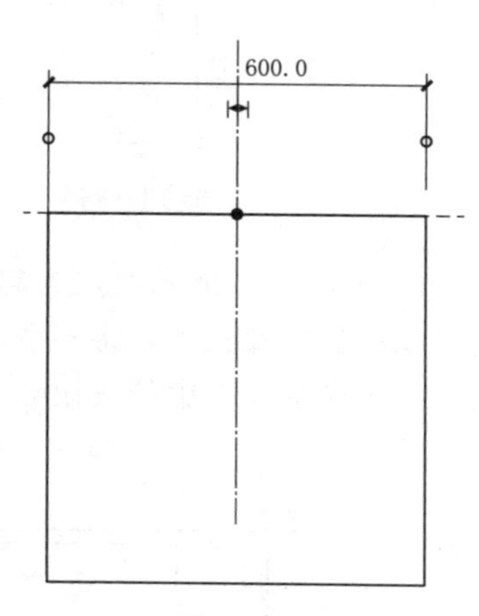

图 12-31

单击"放样"子选项卡→"编辑轮廓"命令，如图 12-32 所示。在弹出的"转到视图"对话框中选择"立面：右"，单击"打开视图"，如图 12-33 所示。

进入"修改｜放样>编辑轮廓"界面，单击"绘制"子选项卡→"直线"命令，如图 12-34 所示，进行轮廓绘制。

按图 12-35 所示，从中心点出发向下绘制"260"直线，并按照题中所给尺寸绘制其余直线，如图 12-36 所示。

图 12-32

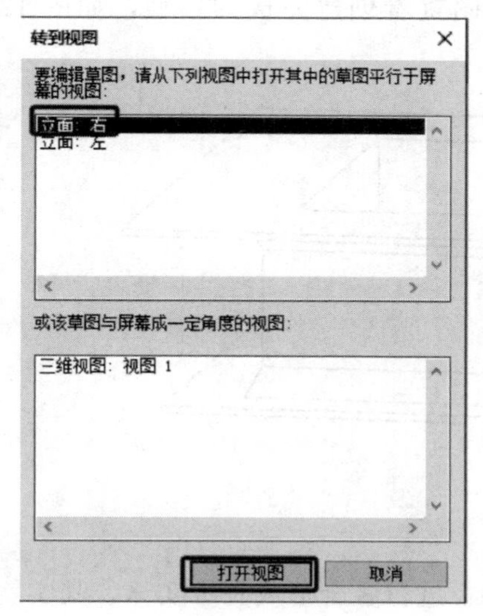

图 12-33

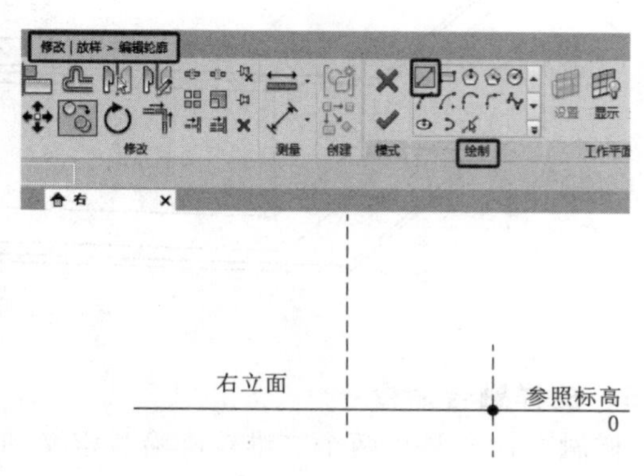

图 12-34

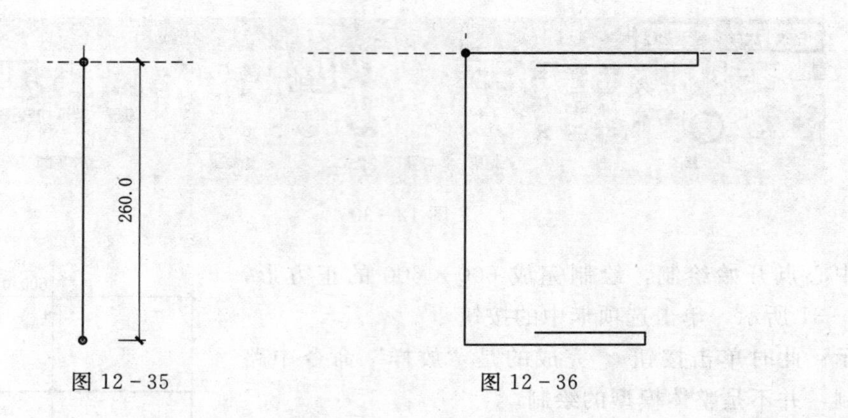

图 12－35　　图 12－36

以图 12－36 所示终点为起点，向上绘制“40”，再向左绘制“20”，连接首尾点，确定斜线的位置及长度，将多余的两条线删除，并用同样道理绘制上方斜线，如图 12－37 所示。单击选项卡中的按钮✔，完成编辑轮廓的绘制，如图 12－38 所示。

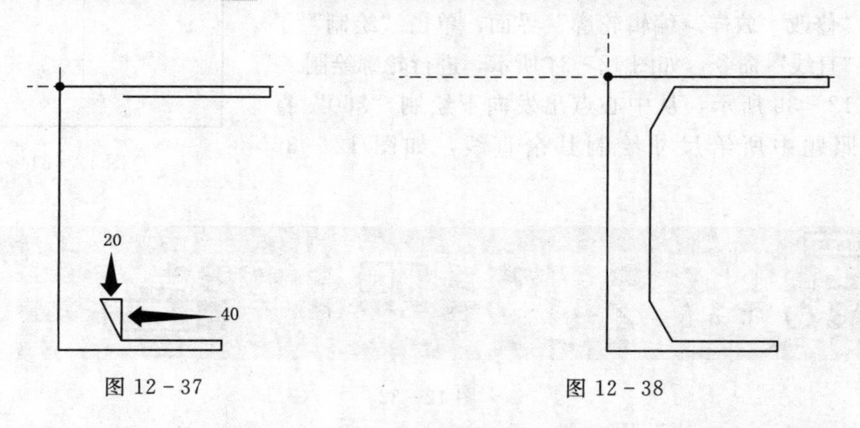

图 12－37　　图 12－38

再次单击选项卡中的按钮✔，切换至三维视图查看创建完成的模型，如图 12－39 所示。

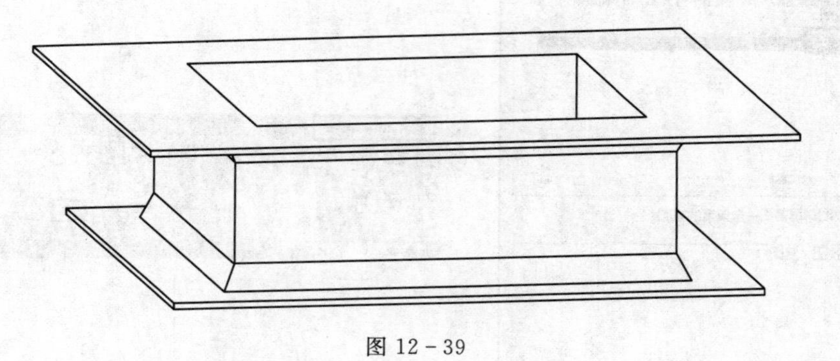

图 12－39

12.1.5　放样融合命令

放样融合命令是将两个二维轮廓沿着定义的路径进行融合形成三维实体，其实就是放样命令与融合命令的集合。

“参照标高”平面视图中单击“放样融合”命令，进入到“修改｜放样融合”界面，选择“放样融合”子选项卡→“绘制路径”命令，如图 12-40 所示。

图 12-40

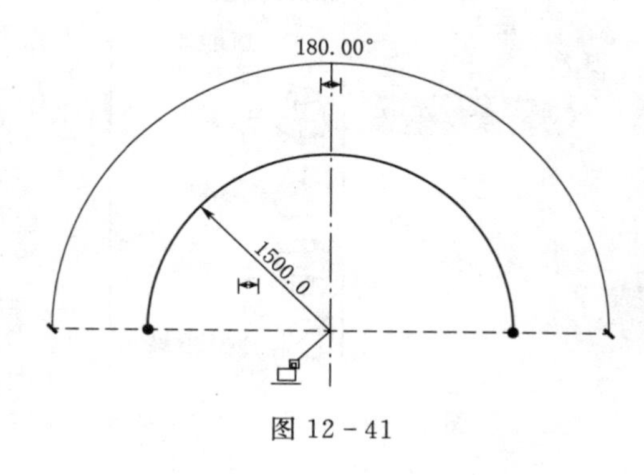

图 12-41

进入绘制路径界面后，选择“圆心-端点弧”命令，绘制一段圆弧，如图 12-41 所示，单击按钮✓确认完成路径绘制。

如图 12-42 所示，放样融合命令中有两个轮廓，可通过单击“选择轮廓 1”或“选择轮廓 2”进行选择，选择“选择轮廓 1”确定后单击“编辑轮廓”命令，在弹出的“转到视图”对话框中选择“立面：前”单击“打开视图”，如图 12-43 所示。

选择“圆形”命令，选择亮显的那一端参照平面的中心点作为绘制的圆心点，绘制一个半径为“80”的圆，如图 12-44 所示，绘制完成后单击按钮✓。

图 12-42

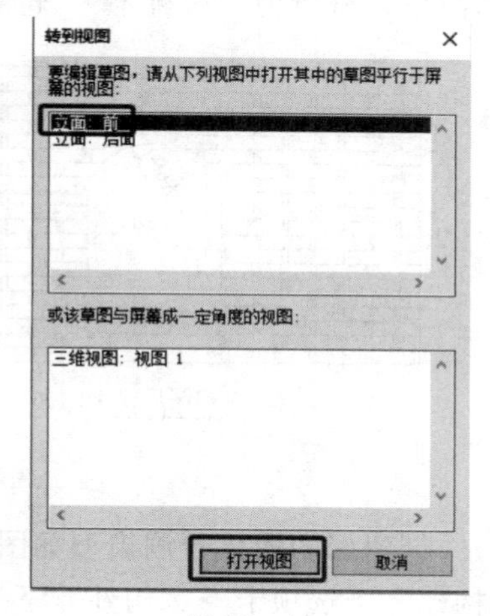

图 12-43

选择“选择轮廓 2”，单击“编辑轮廓”按钮，选择“圆形”命令，选择亮显的那一端参照平面的中心点作为绘制的圆心点，绘制一个半径为“120”的圆，如图 12-45 所示。绘制完成后单击按钮✓，此时路径和两个轮廓都已绘制完成，再次单击按钮✓，完成创建。切换至三维视图，查看创建完成的模型，如图 12-46 所示。

12.1.6 空心形状

除了可以用上述五种命令创建实心模型外，还可用五种方法创建空心模型，如图 12-47 所示。空心形状的创建命令与实心形状创建命令使用方法相同，空心模型的作用是用来对实心模型进行剪切，以切除实心模型上不需要的部分。

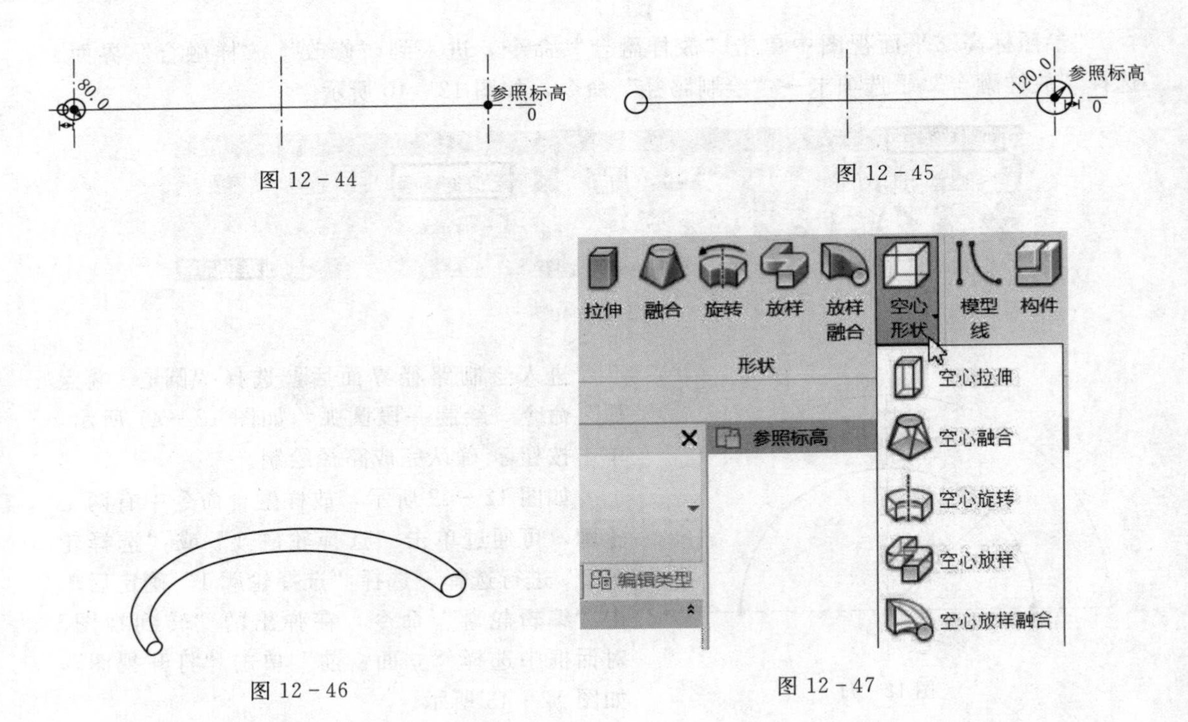

图 12 - 44

图 12 - 45

图 12 - 46

图 12 - 47

任务 12.2 内 建 模 型

内建模型又称内建族，与可载入族的创建方式不同，内建模型需要在项目中进行创建，使用拉伸、融合、旋转、放样、放样融合方法创建“实心形状”或“空心形状”模型，其创建方法与可载入族相同。

根据如图 12 - 48 所示创建墙体，墙体类型、高度、厚度及墙体长度自定义，墙体材质不限。参照图中门洞尺寸在墙体上开一个拱门洞，以内建常规模型的方式沿洞口生成装饰门框，材质为“樱桃木”，轮廓样式见图 12 - 48 中 1—1 剖面图。

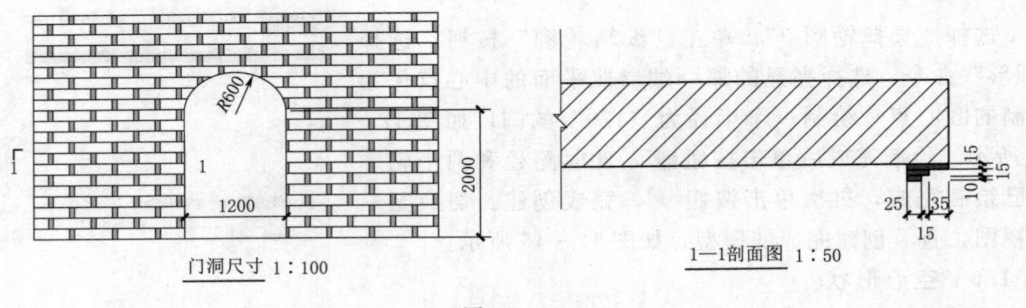

图 12 - 48

创建好的墙体开洞模型如图 12 - 49 所示，切换到南立面，单击“建筑”主选项卡→“构建”子选项卡→“构件”下拉三角号下方的“内建模型”命令，如图 12 - 50 所示。

图 12-49

图 12-50

在弹出的“族类别和族参数”对话框中，可以根据需要选择族的类别，没有特殊要求下选择“常规模型”，选择后点击“确定”按钮，如图 12-51 所示。在弹出的“名称”对话框中，将名称修改为“门框装饰”，点击“确定”按钮，如图 12-52 所示。

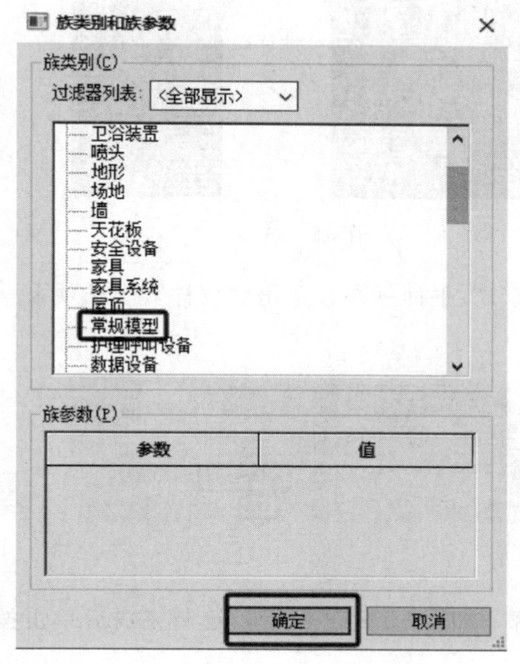

图 12-51

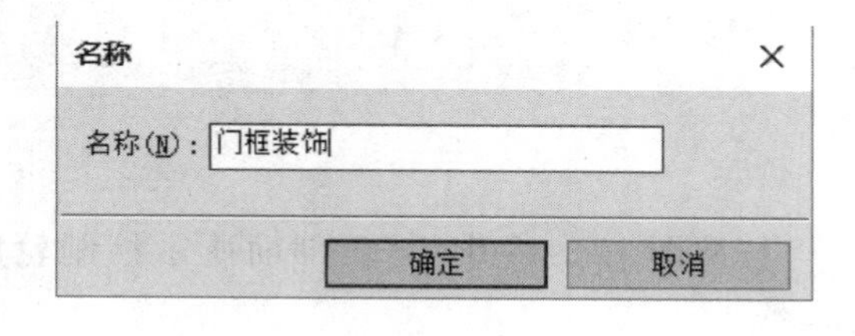

图 12-52

进入内建模型界面，可以看到，此界面与创建族的界面一致，命令使用也相同，如图 12-53 所示。选择“创建”主选项卡→“形状”子选项卡→“放样”命令。

进入“修改 | 放样”界面，单击“放样”子选项卡→“拾取路径”命令，如图 12-54 所示。确认“拾取三维边”命令为亮显状态，如图 12-55 所示。

拾取如图 12-56 所示门洞边作为门框路径，拾取完成后单击按钮✔。

图 12－53

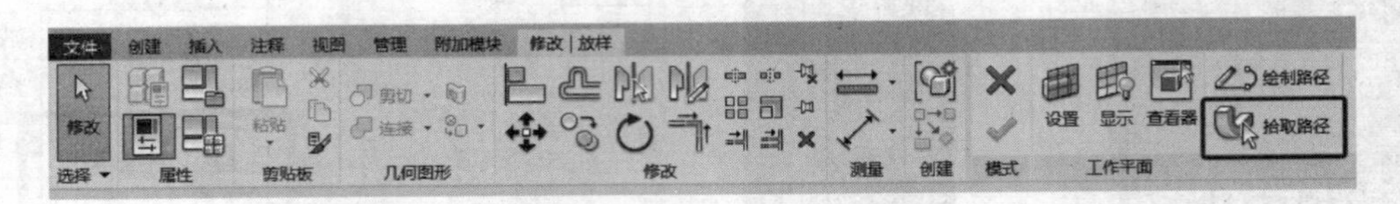

图 12－54

图 12－55

图 12－56

进入“修改 | 放样”界面，切换至“标高 1”平面视图，单击“放样”子选项卡→“编辑轮廓”命令，如图 12－57 所示。

图 12－57

按照图 12－48 中 1—1 剖面所示绘制轮廓，如图 12－58 所示，绘制完成后单击按钮✔。

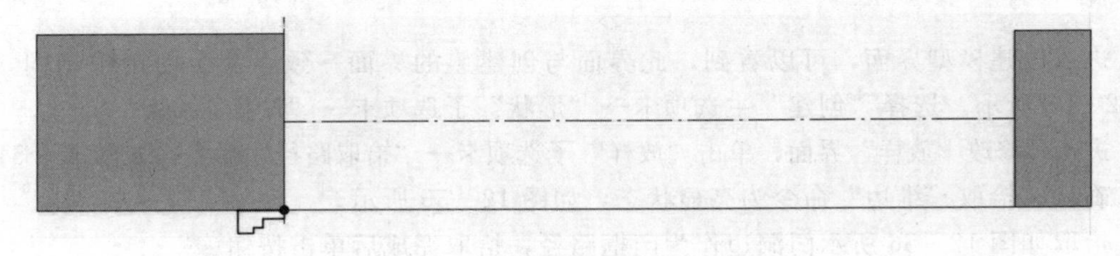

图 12－58

进入“修改 | 放样”界面，再次单击按钮✔，选择绘制好的内建模型，在“属性”选项板中，将“材质”修改为“樱桃木”，如图 12－59 所示。

单击“在位编辑器”子选项卡→“完成模型”按钮✔，如图 12－60 所示，切换至三维视图，将“视觉样式”切换为真实，呈现如图 12－61 所示效果，完成创建。

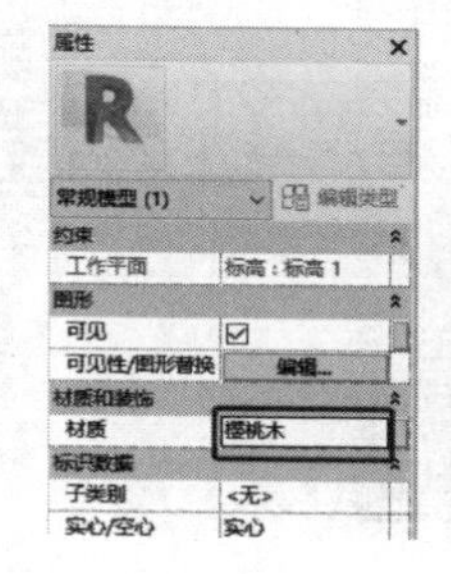

图 12－59

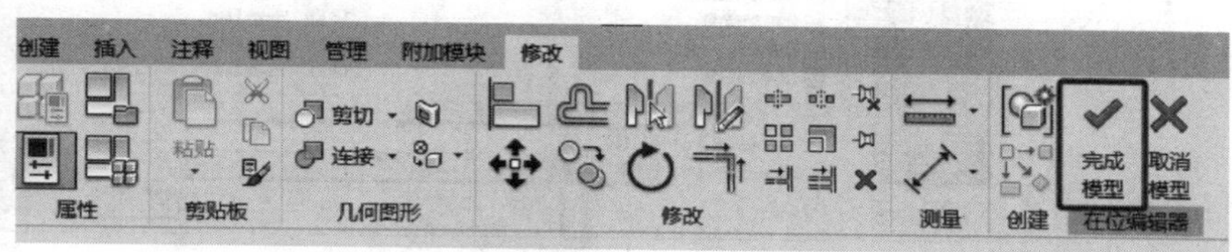

图 12－60

图 12－61

任务 12.3　参　数　化　族

在任务 12.1 与任务 12.2 中，创建的无论是可载入族还是内建族都是创建完成后只能在族中修改其尺寸，并且无法通过参数对其进行更改，本节中讲解简单的参数化族在 Revit 中如何创建。

来到 Revit 初始启动界面，单击“族”下方的“新建”按钮，在弹出的“新族-选择样板文件”对话框中，可以选择想要创建的族的样板类型，这里一般选择“公制常规模型”，选择后单击“打开”按钮，如图 12－62 所示。

单击“创建”主选项卡→“基准”子选项卡→“参照平面”命令，如图 12－63 所示。进入到“修改 | 放置 参照平面”界面，单击“绘制”子选项卡→“直线”命令，如图 12－64 所示。沿系统提供的两条参照平面，分别绘制两条参照平面，距离随意，如图 12－65 所示。

单击“注释”主选项卡→“尺寸标注”子选项卡→“对齐”命令，如图 12－66 所示。

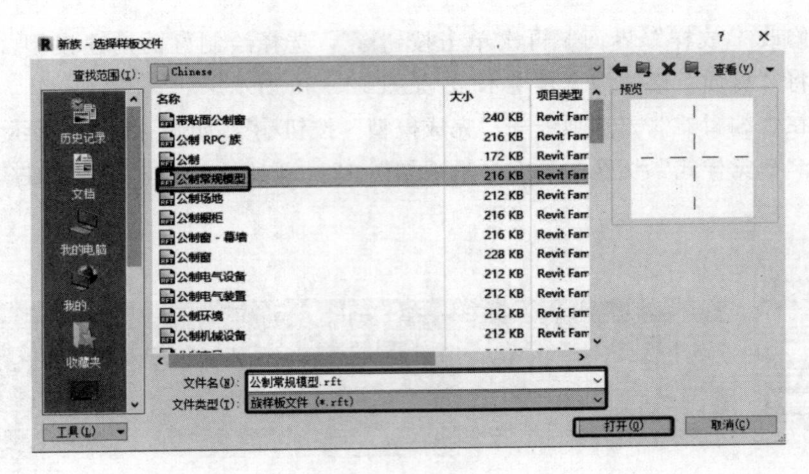

图 12 - 62

图 12 - 63

分别添加两个尺寸标注，如图 12 - 67 所示。依次选中水平方向和垂直方向两个连续标注的尺寸标注，依次单击“EQ”按钮，将其进行均分，则参照平面会随着尺寸标注进行移动，如图 12 - 68 所示。

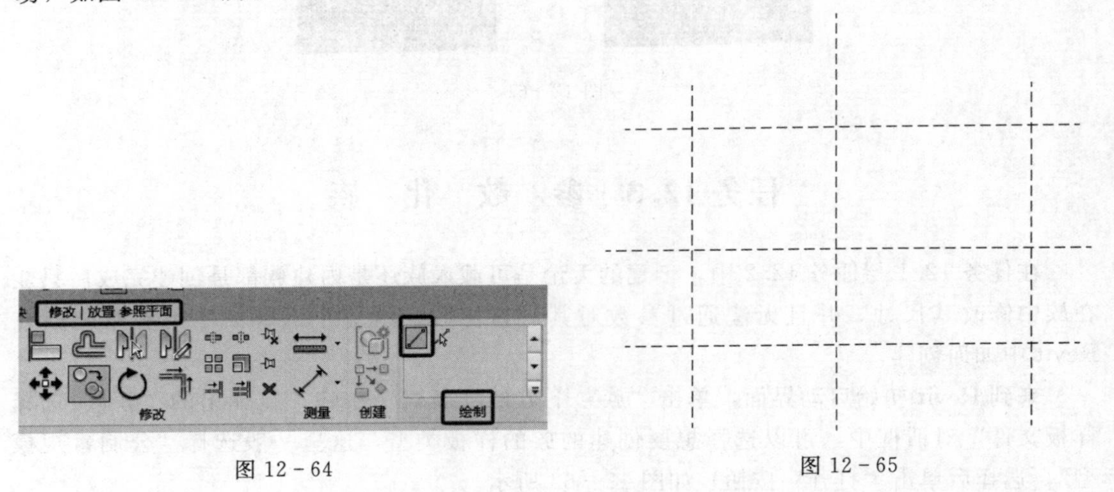

图 12 - 64

图 12 - 65

单击“创建”主选项卡→“形状”子选项→“拉伸”命令，进入到“修改 | 创建拉伸”界面→“绘制”子选项卡中，选择“矩形”命令，如图 12 - 69 所示。

将鼠标移动至绘图区域，沿绘制好的参照平面绘制矩形，此时，会出现锁定符号，如图 12 - 70 所示。依次单击锁定符号，将绘制好的模型线与参照平面进行锁定，如图 12 - 71 所示。锁定完成后，单击“模式”子选项卡中的按钮✔。

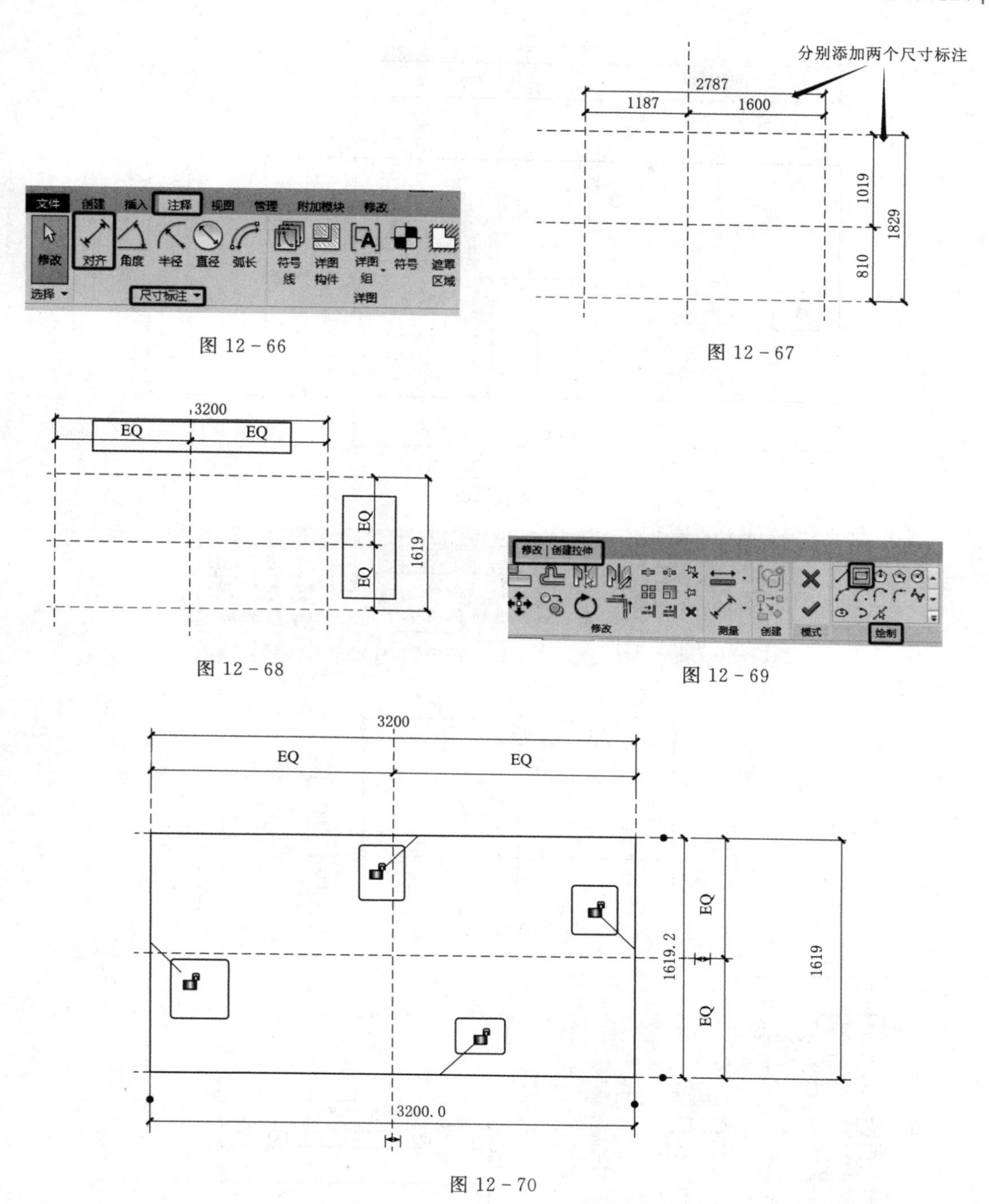

图 12 - 66

图 12 - 67

图 12 - 68

图 12 - 69

图 12 - 70

选中水平方向的尺寸标注，进入“修改 | 尺寸标注”界面，单击“标签尺寸标注”子选项卡→“新建标签”按钮，如图 12 - 72 所示，在弹出的“参数属性”对话框中，确认选择“族参数”，将名称改为“长度”，确认“参数分组方式”为尺寸标注，右侧选择“类型”，单击“确定”按钮，如图 12 - 73 所示，则水平方向尺寸标注位置就变为“长度=3200”，如图 12 - 74 所示。

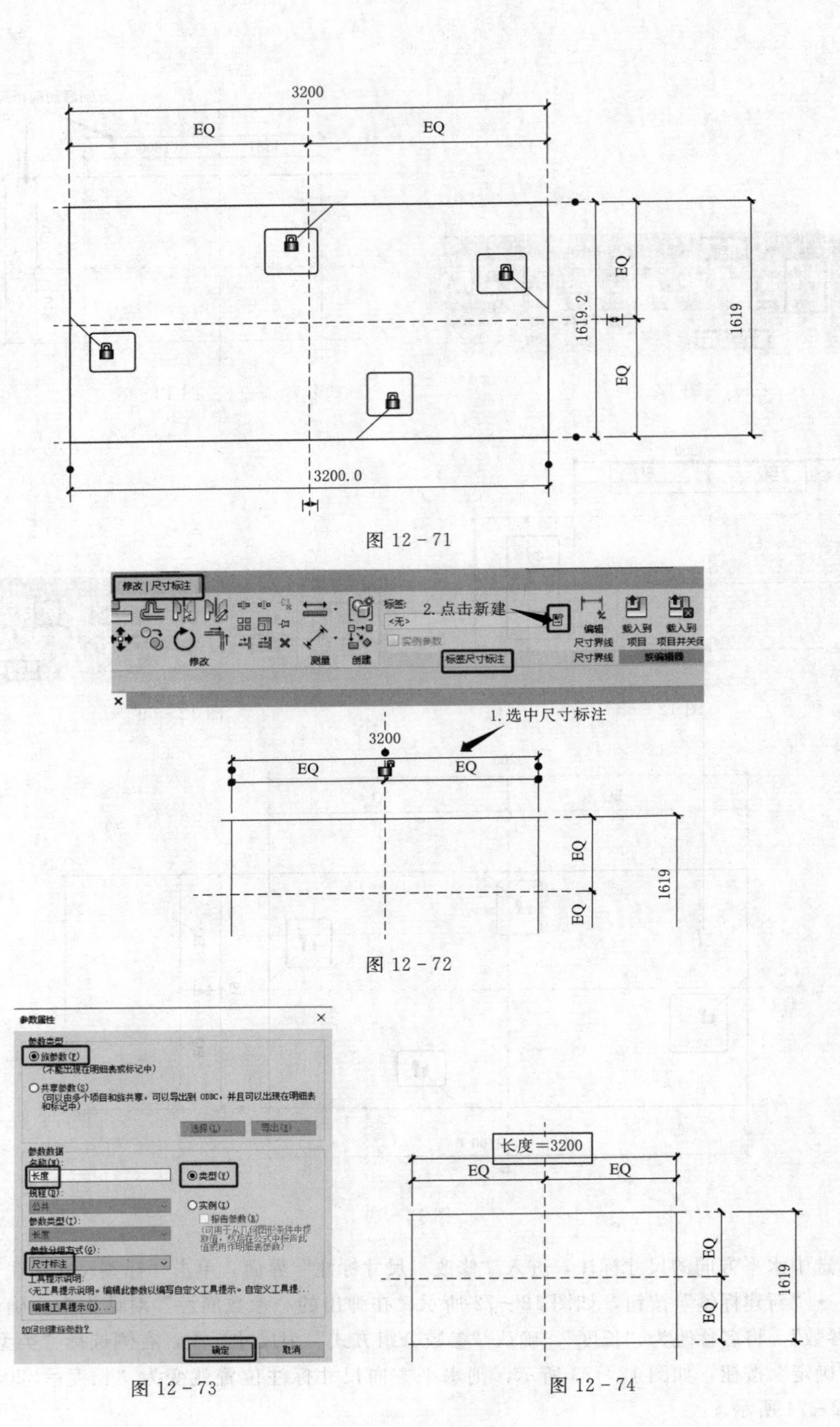

图 12-71

图 12-72

图 12-73

图 12-74

提示：使用尺寸标注进行参数添加完成后“＝”号后方的数值有可能不一致，是由于绘制时没有固定尺寸，后期可以通过参数进行修改，此处保持自己的参数即可，无需按照教材进行更改。

同样选中垂直方向的尺寸标注，进入“修改｜尺寸标注”界面，单击“标签尺寸标注”子选项卡→“新建标签”按钮，如图 12－75 所示。在弹出的“参数属性”对话框中，确认选择“族参数”，将名称改为“宽度”，确认“参数分组方式”为“尺寸标注”，右侧选择“类型”，单击“确定”按钮，如图 12－76 所示，则垂直方向尺寸标注位置就变为“宽度＝1619”，如图 12－77 所示。

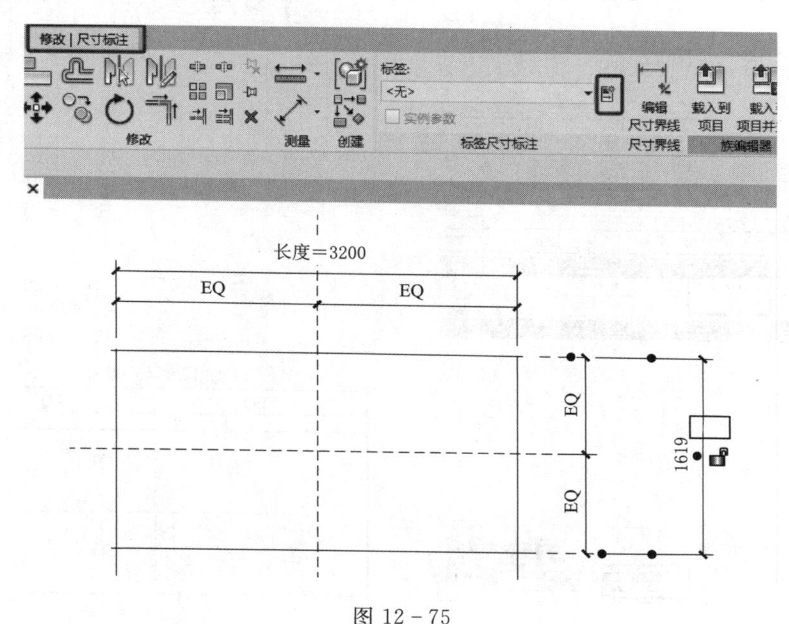

图 12－75

单击功能区“属性”子选项卡的“族类型”按钮，如图 12－78 所示，在弹出的“族类型”对话框中，可以看到“尺寸标注”类型下方，添加了宽度及长度两个类型属性，将“宽度值”改为“2000”，将“长度”值改为“5000”，随后单击“确定”按钮。如图 12－79 所示，则水平方向尺寸标注数字位置就变为“长度＝5000”，垂直方向尺寸标注数字位置就变为“宽度＝2000”，如图 12－80 所示。

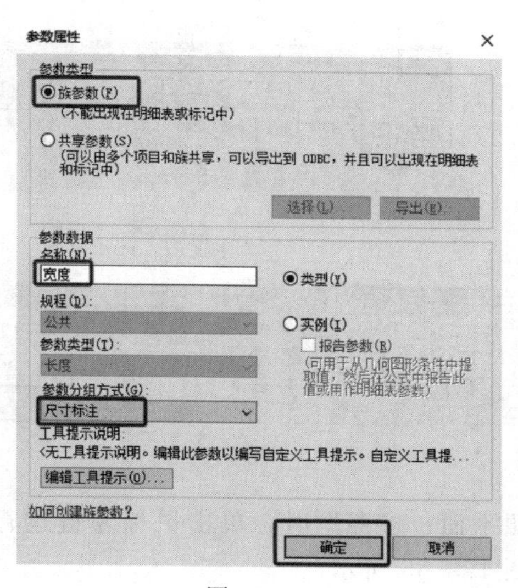

图 12－76

将视图切换至任意立面视图，单击“创建”主选项卡→“基准”子选项卡→“参照平面”命令，如图 12－81 所示。进入“修改｜放置 参照平面”界面，单击“绘制”子选项卡→“直线”命令，如图 12－82 所示。沿水平方向再绘制一参照平面，如图 12－83 所示。

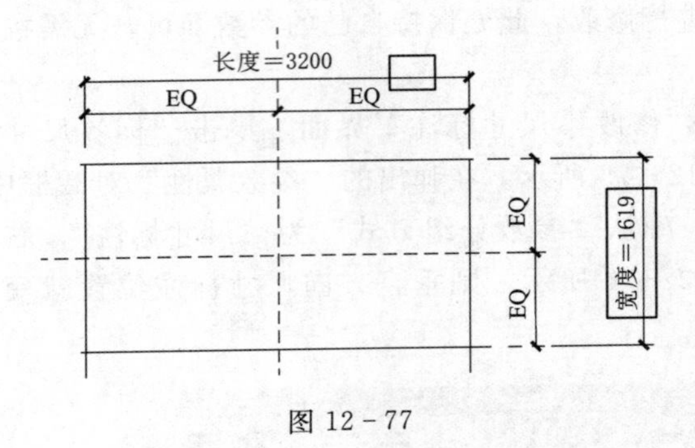

图 12－77

图 12－78

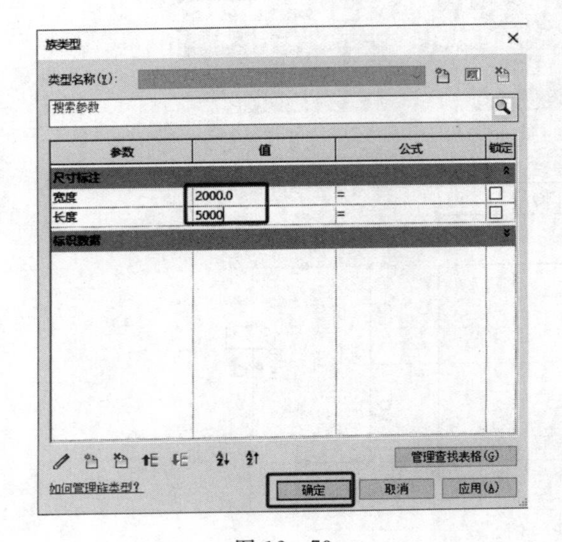

图 12－79

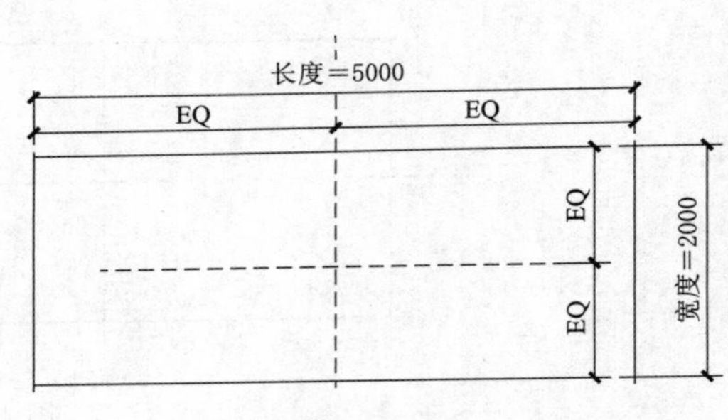

图 12－80

图 12－81

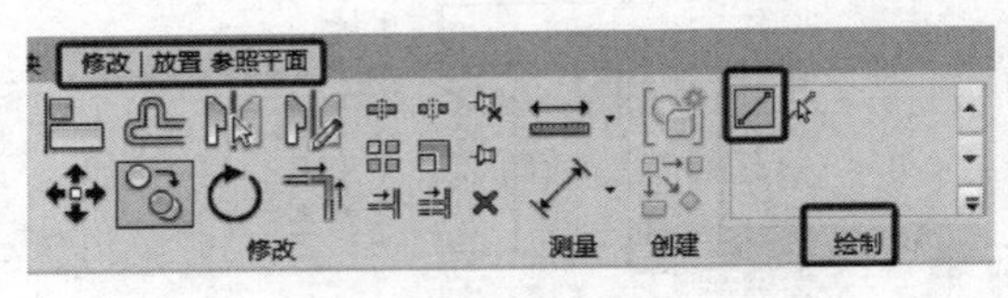

图 12－82

单击“注释”主选项卡→“尺寸标注”子选项卡→“对齐”命令，如图 12－84 所示。鼠标预选择状态放在下方参照标高位置，按键盘上“Tab”键进行循环选择，当选项变为“参照平面：参照平面：参照”时，单击鼠标左键进行选择，随后选择上方刚刚绘制的参照平面，如图 12－85 所示。

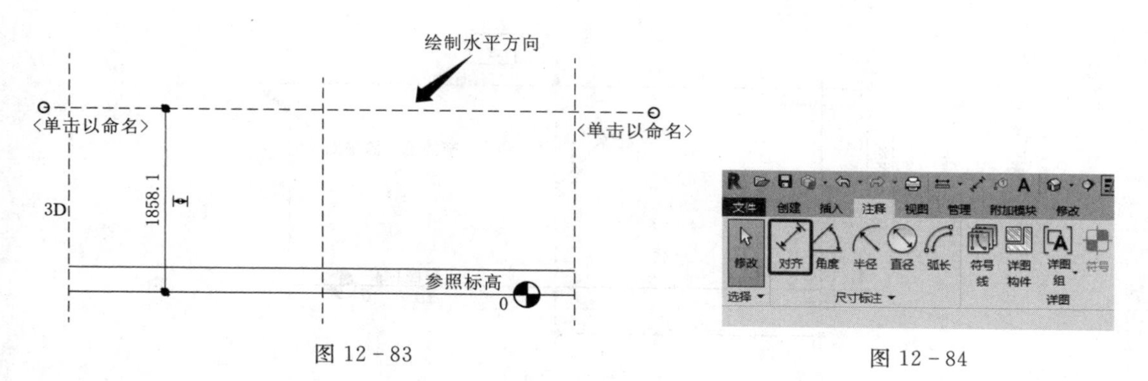

图 12-83　　图 12-84

选中尺寸标注，进入“修改｜尺寸标注”界面，单击“标签尺寸标注”子选项卡→“新建标签”按钮，如图 12-86 所示。在弹出的“参数属性”对话框中，选择“族参数”，将“名称”改为“高度”，确认“参数分组方式”为尺寸标注，右侧选择“类型”，单击“确定”按钮，如图 12-87 所示，此时尺寸标注位置就变为“高度=1858”。

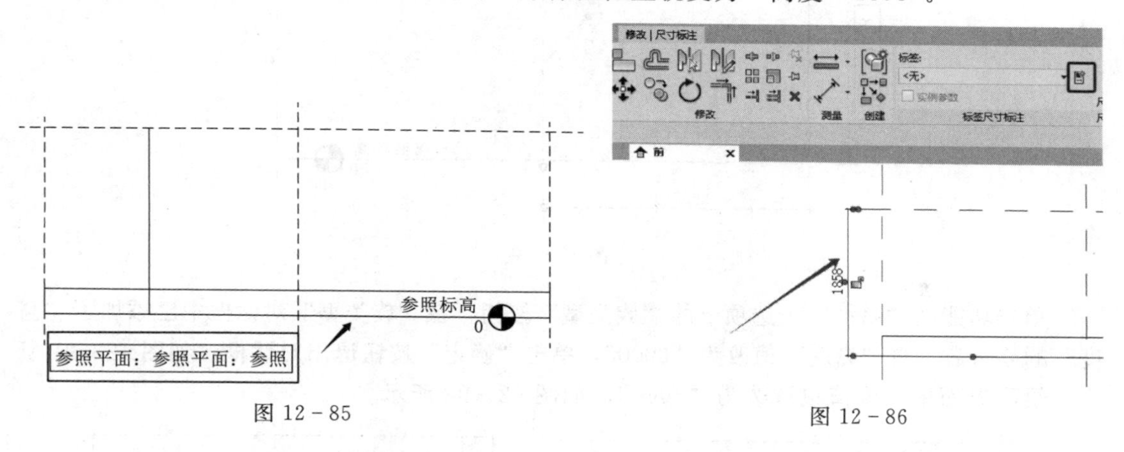

图 12-85　　图 12-86

选中在平面已经绘制好的拉伸实体的轮廓，鼠标左键选择上方的“拖拽柄”，如图 12-88 所示。将其拖拽至上方的参照平面，并单击“锁定”按钮，如图 12-89 所示。锁定后如图 12-90 所示。

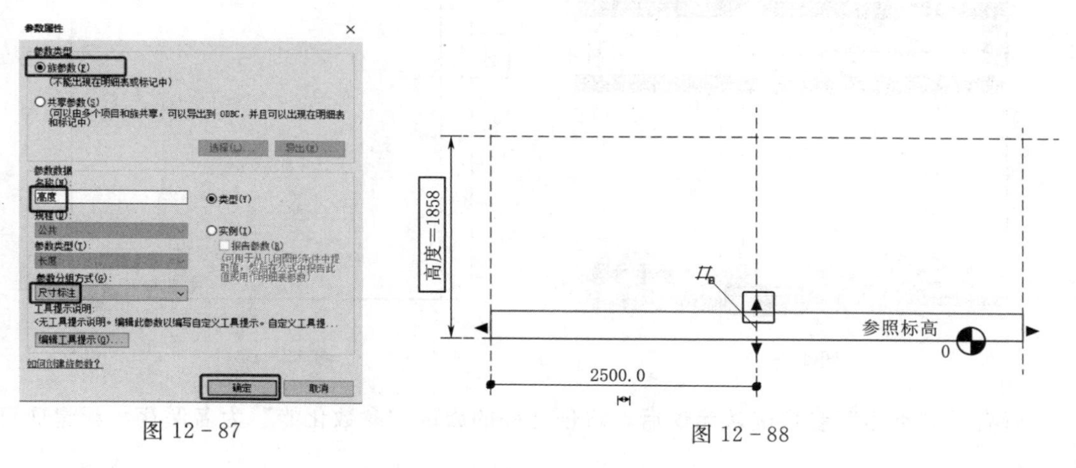

图 12-87　　图 12-88

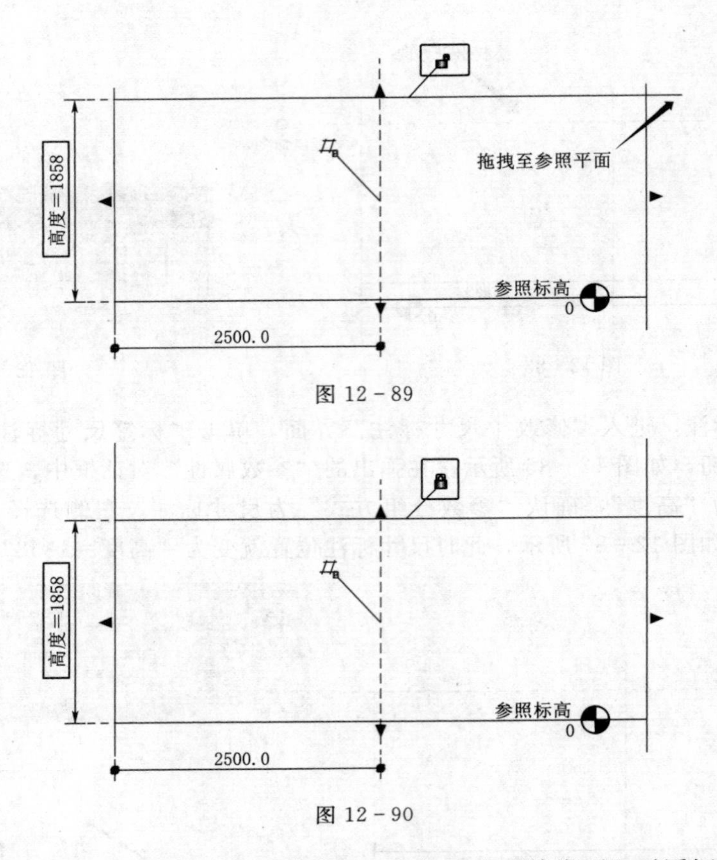

图 12 - 89

图 12 - 90

单击功能区“属性”子选项卡的“族类型”按钮，在“族类型”对话框中已添加了“高度”的族参数，将“高度”值改为“6000”，单击“确定”按钮退出对话框，如图 12 - 91 所示。绘图界面中高度值也被改为“6000”，如图 12 - 92 所示。

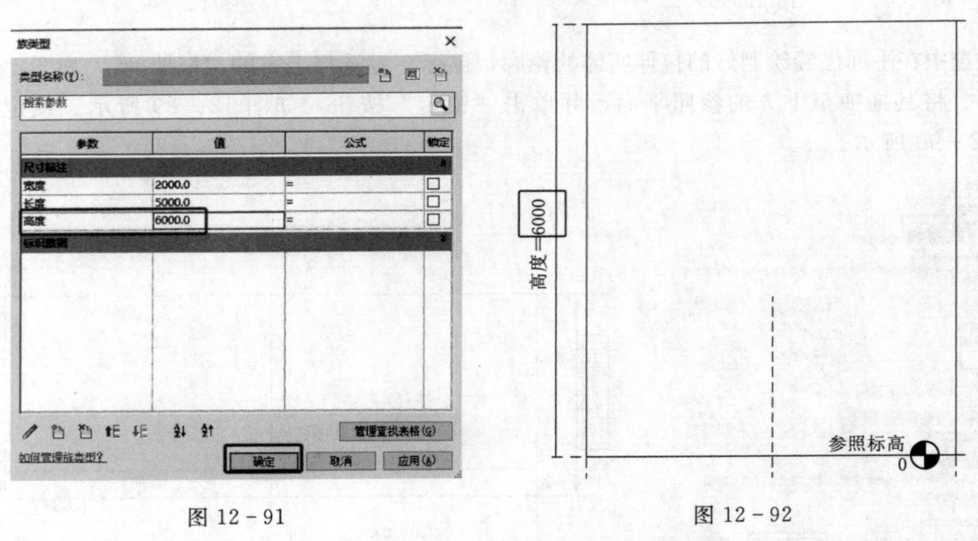

图 12 - 91

图 12 - 92

所有“族类型”参数确认无误后，将创建好的族以“参数化族”为名保存，新建项目文件并将族“载入到项目”文件中，如图 12－93 所示。在项目文件的绘图界面单击将族进行放置，如图 12－94 所示。

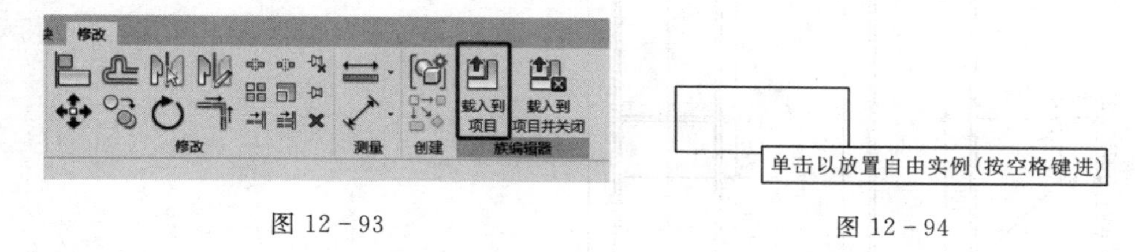

图 12－93　　图 12－94

选中参数化族，在“属性”选项板中单击“编辑类型”按钮，在弹出的“类型属性”对话框中按图 12－95 所示，将高度、长度、宽度参数进行修改，单击“确定”按钮后，修改后的参数化族如图 12－96 所示。

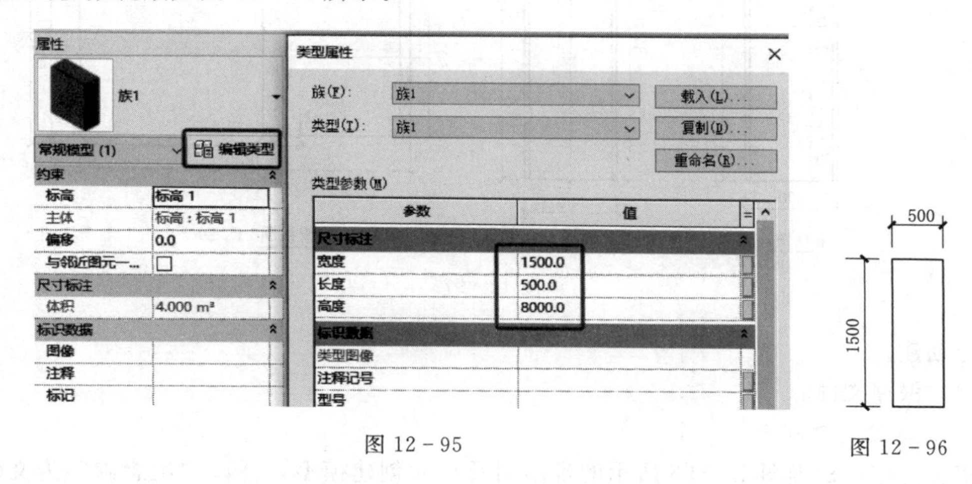

图 12－95　　图 12－96

上　机　实　训

1. 创建牛腿柱模型

实训内容：如图 12－97 所示为牛腿柱。请按图中所示尺寸要求建立该牛腿柱模型，并以“牛腿柱”为文件名保存。

操作提示：

（1）新建族文件。启动 Revit 软件，单击“族”下方的“新建”按钮，选择“公制常规模型”族样板文件，单击“打开”，进入“参照标高”绘图界面，保存并命名为“牛腿柱”。

（2）创建右侧柱体。单击“创建”主选项卡→“拉伸”命令，按照题目中给出的俯视图尺寸使用“直线”命令绘制右侧形状（倒角可借助“参照平面”定位再结合“修剪”命令绘制），绘制完成后将“拉伸终点”改为“3000”。

（3）创建左侧柱体。将视图切换至“前立面”视图，在距离顶部“600”位置，向下使用“参照平面”命令绘制一水平方向参照平面，随后按照主视图轮廓尺寸用“拉伸”命

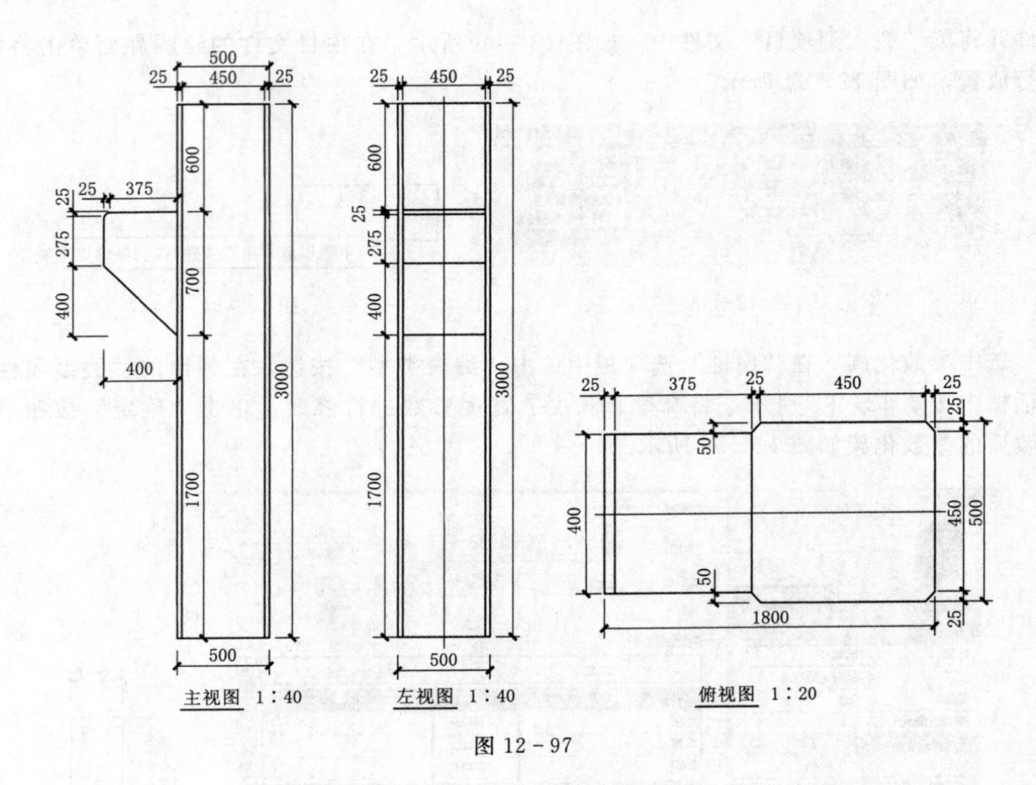

图 12－97

令进行创建。

(4) 保存文件。

2. 创建纪念碑模型

实训内容：根据图 12－98 所示的投影图及尺寸创建模型，并以“纪念碑”为文件名保存。

操作提示：

(1) 新建族文件。启动 Revit 软件，单击“族”下方的“新建”按钮，选择“公制常规模型”族样板文件，单击“打开”按钮，进入“参照标高”绘图界面，保存并命名为“纪念碑”。

(2) 创建底座。单击“创建”主选项卡→“拉伸”命令，按照题目中俯视图给出的尺寸使用“矩形”命令绘制底座，绘制完成后将“拉伸终点”改为“1800”。

(3) 创建台阶。将视图切换至前立面，按照主视图所示绘制台阶轮廓，创建完成后可通过复制或旋转命令完成其他台阶的放置。

(4) 创建碑座。“楼层平面”中双击“参照标高”，单击“创建”主选项卡→“拉伸”命令，按照题目中俯视图给出的尺寸使用“矩形”命令绘制碑座，绘制完成后将“拉伸起点”改为“1800”，“拉伸终点”改为“4800”(如在“参照标高”视图中无法看到，需调整“视图范围”)。

(5) 创建碑身。“楼层平面”中双击“参照标高”，单击“创建”主选项卡→“融合”命令，按照题目中给出的尺寸绘制碑身端面轮廓，绘制完成后将“第一端点”改为

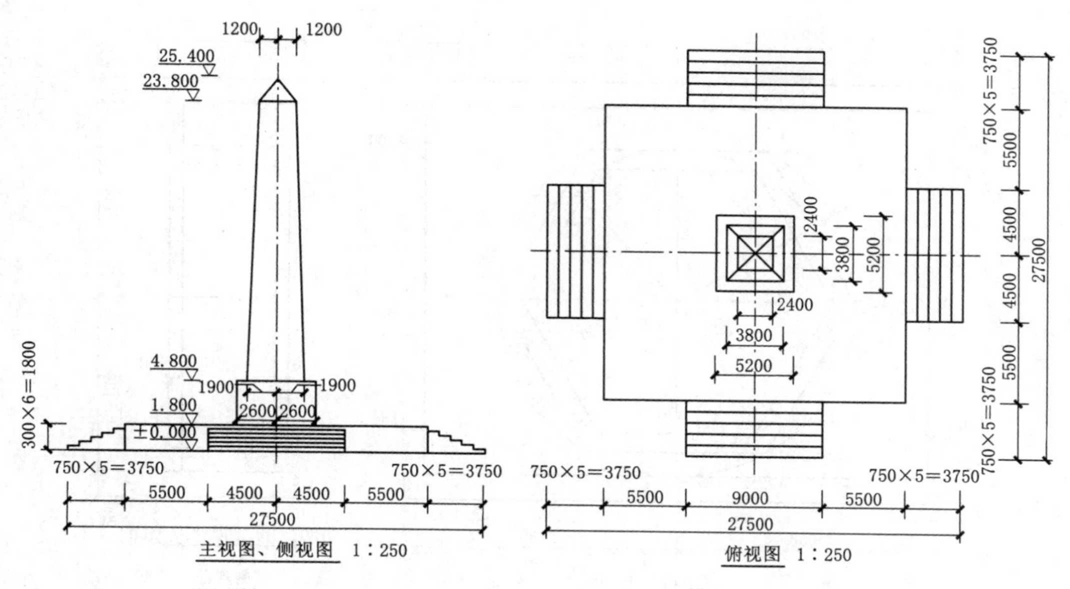

图 12－98

“4800”，“第二端点”改为“23800”。

（6）创建碑顶尖。双击“参照标高”，单击“创建”主选项卡→“放样”命令，按照题目中俯视图给出的尺寸绘制路径，再切换至立面按照主视图碑顶尖尺寸绘制三角形轮廓，最后完成创建。

（7）保存文件。

3. 创建门洞模型

实训内容：根据图 12－99 所示的投影和尺寸建立六边形门洞模型，并以“六边形门洞”为文件名保存。

操作提示：

（1）启动 Revit 软件，单击“族”下方的“新建”按钮，选择“公制常规模型”族样板文件，单击“打开”，保存并命名为“六边形门洞”。

（2）创建底座。在“项目浏览器”→“立面”中双击“前”，将视图切换至前立面，单击“创建”主选项卡→“拉伸”命令，按照题目中主视图给出的底座尺寸使用“直线”或“矩形”命令绘制底座，创建完成后将“拉伸起点”改为“500”，“拉伸终点”改为“－500”。

（3）创建墙体并开洞。在前立面单击“创建”主选项卡→“拉伸”命令，按照图示尺寸绘制墙体，墙体轮廓绘制完成后用“内接多边形”命令在墙体内部按图纸绘制直径为 2700 的内接六边形，绘制完成后将“拉伸起点”改为“350”，“拉伸终点”改为“－350”。

（4）创建门洞框。在前立面单击“创建”主选项卡→“拉伸”命令，按照题目中给出的主视图中二个六边形绘制门洞框，用“内接多边形”命令，选项栏改为“6”，分别绘制半径“1350”及“1200”的内接多边形，绘制完成后将“拉伸起点”改为“450”，“拉伸终点”改为“－450”。

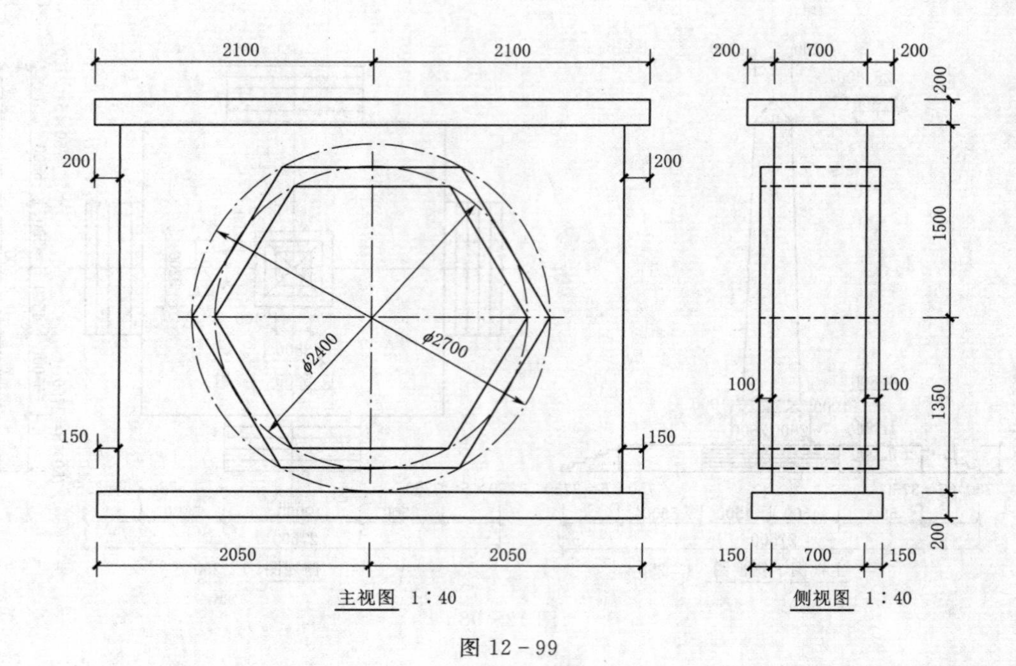

图 12-99

(5) 创建墙顶。单击“创建”主选项卡→“拉伸”命令，按照题目中给出的主视图使用“直线”命令绘制墙顶，绘制完成后将“拉伸起点”改为“550”，“拉伸终点”改为“-550”。

(6) 保存文件。

项目 13

体　量

【学习目标】

(1) 掌握创建体量的方法。

(2) 掌握创建内建体量的方法。

(3) 掌握创建面模型的方法。

【思政目标】

通过讲解创建体量的具体操作，培养学生执着专注、精益求精的工匠精神，增强团队的协作意识，树立学生集体荣誉感。

体量是建筑学术语，直观地说，就是规划模型里代表每个建筑的体块。Revit 里的体量功能是自从 Revit 出现后最重要的、突破性的更新，创建了体量后可以直接生成 Mass floor，即按标高切出所有层的平面形状，也可以对表面进行划分得到幕墙。对于复杂几何造型来说这两个功能极为重要。

任务 13.1　概念体量的创建

体量全称为概念体量，也属于族的定义范畴，但由于自由度更高，可以直接对形状的点、线、面更改，使用形状创建更自由。Revit 提供了两种创建概念体量的方式：外部可载入体量族（简称为体量）和内建概念体量族（简称为内建体量）。可载入体量和内建体量的区别：可载入体量在项目外部可单独创建，支持创建新类型，且可同时载入不同的项目提供使用；内建体量需要在项目内部创建，创建方法和可载入体量一样，但是内建体量不支持创建新类型，仅为个体构件且仅支持在当前项目使用，不支持同时载入其他项目。

13.1.1　可载入概念体量

在 Revit 初始启动界面，点击“族”下方“新建概念体量”按钮，如图 13-1 所示。在弹出的如图 13-2 所示的对话框中选择“公制体量”族样板文件，点击“打开”即可进入概念体量绘图界面，默认显示为三维视图状态，如图 13-3 所示。

将鼠标放在绘图窗口的虚线上将高亮显示三个两两相互垂直的工作平面，如图 13-4 所示，可以将这三个平面理解为空间的 x、y、z 坐标平面，三个平面的交点理解为坐标原点。创建体量模型时，必须在工作平面上创建草图轮廓，再将草图轮廓转换生成三维概念体量模型。除了默认的这三个工作平面外，在创建模型时还可以根据需要通过创建标高和参照平面的方法自行创建新的工作平面。

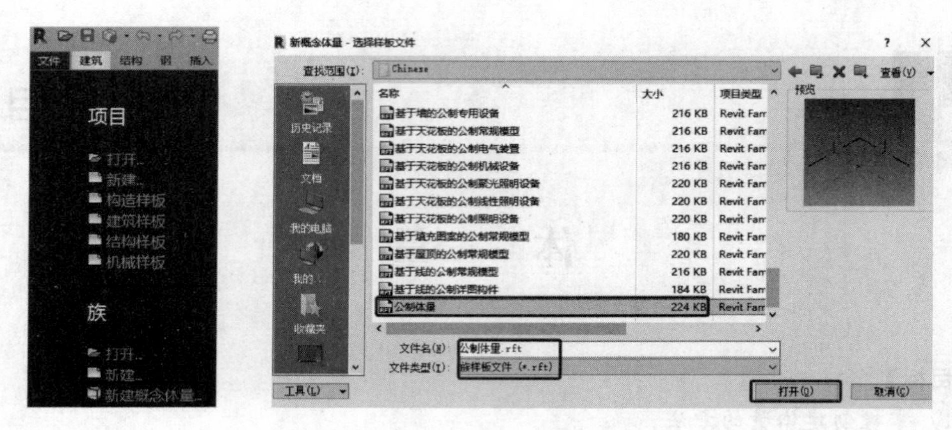

图 13－1　　　　图 13－2

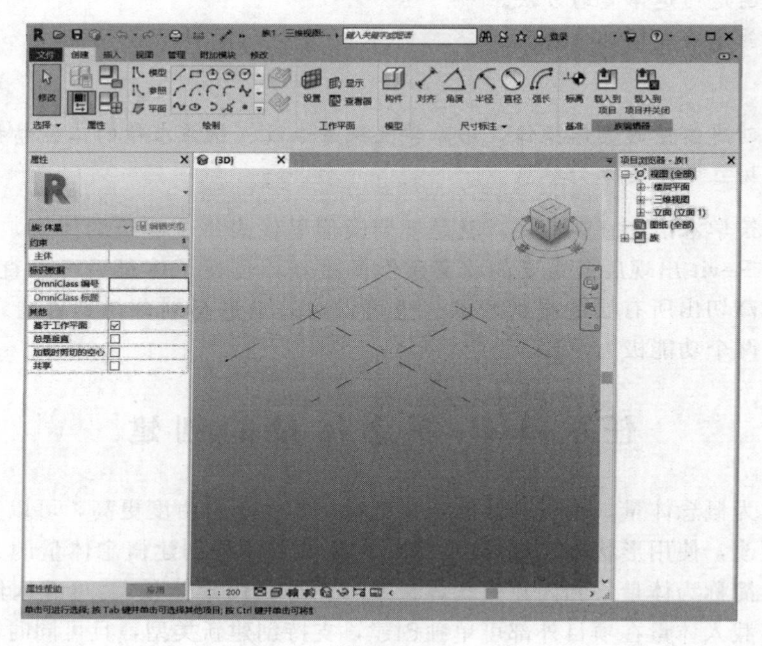

图 13－3

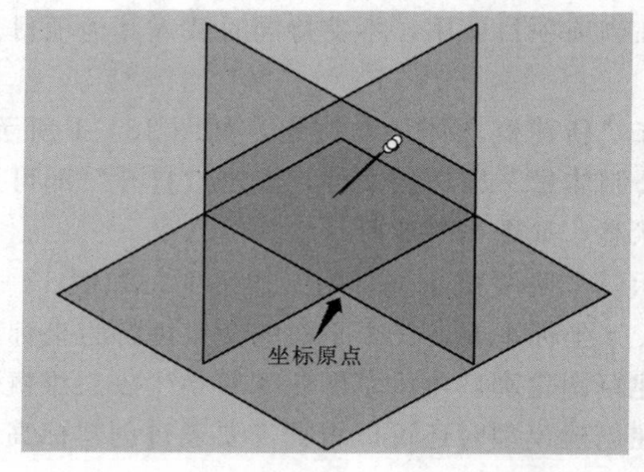

图 13－4

1. 创建各种形状的工具

使用“创建形状”工具可以创建两种类型的体量模型对象：实体模型和空心模型，如图 13－5 所示。一般情况下空心模型将自动剪切与之相交的实体模型，也可以自动剪切创建的实体模型。在“修改｜线”界面下“几何图形”子选项卡中的“剪切几何图形”和“取消剪切几何图形”命令，如图 13－6 所示，可以控制空心模型是否剪切实体模型。

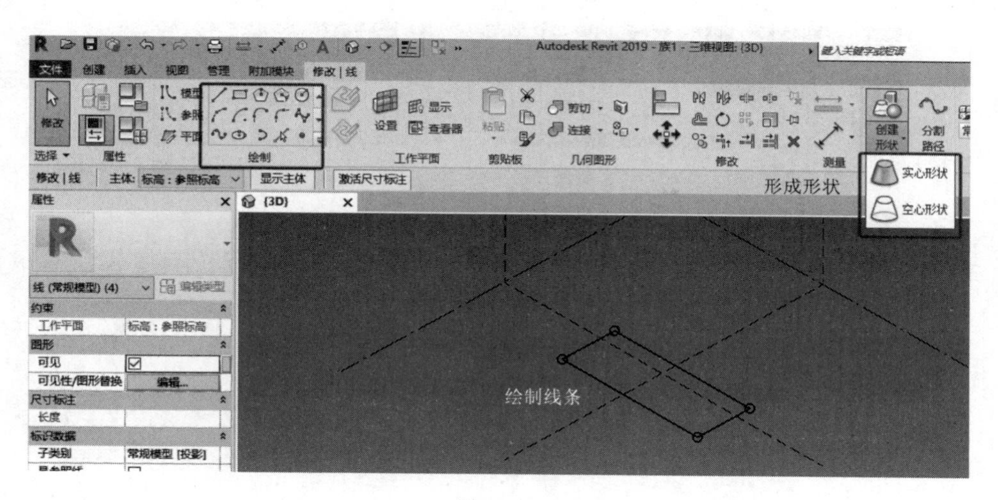

图 13-5

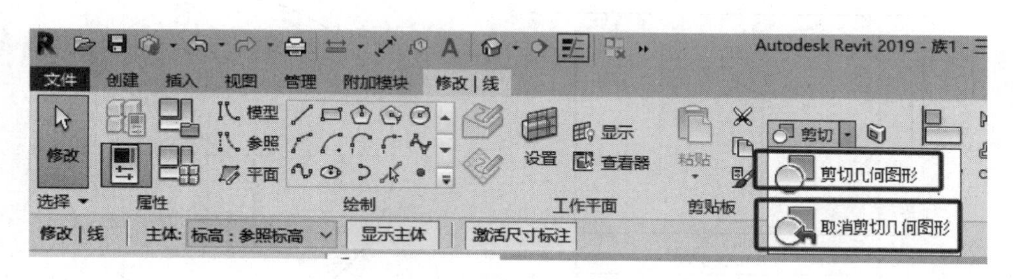

图 13-6

"创建形状"工具将自动分析所拾取的草图，通过拾取草图形态可以生成拉伸、旋转、放样、融合等多种形态的对象。例如，当选择两个位于平行平面的封闭轮廓时，Revit 将以这两个轮廓为端面，以融合的方式创建模型。

2. 创建概念体量

要创建概念体量模型，可以先创建标高，以便在标高对应的相应平面视图中绘制几何形状，将视图切换到任意立面，单击"创建"主选项卡→"基准"子选项卡→"标高"命令，创建与"标高 1"相距 20000mm 的"标高 2"，如图 13-7 所示。

将视图切换至"标高 1"平面视图，选择"创建"主选项卡→"绘制"子选项卡中的"矩形"命令，绘制一个 40000mm×30000mm 的矩形，如图 13-8 所示 。将视图切换至"标高 2"平面视图，绘制一个半径为 20000mm 的圆形，如图 13-9 所示。

将视图切换至三维视图，按键盘 Ctrl 键配合加选两个形状，单击"修改 | 线"界面下的"创建形状"→"实心形状"命令，如图 13-10 所示。

完成形状绘制，如图 13-11 所示。

13.1.2 内建体量的创建

新建一个项目文件，在项目中在位创建，单击"体量和场地"主选项卡→"概念体量"子选项卡→"内建体量"命令，如图 13-12 所示。在弹出的"名称"对话框中输入所创建的体量模型名称，这里名称叫作体量 1，随后点击"确定"按钮，如图 13-13 所示。

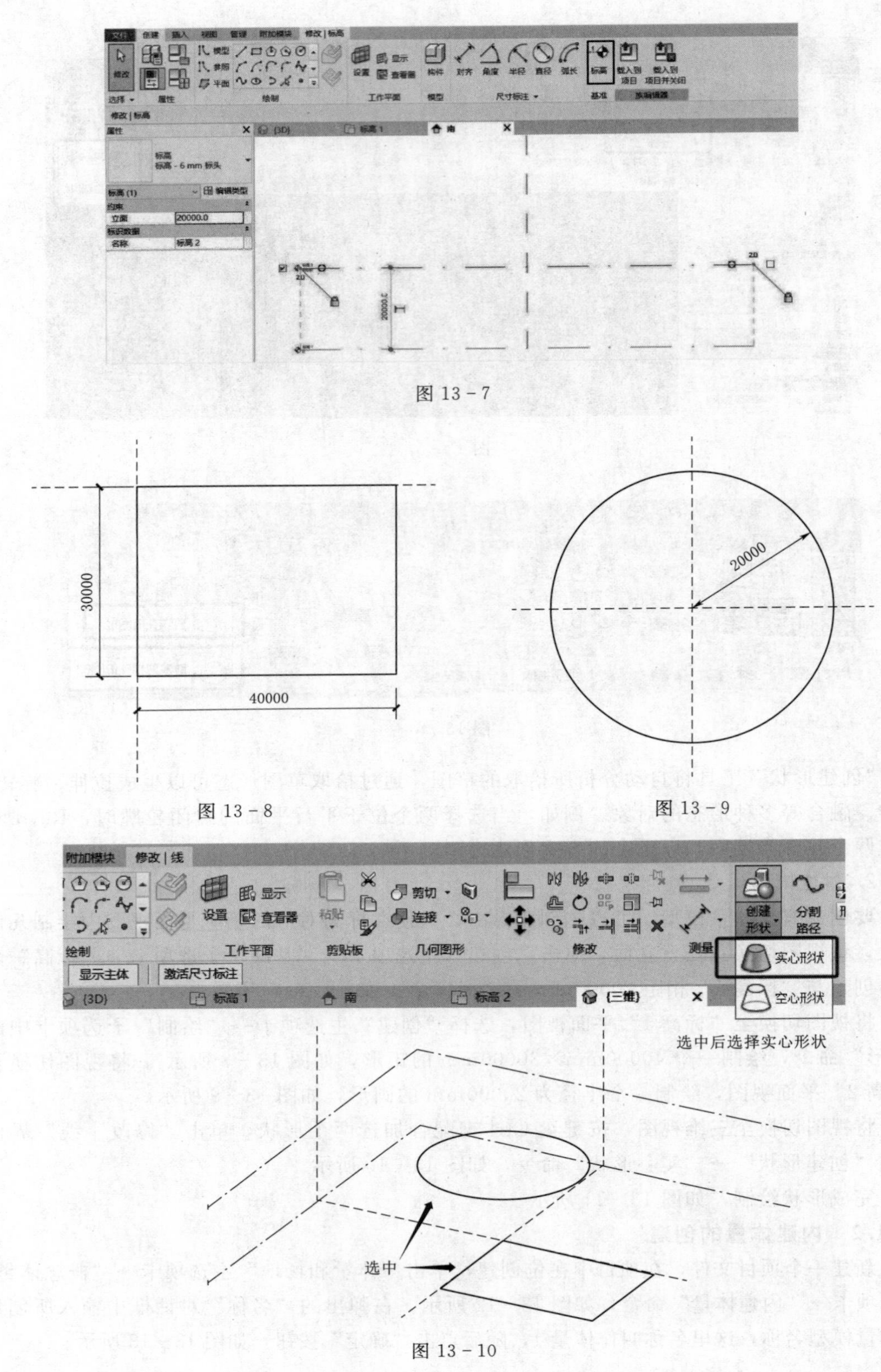

图 13－7

图 13－8

图 13－9

图 13－10

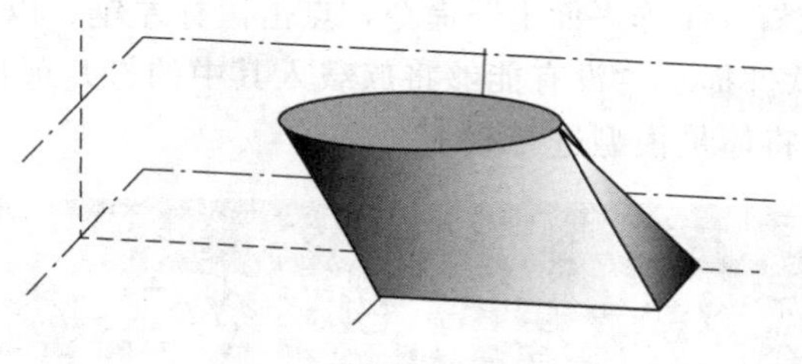

图 13-11

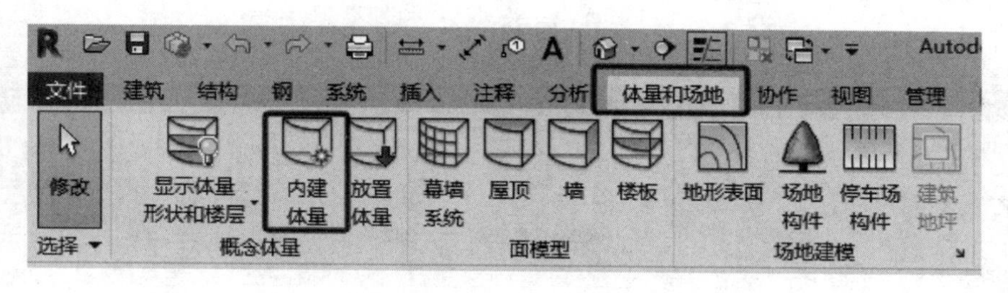

图 13-12

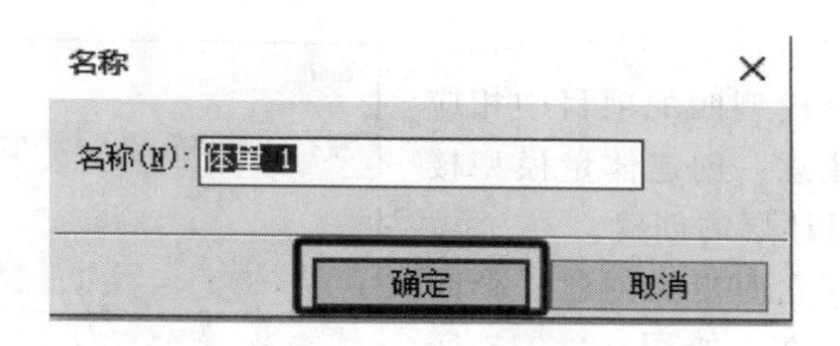

图 13-13

完成后可在项目中创建随意形状，创建过程与可载入概念体量一致，创建完成后，点击“在位编辑器”子选项卡→“完成体量”命令✔，如图 13-14 所示。

图 13-14

任务 13.2 面模型的创建

在进行概念设计时，除通过体量模型推敲建筑概念形态外，还要了解体量模型也可以载入到项目中通过体量楼层、面楼板、面墙及幕墙系统的添加得到相应的实体模型，Revit 中所有的面模型的创建都是基于体量模型创建的。

将体量模型载入到项目：打开绘制好的体量模型，单击“族编辑器”子选项卡→“载入到项目”命令，如图 13-15 所示。进入到项目文件中“修改 | 放置 放置体量”界面，单击

“放置”子选项卡→“放置在工作平面上”命令，点击鼠标左键，以选择体量放置的点，如图 13－16 所示。如果软件提示“没有能够将族载入其中的打开项目”时，如图 13－17 所示，则需新建项目，再将体量模型进行载入。

图 13－15

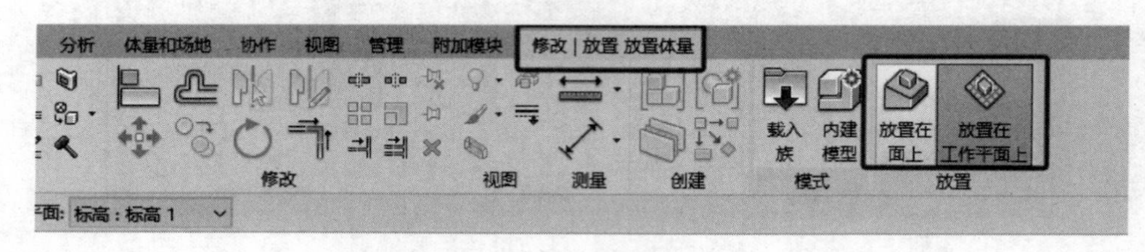

图 13－16

13.2.1　体量楼层

体量楼层是为体量模型匹配项目中相应标高，以创建楼板，注意：创建体量模型楼板前，需要先进行体量楼层的创建。

图 13－17

在项目文件的任意立面视图创建 4 个间距为“3000mm”的标高，如图 13－18 所示。将视图切换至“三维”，选择已载入的体量模型，如图 13－19 所示。进入“修改 | 体量”界面，单击“模型”子选项卡→“体量楼层”命令，如图 13－20 所示。在弹出的“体量楼层”对话框中，勾选全部标高，点击“确定”按钮，如图 13－21 所示。完成“体量楼层”添加，如图 13－22 所示。

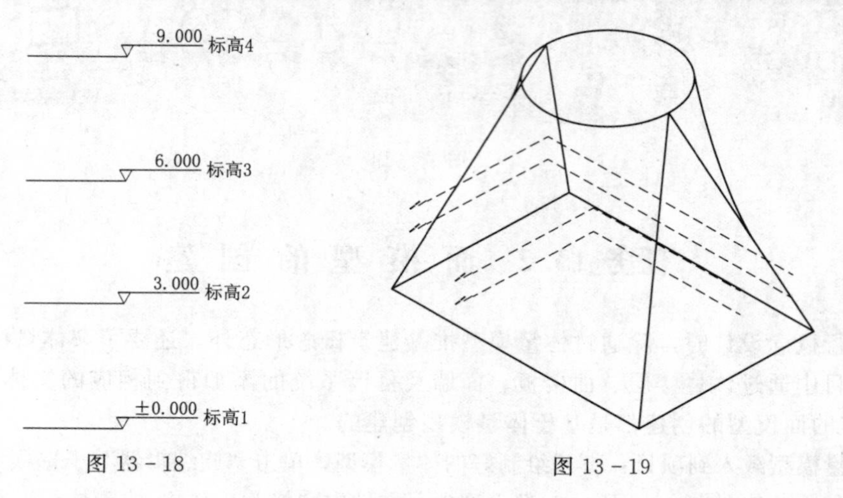

图 13－18　　图 13－19

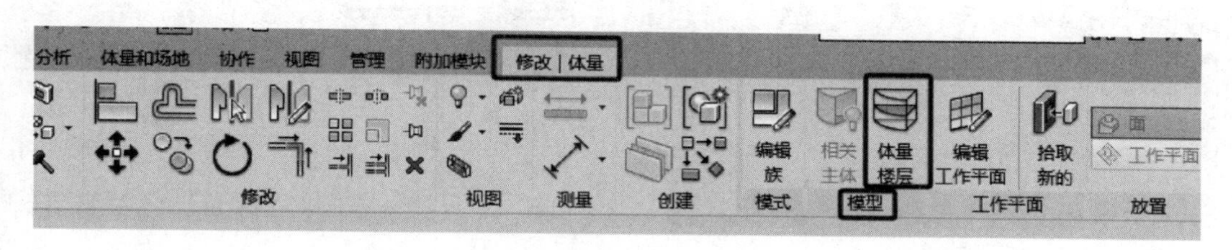

图 13 - 20

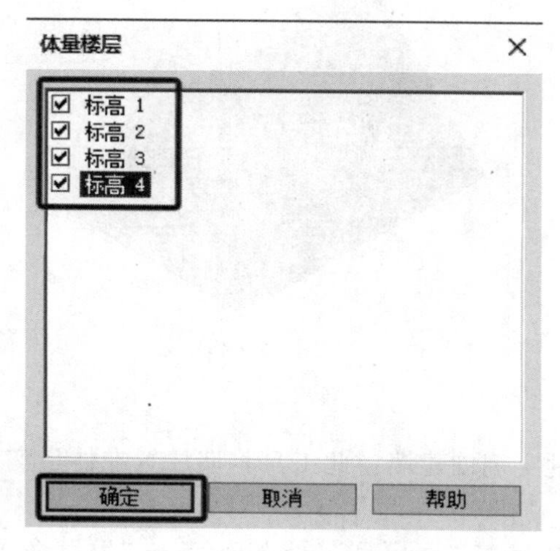

图 13 - 21

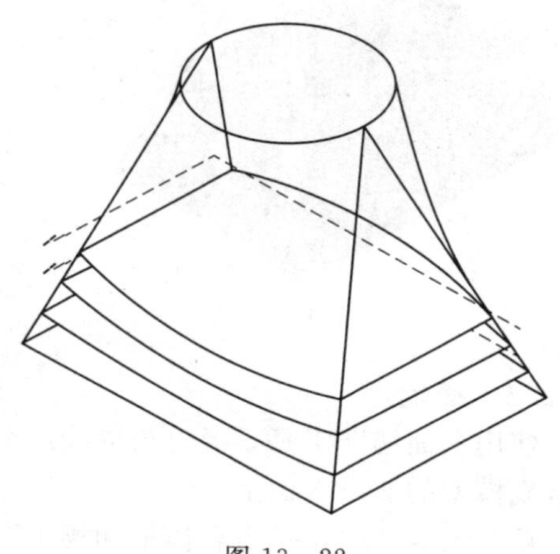

图 13 - 22

13.2.2 楼板

创建体量楼层后，可以使用“楼板”下拉“面楼板”命令将体量楼层转换为建筑模型的楼层。

在三维视图中，单击“体量和场地”主选项卡→“面模型”子选项卡→“楼板”下拉“面楼板”命令，如图 13 - 23 所示。将“视图样式”更改为“着色”，框选所有“体量楼层”，此时“创建楼板”命令亮显，如图 13 - 24 所示。单击“多重选择”子选项卡→“创建楼板”，完成面楼板的创建，如图 13 - 25 所示。

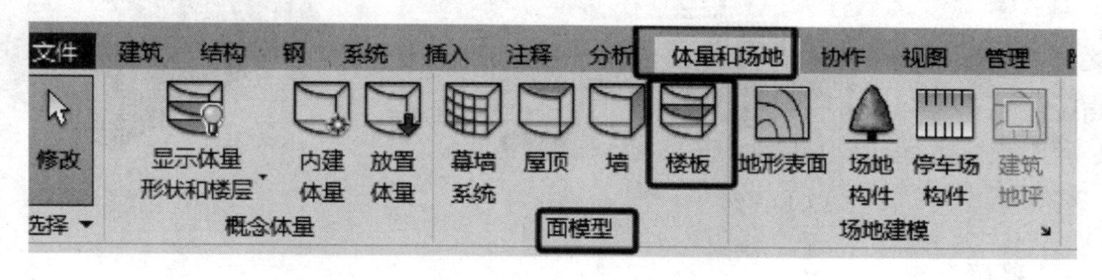

图 13 - 23

提示：注意，Revit 会根据体量楼层进行楼板创建，如果没有标高则无法创建体量楼层，没有体量楼层则无法创建面楼板。

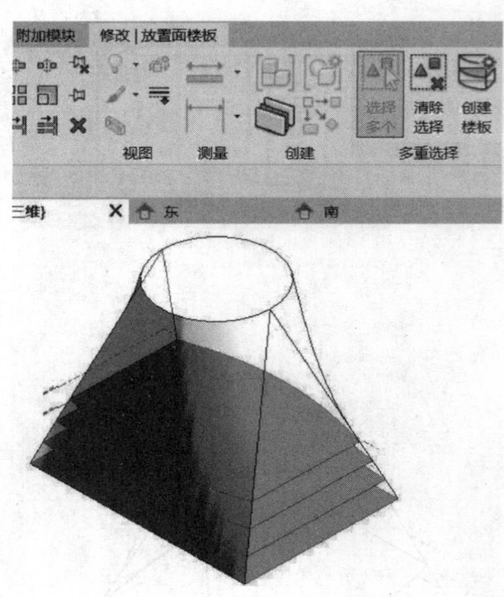

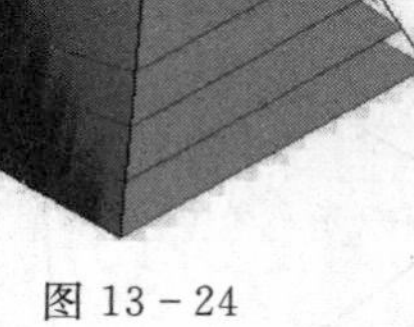

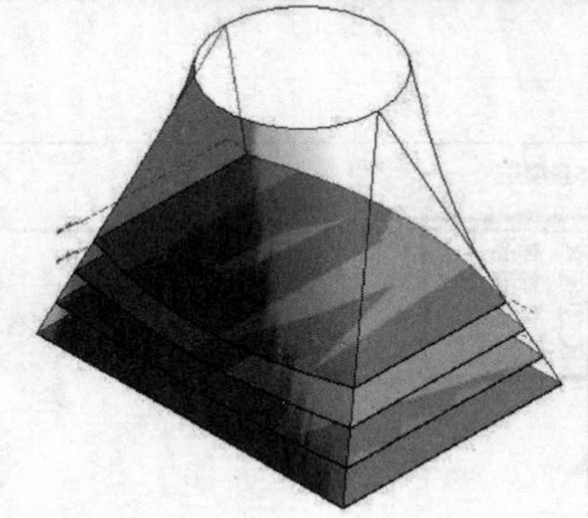

图 13－24　　　　图 13－25

13.2.3　面墙

使用“面墙”工具，通过拾取线或面从体量实例创建墙。此工具将墙放置在体量实例或常规模型的非水平面上。

在三维视图中，单击“体量和场地”主选项卡→“面模型”子选项卡→“墙”命令，如图 13－26 所示。在“属性”选项板选择或复制所需要的墙类型，选项栏中对“面墙”的设置与“建筑”主选项卡→“墙”的设置相同，设置完成后，点选需要在体量模型中添加墙的面即可，如图 13－27 所示左侧墙。

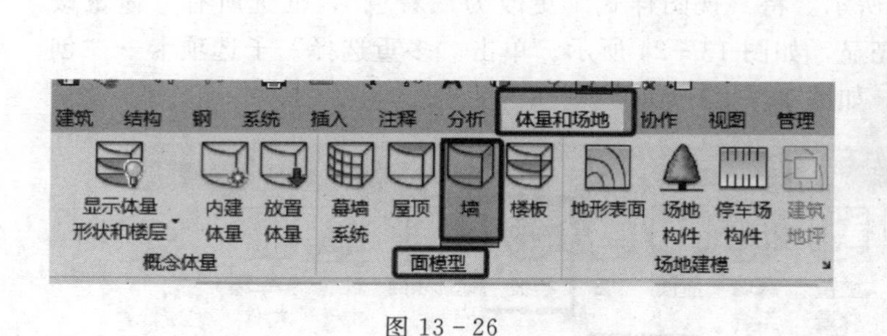

图 13－26

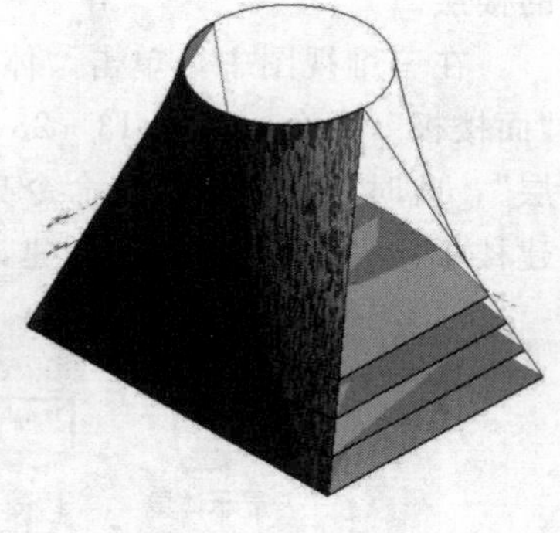

图 13－27

13.2.4　幕墙系统

幕墙系统命令可以在体量面或常规模型上创建幕墙系统。

在三维视图中，单击“体量和场地”主选项卡→“面模型”子选项卡→“幕墙系统”命令，如图 13－28 所示。在“属性”选项板选择或复制所需要的幕墙类型，也可以单击“编辑类型”按钮进入类型属性中进行编辑，与“面楼板”类似，选择需要创建幕墙的面，进入“修改｜放置幕墙系统”界面，单击“多重选择”子选项卡→“创建系统”命令，完成幕墙系统创建，如图 13－29 所示前面墙。

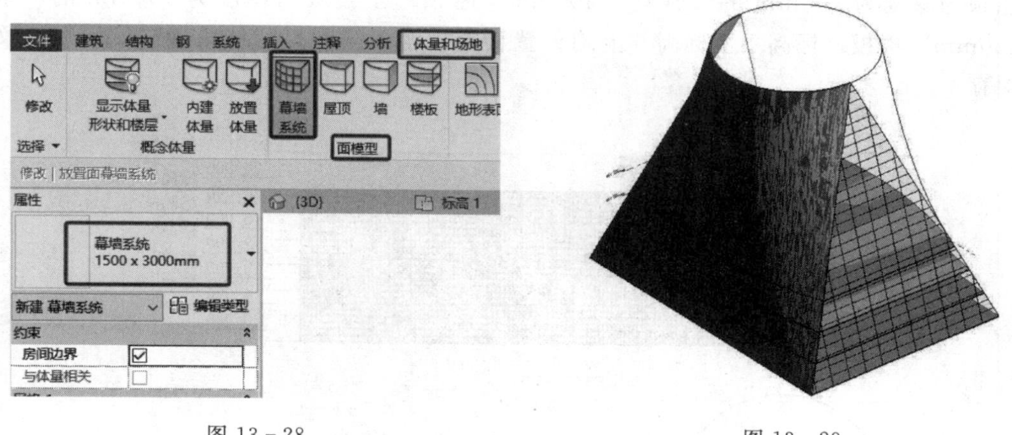

图 13－28　　图 13－29

13.2.5　屋顶

屋顶使用“面屋顶”工具在体量的任何非垂直面上创建屋顶。

在三维视图中，单击“体量和场地”主选项卡→“面模型”子选项卡→“屋顶”命令，如图 13－30 所示。在“属性”选项板选择所需要的屋顶类型，在选项栏中对“面屋顶”的设置与“建筑”主选项卡→“屋顶”的设置相同，选择需要创建屋顶的面，进入“修改｜放置面屋顶”界面，单击“多重选择”子选项卡→“创建屋顶”命令，完成“面屋顶”绘制，如图 13－31 顶面所示。

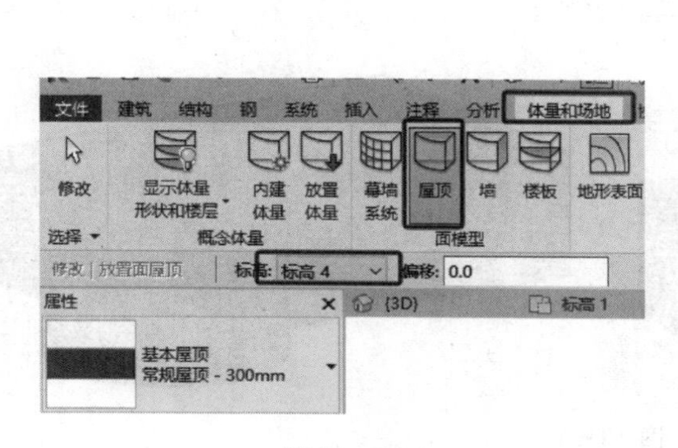

图 13－30

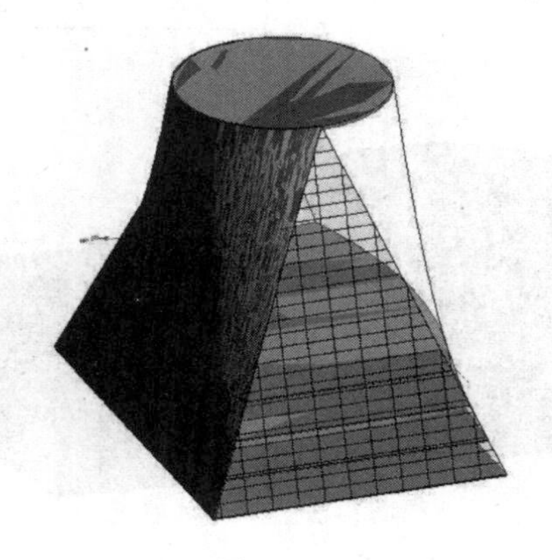

图 13－31

上　机　实　训

创建体量楼层

实训内容：如图 13－32 所示：①面墙为厚度 200mm 的“常规－200mm”面墙，定位线为“核心层中心线”；②幕墙系统为网格布局 600mm×1000mm（即横向网格间距为 600mm，竖向网格间距为 1000mm），网格上均设置竖梃，竖梃均为圆形竖梃半径 50mm；③屋顶为厚度为 400mm 的“常规－400mm”屋顶；④楼板为厚度为 150mm 的“常规－150mm”楼板，标高 1 至标高 6 上均设置楼板。将该模型以“体量楼层.rvt”为文件名保存。

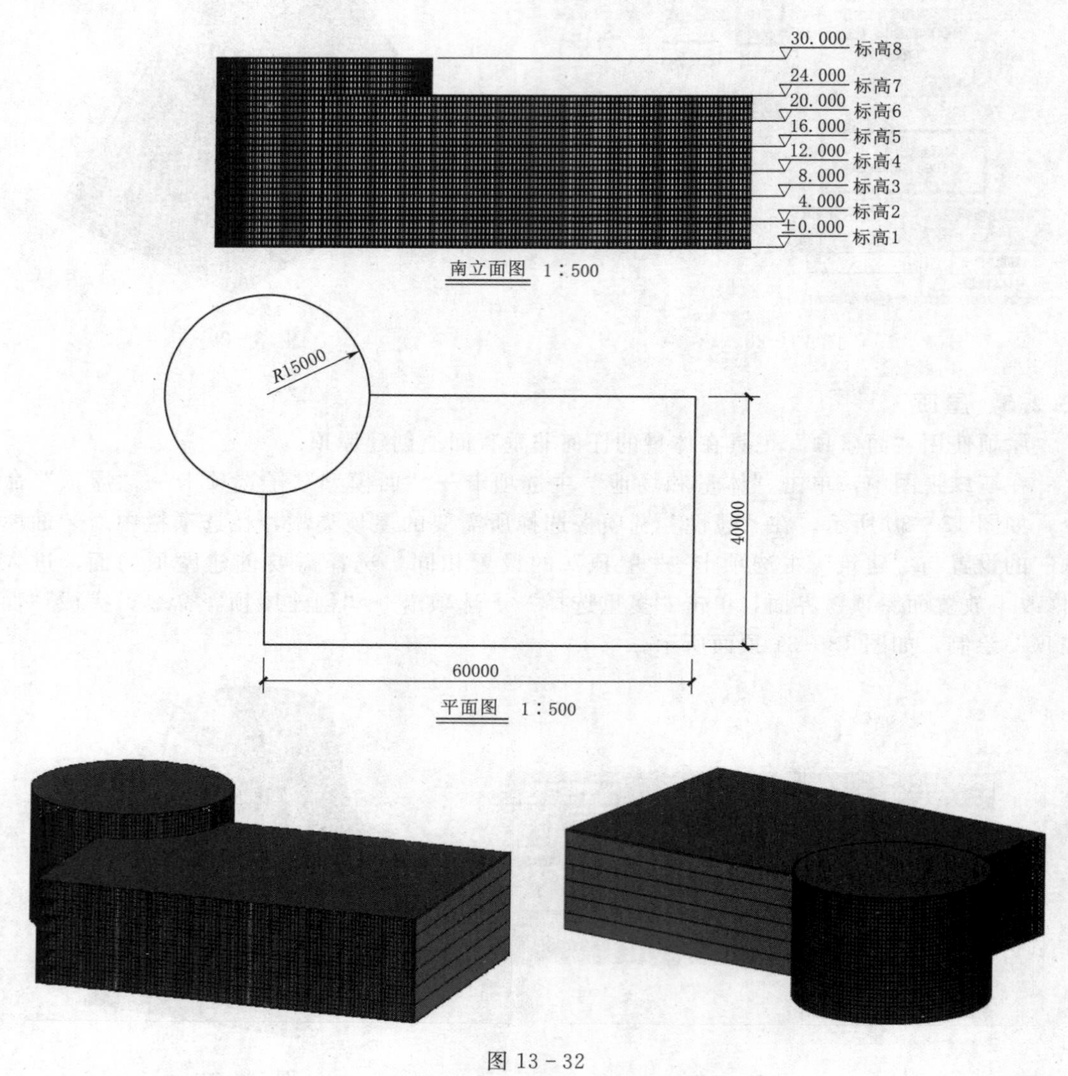

图 13-32

操作提示：

（1）新建项目。启动 Revit 软件，选择“建筑样板”新建项目文件，保存并命名为“体量楼层.rvt”。

（2）创建标高。在项目立面视图中创建如图 13-33 所示标高。在“项目浏览器”→“楼层平面”中双击“标高 1”，进入“楼层平面：标高 1”视图。单击“体量和场地”主选项卡→“概念体量”子选项卡→“内建体量”命令，弹出“名称”对话框，确认体量名称，进入体量编辑界面。

（3）创建圆柱体与长方体。单击“创建”主选项卡→“绘制”子选项卡→“圆形”命令，绘制半径为“15000”的圆；单击“矩形”命令，按照题目位置绘制60000mm×40000mm的矩形，如图13－34所示；绘制完成后，将视图切换至三维，选中绘制好的圆形，自动激活进入“修改｜线”界面，单击“形状”子选项卡→“创建形状”下拉三角号→“实心形状”命令，修改圆柱高度为“30000”。选中绘制好的矩形，单击“实心形状”命令修改长方体高度为“24000”，如图13－35所示。

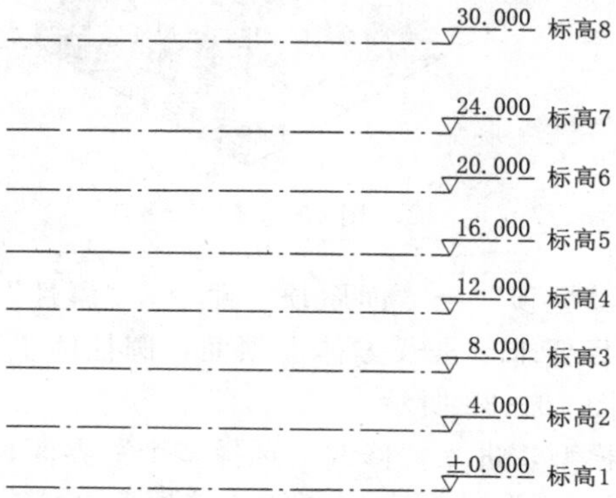

30.000 标高8
24.000 标高7
20.000 标高6
16.000 标高5
12.000 标高4
8.000 标高3
4.000 标高2
±0.000 标高1

图13－33

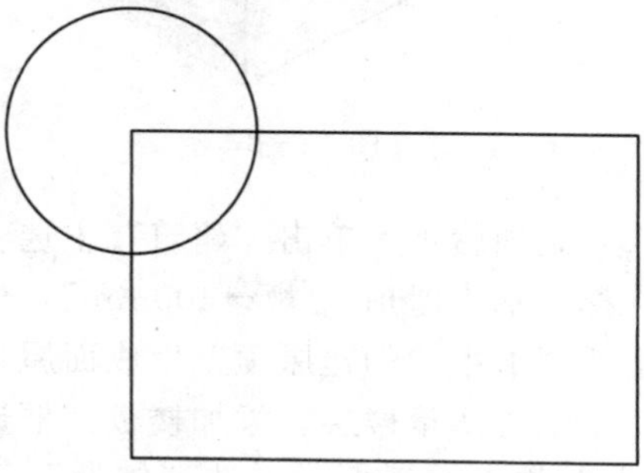

图13－34

（4）连接圆柱体和长方体。选中两个已创建好的形体，进入“修改｜形式”界面，单击“几何图形”子选项卡→“连接”下拉三角号“连接几何图形”命令，依次点击圆柱体和四棱柱体，将两形体交接处进行连接，单击“在位编辑器”选项卡中的“完成体量”命令✔，如图13－36所示。

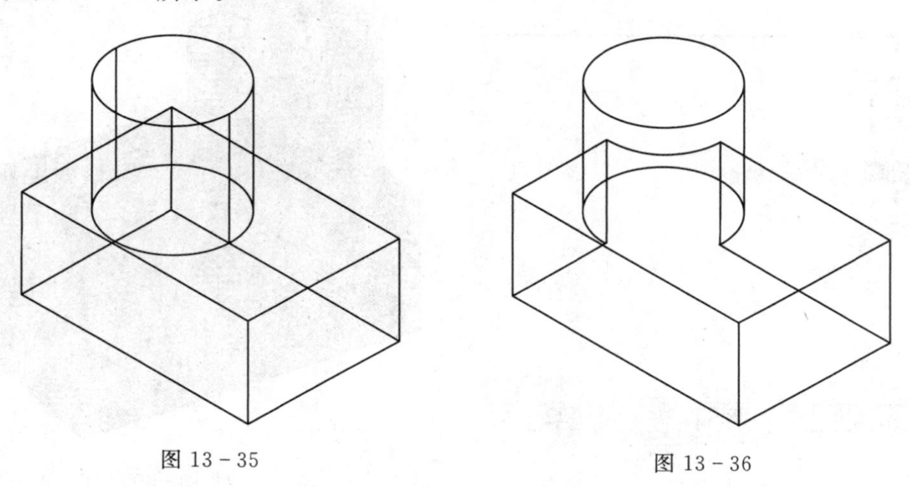

图13－35　　图13－36

（5）添加面墙。单击“建筑”主选项卡→“墙”→“面墙”命令，“属性”选项板中选择“基本墙 常规－200mm”，在选项栏设置定位线为“核心层中心线”，根据题目要求单击长方体北立面，东立面生成面墙，视觉样式调整为“一致的颜色”，如图13－37所示。

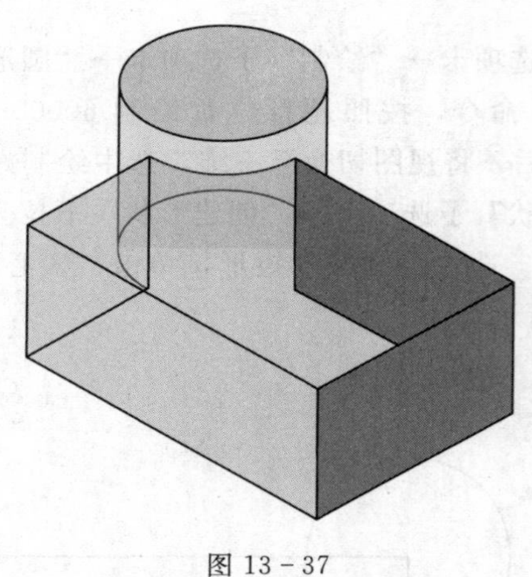

图 13-37

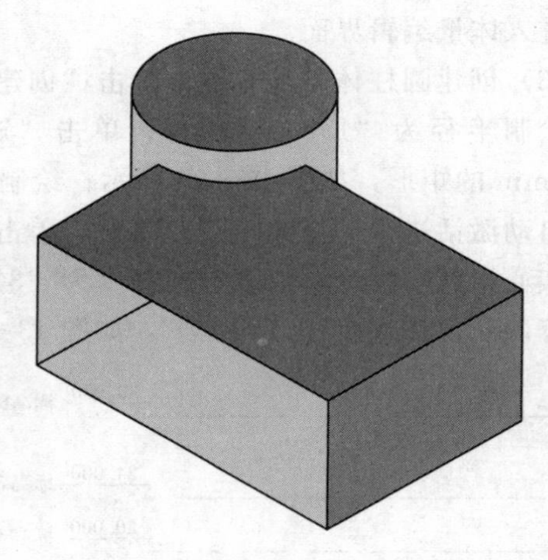

图 13-38

（6）添加屋顶。单击“建筑”主选项卡→“屋顶”→“面屋顶”命令，“属性”选项板中选择“基本屋顶 常规－400mm”，根据题目要求单击长方体上顶面，圆柱体上顶面，再单击选项卡中“创建屋顶”生成面屋顶，如图 13-38 所示。

（7）生成体量楼层、添加楼板。框选整个模型，进入“修改｜选择多个”界面，单击“过滤器”弹出对话框，勾选“体量”，点击“模型”选项卡→“体量楼层”命令，弹出“体量楼层”对话框，勾选“标高 1”至“标高 6”，如图 13-39 所示，单击“确定”生成体量楼层；单击“建筑”主选项卡→“楼板”→“面楼板”命令，“属性”选项板中选择“楼板 常规－150mm”，选中所有体量楼层，进入“修改｜放置面楼板”界面，单击“创建楼板”命令生成面楼板，如图 13-40 所示。

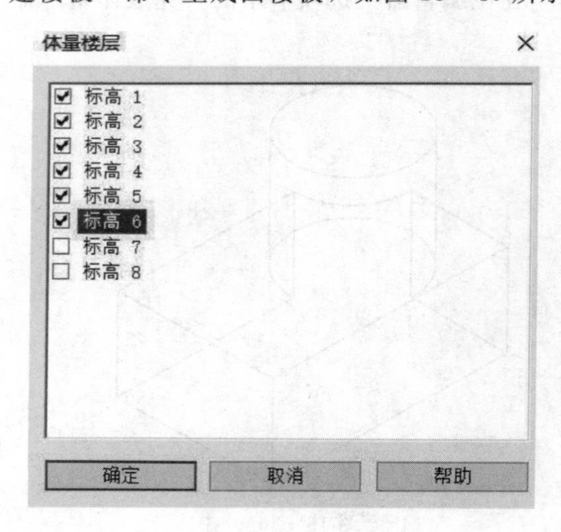

图 13-39

图 13-40

（8）添加幕墙。单击“建筑”主选项卡→“幕墙系统”命令，单击“属性”选项板中“编辑类型”按钮，在弹出的“类型属性”对话框中复制新类型，名称为“600×1000mm”，修改参数如图 13-41 所示，单击“确定”按钮。选中圆柱体侧面、长方体南、西立面，进入“修改｜放置面幕墙系统”界面，单击“创建系统”命令生成幕墙，如图 13-42 所示。

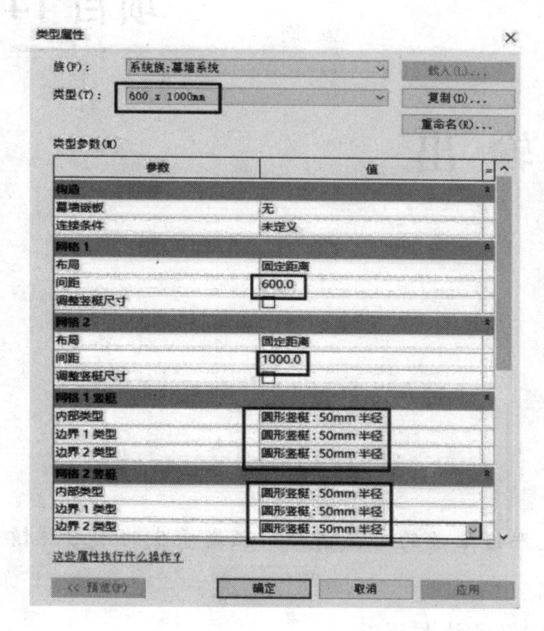

图 13-41

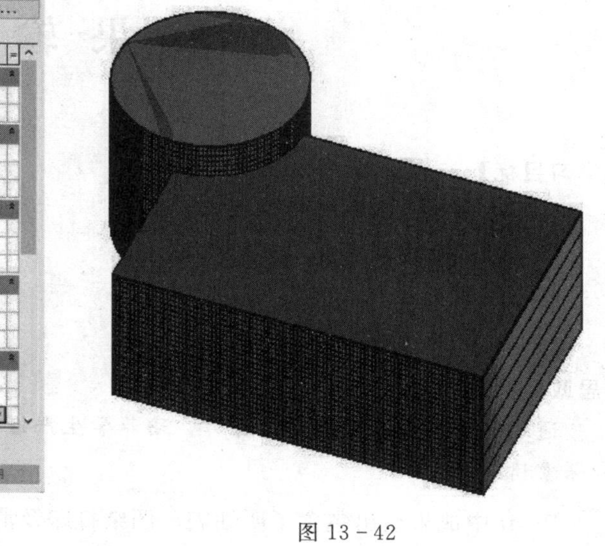

图 13-42

(9) 保存文件。

提示：最后添加幕墙，否则添加幕墙后运行速度慢。

项目 14

成 果 输 出

【学习目标】

（1）掌握创建及编辑明细表的方法。

（2）掌握创建及打印图纸的方法。

（3）掌握创建渲染与漫游的方法。

（4）掌握创建房间的方法。

【思政目标】

通过讲解成果输出的具体操作，培养学生严谨细致的工匠精神，激发学生的学习热情和探索精神。

Revit 中成果输出包含了明细表、图纸打印及渲染与漫游。

任务 14.1 明细表的创建与编辑

创建明细表、提取数量和材质，以确定并分析在项目中使用的构件和材质。明细表是模型的另一种视图，显示项目中任意类型图元的列表。明细表以表格形式显示信息，这些信息是从项目中的图元属性中提取的，并且在项目中所做的任何修改，明细表都会自动更新并反映这些修改。明细表可以列出要编制明细表的图元类型的每个实例，或根据明细表的成组标准将多个实例压缩到一行中。

下面介绍在 Revit 2019 中创建明细表的步骤。

14.1.1 创建明细表

项目模型创建完成后，可通过明细表对其工程量进行统计，如图 14－1 所示。点击“视图”主选项卡→“创建”子选项卡→“明细表”命令，单击下拉三角号选择“明细表/数量”。弹出的“新建明细表”对话框，如图 14－2 所示。

或者在项目浏览器中选中“明细表/数量”，单击鼠标右键，点击“新建明细表/数量”，弹出“新建明细表”，如图 14－3 所示。

在“新建明细表”对话框中，选择“窗”类别，在“名称”位置，可以修改明细表名称，修改完成后单击“确定”按钮，弹出的“明细表属性”对话框，如图 14－4 所示。

在“明细表属性”对话框中，可通过“添加命令”将需要统计的参数字段添加到明细表字段范围框中，也可以通过“上移”或“下移”命令对字段进行顺序调整，注意“明细表属性”对话框中有很多项选项卡，建议全部设置完成后再点击“确定”按钮。

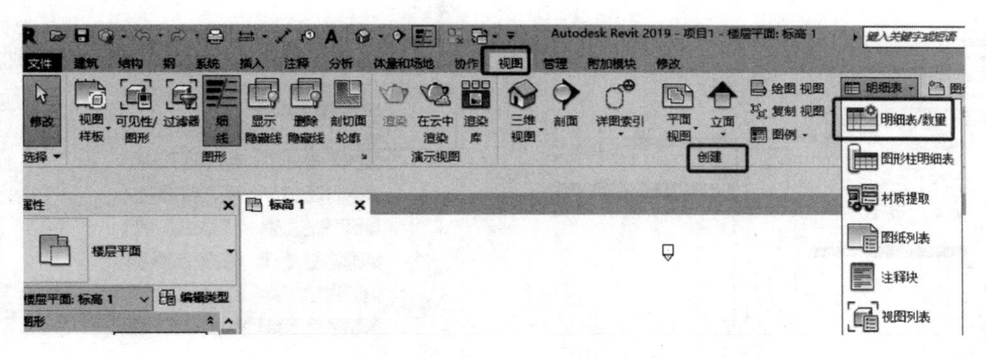

图 14-1

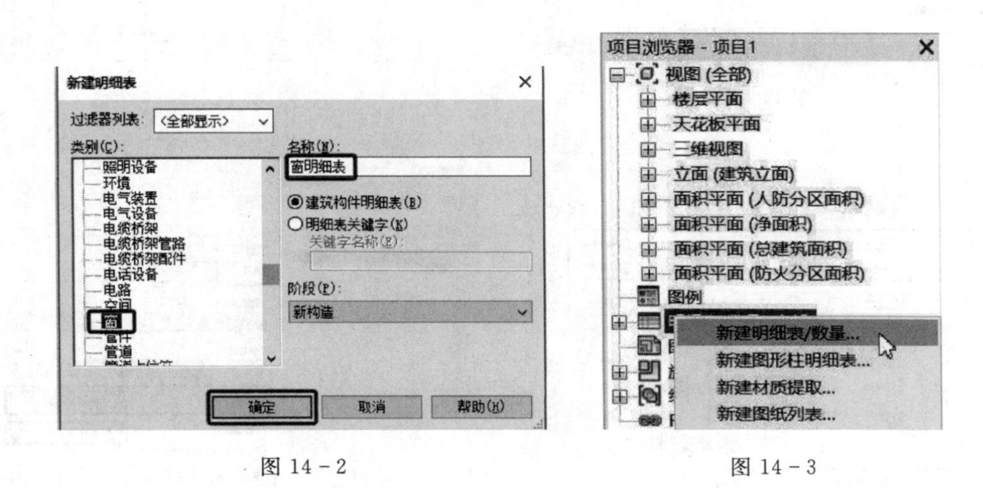

图 14-2　　　　图 14-3

（1）在弹出的“明细表属性”对话框中，可通过“添加命令”将需要统计的参数字段添加到明细表字段范围框中，双击字段名称也可以实现此命令实现的效果，如图 14-4 所示。

（2）过滤器可以添加过滤条件，将符合要求的数据筛选出来。点击过滤条件后下拉三角，打开对应的字段参数，选择即可，如图 14-5 所示。过滤器中所能选择的过滤条件必须是字段中已选择的，如果没有选择字段则过滤条件没有任何选择。

（3）排序/成组（页眉、页脚、空行、总计、逐项列举每个实例），可以指定按照特定的参数进行“排序/成组”，如以“宽度”参数进行排序，如图 14-6 所示。在“排序/成组”选项卡的底部有“总计”和“逐项列举每个实例”复选框，单击“总计”右侧下拉三角号有四种选项，分别是“标题、合计和总数”“标题和总数”“合计和总数”“仅总数”。使用“总计”可以对明细表进行统计，在明细表底部显示总计的数目。勾选“逐项列举每个实例”复选框，图元的每个实例都会单独用一行显示。

（4）格式（字段格式、条件格式），可以对字段的“标题”“标题方向”“字段格式”及“条件格式”进行修改，如图 14-7 所示。“字段格式”可以设置单位、小数位数以及单位符号等。“条件格式”可以对列进行计算，包括提取最大值、最小值及求和。

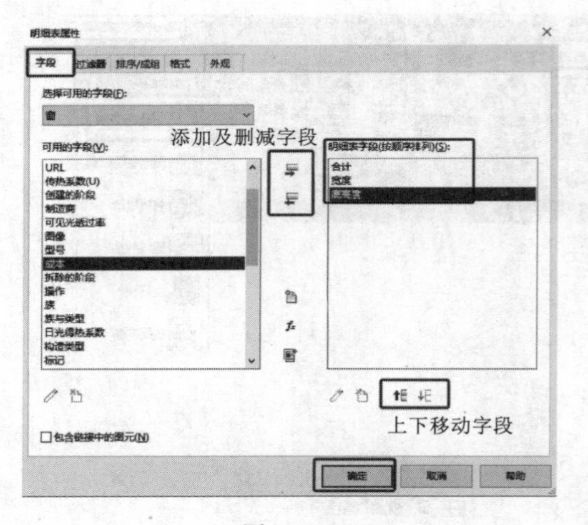

图 14－4

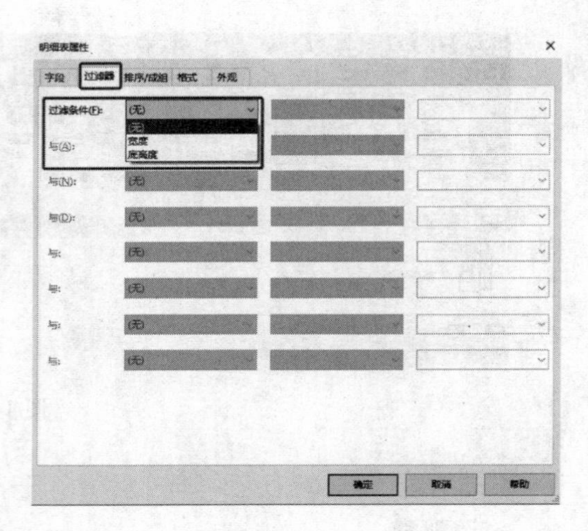

图 14－5

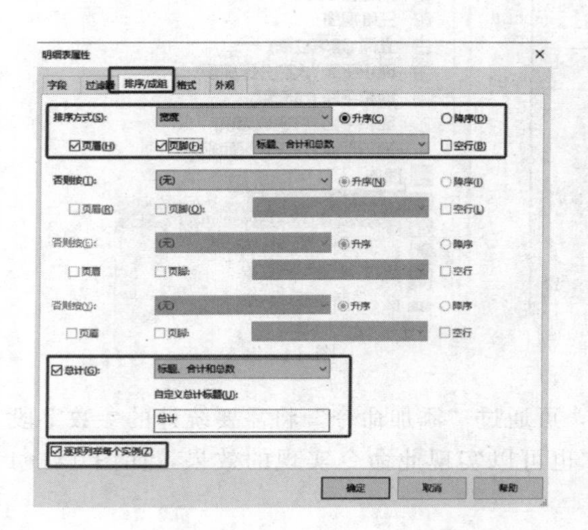

图 14－6

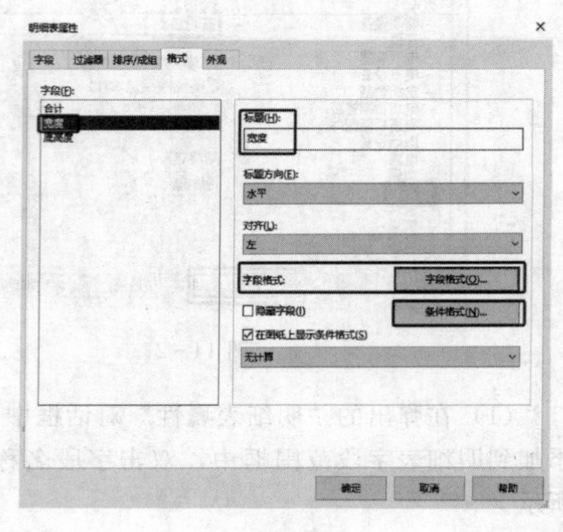

图 14－7

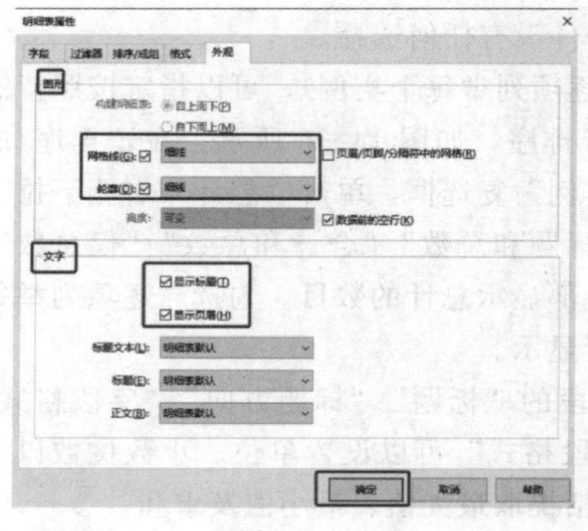

图 14－8

提示：注意，有些字段并没有单位，所以字段格式位置为灰显，例如“合计”，但像宽度等有计量单位的字段可以在字段格式中对其单位进行设置，选中哪个字段则右侧会显示相应字段的实例属性设置。

（5）外观（图形、文字），在外观里可以调整明细表的图形和文字，使得明细表更加整齐和美观，如图 14－8 所示。其中“数据前的空行”复选框是用一行空行将明细表标题行和明细表数据行分隔开。所有选项卡设置完成后，点击“确定”按钮以结束明细表设置。

14.1.2 编辑明细表

想要修改明细表某项设置时，可以在“属性”选项板中选择“其他”中的任意类别，点击“编辑”按钮，即可调出“明细表属性”对话框，进而对明细表属性/参数/列/行/标题与页眉/外观/图元等信息进行二次编辑，如图 14-9 所示。

例如：想要添加字段“高度”，并将合计放在明细表最右侧，点击“属性”选项板中“字段”后方的“编辑”按钮，如图 14-10 所示，在弹出的“明细表属性”对话框中，找到左侧“可用的字段”中的“高度”字段，双击将其添加至右侧“明细表字段”中，如图 14-11 所示。

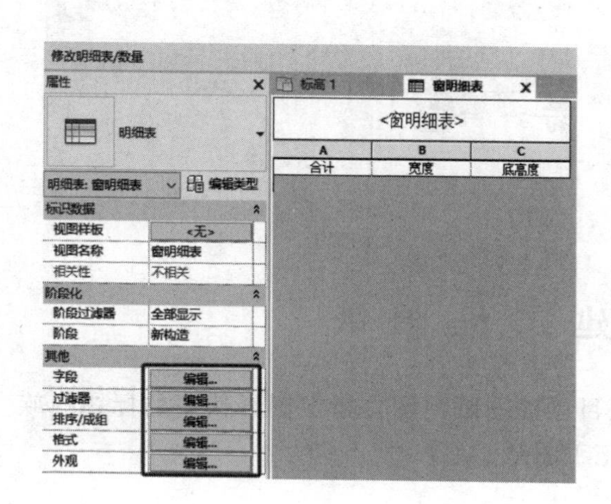

图 14-9

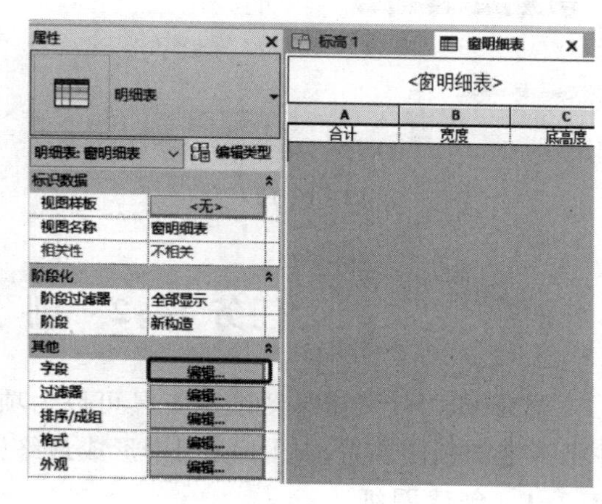

图 14-10

选中“明细表字段”中的“合计”字段，点击下方“下移参数”按钮，如图 14-12 所示，直至合计下移到最后一个，如图 14-13 所示。此时点击“确定”按钮，系统会根据所更改的参数调整明细表，添加“高度”字段，且“合计”字段放在了明细表最右方，如图 14-14 所示。其余调整及编辑同“字段”编辑一致。

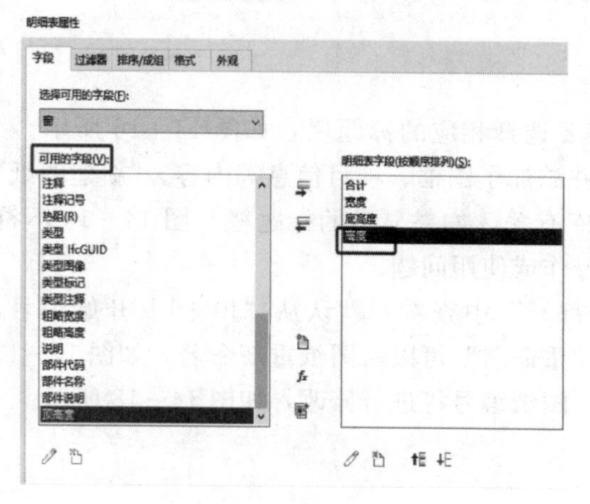

图 14-11

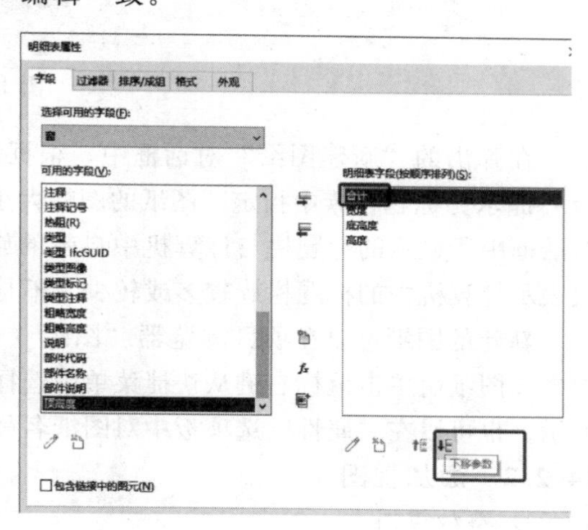

图 14-12

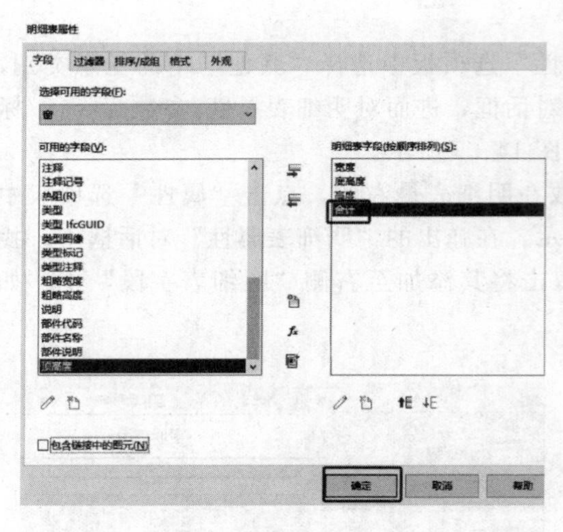

图 14 - 13　　　　图 14 - 14

任务 14.2　创 建 二 维 图 纸

在 Revit 中，“新建图纸”工具可以为项目创建图纸视图，指定图纸使用的标题栏族并将指定的视图布置在图纸视图中形成最终施工图纸。

14.2.1　创建图纸

单击“视图”主选项卡→“图纸组合”子选项卡→“图纸”命令，如图 14 - 15 所示。

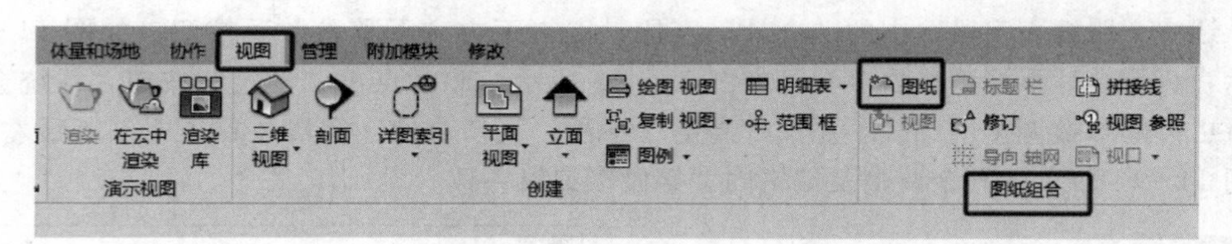

图 14 - 15

在弹出的“新建图纸”对话框中，根据需要选择相应的标题栏，如图 14 - 16 所示。

提示： 标题栏族中指定了图纸的图幅大小并添加了图框、项目信息等内容。“新建图纸”对话框中所显示的标题栏与计算机中自带的族库有关，如果显示的标题栏与图 14 - 16 不符仅表示计算机中的标题栏族较多或较少，不是操作或使用问题。

新建的图纸可以在项目浏览器“图纸（全部）”中查看，默认从“J0 - 1”开始编号，选中该图纸后单击鼠标右键从快捷菜单中选择“重命名”可以对图纸重新命名，如图 14 - 17 所示。也可以在“属性”选项板中对图纸名称、图纸编号等进行修改，如图 14 - 18 所示。

14.2.2　添加视图

1. 添加视图

单击“视图”主选项卡→“图纸组合”子选项卡→“视图”命令，如图 14 - 19 所示。在弹出的“视图”对话框中选择想要的相应视图，这里选择“楼层平面-标高 1”，随后点击“在图纸中添加视图”按钮，如图 14－20 所示。将选定的视图移动到合适位置后点击鼠标左键确认，放置在图纸内部，如图 14－21 所示，也可以在项目浏览器中直接拖拽“楼层平面-标高 1”视图放置在图纸中。

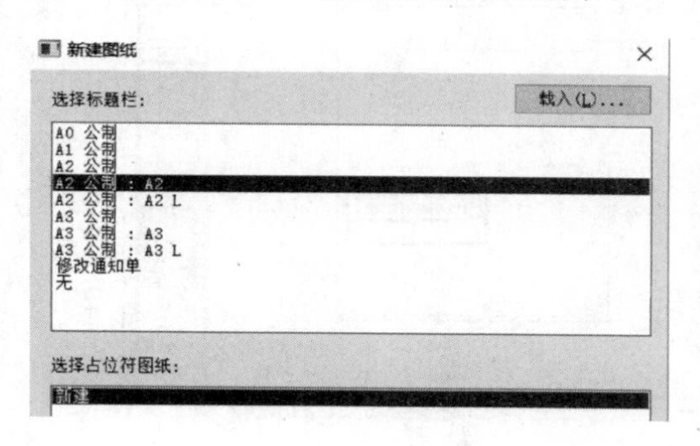

图 14－16

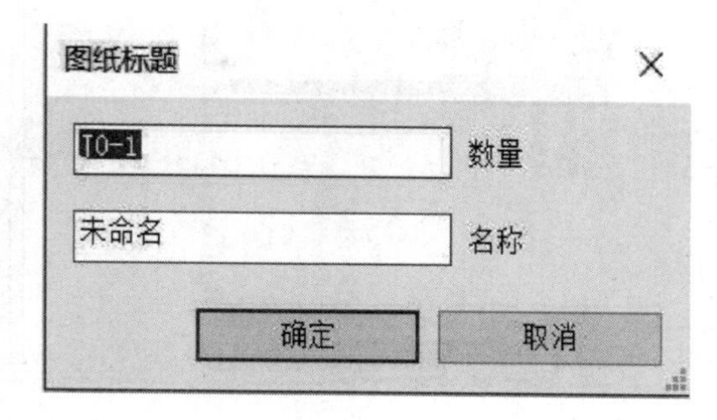

图 14－17

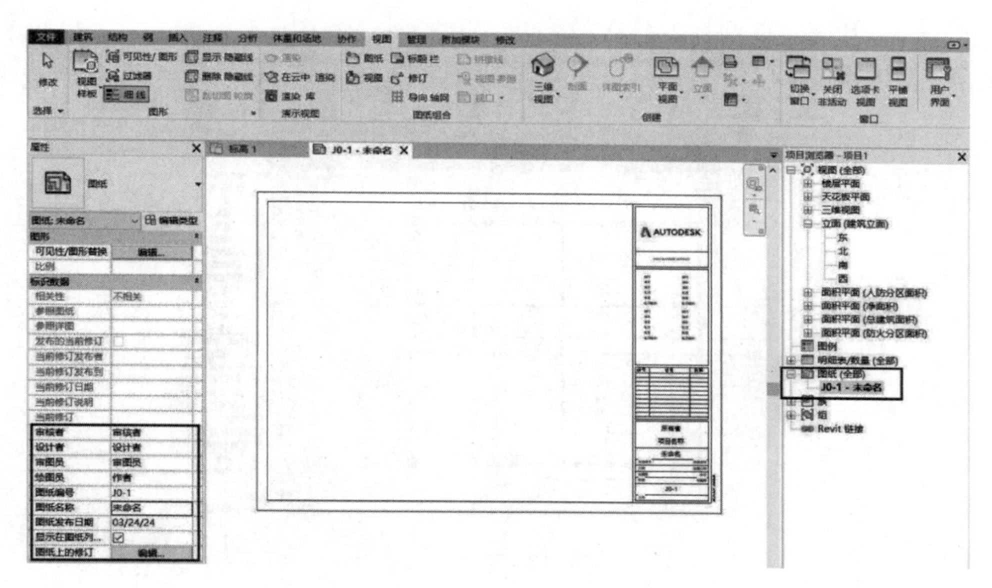

图 14－18

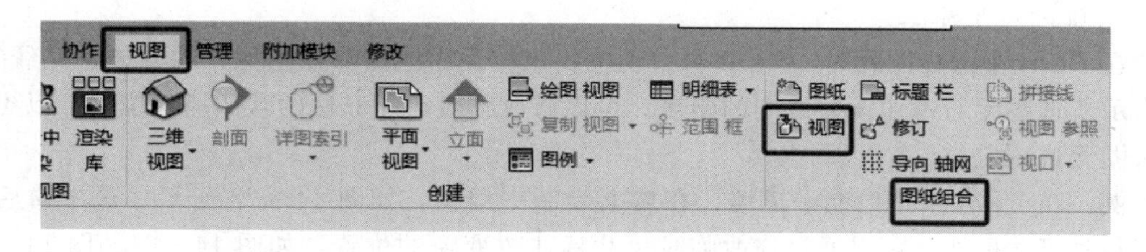

图 14－19

2. 添加剖面图

在图纸的创建中，经常需要创建剖面图。单击“视图”主选项卡→“创建”子选项卡→“剖面”命令；或者单击“快速访问工具栏”中的命令。然后根据要求在平面图上添加剖面，通过蓝色虚线适当调整剖切范围，在“项目浏览器”中会自动添加“剖面”，如图 14 - 22 所示。创建剖面图后点击“在图纸中添加视图”即可将其放到图纸合适位置。

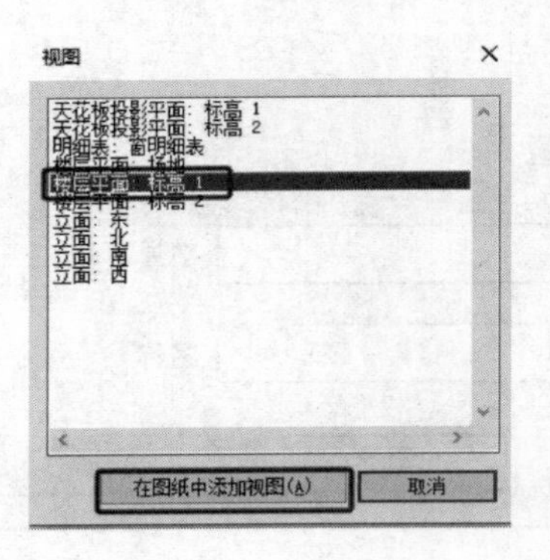

图 14 - 20

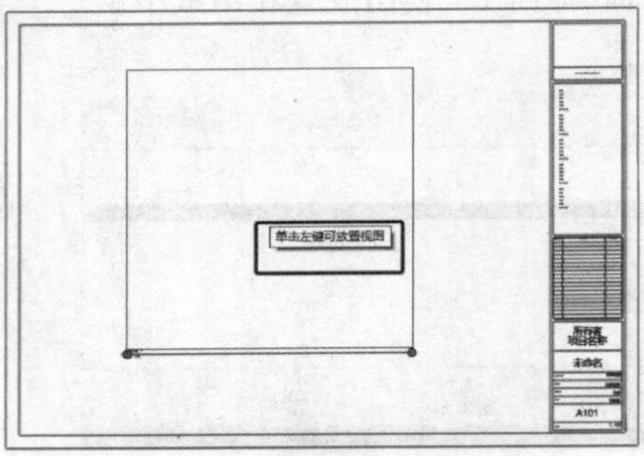

图 14 - 21

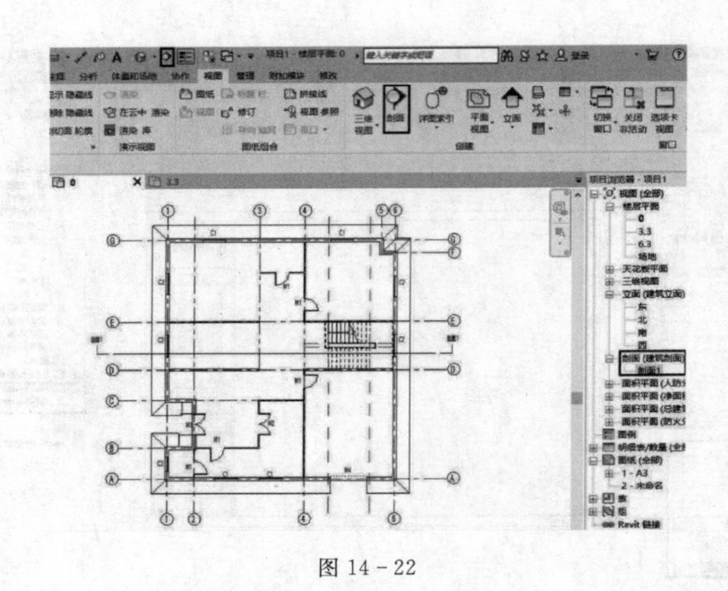

图 14 - 22

14.2.3 添加图纸标注

1. 临时尺寸标注

在 Revit 中选择图元时，Revit 会自动捕捉该图元周围的参照图元，如墙体、轴线等，以指示所选图元与参照图元之间的距离。可以修改临时尺寸标注的默认捕捉位置，以更好地对图元进行定位。

例：在 Revit 中选绘制一道墙，在墙上绘制一扇窗，如图 14 - 23 所示。选中窗后会出现临时尺寸标注，可以通过修改临时尺寸标注改变窗的位置，如图 14 - 24、图 14 - 25 所示。

2. 尺寸标注

Revit 提供了对齐、线性、角度、半径、直径、弧长 6 种不同形式的尺寸标注，如图 14 - 26 所示。

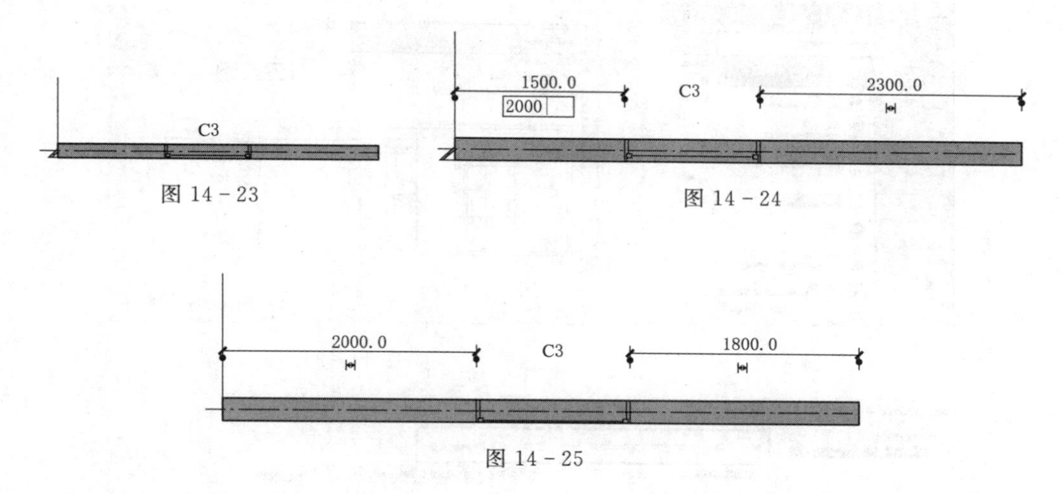

图 14-23

图 14-24

图 14-25

例如：点击“注释”主选项卡→“尺寸标注”子选项卡→“对齐”命令，在“属性”选项板选择好对应类型并进行正确编辑，如图 14-27 所示。选择想要进行标注的第一点，找到平行的第二点，点击任意空白处以完成“对齐尺寸标注”命令。

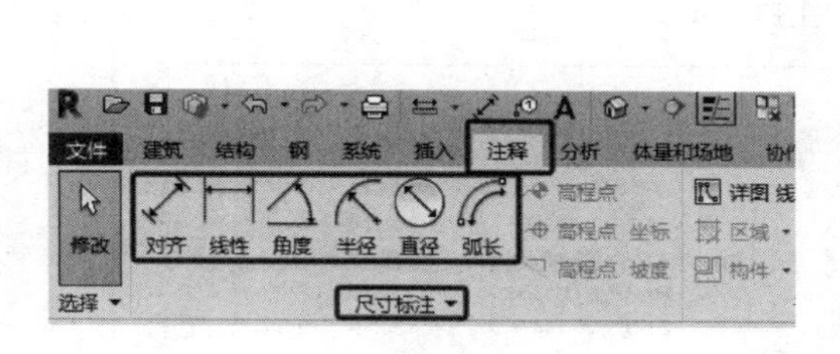

图 14-26

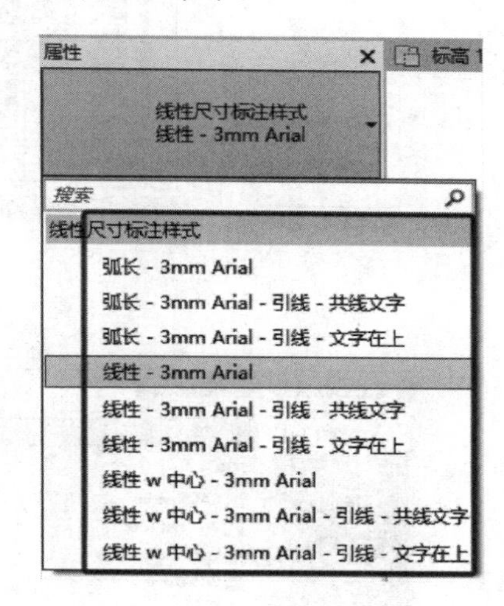

图 14-27

14.2.4 图纸导出

在 Revit 中，可以将项目中选定的图纸转换为不同格式在其他软件中使用，例如转换为 CAD 格式，导出为“.dwg”或“.dxf”文件。

单击“文件”选项卡→“导出”→“CAD 格式”→“DWG 格式”，如图 14-28 所示。在弹出的“DWG 导出”对话框中，如图 14-29 所示，单击“选择导出设置”选项框右边的按钮...，进入“修改 DWG/DXF 导出设置”窗口，如图 14-30 所示，可以修改默认设置，单击“确定”按钮，回到“DWG 导出”对话框。点击“下一步”按钮，在弹出的对话框中，选择保存路径及文件格式，如图 14-31 所示，点击“确定”按钮完成导出。

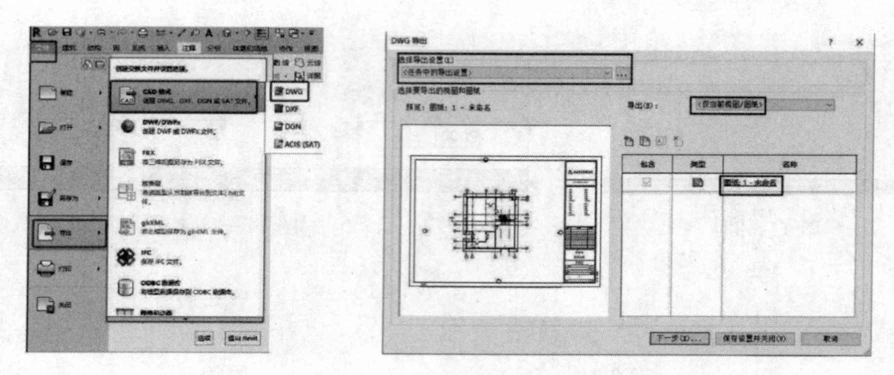

图 14－28　　　　图 14－29

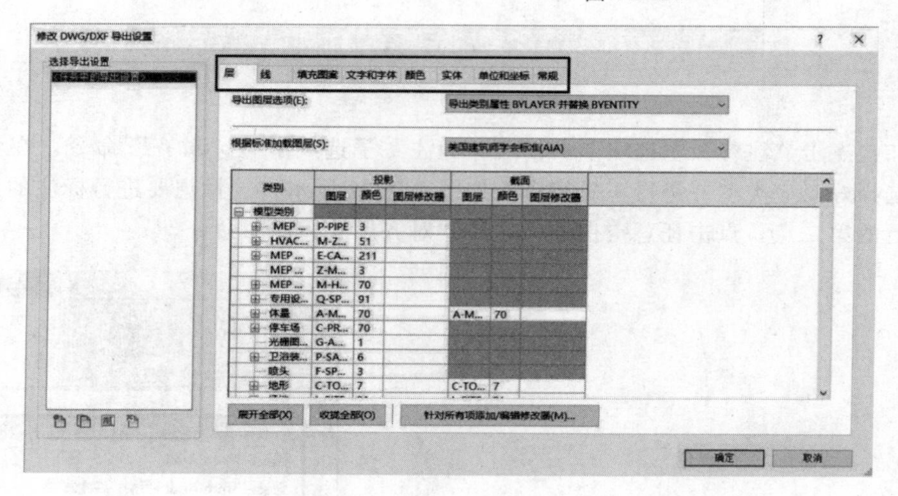

图 14－30

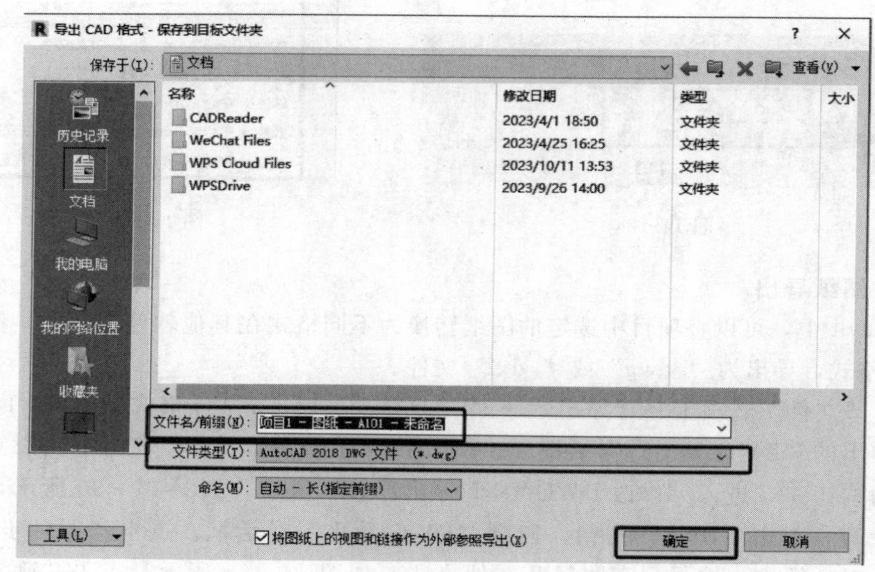

图 14－31

任务 14.3　渲 染 与 漫 游

14.3.1　视图渲染

图 14 - 32

将 Revit 视图切换至三维视图，如图 14 - 32 所示，单击“视图”主选项卡→“演示视图”子选项卡→“渲染”命令，如图 14 - 33 所示。

在弹出的“渲染”对话框中，可以调整渲染图片的质量、分辨率、照明、背景及调整曝光等，此处将“质量”设置为“中”；“分辨率”设置为“打印机：300 DPI”；“照明”方案选择“室外：日光和人造光”；“背景”样式设置为“天空：少云”，如图 14 - 34 所示，其余设置不做修改。

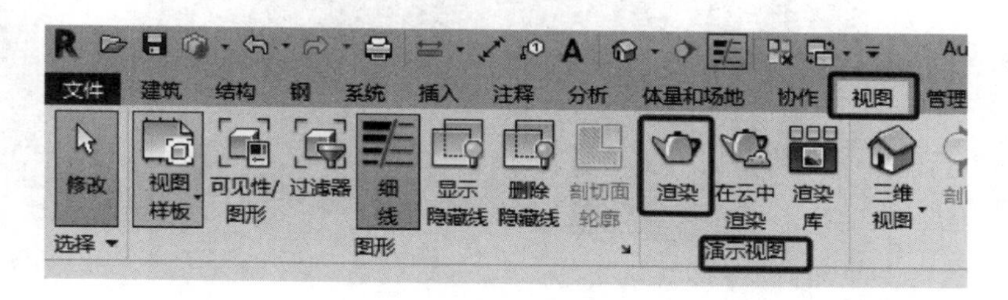

图 14 - 33

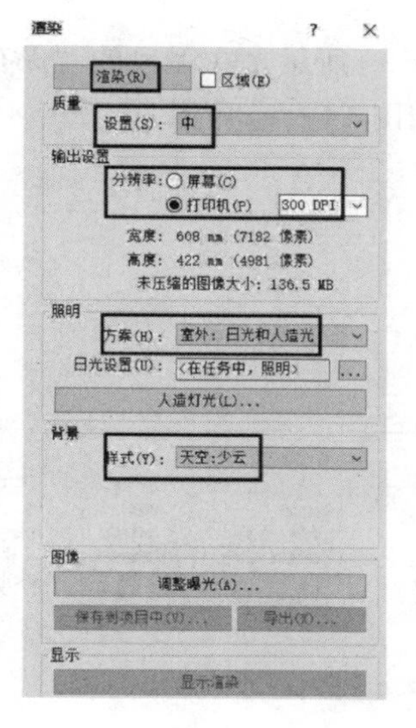

图 14 - 34

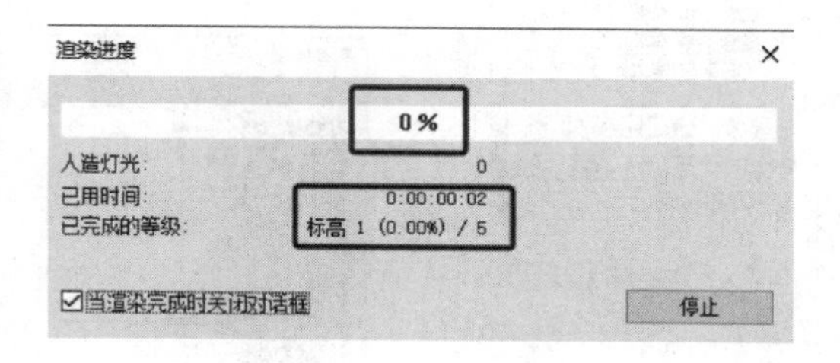

图 14 - 35

设置完成后点击左上方“渲染”按钮，在弹出的“渲染进度”对话框中，会显示渲染的时间和进度，如图 14 - 35 所示。完成后单击“保存到项目中”按钮，否则渲染图片将不被保存。在弹出的“保存到项目中”对话框中，将名称改为“效果图”，单击“确定”按钮以完成保存，如图 14 - 36 所示。此时“项目浏览器”中就会出现“渲染”视图，如

图 14－37 所示。关闭“渲染”对话框后，可在“项目浏览器”中双击鼠标左键切换至“效果图”视图，如图 14－38 所示，此时刚刚渲染的图片即被保存在项目中。

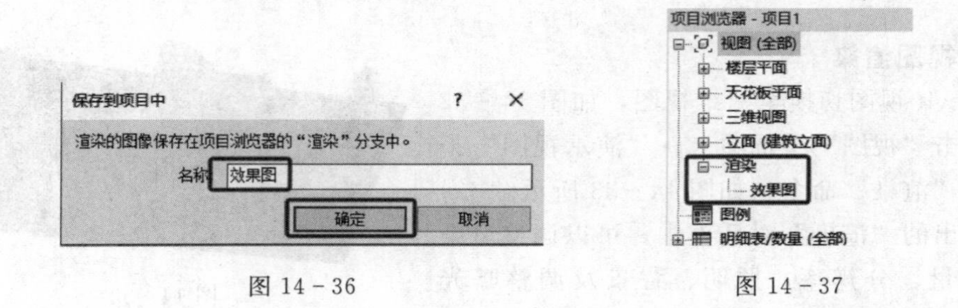

图 14－36　　图 14－37

图 14－38

也可以在关闭对话框前单击“导出”命令，如图 14－39 所示。在弹出的“保存图像”对话框中，可以更改保存路径、文件名称及文件格式，如图 14－40 所示。

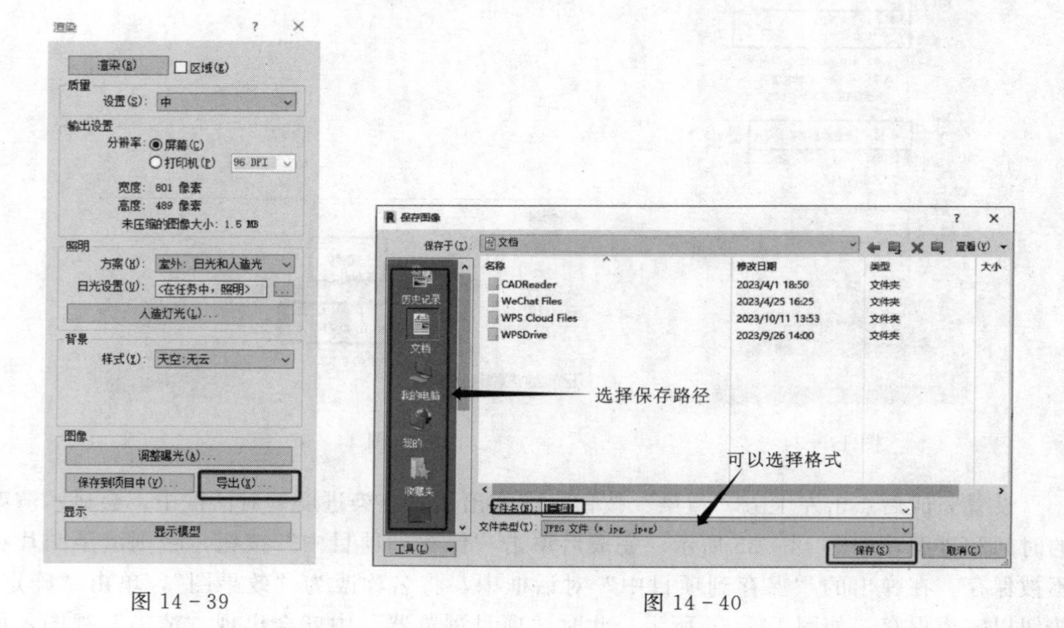

图 14－39　　图 14－40

提示： 渲染的图片可以保存到项目中，也可以进行导出，在软件操作中如果进行了渲染不保存或不进行导出，关闭掉“渲染”对话框时，渲染图片将不被保存，但会保留修改的设置。

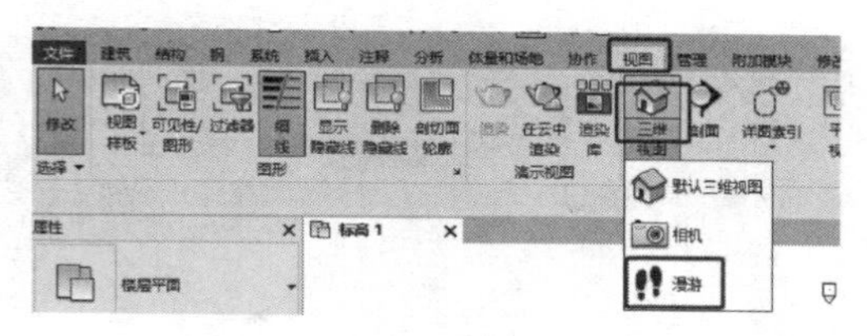

图 14-41

14.3.2 漫游动画

将模型切换至“标高 1”平面视图，单击“视图”主选项卡→“创建”子选项卡→“三维视图”下拉三角号→“漫游”命令，如图 14-41 所示。

在“选项栏”中设置偏移量为“1750”，亦可以更改基准标高，以确定漫游的视图基准高度，如图 14-42 所示。

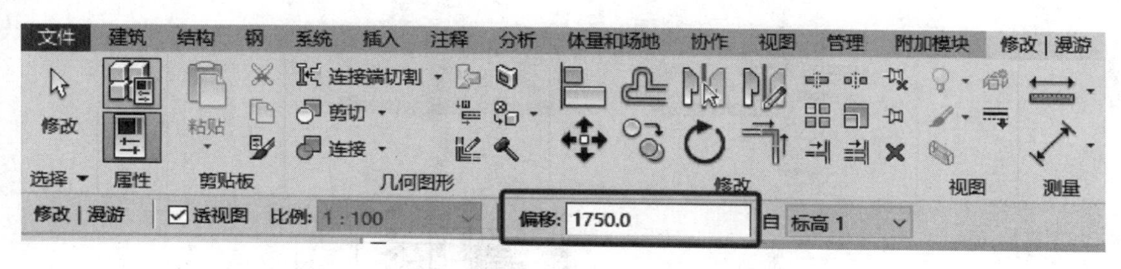

图 14-42

沿模型外围单击鼠标左键以确定关键帧，如图 14-43 所示。在“修改 | 漫游”界面单击“完成漫游”按钮，如图 14-44 所示。

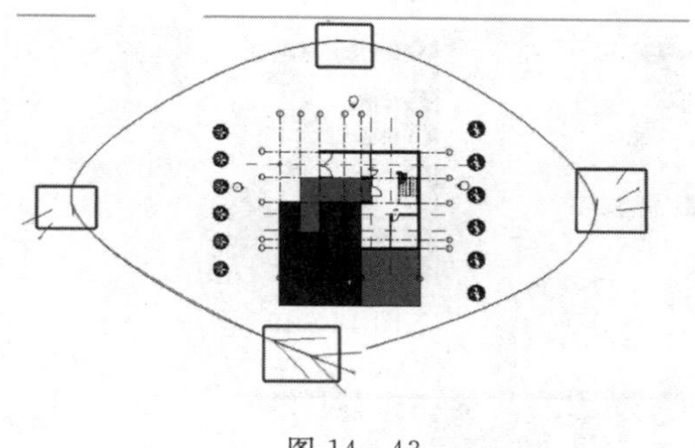

图 14-43

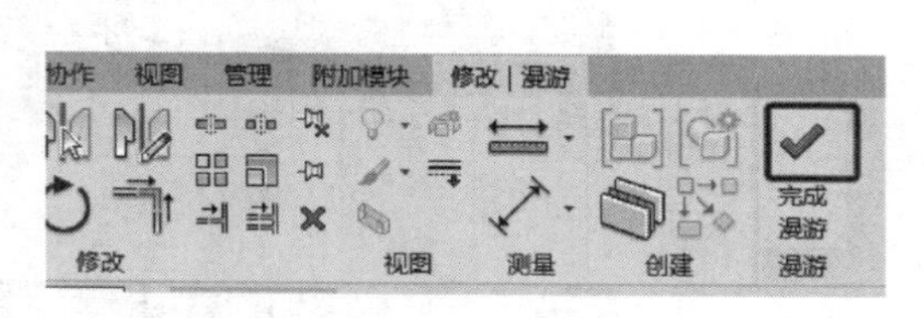

图 14-44

在随后出现的“修改 | 相机”界面中，单击“编辑漫游”，如图 14-45 所示。点击视图中“漫游：移动目标点”按钮可以改变视图的方向，如图 14-46 所示。拖拽相机到每一个关键帧点击都可以进行修改，以免漫游视频里面没有建筑物，点击“上一关键帧”可以依次对关键帧进行修改，如图 14-47 所示。

所有关键帧修改完成后，点击“打开漫游”，如图 14-48 所示。将“视觉样式”修改为“真实”，如图 14-49 所示。

确保“选项栏”中的“帧”为“1.0”，点击“播放”，如图 14-50 所示，此时已完成建筑物漫游动画。

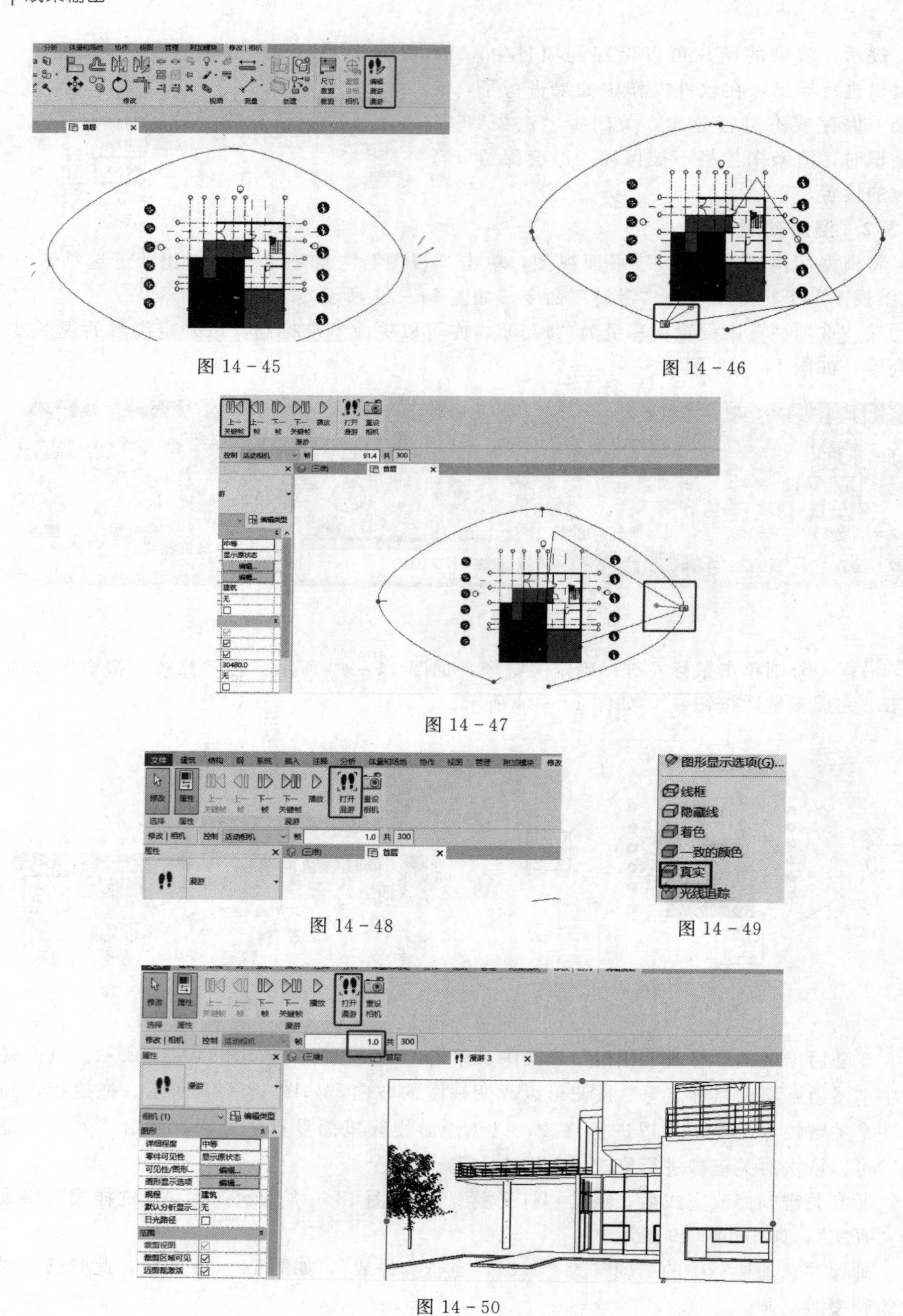

图 14-45

图 14-46

图 14-47

图 14-48

图 14-49

图 14-50

漫游将会自动保存至“项目浏览器”中，双击切换视图即可查看，如图 14－51 所示。

单击“文件”选项卡→“导出”→“图像和动画”→“漫游”，如图 14－52 所示，可以将视频进行导出保存。在弹出的“长度/格式”对话框中对长度和格式进行修改，随后点击“确定”按钮，如图 14－53 所示。

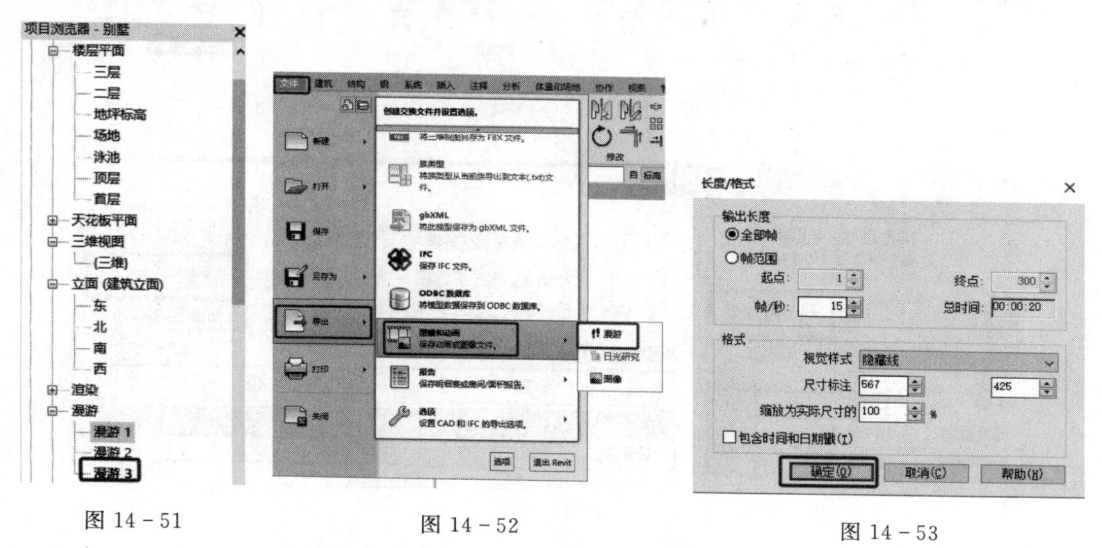

图 14－51　　图 14－52　　图 14－53

选择保存位置，将文件名称修改为“别墅漫游”，单击“保存”按钮，如图 14－54 所示，若弹出“视频压缩”对话框，点击“确定”按钮即可，如图 14－55 所示。

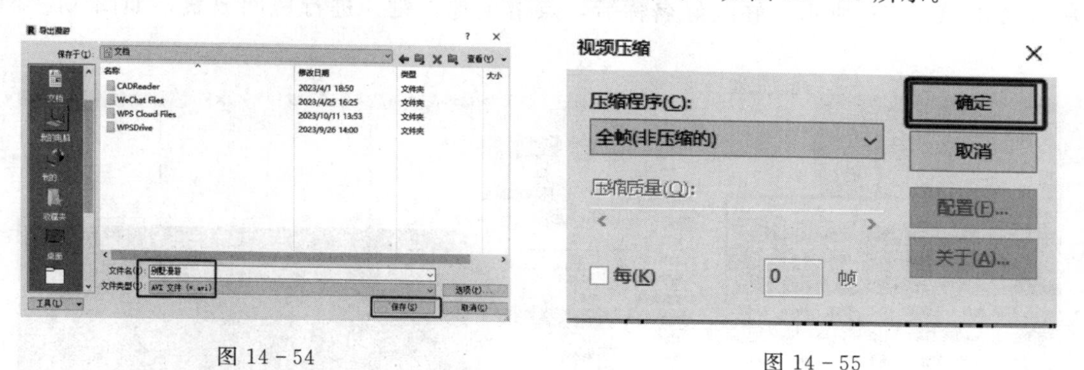

图 14－54　　图 14－55

任务 14.4　房 间 的 创 建

14.4.1　创建房间

打开已完成的模型文件，使用完整模型文件进行以下操作。房间名称自由设计，要求一层最少设置 5 种不同的房间名称。

单击“建筑”主选项卡→“房间和面积”子选项卡→“房间”命令，如图 14－56 所示。在左侧“属性”选项板→“类型选择器”中，可以对房间标记的类型进行选择，也可通过“编辑类型”对其进行“复制”更改名称，如图 14－57 所示。此处选择“标记 _ 房间-无面积-方案-黑体- 4 －5mm － 0 － 8”类型，如图 14－58 所示。

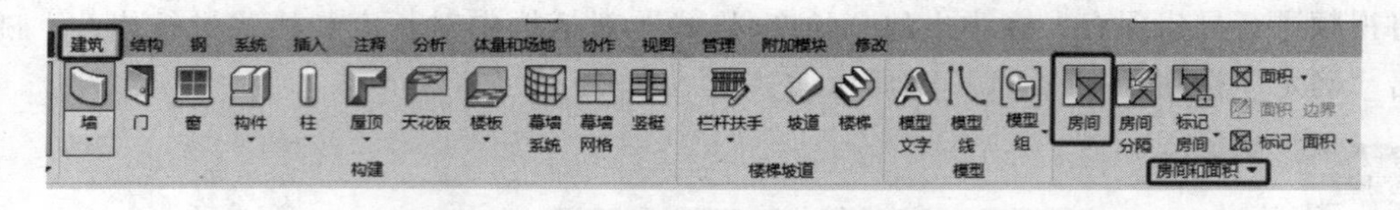

图 14－56

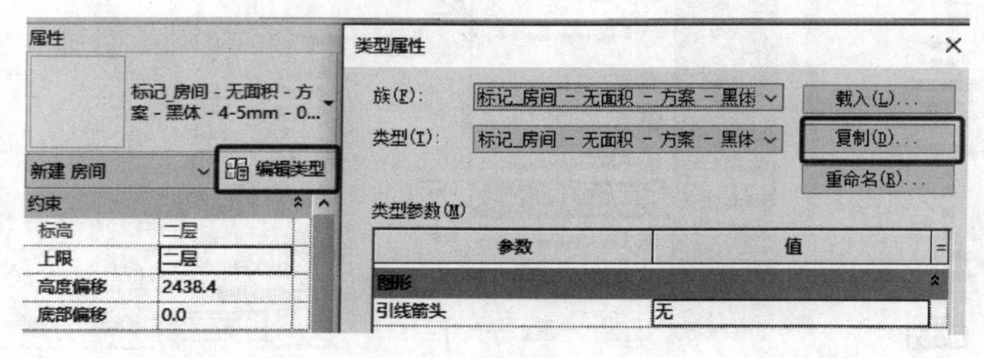

图 14－57

将鼠标移动至封闭的空间内（四周墙体），可以在放置前将房间名称在“属性”选项板内进行更改，如图 14－59 所示。将房间名称改为“厨房”，则在放置时房间名称为“厨房”，如图 14－60 所示。修改好名称后，点击鼠标左键，进行房间放置，如图 14－61 所示。

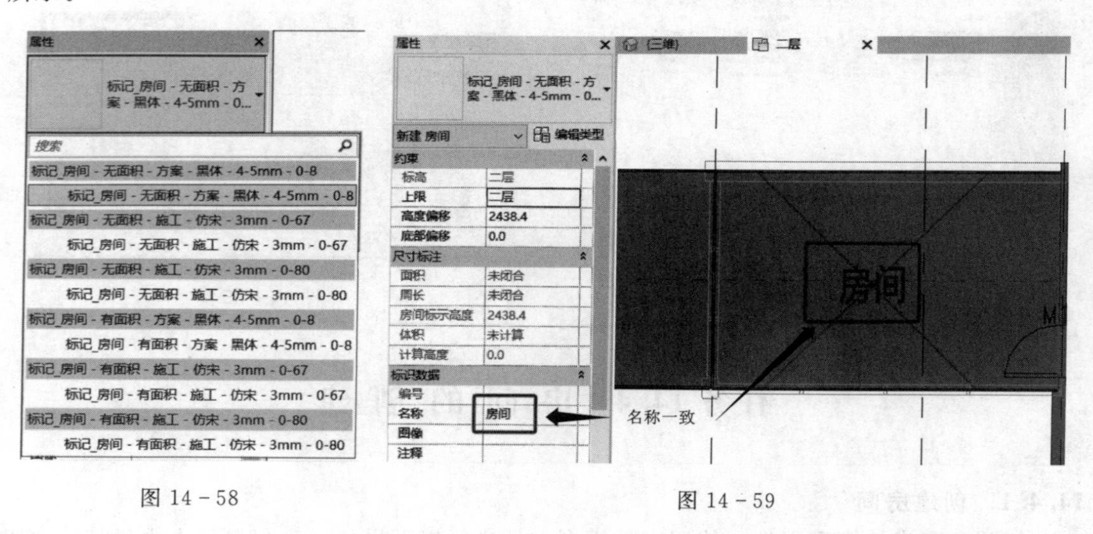

图 14－58　　　　图 14－59

提示：

（1）“房间放置”：使用“房间”工具在平面视图中创建房间。

（2）“房间分隔”：房间分隔线是房间边界。在房间内指定另一个房间时，分隔线十分

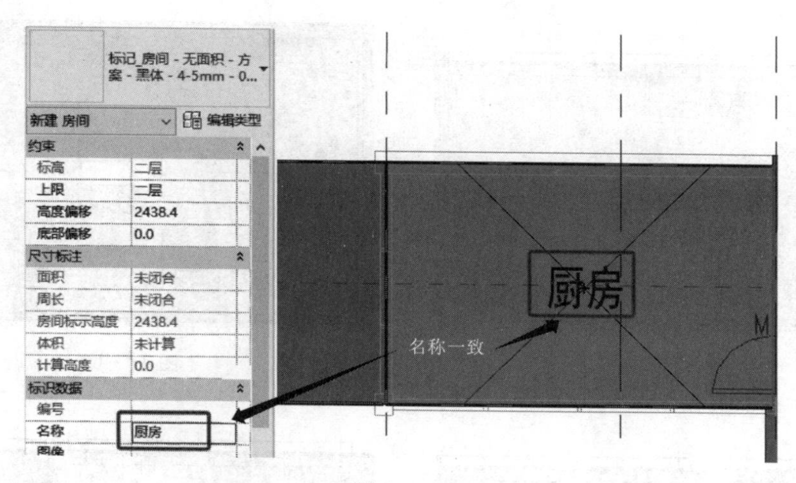

图 14-60

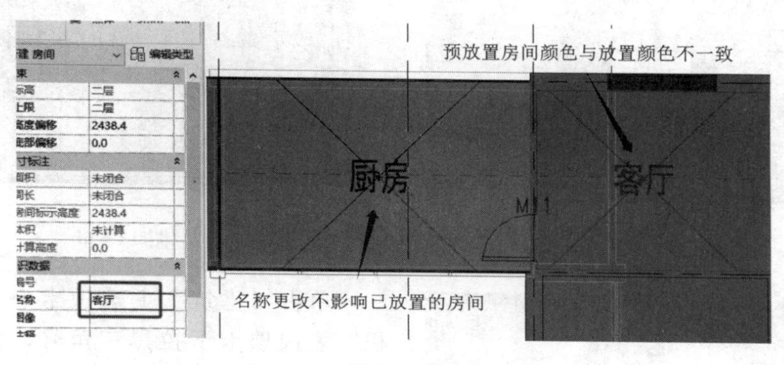

图 14-61

有用，如起居室中的就餐区，此时房间之间不需要墙。房间分隔线在平面视图和三维视图中可见。

(3)"标记房间"：对选定的房间进行标记（文字说明），注意房间和房间标记的区别。

(4)"颜色方案"：对房间的颜色填充图案进行制定和编辑。

(5) 房间名称需要在放置之前进行更改，否则需要选中才可以进行修改。

14.4.2 修改房间标记

房间放置时，如果没有提前修改好房间标记，完成后可对标记进行修改。选择想要修改的标记，如图 14-62 所示；再次点击鼠标左键会出现输入参数值文字框，如图 14-63 所示；将其删除后修改为"卫生间"，如图 14-64 所示。鼠标单击任意空白位置则房间标记修改成功，如图 14-65 所示。

14.4.3 房间颜色填充图例

房间放置完成后，可为房间创建房间颜色方案，并放置颜色填充图例。

创建好房间，如图 14-66 所示，若房间不封闭可用"房间分隔"对房间进行封闭。

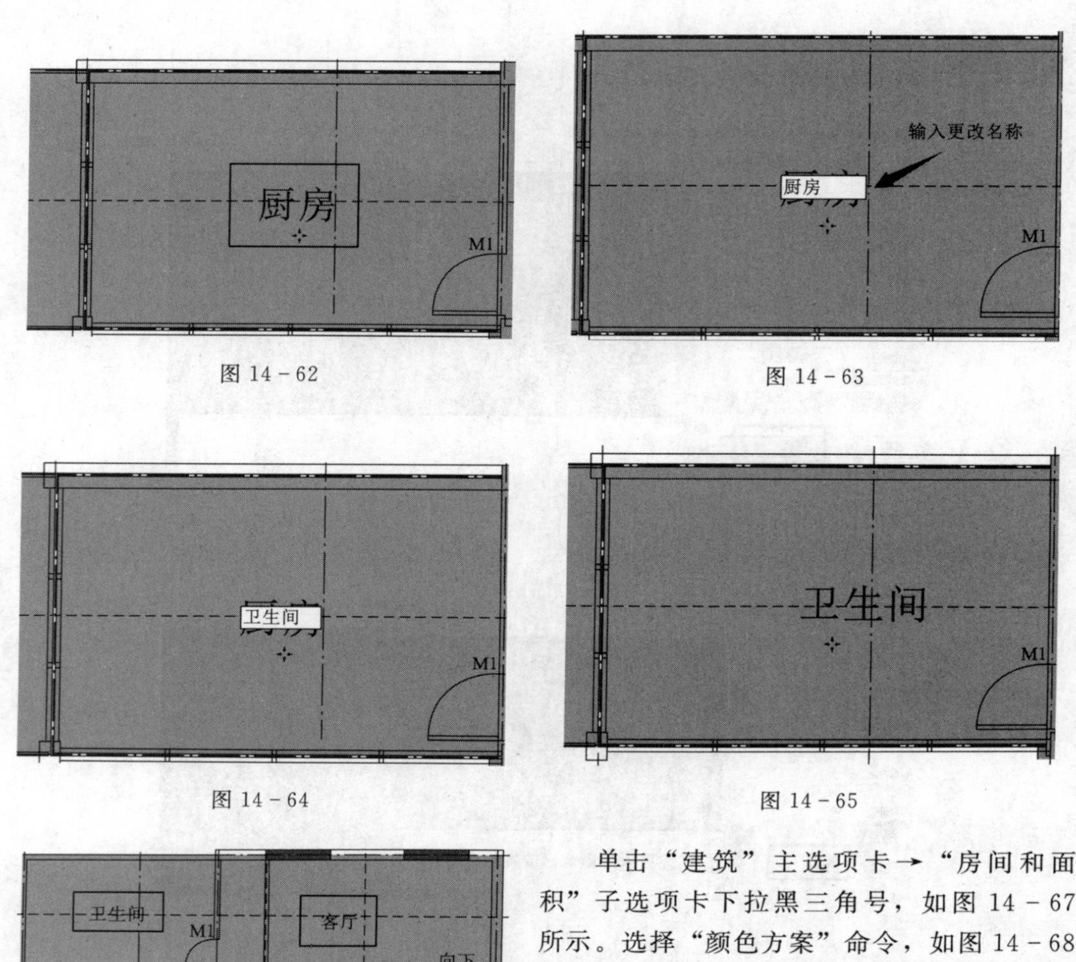

图 14 - 62

图 14 - 63

图 14 - 64

图 14 - 65

图 14 - 66

单击“建筑”主选项卡→“房间和面积”子选项卡下拉黑三角号，如图 14 - 67 所示。选择“颜色方案”命令，如图 14 - 68 所示，在弹出的“编辑颜色方案”对话框中，将“类别”改为“房间”，“颜色”改为“名称”，此时弹出提示，单击“确定”按钮，如图 14 - 69 所示。

单击“颜色”下方的图示栏，如图 14 - 70 所示。在弹出的“颜色”对话框中，可对颜色进行选择，单击“确定”按钮以完成修改，如图 14 - 71 所示。此时“卫生间”的图示颜色已变为修改后颜色，所有颜色修改完成后单击“确定”按钮，如图 14 - 72 所示。

找到“楼层平面”属性选项板，单击“颜色方案”后方的“无”，如图 14 - 73 所示。在弹出的“编辑颜色方案”对话框中，将“类别”改为“房间”，选择“方案 1”，点击“确定”按钮，如图 14 - 74 所示。此时房间颜色将显示在绘图界面，如图 14 - 75 所示。

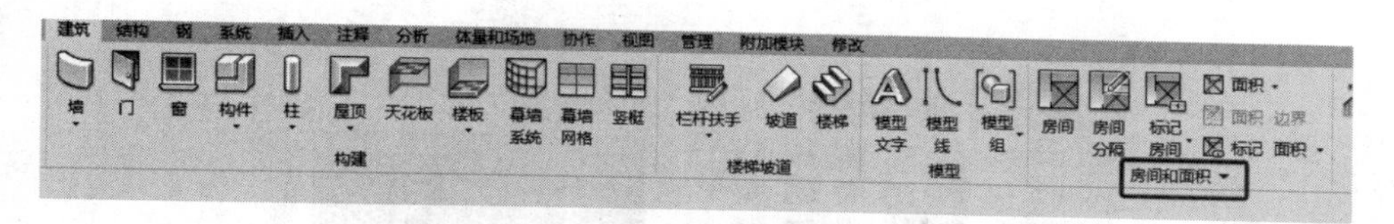

图 14-67

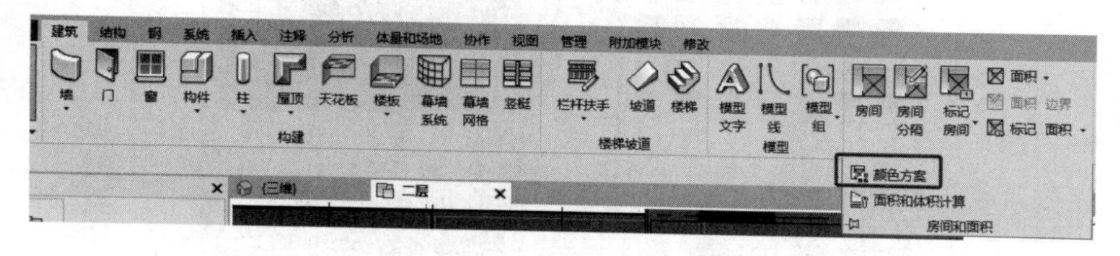

图 14-68

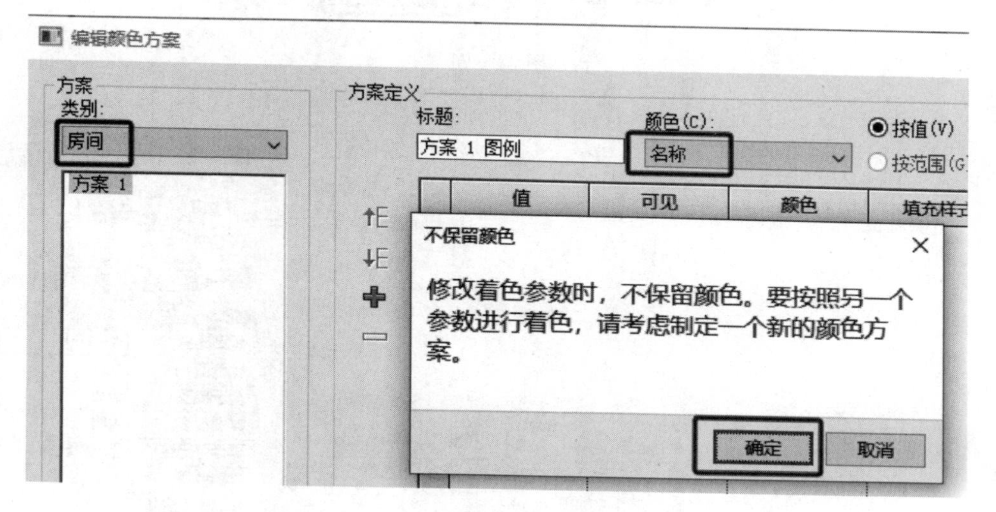

图 14-69

编辑颜色方案

方案 类别: 房间 方案 1

方案定义 标题: 方案 1 图例 颜色(C): 名称 按值(V) 按范围(G) 编辑格式(E)...

	值	可见	颜色	填充样式	预览	使用中
1	卧室	☑	RGB 156-1	<实体填充>		是
2	卫生间	☑	PANTONE	<实体填充>		是
3	客厅	☑	PANTONE	<实体填充>		是
4	电梯间	☑	RGB 139-1	<实体填充>		是

图 14-70

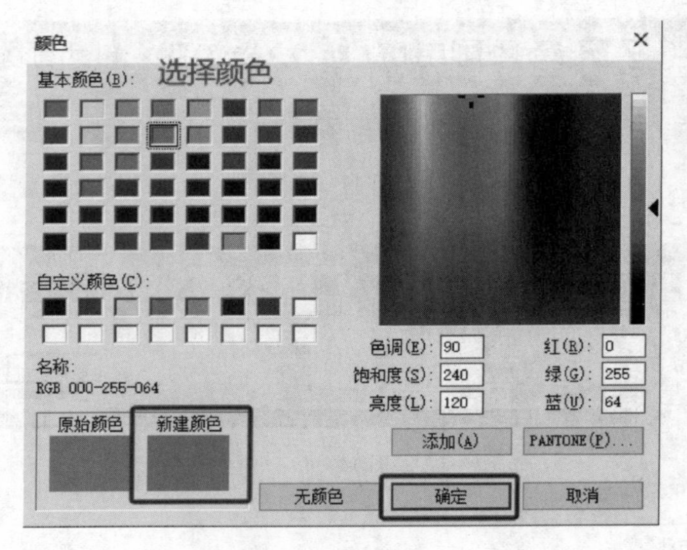

图 14 - 71

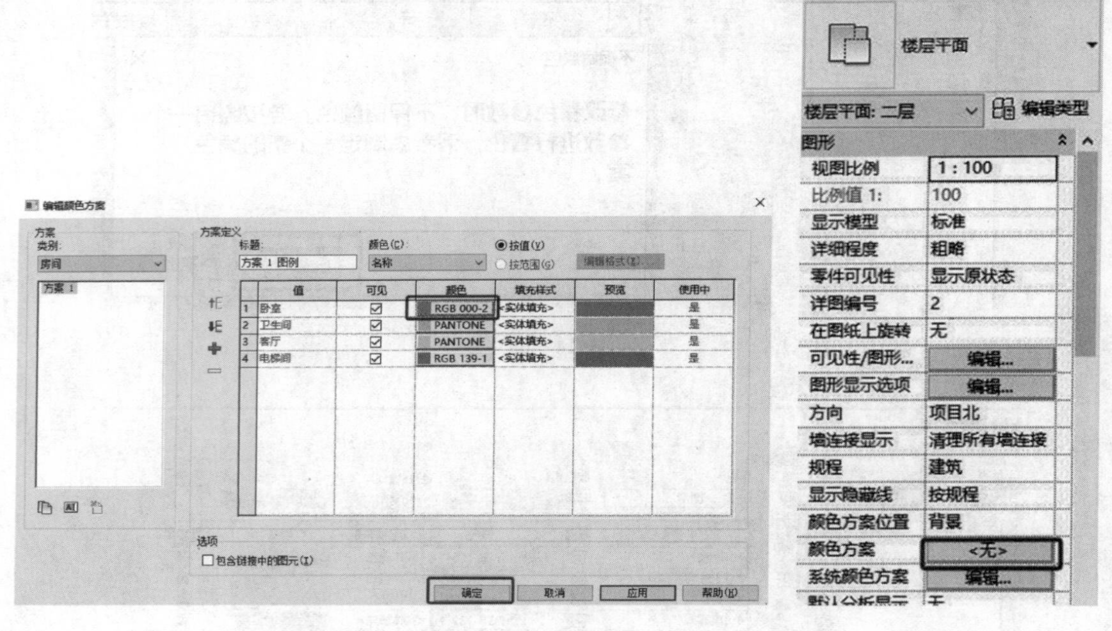

图 14 - 72　　　　图 14 - 73

单击“注释”主选项卡→“颜色填充”子选项卡→“颜色填充 图例”命令，如图 14 - 76 所示。将鼠标移动至绘图界面任意空白处，点击鼠标左键以确定图例放置位置，放置完成后如图 14 - 77 所示。

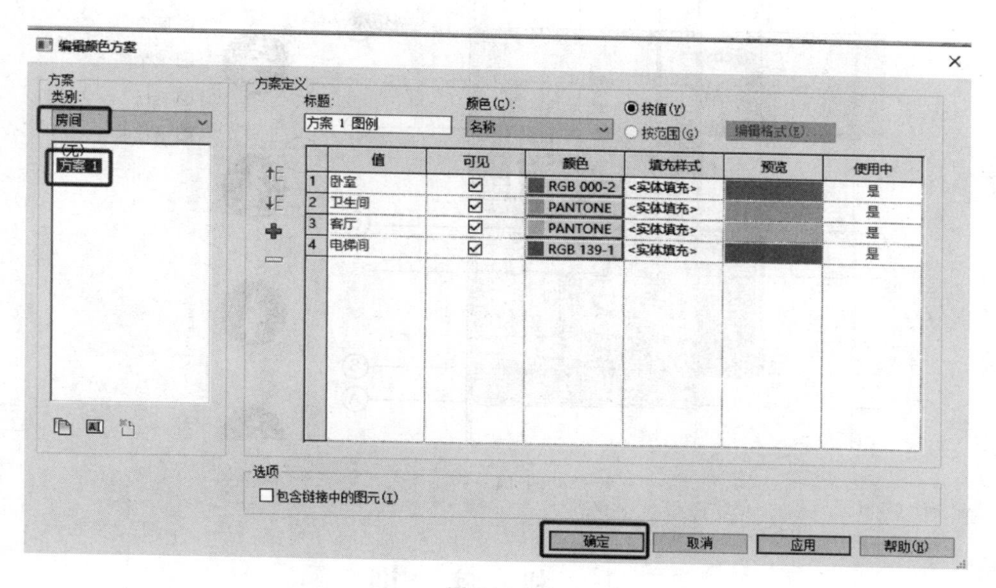

图 14－74

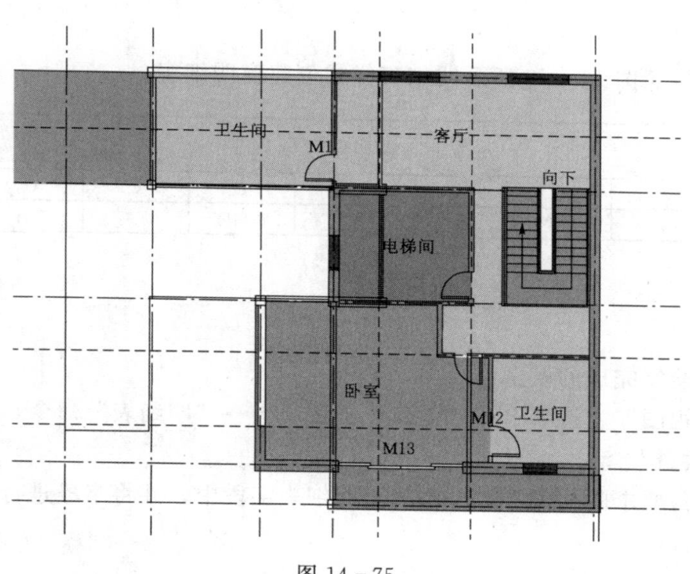

图 14－75

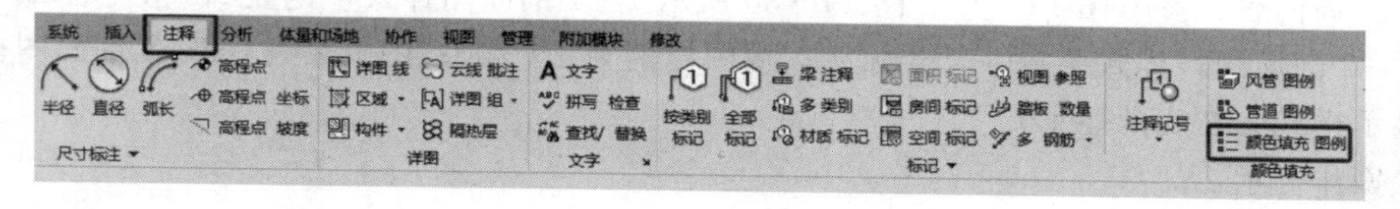

图 14－76

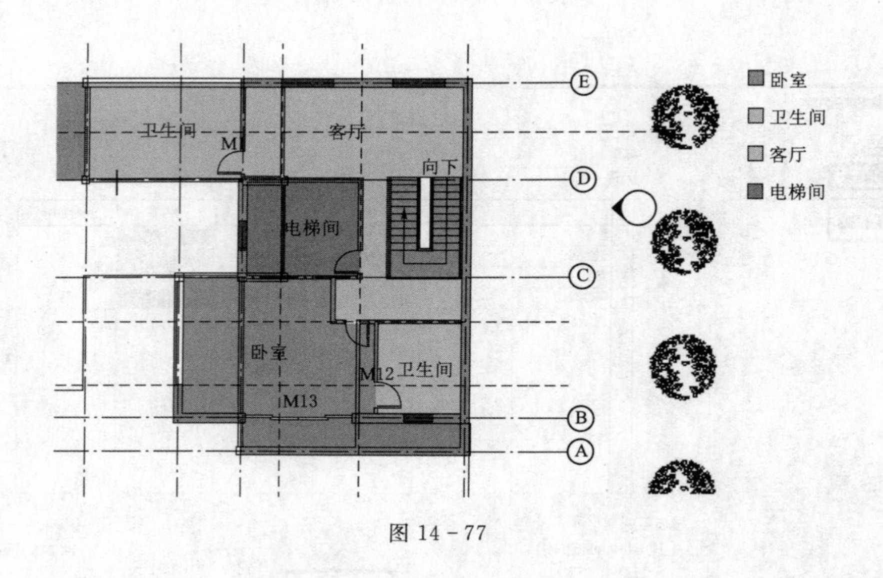

图 14－77

上 机 实 训

1. 创建明细表

实训内容：按照图 14－78 所示明细表样式创建窗明细表。

〈窗明细表〉						
A	B	C	D	E	F	G
族	类型	宽度	高度	底高度	标高	合计

图 14－78

操作提示：

（1）打开已绘制完成的模型。

（2）找到“视图”主选项卡→“创建”子选项卡→“明细表”命令，点击下拉三角号找到“明细表/数量”。

（3）找到题目要求的相关字段，添加至明细表字段中，并将字段进行上下移动，保证与题目要求一致。

2. 创建图纸

实训内容：参考图 14－79、图 14－80 所示 1—1 剖面图样式，建立 A3 尺寸图纸，创建 2—2 剖面图，样式要求（尺寸标注；视图比例为 1∶200；图纸命名：2—2 剖面图；轴头显示样式：在底部显示）。

操作提示：

（1）打开已绘制完成的模型。

（2）找到“视图”主选项卡→“图纸组合”子选项卡→“图纸”命令。

（3）按照题目中图纸样式所示进行添加。

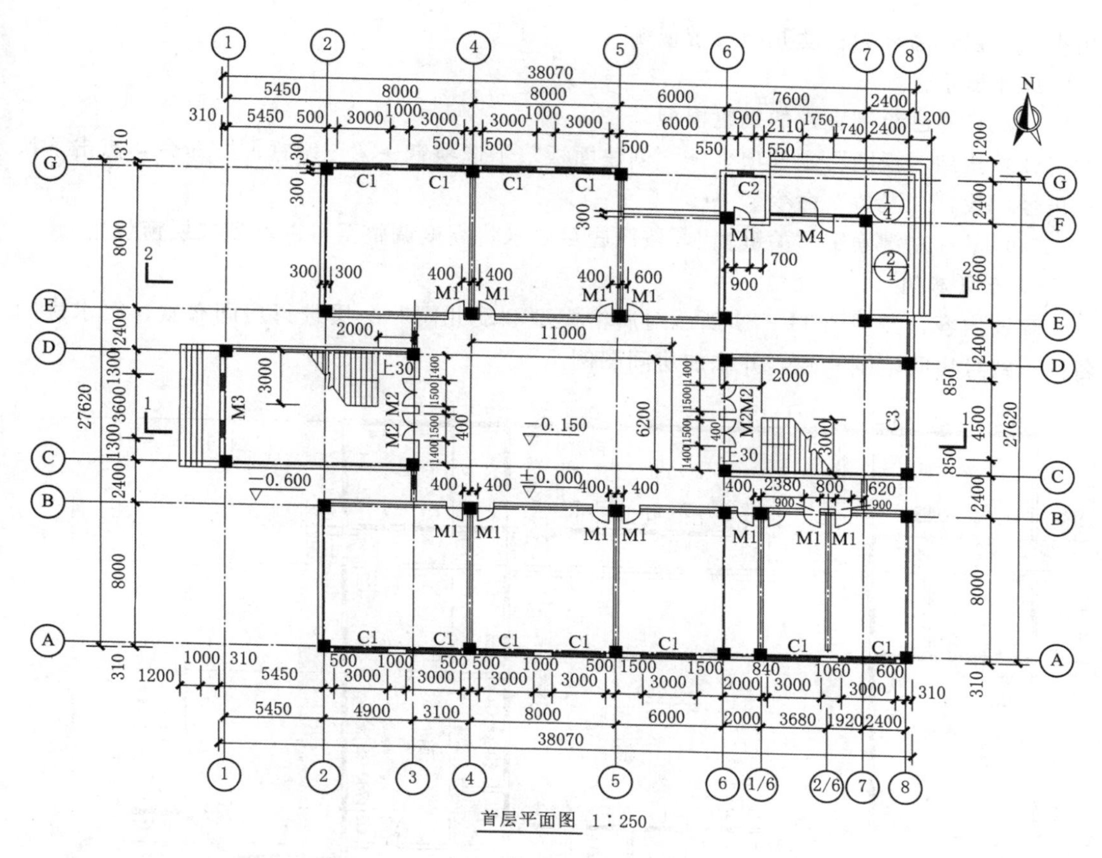

首层平面图 1：250

图 14－79

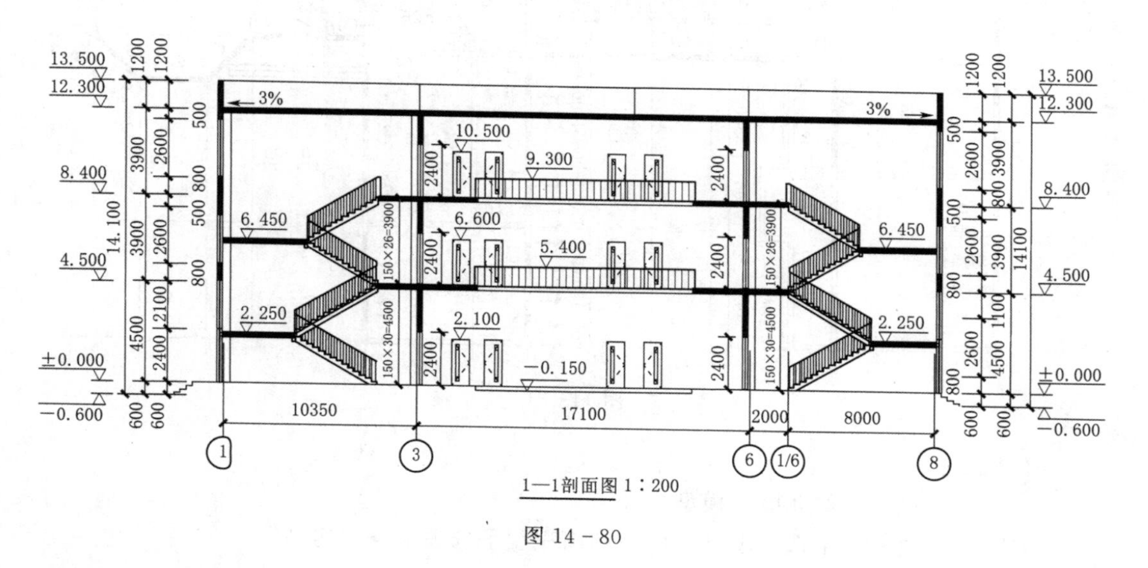

1—1剖面图 1：200

图 14－80

3. 创建漫游制作

实训内容：打开“别墅模型”文件，进行漫游动画制作，要求看到二层窗位置，并导出视频，视频名称为“幼儿园漫游视频”。

操作提示：

（1）打开已绘制完成的别墅模型。

（2）找到“视图”主选项卡→“创建面板”子选项卡→“三维视图”命令，点击下拉三角号，找到“漫游”命令。

（3）鼠标左键确定“关键帧”，按照题目要求将高度调整至可以看到二层窗位置。

4. 布置房间

实训内容：按照图 14－81 所示对所给模型“幼儿园”一层进行房间布置，要求房间名称一致且房间范围一致，并添加房间图例。

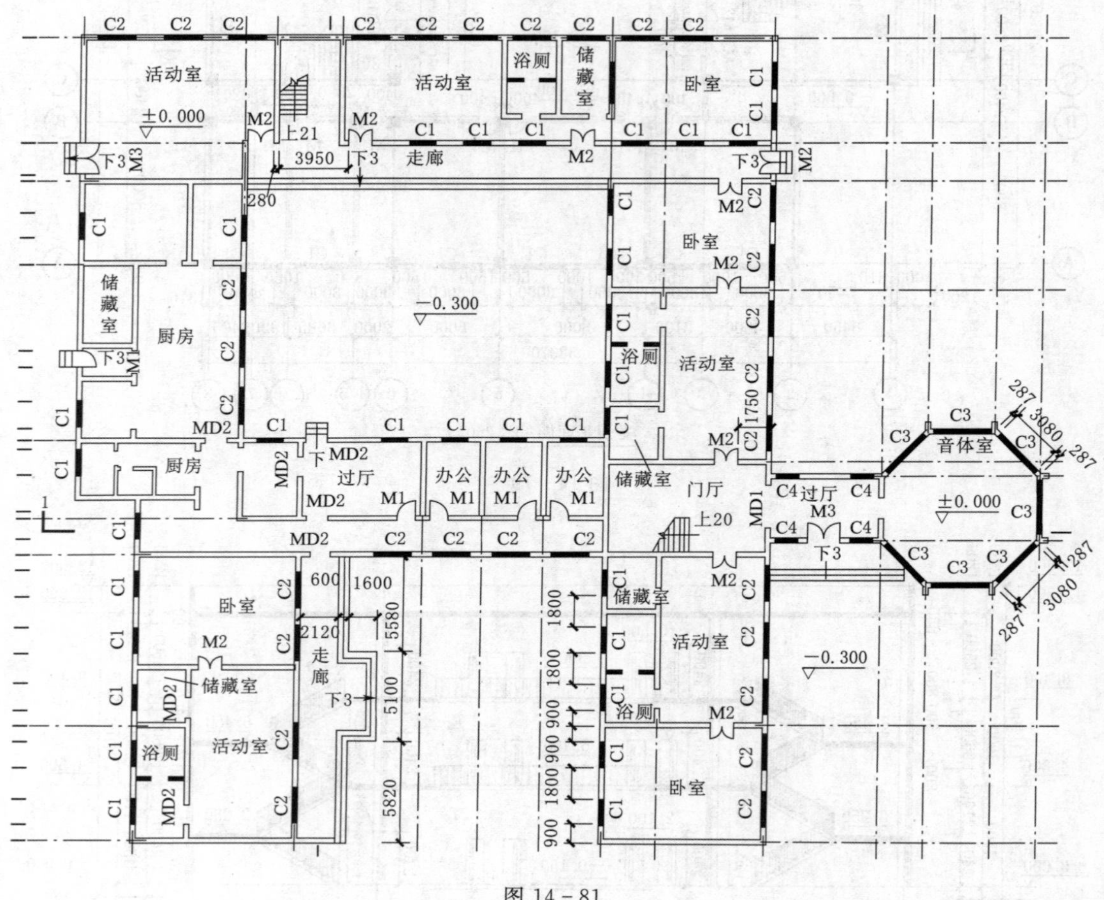

图 14－81

操作提示：

（1）打开提供的“幼儿园”模型。

（2）找到“建筑”主选项卡→“房间和面积”子选项卡→“房间”命令。

（3）按图示要求添加房间，修改房间名称。

项目15

项 目 案 例

以“小别墅”为例分步骤讲解房屋的整个建模过程。完整图纸见附录1。

1. 标高与轴网

操作提示：

（1）创建项目环境。新建项目：打开Revit软件，单击“新建”命令，在弹出的“新建项目”对话框中选择“建筑样板”和“项目”，单击“确定”按钮。

单击“文件”选项卡，在弹出的下拉菜单中选择“另存为”→“项目”，选择保存到桌面学生文件夹中，并修改文件名为“小别墅+考生姓名”，单击“保存”。

创建项目环境：单击“管理”主选项卡→“设置”子选项卡→“项目信息”，在弹出的“项目信息”对话框中修改“项目发布日期”“项目名称”，在“项目地址”后的三点按钮中输入中国北京市。

（2）创建标高。根据“东立面图”创建项目标高，在“项目浏览器”中双击“东”立面，软件中默认标高有2个，单击标高1使之高亮显示，再单击标注“标高1”，改为0，弹出的对话框中单击“是”，如图15-1所示。单击标高2使之高亮显示，单击“4.000”并修改为3.6，将标注“标高2”修改为3.6，如图15-2所示。

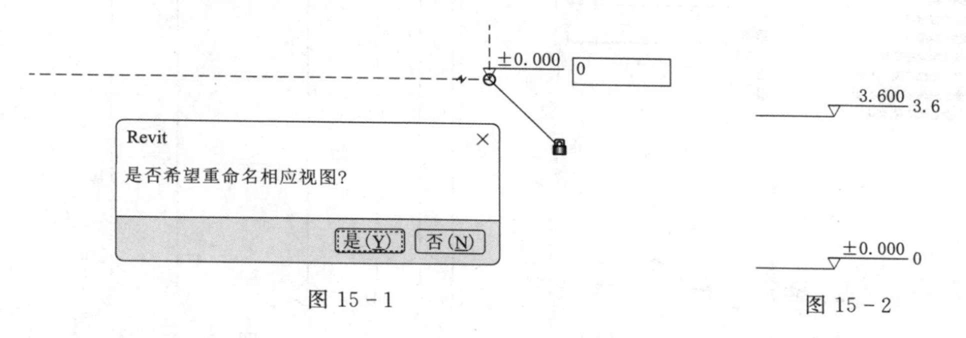

图15-1　　　　图15-2

单击“建筑”主选项卡→“基准”子选项卡→“标高”按钮，在标高3.6以上绘制三条标高，并修改为7.2、7.8和10.819。

同样的方法，在标高0下绘制一条标高并修改为-0.45，单击该标高，在“属性”选项板中修改为下标头，如图15-3、图15-4所示。

（3）创建轴网。观察一层平面图轴网，在“项目浏览器”楼层平面中双击“0”标高进入一层平面图，单击“建筑”主选项卡→“基准”子选项卡→“轴网”按钮，在“属性”选项板“编辑类型”里选择“轴线中段”为连续，勾选“平面视图轴号端点1”，如图15-5所示。

图 15-3　　　　图 15-4

绘制 7 条纵向轴线，根据图纸尺寸，单击 2 号轴线，修改 1/2 号轴距离为 1200；单击 3 号轴线，修改 1/3 号轴距离为 2800；单击 4 号轴线，修改 2/4 号轴距离为 4200；单击 5 号轴线，修改 4/5 号轴距离为 4800；单击 6 号轴线，修改 5/6 号轴距离为 2440；单击 7 号轴线，修改 6/7 号轴距离为 4760，如图 15-6 所示。

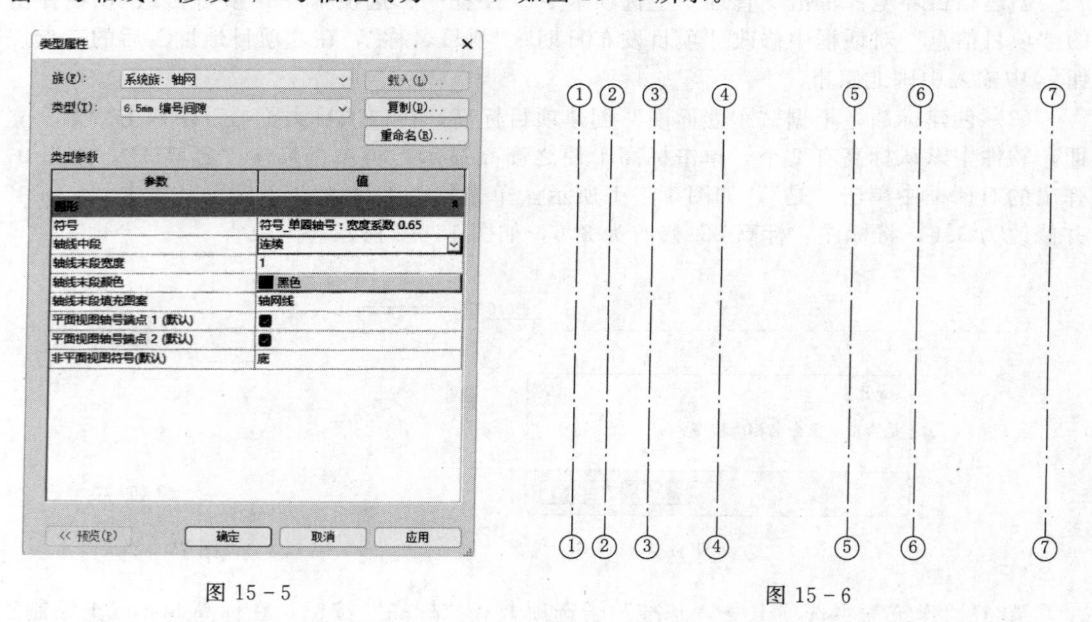

图 15-5　　　　图 15-6

绘制横向轴线，选择轴线后单击轴线，修改为英文字母 A，绘制剩余 6 根横向轴线，依次修改 A/B 轴距为 3800，B/C 轴距为 2200，C/D 轴距为 2400，D/E 轴距为 2200，E/F 轴距为 2500，F/G 轴距为 1900。适当调整各部分位置关系，如图 15-7 所示。

将 2 号轴线下轴号隐藏并解锁拖拽至 C 轴，将 3 号轴线上轴号隐藏并解锁拉拖拽至 C 轴，将 4 号轴线下轴号隐藏并解锁拖拽至 C 轴，将 6 号轴线下轴号隐藏并解锁拖拽至 F 轴，观察图纸各平面轴网均相同，因此框选整个轴网，在“修改｜轴网”界面中单击“基准”子选项卡→“影响范围”按钮，在弹出的对话框中依次选择各楼层平面并确定，

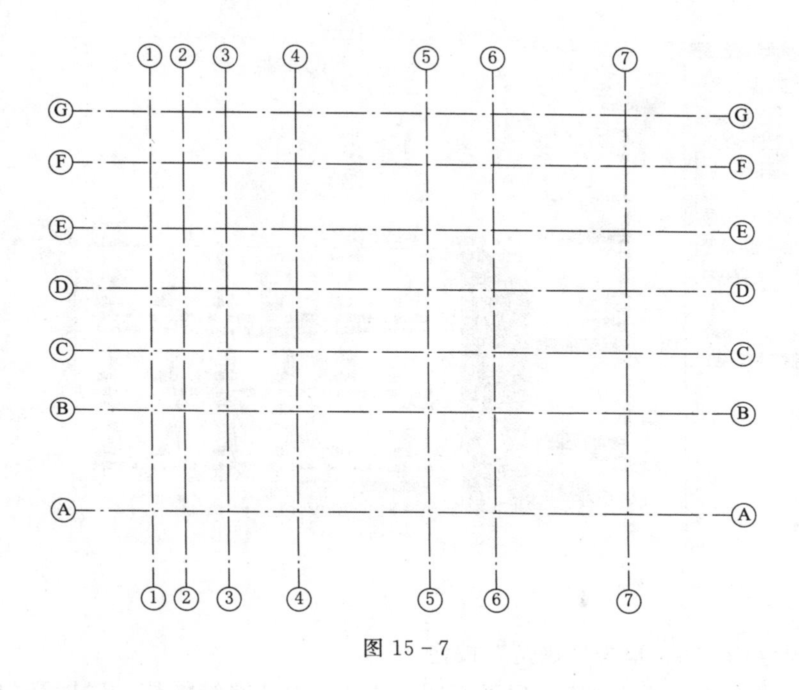

图 15－7

如图 15－8、图 15－9 所示。

图 15－8

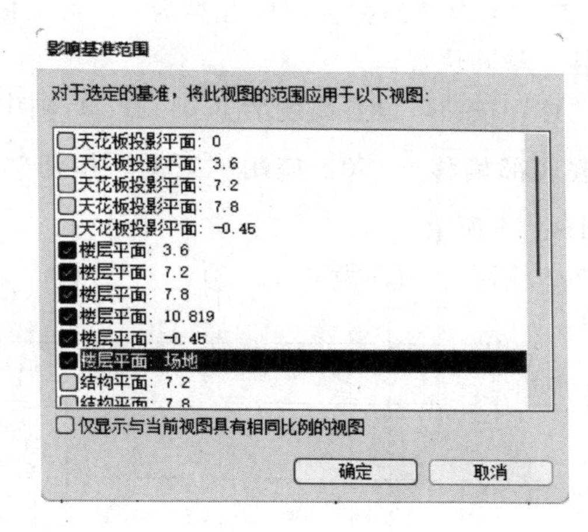

图 15－9

最后单击“锁定”按钮锁定整个轴网，最后保存。

2. 创建柱和梁

操作提示：

（1）创建结构柱。题目要求：共 2 种结构柱，尺寸分别是：400mm×400mm 和 300mm×300mm，单击“结构”主选项卡→“结构”子选项卡→“柱”按钮，在“属性”选项板中单击“编辑类型”，在弹出的“类型属性”对话框中单击“载入”，依次选择文件夹：结构→柱→混凝土，找到“混凝土矩形柱”，单击“打开”，如图 15－10 所示。

单击“复制”按钮，修改名称为“Z1”，修改 b 和 h 为 400，再复制一个命名为

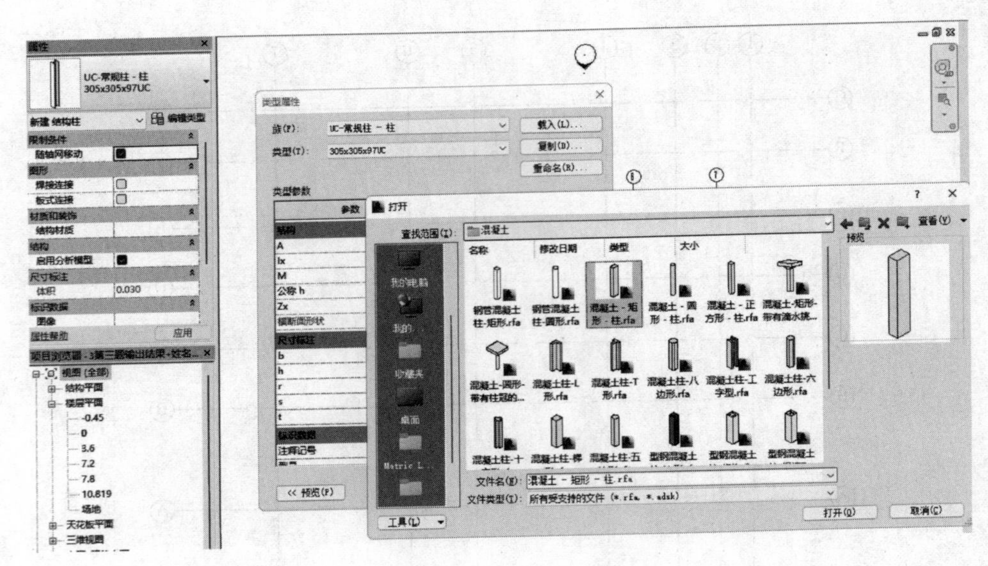

图 15-10

“Z2”，修改尺寸为 300，单击“确定”按钮。

（2）布置结构柱。通过观察一层平面图，“Z1”为外墙结构柱，底标高为－450mm，共 6 根，“Z2”为内墙结构柱，底标高为 0，共 4 根，均在墙角位置，因此可以根据内外墙厚确定柱子精确位置。

单击“柱”按钮，设置高度为 3.6，在 2F 轴中心放置柱，选中该柱，在“属性”选项板中修改底部偏移－450。应用“复制”按钮 依次在其他各轴交叉点放置“Z1”柱，如图 15-11 所示。

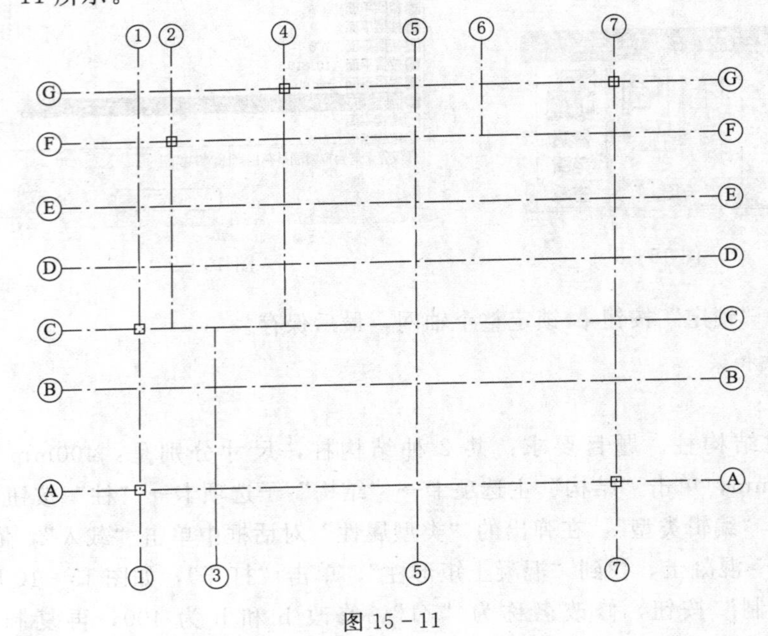

图 15-11

应用“移动”按钮进一步确定柱中心位置，通过观察，4G 轴、2F 轴、1C 轴上的“Z1”柱需向下和右移动 80mm，1A 轴上的“Z1”柱需向上和向右移动 80mm，7A 轴上的“Z1”柱需向上和向左移动 80mm，7G 轴上的“Z1”柱需向下和向左移动 80mm。如图 15-12 所示。

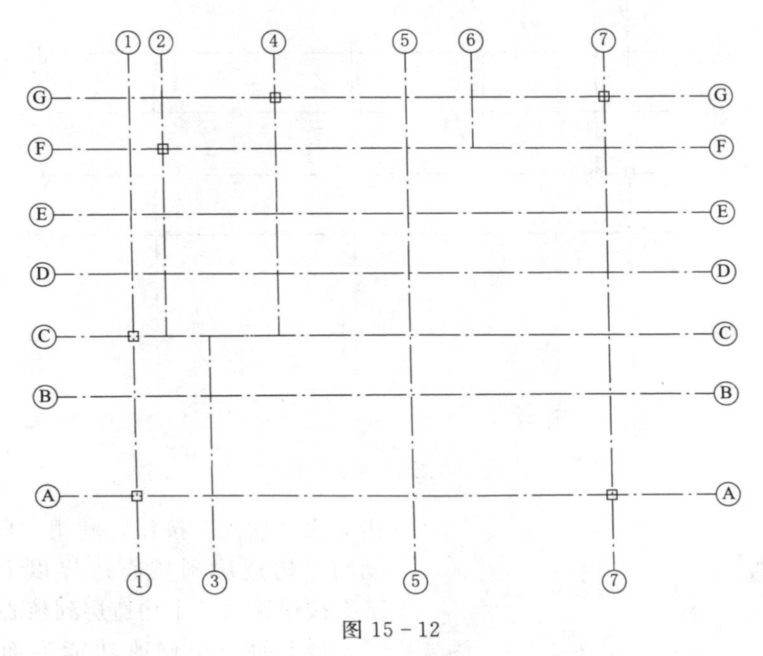

图 15-12

单击柱按钮，设置高度为 3.6，依次在 4F、2C、5G、5A 轴中心放置“Z2”柱，应用“移动”按钮进一步确定柱中心位置，通过观察，4F、2C 轴上的“Z2”柱需向下和右移动 30mm，5G 轴上的“Z2”柱需向下移动 30mm，5A 轴上的“Z2”柱需向上移动 30mm，如图 15-13 所示。

框选一层柱，应用“剪贴板”面板下的复制到剪贴板按钮，单击粘贴下拉菜单下的“与选定的标高对齐”按钮，在弹出的对话框中选择 3.6 标高。在“属性”选项板中将“底部偏移”修改为 0。

切换至 3.6 标高楼层平面视图，根据二层平面图，删掉 2F、4F 柱，将 2C 柱移动到 4C 并确认位置，最后保存。

3. 创建墙体

操作提示：

(1) 创建内外墙。题目要求：墙体分为外墙和内墙，外墙由四个构造层组成，内墙由三个构造层组成。

在“建筑”主选项卡中单击“墙：建筑”按钮，当前的墙是基本墙，单击编辑类型，在弹出的“类型属性”对话框中单击“复制”并命名为外墙 240。单击“编辑”按钮进入“编辑部件”对话框，如图 15-14 所示。默认只有一个结构层，需要插入 3 个构造层，单

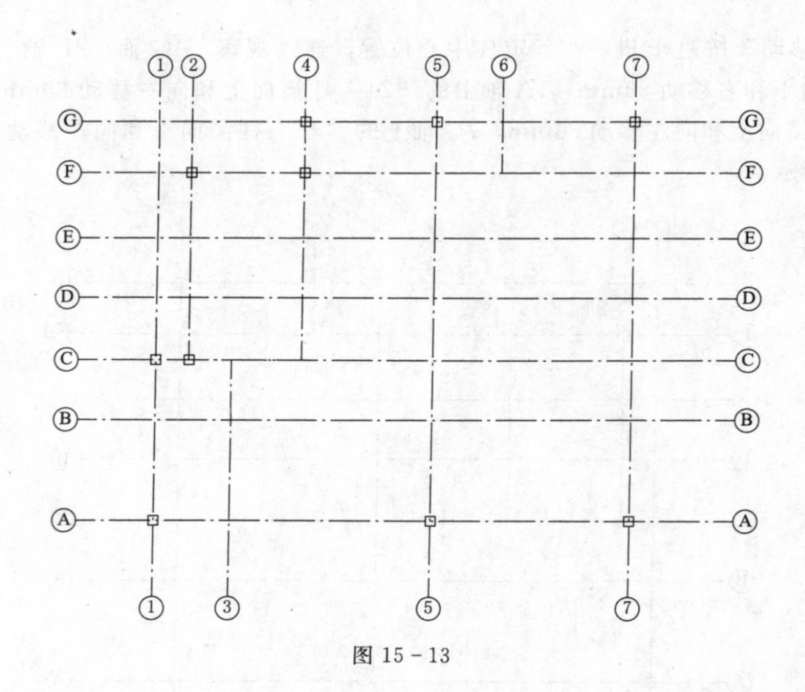

图 15 - 13

编辑部件

族: 基本墙
类型: 外墙240
厚度总计: 200.0　　样本高度(S): 6096.0
阻力(R): 0.0000 (m²·K)/W
热质量: 0.00 kJ/K

层

外部边

	功能	材质	厚度	包络	结构材质
1	结构 [1]	<按类别>	0.0	☑	☐
2	结构 [1]	<按类别>	0.0	☑	☐
3	核心边界	包络上层	0.0		
4	结构 [1]	<按类别>	200.0	☐	☑
5	核心边界	包络下层	0.0		
6	结构 [1]	<按类别>	0.0	☑	

内部边

插入(I)　删除(D)　向上(U)　向下(O)

默认包络
插入点(N): 不包络　　结束点(E): 无

修改垂直结构(仅限于剖面预览中)
修改(M)　合并区域(G)　墙饰条(W)
指定层(A)　拆分区域(L)　分隔条(R)

<< 预览(P)　确定　取消　帮助(H)

图 15 - 14

击 3 次“插入”按钮，利用“向上”按钮移动两个构造层到核心边界以上，利用“向下”按钮移动一个构造层到核心边界以下。

最上面一层修改功能为面层，厚度为 10mm，单击“按类别”右边的三点按钮打开“材质浏览器”搜索“涂料”，软件内默认有黄色涂料，通过右键复制并命名为“咖啡色涂料”，在“外观”标签中先通过单击“复制此资源”按钮新建一个颜色，再设置咖啡色颜色，如图 15 - 15 所示。

在“图形”标签里勾选“使用渲染外观”，最后单击“确定”按钮，如图 15 - 16 所示。

修改第二个构造层为“保温层/空气”，厚度为 20mm，打开材质浏览器，搜索“保温”复制并命名为“聚苯乙烯泡沫保温板”，如图 15 - 17 所示。

核心结构层为 200mm 厚，设置材质为“混凝土砌块”，最内侧构造层设置为 10mm 厚米色涂料，如图 15 - 18 所示。

用同样的操作过程创建内墙 220，10mm 厚米色涂料，200mm 厚混凝土砌块，10mm 厚米色涂料。

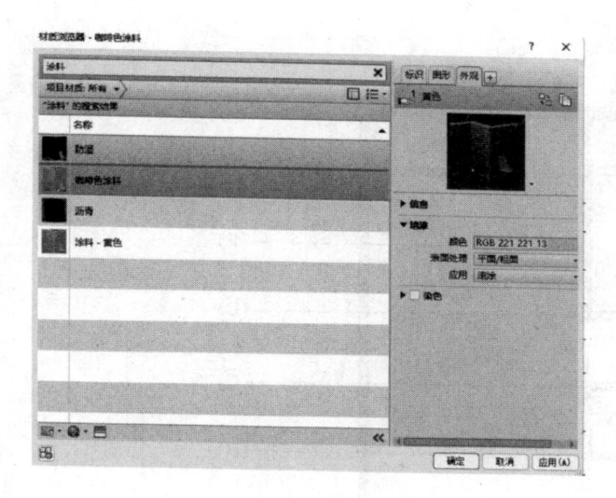

图 15 - 15

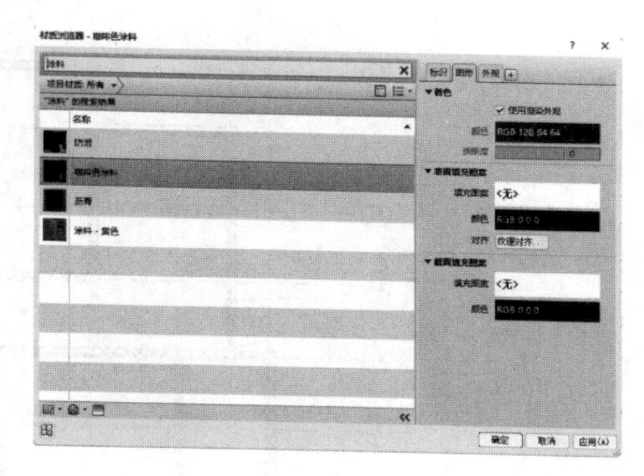

图 15 - 16

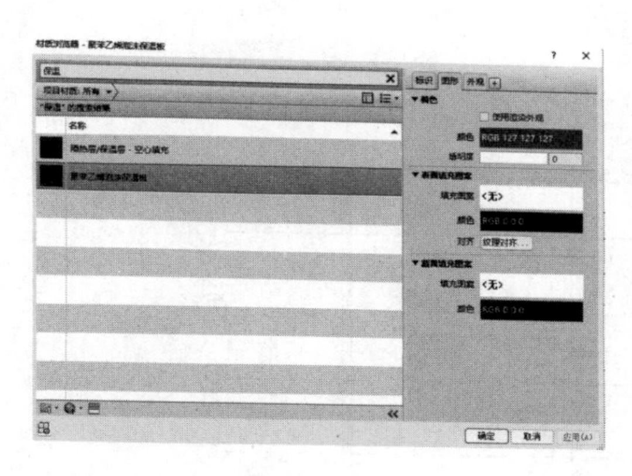

图 15 - 17

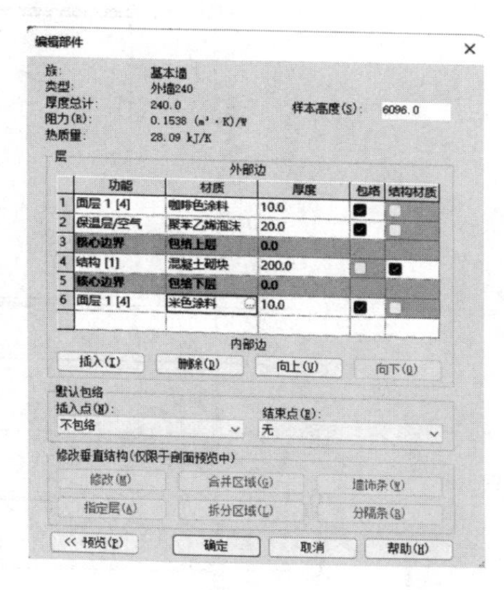

图 15 - 18

（2）布置内外墙。进入一层平面视图，选择“外墙 240”，设置高度为 3.6，底部偏移为−450，按照一层平面图中墙的位置，顺时针绘制外墙。外墙创建完成后继续绘制内墙，注意内墙的底部标高为室内标高 0，如图 15 - 19 所示。

在南立面中框选所有墙体，应用“过滤器”去掉结构柱，应用“剪贴板”选项卡下的“复制到剪贴板”按钮，单击“粘贴”下拉菜单下的“与选定的标高对齐”按钮，在弹出的对话框中选择 3.6 标高，将“属性”选项板中“底部偏移”修改为 0。

切换到二层平面视图，这时发现该视图中能够看到一层墙体和柱的灰色轮廓线，可以在“属性”选项板找到“基线”的“范围：底部标高”修改为“无”以取消基线轮廓。

根据二层平面图修改模型中二层的墙体，如图 15 - 20 所示。

4. 门窗

操作提示：

（1）创建窗。本题中共有 3 种窗，分别是 C0615、C1815、LDC4530。

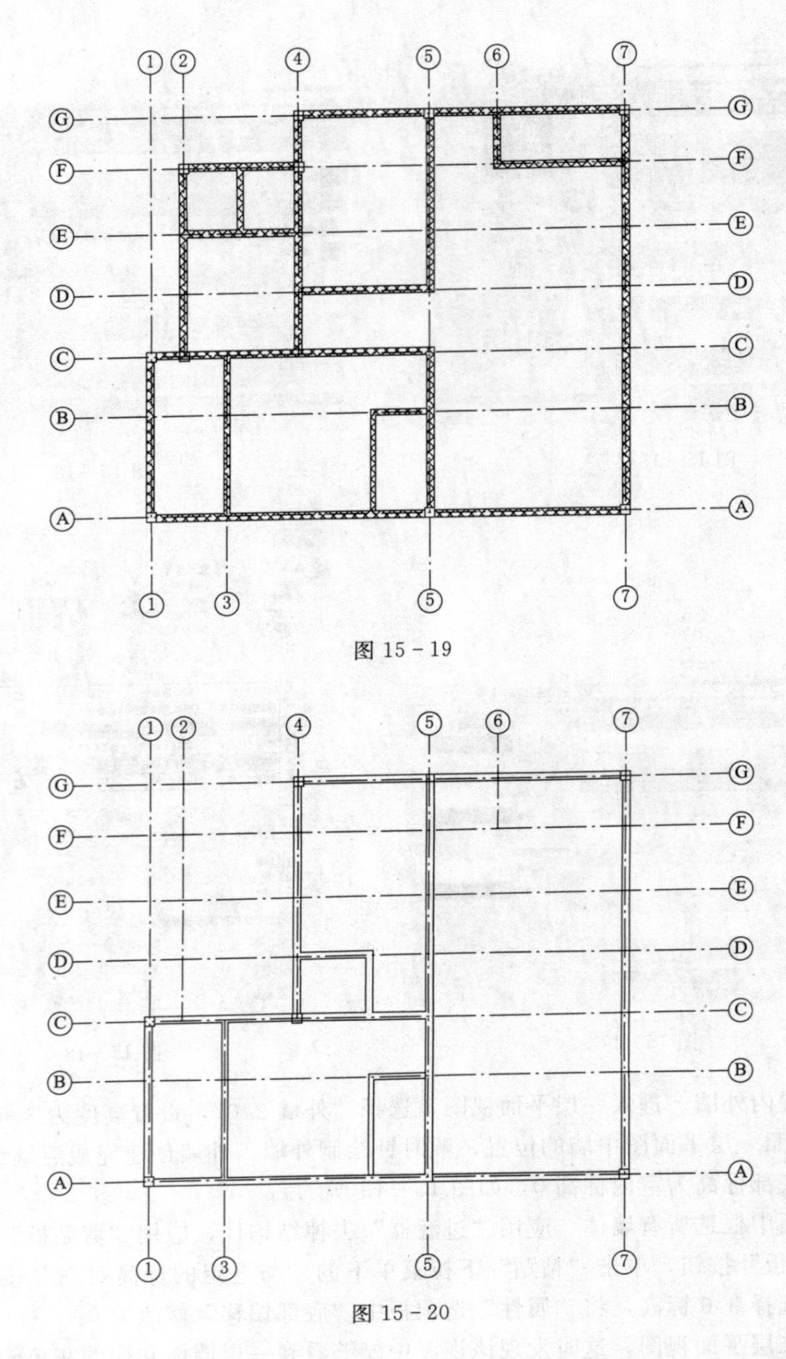

图 15-19

图 15-20

结合一层平面图和立面图确定 C0615 为固定窗，单击“建筑”主选项卡→“构建”子选项→“窗”按钮，单击“属性”选项板下的“编辑类型”，在弹出的“类型属性”对话框单击“载入”，依次选择“建筑→窗→普通窗→固定窗”，单击“打开”按钮，如图 15-21 所示。

复制并重命名为 C0615，将宽修改为 600，高修改为 1500，默认窗台高度为 900，“类

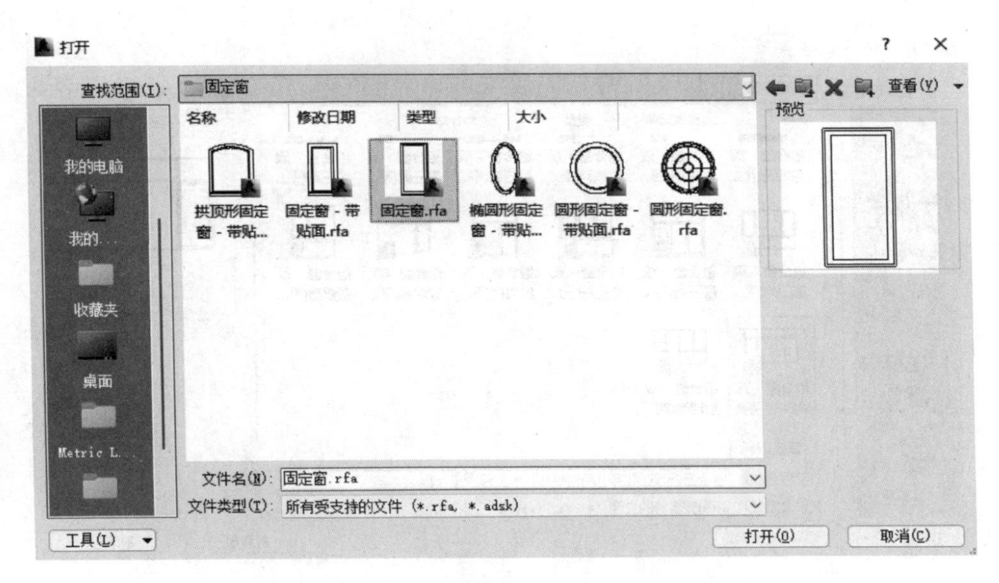

图 15－21

型标记”修改为 C0615，以便生成符合题意的门窗明细表。

结合一层平面图和立面图确定 C1815 为推拉窗，单击“载入”，依次选择“建筑→窗→普通窗→推拉窗→推拉窗 6”，单击“打开”按钮，如图 15－22 所示。

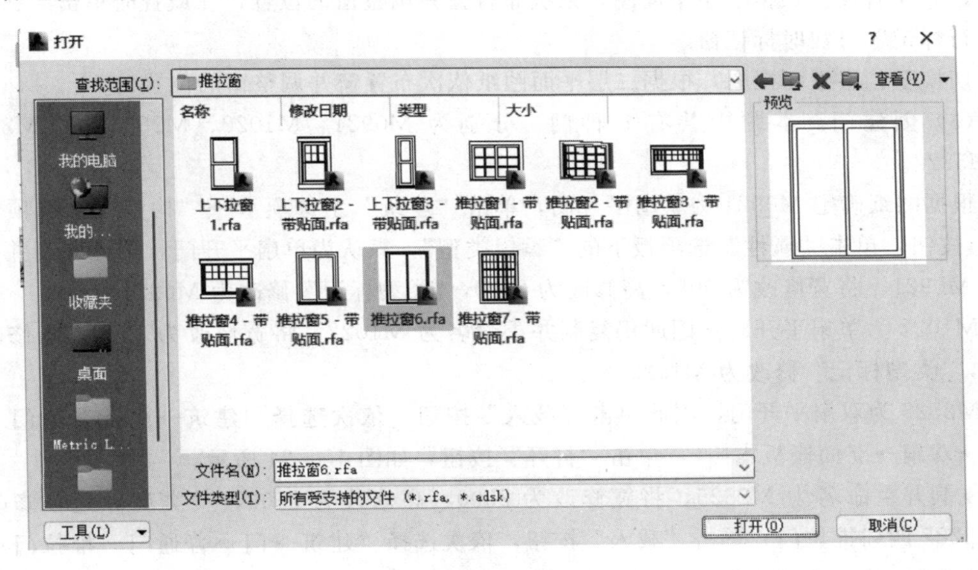

图 15－22

复制并重命名为 C1815，将宽修改为 1800，高修改为 1500，底高度修改为 900，“类型标记”修改为 C1815。

结合一层平面图和立面图确定 LDC4530 为组合窗，单击“载入”，依次选择“建筑→窗→普通窗→组合窗→双扇四列”，单击“打开”按钮，如图 15－23 所示。

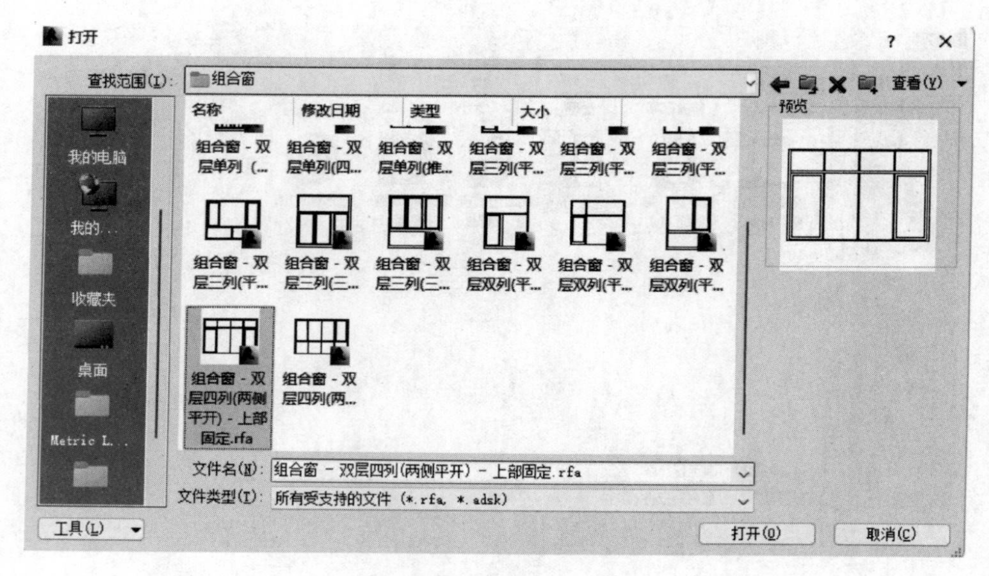

图 15-23

复制并重命名为 LDC4530，将宽修改为 4500，高修改为 3000，默认窗台高度修改为 300，“类型标记”修改为 LDC4530，单击“确定”按钮。

(2) 布置窗。根据一层平面图，依次布置窗并调整窗的位置，在放置时单击“在放置时进行标记”可实时标记窗。

切换至二层平面视图，根据二层平面图纸依次布置窗并调整窗的位置。

(3) 创建门。本题中共有 5 种门，分别为 M0921、M1022、M2525、TLM2222、TLM3822。

根据图纸确定 M0921 为单扇平开门，单击“建筑”主选项卡→“构建”子选项卡→“门”按钮，单击“属性”选项板下的“编辑类型”，默认为单扇平开门，因此复制并重命名为 M0921，将宽修改为 900，高修改为 2100，“类型标记”修改为 M0921。

M1022 为单扇平开门，因此仍复制并重命名为 M1022，将宽修改为 1000，高修改为 2200，“类型标记”修改为 M1022。

M2525 为双扇平开门，因此单击“载入”按钮，依次选择“建筑→门→普通门→平开门→双扇→双面嵌板木门”，单击“打开”按钮，如图 15-24 所示。

复制并重命名为 M2525，将宽修改为 2500，高修改为 2500，“类型标记”修改为 TLM2222 四扇推拉门，单击“载入”按钮，依次选择“建筑→门→普通门→推拉门→四扇推拉门”，单击“打开”按钮，如图 15-25 所示。

复制并重命名为 TLM2222，将宽修改为 2200，高修改为 2200，“类型标记”修改为 TLM3822 四扇推拉门，复制并重命名为 TLM3822，并将宽修改为 3800，高修改为 2200，“类型标记”修改为 TLM3822，单击“确定”按钮。

(4) 布置门。切换至一层平面图视图，根据一层平面图图纸放置门，在放置时单击“在放置时进行标记”可即时标记门，同时应用空格调整门的方向。

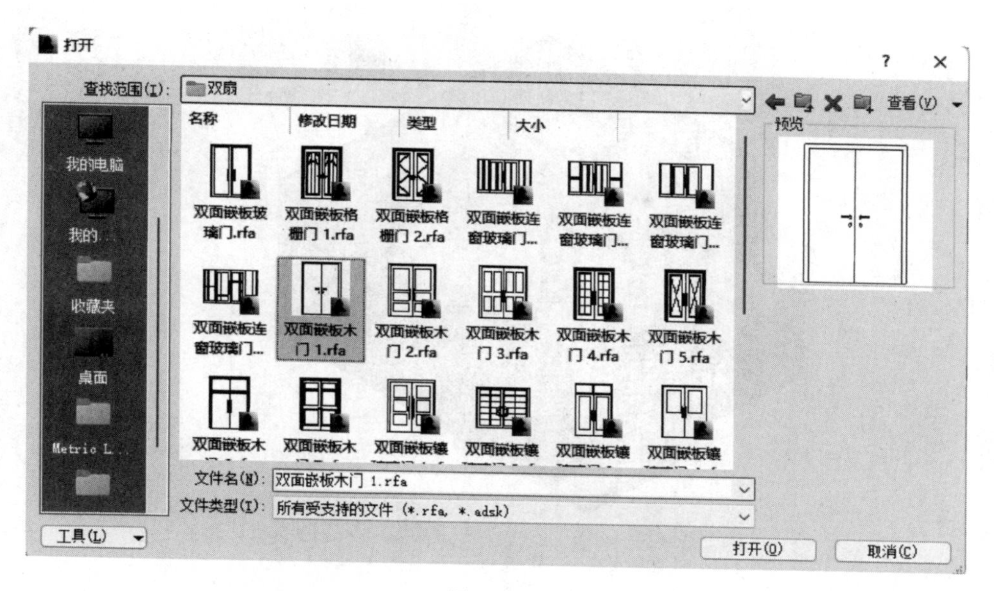

图 15 - 24

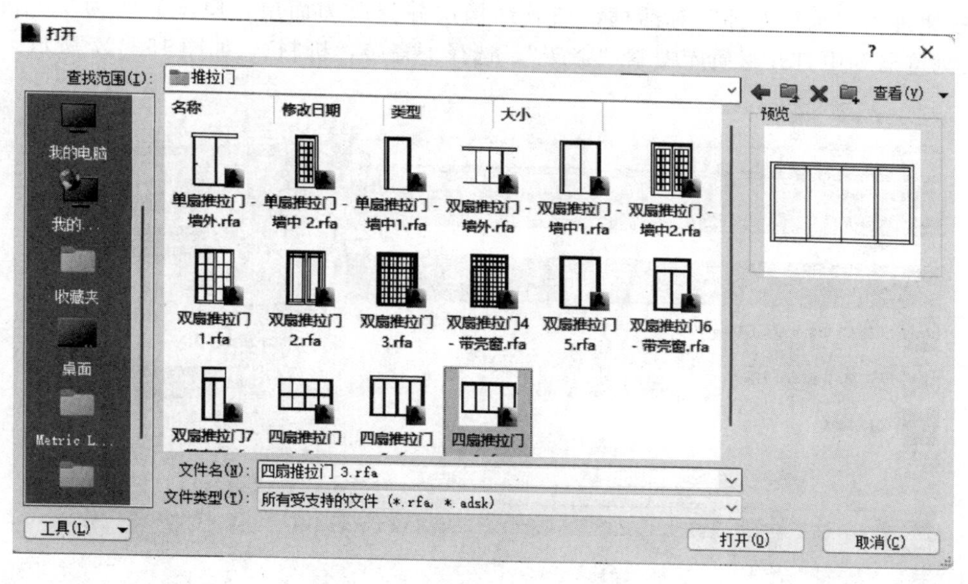

图 15 - 25

同样的操作。切换至二层平面图视图，根据二层平面图图纸放置门。三维如图 15 - 26 所示。

5. 楼板

操作提示：

(1) 创建楼板。题目中楼板为两个结构层，分别是 15 厚瓷砖-茶色和 135 厚混凝土。单击“建筑”主选项卡→“构建”子选项卡→“楼板”→“楼板：结构”按钮 楼板:结构，单击

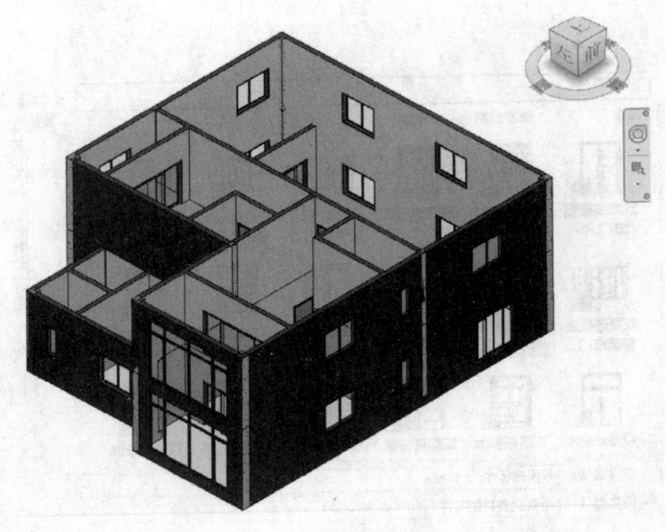

图 15－26

“编辑类型”，在弹出的“类型属性”对话框中单击“复制”并命名为“楼板”，单击“编辑”按钮进入“编辑部件”对话框，插入结构层并修改为面层，厚度修改为 15mm。在“材质浏览器”中打开材质库搜索“瓷砖”，选择“瓷砖，机制”，如图 15－27 所示。

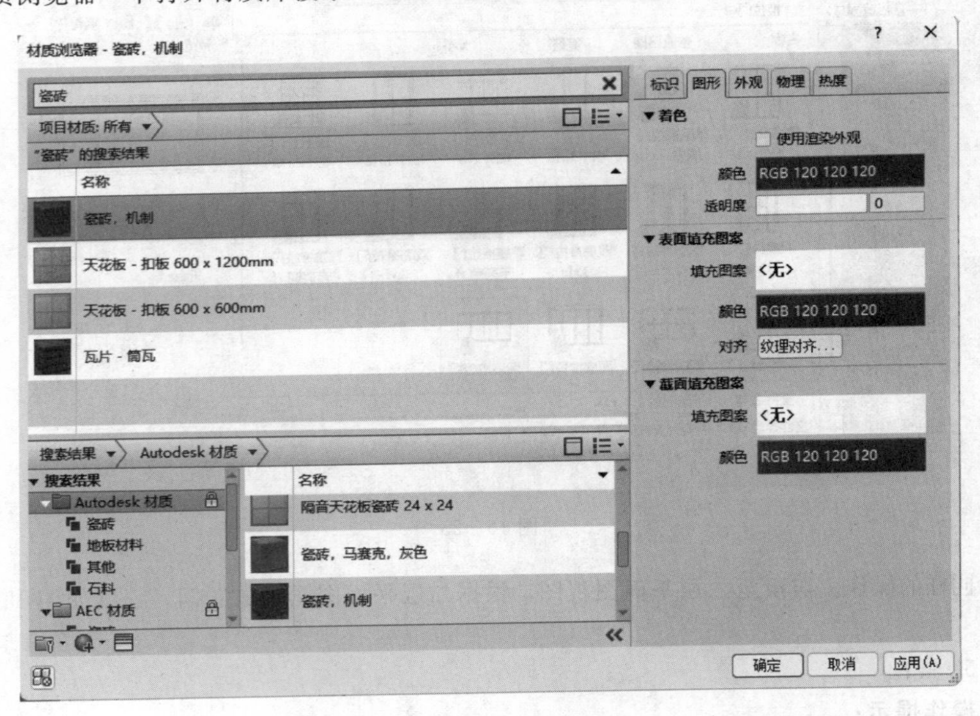

图 15－27

复制并重命名为“瓷砖-茶色”。调整颜色并在图形中勾选使用渲染外观。

核心结构层设置为 135 厚，并将材质修改为混凝土并确定。

（2）绘制楼板。切换至一层平面视图，应用“直线”沿外墙线进行绘制，注意不能有交叉线并且必须闭合。画好后单击对钩按钮✔生成一层楼板。切换至二层平面视图，继续绘制二层楼板。

6. 屋顶和天花板

操作提示：

本题中共有两个屋顶，分别是平屋顶和坡屋顶，均可采用迹线屋顶进行绘制。

（1）创建屋顶。切换至二层平面视图，单击“建筑”主选项卡→“构建”子选项卡→“屋顶”下拉菜单→“迹线屋顶”按钮 迹线屋顶，单击“属性”选项板“编辑类型”，打开“类型属性”对话框，复制并命名为“屋顶”，如图 15－28 所示。

单击“编辑”按钮，修改材质为“混凝土”，设置厚度为 150mm，单击“确定”按钮，如图 15－29 所示。

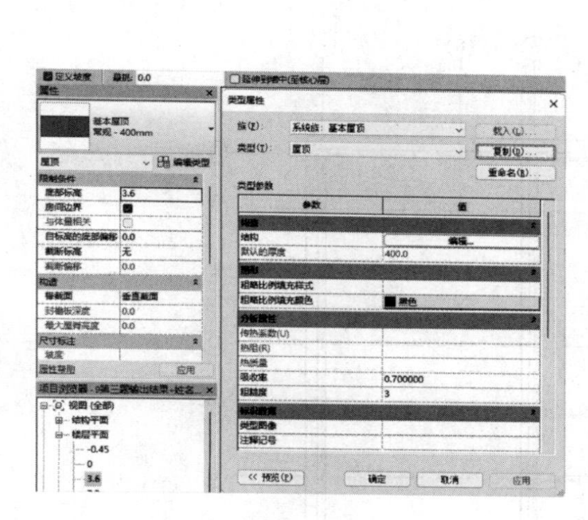

图 15－28

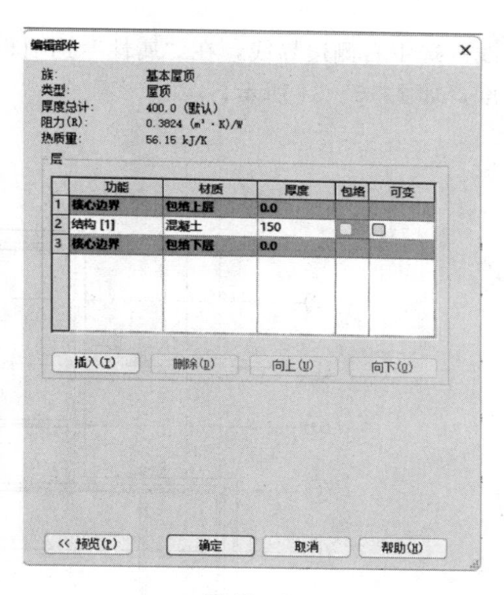

图 15－29

（2）绘制平屋顶。观察二层平面图后 F 和 2 轴上的屋顶边缘尺寸未给，分析后可知为偏移半墙 120mm 厚，应用直线命令绘制，坡度设置为 0，单击按钮✔生成一层屋顶，如图 15－30 所示。

（3）绘制坡屋顶。切换至平面视图 7.8 标高，绘制二层屋顶，观察屋顶平面图纸后发现屋顶边缘比轴线均延伸出 520mm，因此可采用偏移和拾取功能绘制。

单击“拾取线”按钮，偏移量设置为 520mm，分别拾取Ⓖ、④、Ⓒ、①、Ⓐ、⑦轴，应用“修剪/延伸为角”按钮进行修剪。

在“属性”选项板中将整体坡度调整为 25°，观察图纸后得出Ⓖ、①轴的屋顶没有坡度，Ⓐ轴左侧有坡度，右侧无坡度，因此需要单击单击拆分图元按钮拆分Ⓐ轴屋顶边

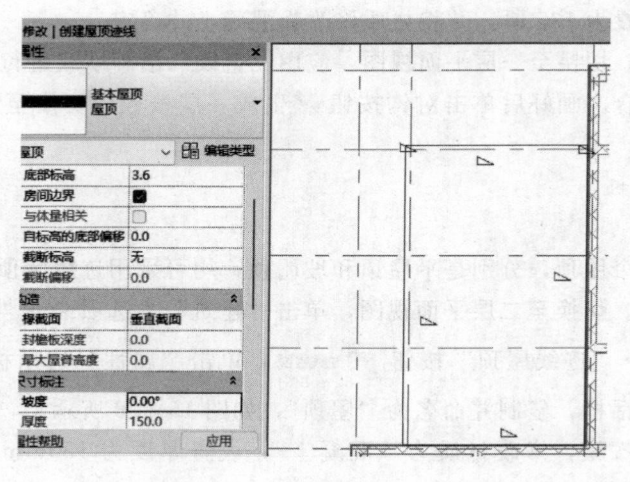

图 15－30

界线。选中右侧边界线，在“属性”选项板中取消坡度，选择Ⓐ、①轴屋顶边界线并取消坡度，如图 15－31 所示。

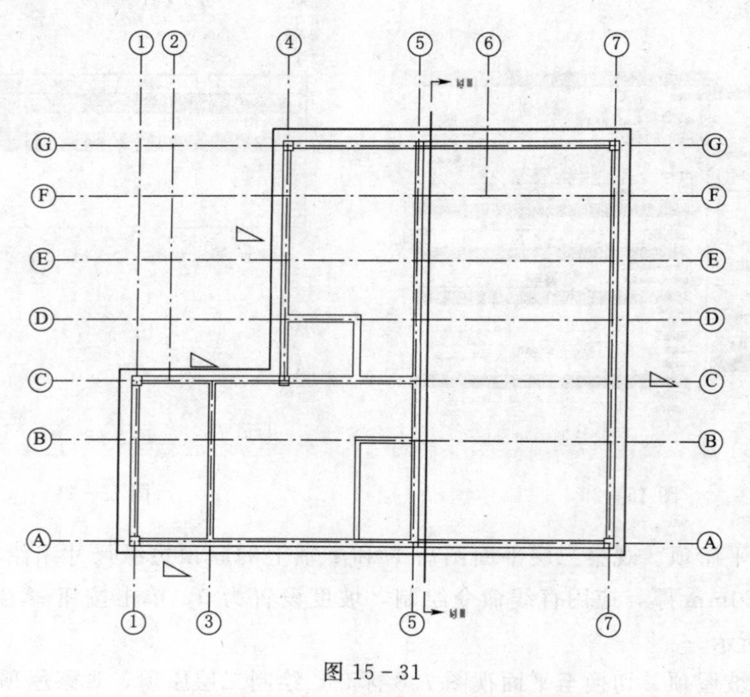

图 15－31

单击按钮✔生成二层坡屋顶，切换到南立面视图，将屋顶移动至标高 10.819 处。

（4）墙柱附着。在立面视图中应用过滤器功能框选二层墙，单击“附着顶部/底部”按钮附着顶部/底部，然后选择屋顶。应用过滤器框选二层柱，单击“附着顶部/底部”按钮，注意此时在“附着对正”里选择“最大相交”，如图 15－32 所示，然后选择屋顶，如图 15－33 所示。最后保存。

图 15－32

7. 扶手、楼梯和坡道

操作提示：

(1) 创建楼梯。观察图纸，该楼梯为 L 形楼梯，13 个梯面，楼梯宽度为 1100mm。

打开一层平面视图，单击“建筑”主选项卡→“楼梯坡道”→“楼梯”下拉菜单→“楼梯（按构件）”按钮 楼梯(按构件)，再选择 L 形转角按钮，实际梯段宽度修改为 1100，在“属性”选项板中选择“现场浇筑楼梯整体浇筑楼梯”，所需梯面数修改为 13，如图 15－34 所示。

图 15－33

根据图纸放置楼梯并单击按钮生成楼梯，选择靠墙一层的楼梯进行删除，如图 15－35 所示。

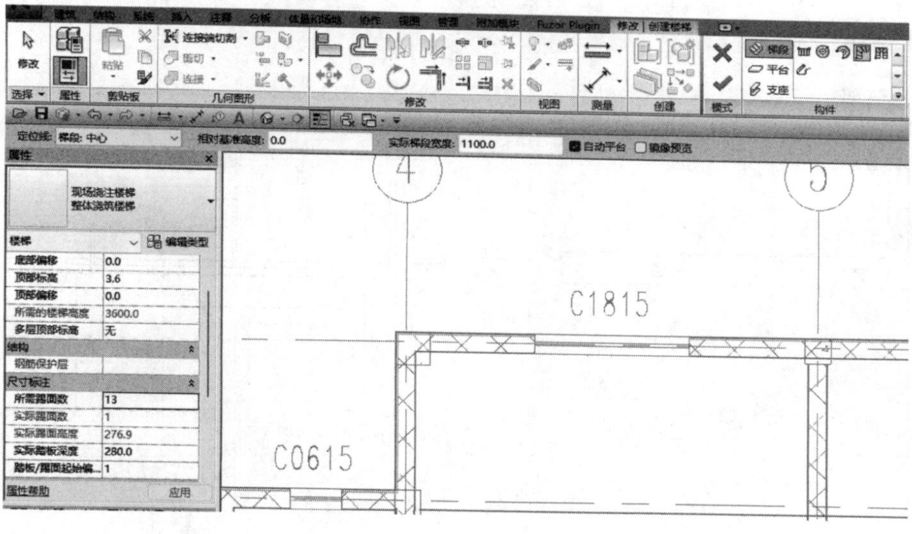

图 15－34

(2) 创建二层栏杆扶手。切换至二层平面视图，单击“建筑”主选项卡→“楼梯坡道”→“栏杆扶手”→“绘制路径”按钮 绘制路径，在二层楼板上绘制栏杆扶手，最后保存。

8. 洞口

操作提示：

打开二层平面视图，单击“建筑”主选项卡→“洞口”子选项卡→“竖井”按钮 竖井，

图 15-35

选择“直线”命令绘制竖井轮廓，单击按钮✔，最后保存。

9. 族

操作提示：

观察一层平面图图纸，台阶在一层入户门位置，从立面图看出底为-0.45标高，顶为0标高，三阶台阶，每阶高150mm。

单击“建筑”主选项卡→“构件”下拉菜单→内建模型，在弹出的“族类别和族参数”对话框中选择“常规模型”单击“确定”，命名为台阶，如图15-36所示。

根据图纸绘制参照平面，单击“建筑”主选项卡→“工作平面”子选项卡→参照平面，创建台阶的参照平面，如图15-37所示。

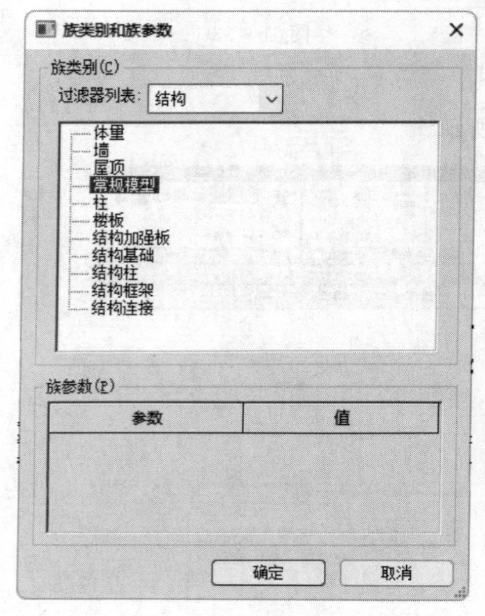

图 15-36

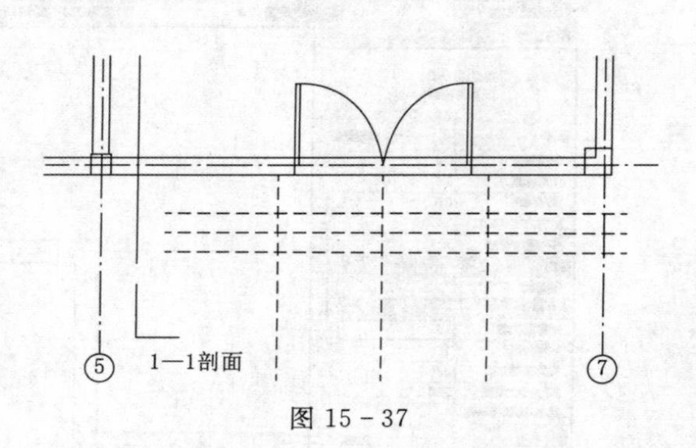

图 15-37

单击“创建”主选项卡→“形状”子选项卡→“拉伸”按钮，在“工作平面”子选项卡上单击“设置”按钮选择工作平面，在弹出的“工作平面”选择“拾取一个平面”并点击“确定”，如图15-38所示。

单击中间辅助面，在弹出的“转到视图”对话框中选择“立面：东”，单击“打开视图”，如图15-39所示。

应用“直线”命令绘制台阶轮廓，将“属性”选项板的拉伸起点修改为“1500”，拉伸终点改为“-1500”，将材质设置为“混凝土”，单击按钮✔两次完成台阶创建，如图15-40、图15-41所示。

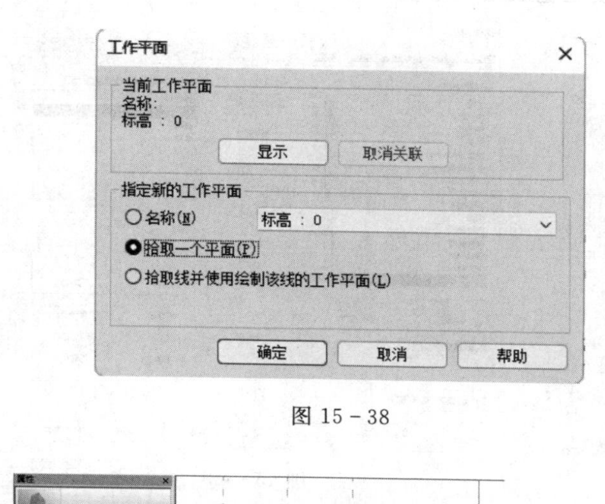

图 15-38

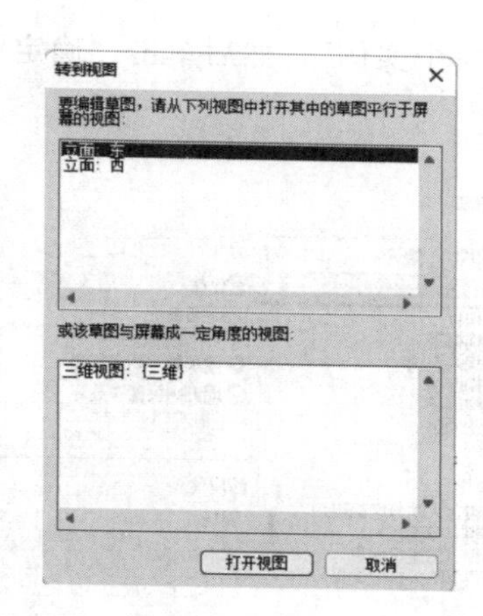

图 15-39

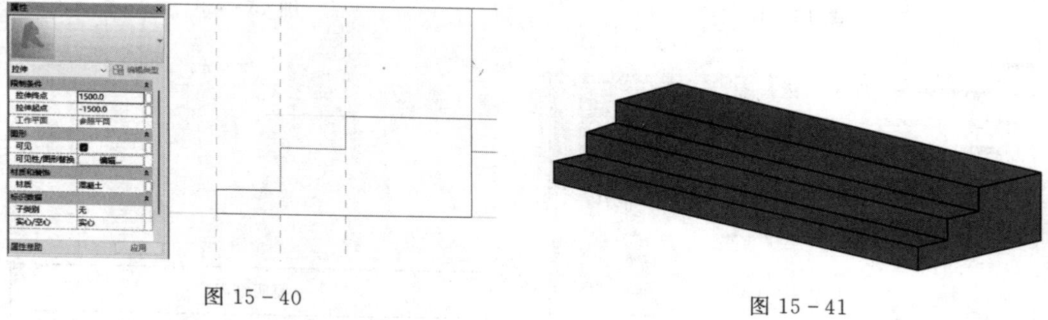

图 15-40

图 15-41

10. 成果输出

操作提示：

(1) 创建明细表。门明细表要求包含类型标记、宽度、高度、合计字段，窗明细表要求包含类型标记、底高度、宽度、高度、合计字段，并计算总数。

1) 创建门明细表：单击“视图”主选项卡→“创建”子选项卡→“明细表”→“明细表/数量”按钮 明细表/数量，在弹出的“新建明细表”对话框中选择“建筑”中的“门”，然后单击“确定”按钮，如图 15-42 所示。

在“字段”中找到“类型标记、宽度、高度、合计”并双击添加，然后调整顺序，如图 15-43 所示。

在“排序/成组”中的“排序方式”选择“类型标记”勾选“总计”总计，不勾选“逐项列举每个实例”，如图 15-44 所示，然后单击“确定”按钮生成门明细表。

2) 创建窗明细表：单击“视图”主选项卡→“创建”子选项卡→“明细表”→“明细表/数量”按钮 明细表/数量，在弹出的“新建明细表”对话框中选择“建筑”中的“窗”，然后单击“确定”按钮。

在“字段”中找到“类型标记、底高度、宽度、高度、合计”并双击添加，然后调整顺序。在“排序/成组”中的“排序方式”，选择“类型标记”，勾选“总计”，不勾选“逐项列举每个实例”，然后单击“确定”按钮生成窗明细表，如图 15 - 45 所示。

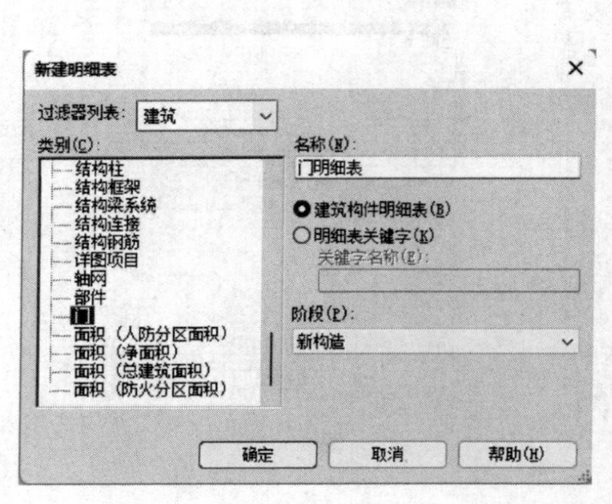

图 15 - 42

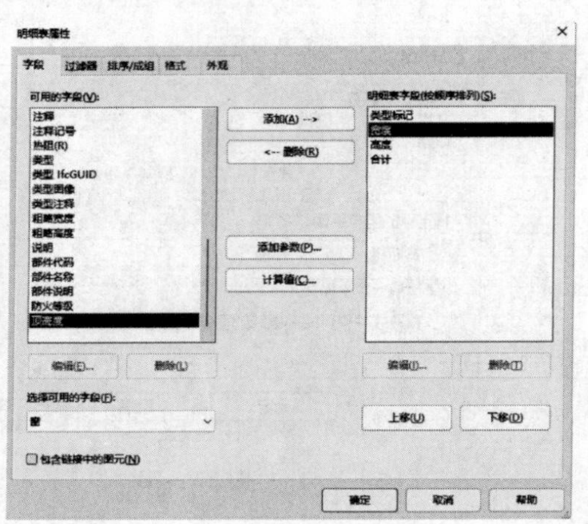

图 15 - 43

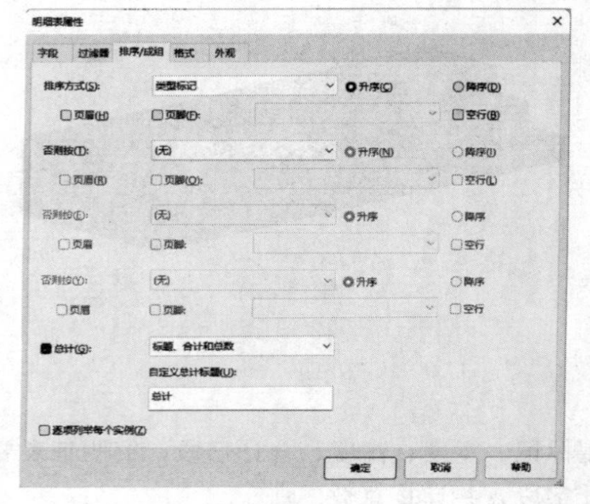

图 15 - 44

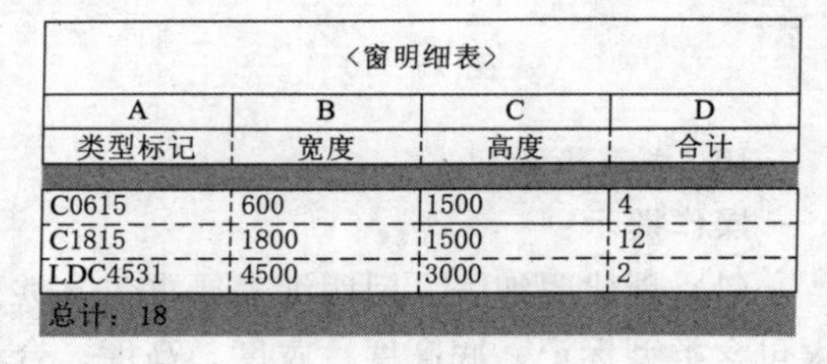

〈窗明细表〉			
A	B	C	D
类型标记	宽度	高度	合计
C0615	600	1500	4
C1815	1800	1500	12
LDC4531	4500	3000	2
总计：18			

图 15 - 45

（2）创建图纸。

1）创建剖面：观察一层平面图，1—1 剖面在 56 轴之间，切换到一层平面视图，单击“视图”主选项卡→“创建”子选项卡→“剖面”按钮 剖面，在“属性”选项板中将“视图名称”修改为 1—1 剖面，在项目浏览器的“剖面”中打开“1—1 剖面”，视图比例改为 1∶75，并将“裁剪区域可见”取消勾选。

2）创建 A2 图纸：单击“视图”主选项卡→“图纸组合”子选项卡→“图纸”按钮 图纸，在弹出的“新建图纸”对话框中单击“A2 公制”并确定，在“项目浏览器”中找到“1—1 剖面”，按住这个剖面拖拽到图纸中并松开，然后适当调整剖面的位置，如图 15 - 46 所示。

（3）创建渲染图。切换到三维视图，将模型旋转到一个合适的视角，单击“视图”主选项卡→“演示视图”子选项卡→“渲染”按钮 渲染，在弹出的“渲染”对话框中进行设

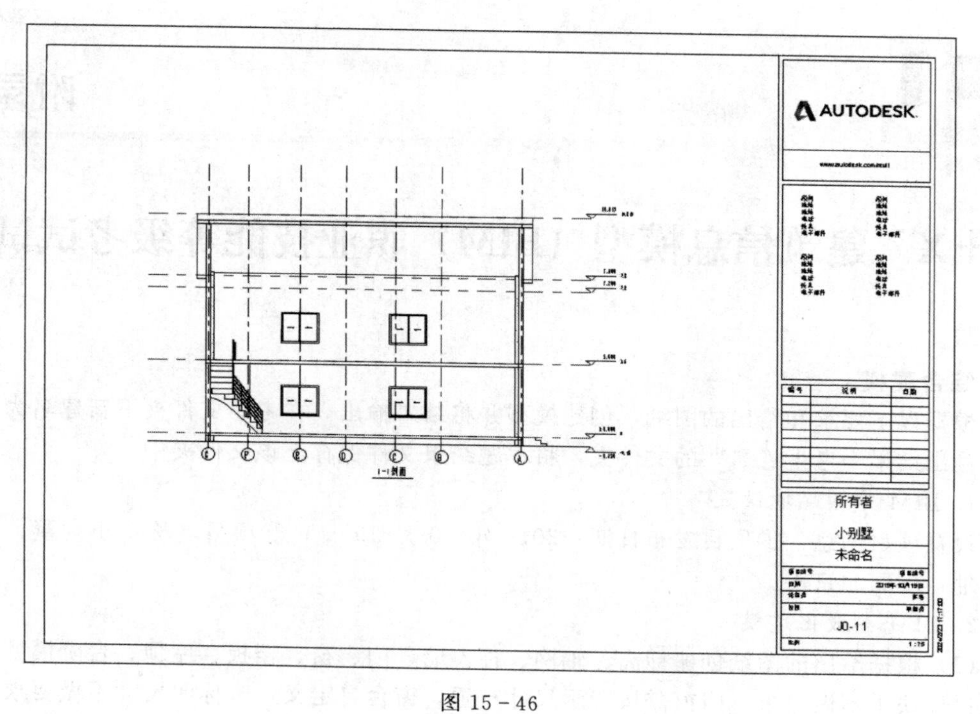

图 15－46

置："质量设置"改为"中"；照明"方案"改为"室外：日光和人造光"；背景"样式"改为"天空：少云"，单击对话框中的"渲染"按钮开始渲染，如图 15－47 所示。

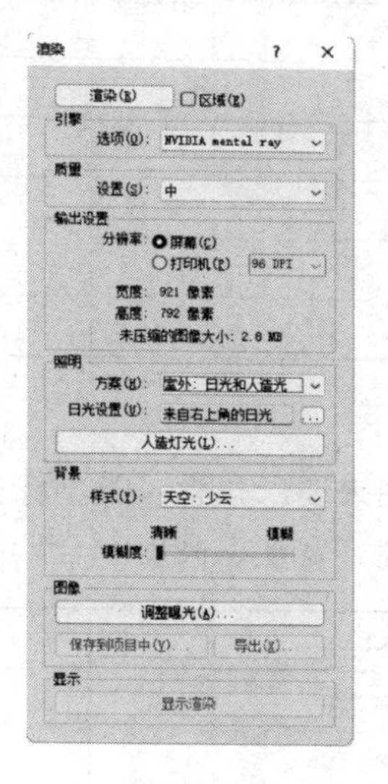

图 15－47

渲染完成之后单击"保存到项目中"，然后单击导出，命名为"小别墅渲染"导出保存到本题文件夹中。

最后把项目文件保存到"第三题输出结果＋考生姓名"文件夹中。

附录 1

"1+X" 建筑信息模型（BIM）职业技能等级考试试题

综合建模

根据以下要求和给出的图纸，创建模型并将结果输出。在考生文件夹下新建名为"第三题输出结果+考生姓名"的文件夹，将本题结果文件保存至该文件夹中。

1. BIM 建模环境设置

设置项目信息：①项目发布日期：2019 年 10 月 19 日；②项目名称：小别墅；③项目地址：中国北京市。

2. BIM 参数化建模

（1）根据给出的图纸创建标高、轴网、柱、墙、门、窗、楼板、屋顶、台阶模型，楼梯、栏杆扶手不做要求。门窗需按图示尺寸布置，窗台自定义，未标明尺寸不做要求。

（2）主要建筑构件参数要求如下：

外墙 240	10 厚咖啡色涂料	结构柱	Z1：400×400（混凝土柱）
	20 厚聚苯乙烯泡沫保温板		Z2：300×300（混凝土柱）
	200 厚混凝土砌块	楼板	15 厚瓷砖-茶色
	10 厚米色涂料		135 厚混凝土
内墙 220	10 厚米色涂料	屋顶	150 厚混凝土；一楼为平屋顶； 二楼屋顶坡度都是 25°
	200 混凝土砌块		
	10 厚米色涂料		

3. 创建图纸

（1）创建门窗明细表，门明细表要求包含：类型标记、宽度、高度、合计字段；窗明细表要求包含：类型标记、底高度、宽度、高度、合计字段；并计算总数。

门	M0921	900×2100	窗	C0615	600×1500
	M1022	1000×2200		C1815	1800×1500
	M2525	2500×2500		LDC4530	4500×3000
	TLM2222	2200×2200			
	TLM3822	3800×2200			

（2）根据一层平面图在项目中创建 1—1 剖面图，创建 A2 公制图纸，将 1—1 剖面图插入，并将视图比例调整为 1∶75。

4. 模型渲染

对房屋的三维模型进行渲染，质量设置：中，设置背景为"天空：少云"，照明方案为"室外：日光和人造光"，其他未标明选项不做要求，结果以"小别墅渲染.JPG"为文件名保存至本题文件夹中。

5. 模型文件管理

将模型文件命名为"小别墅+考生姓名"，并保存项目文件。

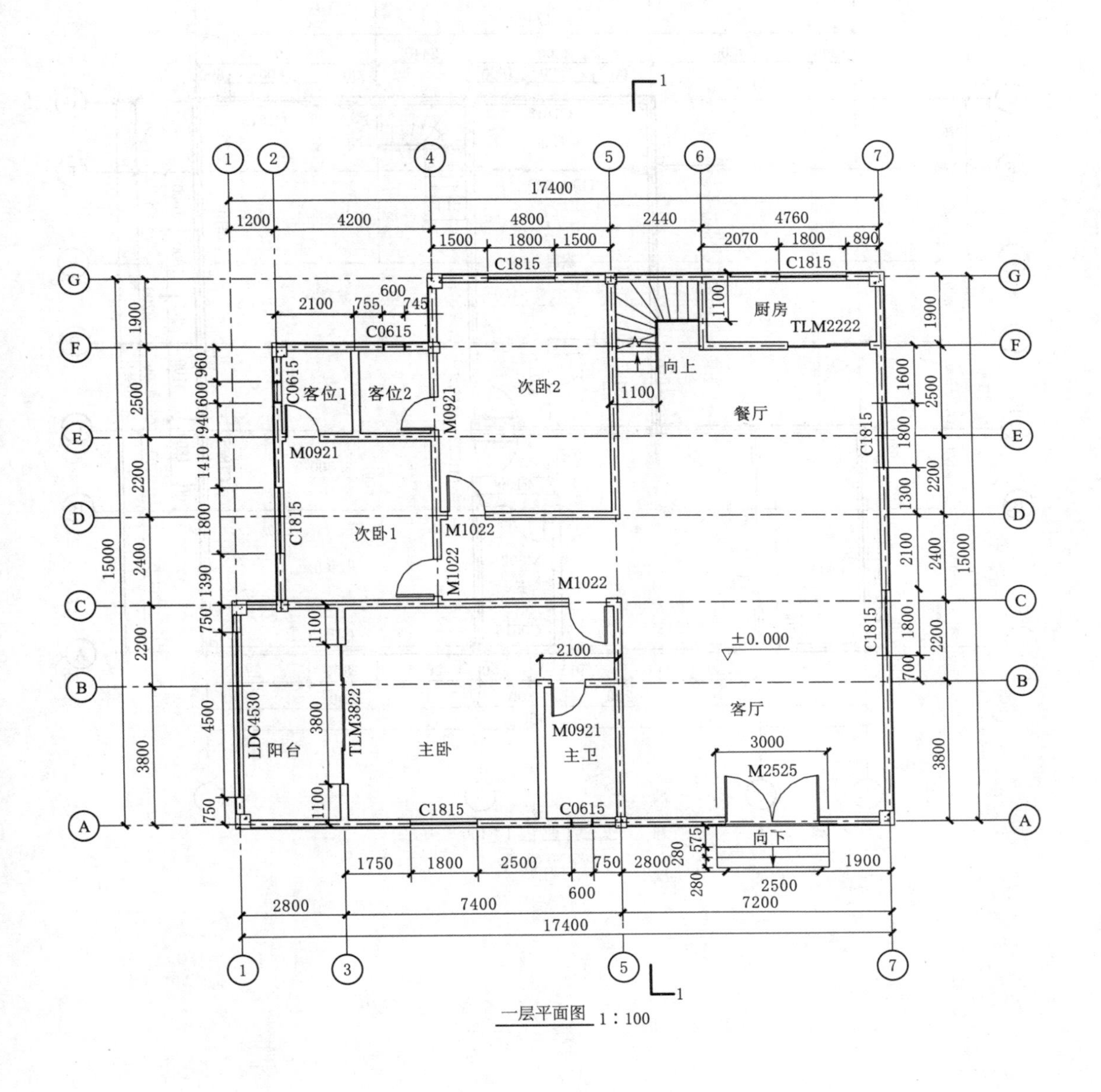

一层平面图 1∶100

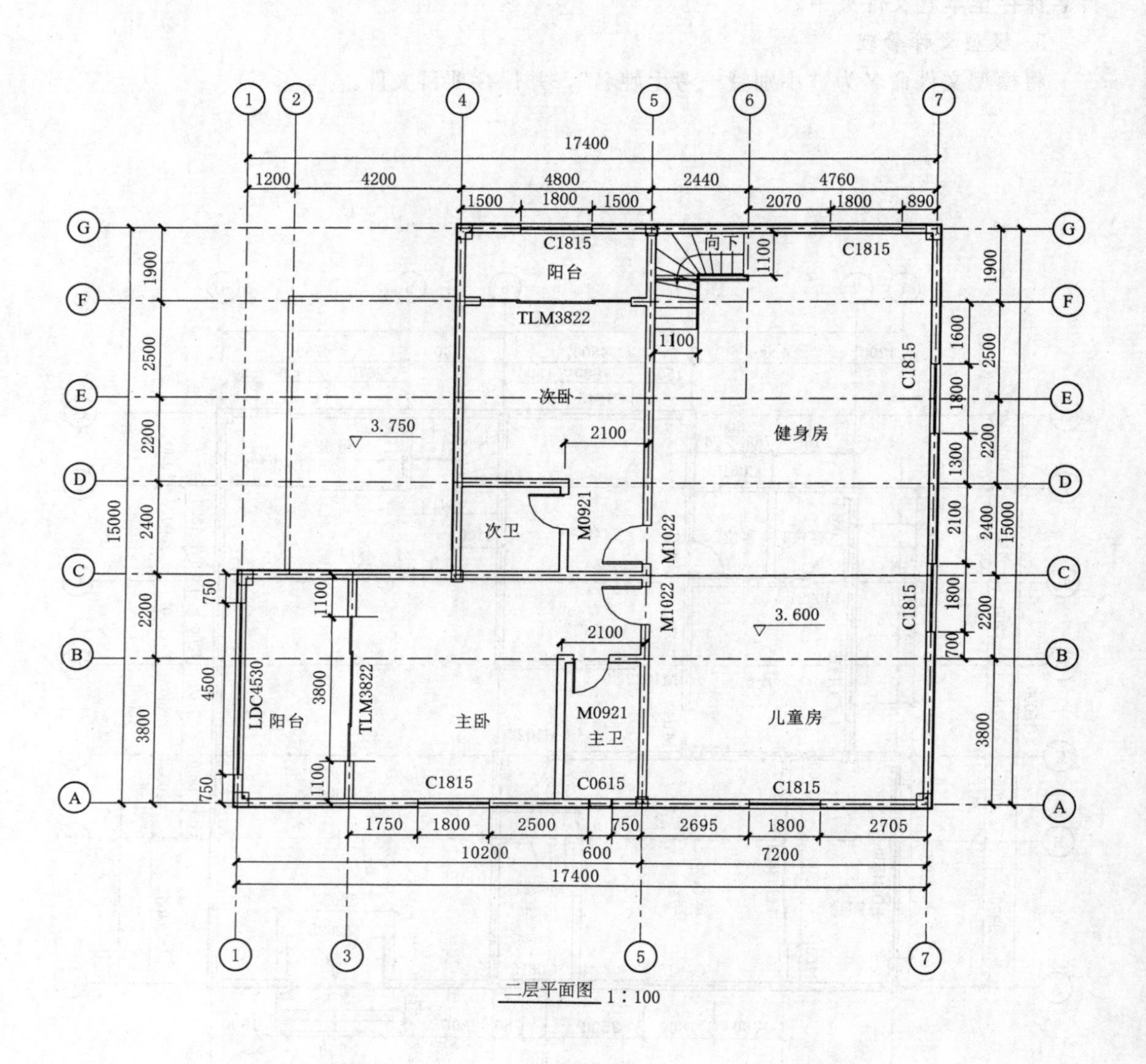
17400
1200
4200
4800
2440
4760
1500
1800
1500
2070
1800
890
C1815
阳台
向下
1100
TLM3822
1100
C1815
次卧
3.750
2100
健身房
M0921
次卫
M1022
M1022
3.600
2100
LDC4530
阳台
TLM3822
主卧
M0921
主卫
儿童房
C1815
C0615
C1815
1750
1800
2500
750
2695
1800
2705
10200
600
7200
17400
1900
2500
2200
2400
2200
3800
15000
750
1100
4500
3800
1100
750
1600
1800
1300
2100
1800
700
15000

二层平面图 1：100

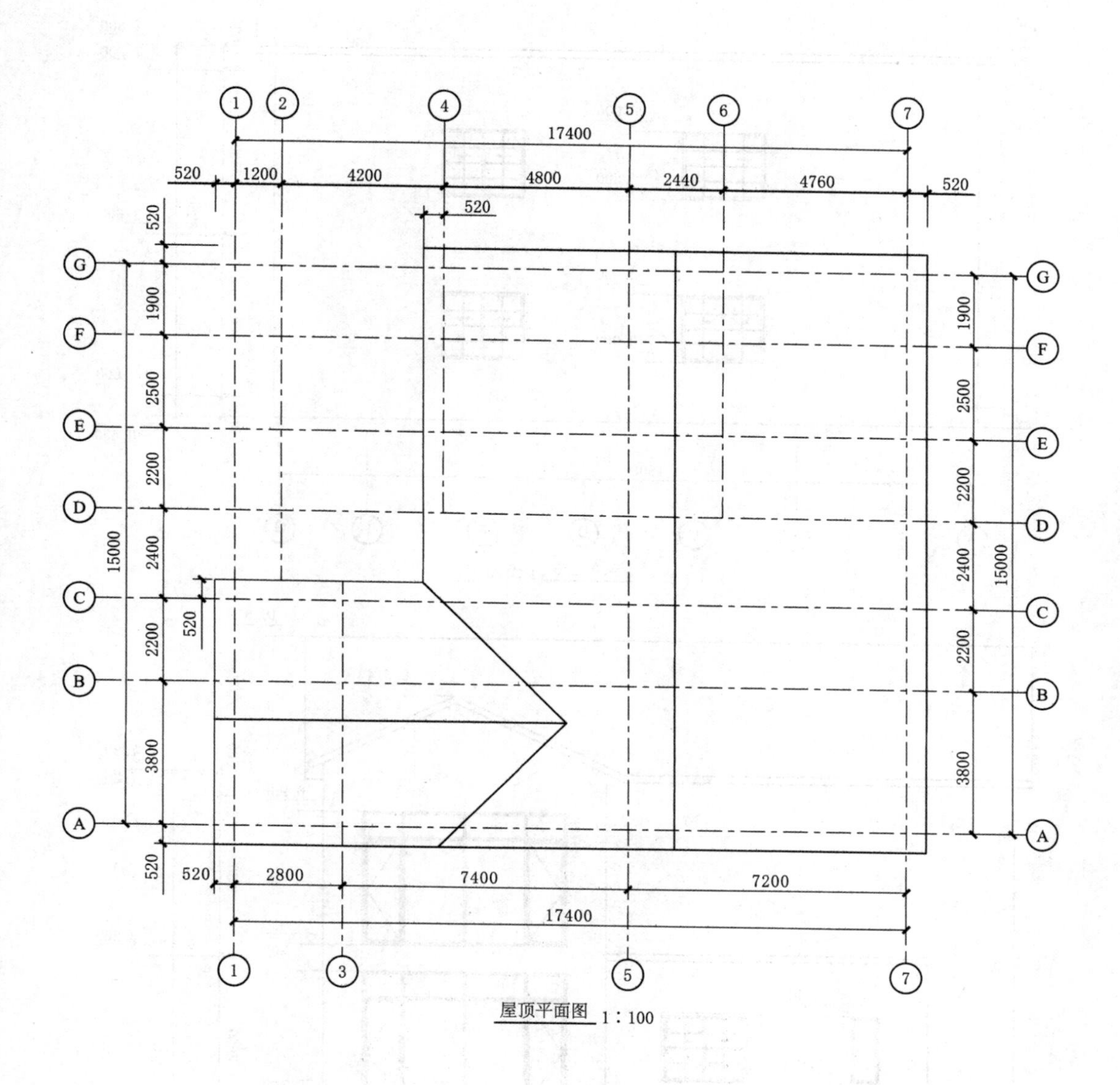

1
2
4
5
6
7
17400
520
1200
4200
4800
2440
4760
520
520
520
G
F
E
D
C
B
A
1900
2500
2200
2400
2200
3800
15000
520
520
520
2800
7400
7200
17400
1
3
5
7

屋顶平面图 1：100

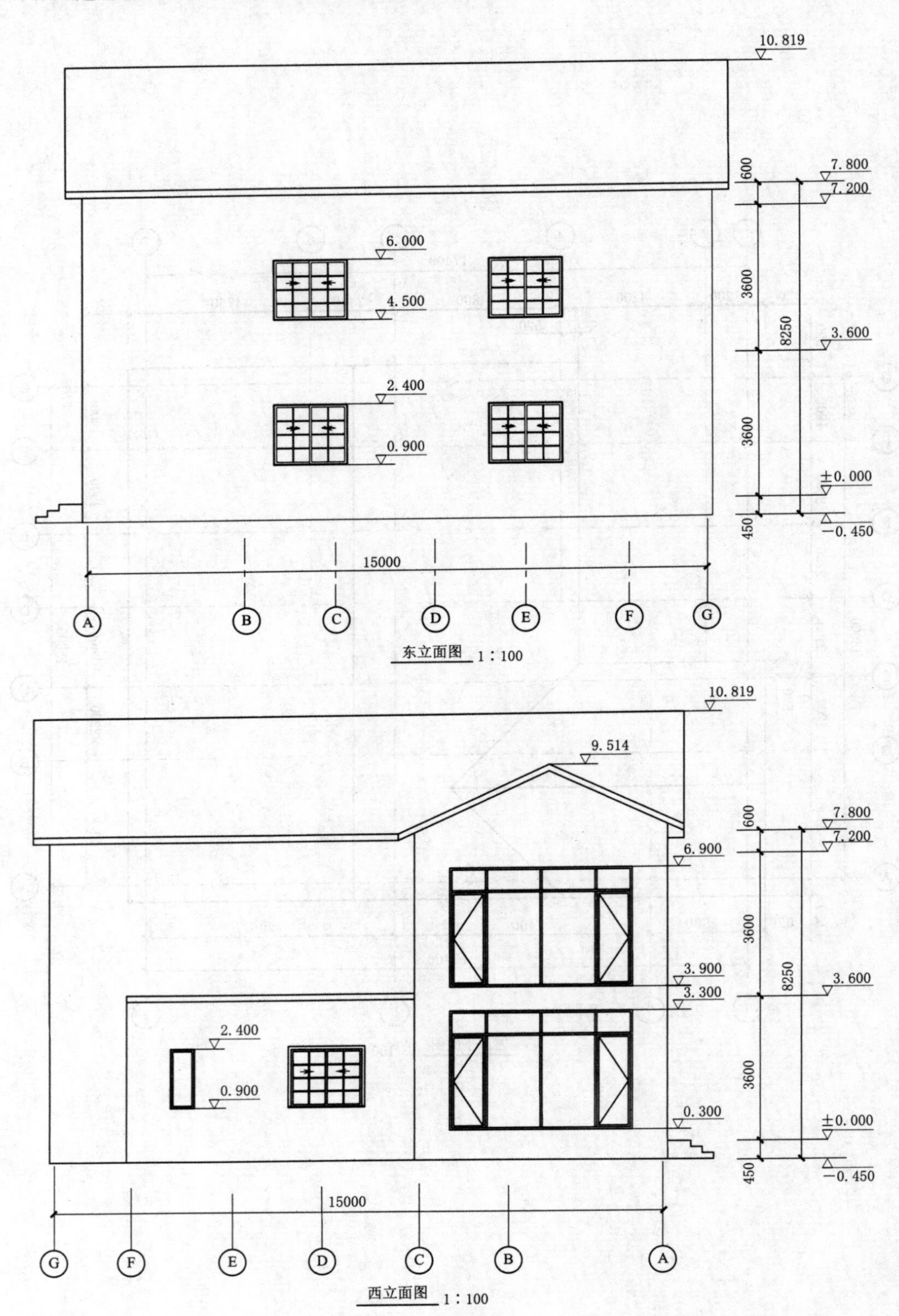

东立面图 1：100

西立面图 1：100

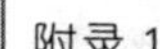

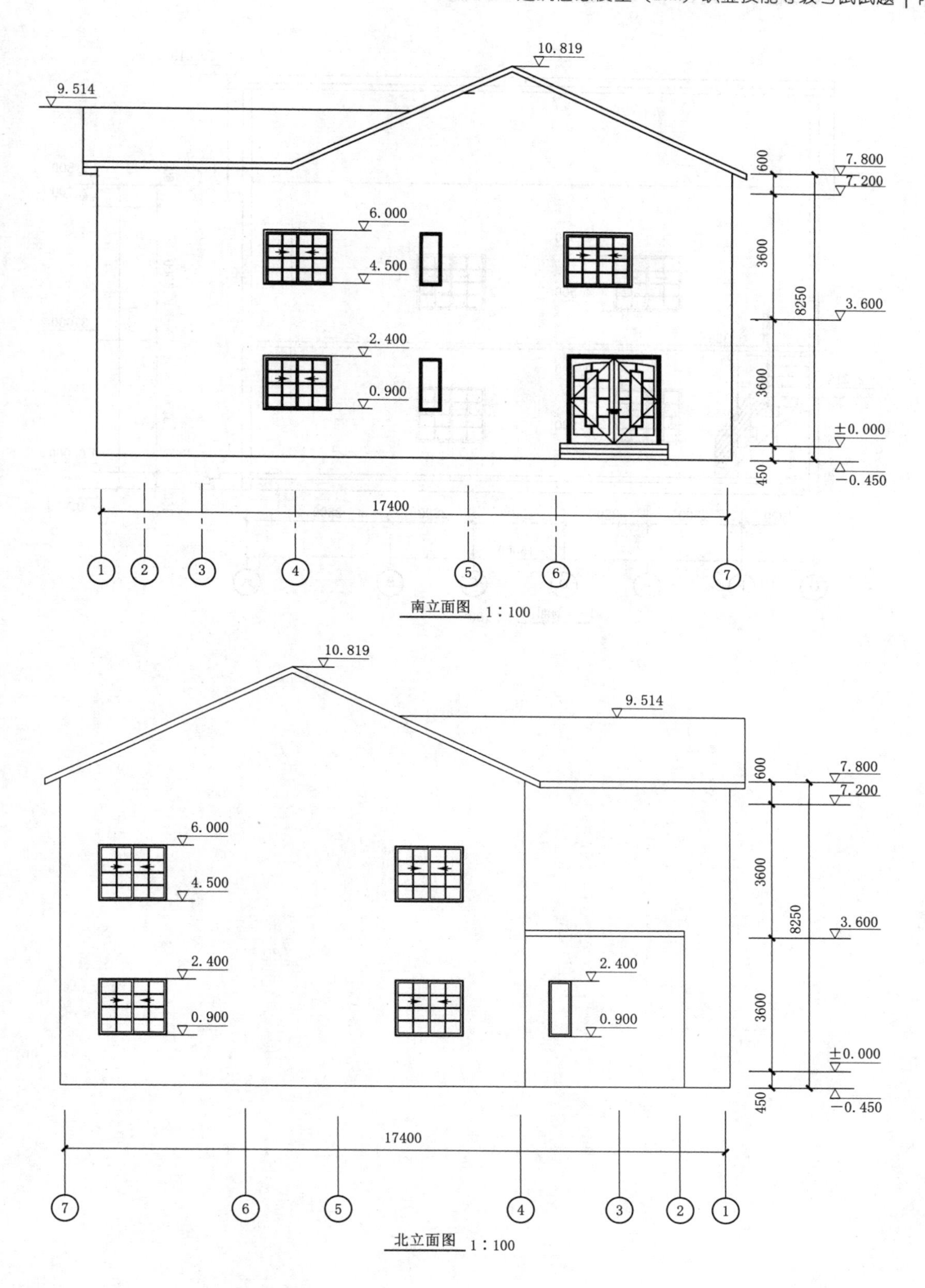
10.819
9.514
7.800
7.200
600
6.000
4.500
3600
8250
3.600
2.400
0.900
3600
±0.000
450
-0.450
17400
1
2
3
4
5
6
7
南立面图 1：100
10.819
9.514
600
7.800
7.200
6.000
4.500
3600
8250
3.600
2.400
0.900
2.400
0.900
3600
±0.000
450
-0.450
17400
7
6
5
4
3
2
1
北立面图 1：100

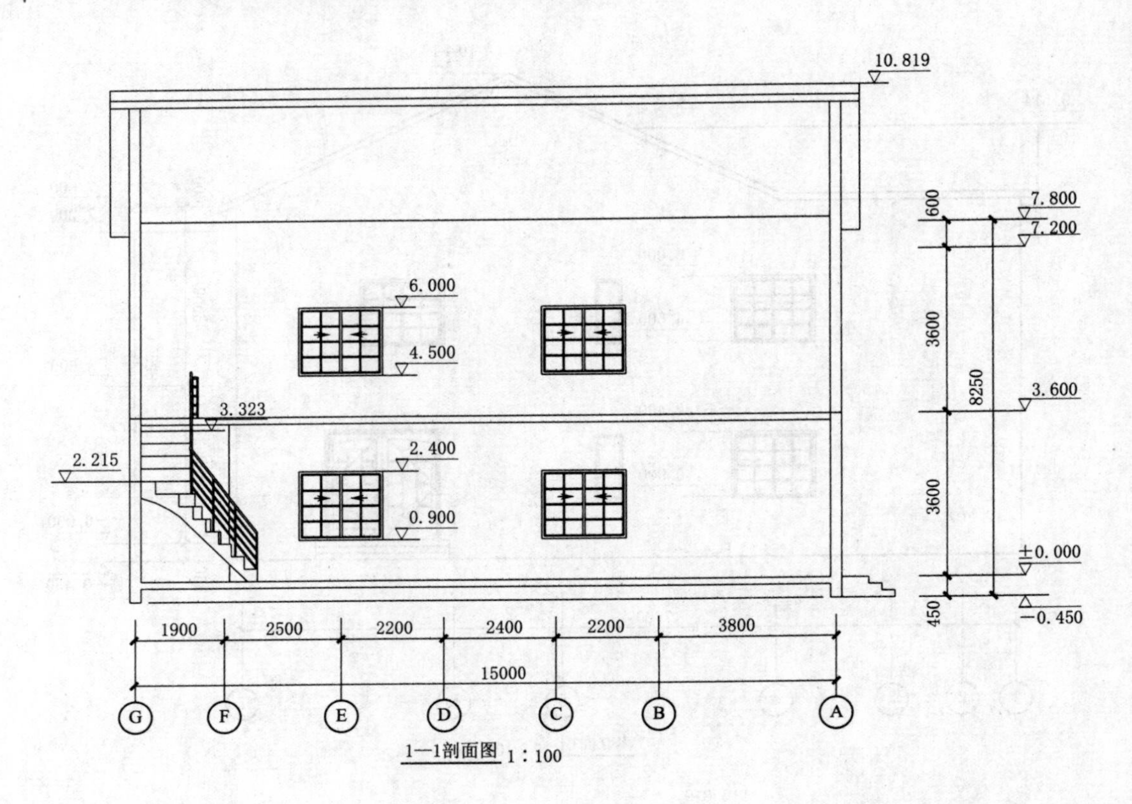
10.819
7.800
7.200
6.000
4.500
3.600
3.323
2.400
2.215
0.900
±0.000
-0.450
600
3600
8250
3600
450
1900
2500
2200
2400
2200
3800
15000
G
F
E
D
C
B
A
1—1剖面图 1：100

附录 2

Revit 快捷键

功能	快捷键	功能	快捷键	功能	快捷键
撤回	Ctrl＋Z	取消撤回	Ctrl＋Y	临时隐藏图元	HH
删除	DE	视口旋转	Shift＋鼠标中键	临时隔离图元	HI
保存	Ctrl＋S	打开属性	PP	重设临时隐藏图元	HR
复制	CO	视图切换	Ctrl＋Tab	切换构件之间的选择	Tab
移动	MV	平铺视图	WT	视图可见性	VV
修剪	TR	锁定图元	PN	创建参照平面	RP
对齐	AL	放置构件	CM	创建类似实例	CS
标高	LL	内建模型	NJ		
轴网	GR				
链选	Tab＋鼠标				

参考文献

[1] 熊殿华，雷玉辉，谢力进．BIM应用基础——基于Revit软件［M］．青岛：中国石油大学出版社，2017.

[2] 筑龙学社．全国BIM技能等级考试教材［M］．北京：中国建筑工业出版社，2019.

[3] 朱江，杨波．BIM建模［M］．北京：中国建筑工业出版社，2019.

[4] 朱溢镕，焦明明．BIM概论及Revit精讲［M］．北京：化学工业出版社，2018.

[5] 黄亚斌，王全杰，赵雪峰．Revit建筑应用实训教程［M］．北京：化学工业出版社，2015.